安孫子麟著作集 1

森武麿［解題］

日本地主制の構造と展開

八朔社

凡　例

1　本著作集は，著者の地主制論に関する主要論文と村落論に関する主要論文を2巻にまとめたものである。それぞれの巻の章別構成は著者自らが生前構想されたものである。
2　本文は原文を尊重することを原則とした。必要に応じて次のように訂正・整理を行った。
　(1)　原文縦書きは横書きに変換した。そのため可能な限り漢数字を算用数字に変えた。漢字は原則として当用漢字を使用した。
　(2)　明らかな誤字・誤植は訂正した。
　(3)　章，節，項の区分名称は，各論文を各章に編集するにあたって修正している。
　(4)　本文中の地名表記は，必要に応じてその後の変遷と現在名を加筆した。
　(5)　図表の数字で明らかな間違いは修正した。正誤が不明の数字はそのままとした。
　(6)　必要に応じて編者注を入れた。
3　巻末には各巻のテーマについて解題を付した。
4　論文の初出書誌及び出典は巻末に明記した。
5　第2巻に業績目録を収録した。
6　本巻の編集は森武麿が担当した。

協力：安孫子麟著作集刊行会（代表　大和田寛）

在りし日の著者

目　次

　　凡　例

第1章　日本地主制分析に関する一試論 ……………………………………9
　　Ⅰ　日本地主制分析における問題点　9
　　Ⅱ　日本地主制の二段階規定　13
　　　　1　日本地主制の規定──その研究史　13
　　　　2　地主制規定の規準＝農民層「分解」の性格　22
　　　　3　日本地主制の類型論的段階規定　30
　　Ⅲ　日本地主制の二段階分析〔その覚書〕　47
　　　　1　近代化過程における地主制　47
　　　　2　資本主義経済内における地主制　53

第2章　寄生地主制論 …………………………………………………… 61
　　はじめに　61
　　Ⅰ　地主制研究の意義──「地主制論争」の位置づけについて　62
　　　　1　戦前の研究における地主制の位置づけ　62
　　　　2　戦後の新たな課題と研究基準　64
　　　　3　「農民層分解」論としての地主制論争　66
　　Ⅱ　「農民層分解」論＝資本主義形成論としての地主制研究　68
　　　　1　「分解」起点──商品生産とその担い手の性格　68
　　　　2　「地主制論争」における論点とその展開　70
　　　　3　「分解」論的研究の総括と展開　74
　　　　4　「資本主義形成」論から「階級闘争」論への「分解」論の展開　78
　　Ⅲ　「段階・類型」論＝資本主義構造論としての地主制研究　79
　　　　1　「段階」論と「類型」論との統一──「形成」と「構造」との
　　　　　　統一的把握　79

2 「類型」論＝日本資本主義構造論としての地主制研究　82

〔補論1〕「日本地主制」規定の視角について
　　　　──「明治30年代確立説」をめぐる2, 3の問題──　86

〔補論2〕日本農業分析における栗原理論
　　　　──戦前日本農業の把握を中心として──　94

第3章　明治期における地主経営の展開 …………………………… 103

はしがき　103

Ⅰ　調査地の概況　104
　　1　南郷村の概況　104
　　2　大柳部落の概況　110
　　3　調査地における地主　113

Ⅱ　明治期佐々木家の経営　116
　　1　佐々木家の成立事情　116
　　2　手作地経営の消長　120
　　3　諸営業　125
　　4　貸付地経営の展開　132

Ⅲ　地主体制の完成　140
　　1　明治末期の経営の変化　141
　　2　地主支配構造の変質　156

あとがき　167

第4章　大正期における地主経営の構造
　　　　──水稲単作農業に関する研究・南郷町調査報告(4)──　………… 170

Ⅰ　問題の所在──地主制と農業生産力　170

Ⅱ　大正期地主経営の分析　173
　　1　貸付地経営──地主経営の形態的考察　173
　　2　地主の経済構造──地主経営の実態　194
　　3　大正期の地主的支配と農家経営　208

第5章 水稲単作地帯における地主制の矛盾と中小地主の動向
──水稲単作農業に関する研究・南郷町調査報告(6)── ………… 223

 はしがき 223
 Ⅰ 地主制の矛盾の基本構造 229
  1 問題の所在と分析の視点 229
  2 農民経営の展開と地代率の低下 235
  3 米穀販売と地主経済の限界（資本主義経済下における） 248
  4 地主的土地所有の否定化傾向 253
  5 独占資本下の地主制の対応諸形態 264
 Ⅱ 矛盾期における中小地主の諸形態 268
  1 南郷町における中小地主の概観 268
  2 中小地主の経営形態 273
  3 村落支配機能の消滅と対応形態 290

第6章 地主的土地所有の解体過程 ……………………………… 301

 Ⅰ 地主制衰退の諸段階 301
 Ⅱ 地主的土地所有解体についての分析視覚 305
 Ⅲ 地主的土地所有解体の内的過程 307
  1 土地所有面積の縮小傾向 307
  2 小作料率の低落傾向 310
  3 小作関係における耕作権の萌芽 315
 Ⅳ 地主的土地所有解体の外的状況 319
  1 恐慌による米価率の低下 319
  2 国家独占資本主義下の農村再編成 322

第7章 農地改革 ……………………………………………………… 327

 はじめに 327
 Ⅰ 農地改革の立法・実施・対抗の過程 328
  1 戦後改革への着手──意図と状況 329
  2 占領軍指令と第2次農地改革 332
  3 改革の実施過程における対抗関係 336

        4 改革打切りをめぐる対抗関係 342
　Ⅱ 農地改革の直接的諸結果 344
        1 自作農創設・農地解放の実績 344
        2 小作料統制・金納化の実績 349
　Ⅲ 改革後「自作農」の歴史的性格 352
        1 自作農的土地所有の性格 353
        2 経営状況からみた自作農の性格 356
むすびにかえて 361
〔補論3〕農地改革の功罪 366

　初出一覧

解題　安孫子麟の日本地主制論 ……………………… 森　武麿 375

　刊行の辞
　著者略歴

●第2巻　日本地主制と近代村落
第1章　地主制と共同体
　〔補論1〕日本の近代化過程と村落共同体
　〔補論2〕中村吉治の共同体論
第2章　近代村落の三局面構造とその展開過程
第3章　地主制下における土地管理・利用秩序を
　　　　めぐる対抗関係
第4章　村落における地主支配体制の変質過程
第5章　「満州」分村移民と村落の変質
第6章　「満州」分村移民の思想と背景
第7章　農地改革による村落体制の変化
　〔補論3〕農地改革と部落
解題　安孫子麟の村落論（永野由紀子）

第1章　日本地主制分析に関する一試論

I　日本地主制分析における問題点

　本章は，従来わたしがさまざまな角度から考察してきた，日本の地主制について，一応体系的，統一的に理解しておきたいために書かれた試論である。それゆえ，本稿は今後さらに実証的分析を幾つか必要としている。

　現在までのわたしの地主制に関する考察は，徳川封建制末期における畑作商品生産地帯(1)（羽州村山郡の紅花生産）と，明治中期以降昭和10年代にいたる水稲単作地帯(2)（宮城県大崎地方）とを中心としており，その他に一，二の地域における地主制の分析や書評(3)として行われてきた。このように，地帯的にもまた時点においても相異なる対象を考察する過程で，わたしは，日本の地主制を理解する上で一つの疑問をもった。それは，これらの，とくに村山地方と大崎地方の地主制を，同一次元の論理で規定し分析し得るであろうかという点であった。それは，単に地域の差違ではなく，時点の差違，端的に表現すれば，幕末の地主制と，農地改革直前の地主制とは，同一範疇に属し，同一次元の論理をもつものであろうか，という疑問であった。もちろん，社会構成的にみても，封建末期と独占資本主義期との違いがあれば，自らその地主制のもつ意味も異なっている。しかし，本質においては異なるか否か。わたし自身，両者を同一の「地主制」という言葉で表現しているし，また各研究者においても，規定こそ差違があれこの両地主制を積極的に区別されてはいなかった。問題は，本質的には同じか，また異なるとすれば，どのように異なるか，またはいつ転化したのか，そうして両者の歴史的役割は，それぞれどう規定されるべきか，という点にある。

　わたしは，この疑問に対する一つの解答を，1956年の土地制度史学会大会において，山形県村山地方の地主制を対象として述べた。しかし，そこではこ

の両時点での地主制の差違を，段階差として把握しながらも，その論理的規定＝根拠は不充分であった。その後，「水稲単作地帯における地主制の矛盾と中小地主の動向」のなかの補論と，高橋幸八郎，古島敏雄両氏編著の『養蚕業の発達と地主制』の書評において，この問題をどう理解するかという構想を発表してきたが，それらは，いずれもこの問題を正面から取り上げたものではなかった。それゆえ，本章はもっと早く発表されるべきものであったが，一年前に着手されながら，現在までほとんど前進させることができずに発表せざるを得なくなったものである。それが現在は一試論に止まるとしても，本章の必要さは日本地主制の長期にわたる存続を，体系的に把えることなしには，今後の地主制分析の方向を定めることができなくなっている点にある。この意味で，敢えて発表し批判を得たいと思うものである。

　この問題は，前稿（本書第3章）にも述べたように，古島敏雄氏，大石嘉一郎氏等によって鋭く指摘され（1957年），かつ発展させられた（とくに大石氏の「農民層分解の論理と形態」）。古島氏は，地主制研究の現状を，「第一には，研究が主として幕藩領主制下において地主・小作関係が端緒的に形成せられてくる過程に集中したこと」とされ，これに比較して明治期（とくに10年代）以降については，「個別具体性を明らかにする分析の形では進められず，従来の知見の再評価に止まったこと」を第二の特質とされる。ここでは，この両時代の研究の間のギャップが指摘されているのである。この間を連結させようとする研究はまことに少なく，そのため，農地改革前に日本地主制の根幹をなす単作地帯の地主制については，幕末期はまったく考察されず，その幕末期については，畑作商品生産地帯に研究が集中していたのである。この点について，大石氏は，「戦前においては主として日本資本主義の類型論的規定において問題とされ，戦後においては主として世界史的な発展段階論的規定において問題とされている」（傍点安孫子）そして「われわれは類型論的規定と段階論的規定との二つの規定を統一することによって，はじめて日本の地主制を充分把握し得るであろう」と，分析方法の論理段階の差違を明確にされるのである。この引用文においては，大石氏は，問題のスタートを，戦前の研究との対比においているが，より基本的な問題意識は，結言における，「このように考えるならば，徳川期の地主制の成立と明治以降の地主制の存続とは，同一の論理で割り切ら

れるものでないことも明らかであろう」という言葉に表現されているように，私の関心とまったく同様な問題を解明されているのである。大石氏が一歩進んで示された，地主制分析の論理把握には，わたしは基本的には賛意を持つが（賛意以上に，大石氏の取り上げられた課題は農民層分解の論理であって，わたしの課題より一層広く，非常に多くの教示を得ている），なお幾つかの疑点があるので，この点については，Ⅱ以下で展開してゆきたい。

　以上，古島，大石両氏によって指摘された日本地主制研究の両局面は，また，各々の問題意識の上でも異なっていた。すなわち，幕末期を中心とする地主制形成史の研究にあっては，明治維新史，日本資本主義形成史の観点から，近代化の一過程＝過渡期の問題として，なによりもまず封建的生産様式のなかに発生する商品生産から出発した。この商品生産が，何故に順調にブルジョア的発展を遂げず，農民層の両極分解を進行せしめず，地主―小作へと分解したかをめぐって，地主制の性格規定，そしてこの地主制を廃棄することのなかった（むしろ強化した）明治維新の性格規定が行われたのである。そうして，この局面での日本地主制研究者に大きく影響したのは，比較経済史学的手法による西欧地主制との対比であった。日本と西欧との両地主制（細かくいえば，英仏の間の差異も明らかにされているが）を包含した世界史的法則に立って，特殊日本的地主制の理解を図ったのである。しかし，この分析論理においては，明治期以降の日本地主制を充分把握することは，まったく困難となる。

　それゆえ，当然明治期以降の地主制の分析を志した研究者は，これを日本資本主義の構造的特質乃至成立史の特質と関連させていた。むしろ，この時代に関する研究は，現状分析論的立場から，農地改革の性格規定に関連して，地主制がこの改革で止揚されたか否か，を吟味するために，その構造的基礎や日本資本主義内における役割が検討されたのである。この立場は，いわば戦前の日本資本主義論争を基盤として継承しており，その意味で大石氏によって類型論的分析といわれたのである。

　この二つの問題意識が，日本地主制を把えるとき，等しく日本の「地主制」でありながら，その内容は著しく異なってくる。端的に示せば，地主制の成立年代をとってみても，前者の立場にあっては，幕末乃至地租改正におかれ，後者の立場にあっては，地租改正以降明治後半期におかれる。したがって，地主

制の規定＝意義もまた，異なっているといわざるを得ない。このことが，日本における地主制研究の意義の大きさにもかかわらず，幾多の対立を作り出し，研究を停滞させている一要因となっているのである。

　最後に，日本地主制を検討するに当って吟味しておかなければならないのは，日本と西欧との地主制の異同である。もちろん，大石氏のいわれるように，各国の特質（とくに各国資本主義形成の）により類型的差違があるのは当然であるが，それらを同一発展段階の地主制として把えることが正しいか否かが問題である。比較経済史学の影響を受けた研究者は，おおむね，これを同一範疇に把えてきた。とくに，フランスにおける地主制と対比した場合には，ほとんど異論がなかったといってよい。

　しかしながらこれには，飯沼二郎氏のごとく，二つの地主制，すなわち日本─「寄生地主制」，イギリス─「近代地主制」と，区別しておられる説もある。[8] 飯沼氏にあっては，イギリス絶対王制期における地主制の全般的成立を否定される立場にあるから，この課題はむしろイギリス史内での解決をも必要としている。その点を別としても，日本と対比した場合には，農地改革まで存続する地主制を，西欧のどういう地主制と対比させるかが問題となる。この段階では，明らかに，同一範疇のものとして対比すべき地主制は西欧にはない。では，日本の地主制と対比し得る地主制が，西欧では存在しなかったのか，またはいつ消滅したのか。この点は，逆に日本において存続したのは何故か，世界史的法則として把えた日本の地主制は，いつ，いかにして，特殊日本的地主制に転化したのか，という問題がでてくる。これに答え得なくては，そもそも幕末期においてのみ，比較経済史的手法で，すなわち，世界史的法則の枠内で，日本地主制を規定したことが，極めて安易な態度と言わざるを得なくなってくるであろう。

　前述のごとく，本章はわたし自身の，具体的な地主制分析のなかから生じてきた疑念によって書かれたものである。したがって本章の論旨も，各章と密接に関係している。本章はいままでの具体的・実証的な分析で明らかにし得た事実を基礎として，展開されている。それゆえ，本章ではまったく実証的分析を省略しているが，事実については各章を参照して頂ければ幸いである。ただし，それらの各章においても，理論的にはまったく未整理であり，初期の稿におい

てはかかる問題意識が生じていない。本章の視角に立って，今後，実証し直さなければならない点もまた，多々あることをあわせてお断りしておきたい。

II 日本地主制の二段階規定

1 日本地主制の規定——その研究史

　日本の地主制を分析するに当って，われわれがまず当惑することは，「地主制」（もしくは「寄生地主制」）という範疇に対する理解が，各論者によりかなり異なっていることである。このように異なった実体を把えて，日本地主制を明らかにしたところで，研究の総合は行い難い。そこで，まず「地主制」範疇を理論的に規定する必要があろう。しかしながら，われわれの研究対象は，厳として存在していた日本の地主制であって，たとえ理論的に規定した地主制範疇があったとしても，それが日本に妥当しない場合には，その規定に止まっているわけにはいかない。そこで，まず日本の地主制の実態を従来の研究史ではいかに規定しているかの検討から始めたい。

（i）　幕末～維新期地主制の規定
　戦後の研究を大別すれば，第一には，徳川封建制内部における農民経営の商品生産的展開を基礎として，領主的土地所有と対立しながらも，ついに封建的土地所有を止揚することなく，明治絶対王制下の典型的な土地所有形態（地租改正により創出）を形作るものとして，日本地主制を考える立場がある。これは，さらにその内部に幾つかの相対立する論者を含んでいるが，その対立の代表的なものは，こうした地主制を創出する農民層の分解の性格規定をめぐって，封建制（幕藩領主制）を否定するような小農民経営の近代的発展（民富の形成＝小ブルジョア経済化）が前提とされるとする立場と，封建制を否定することのない「封建制の枠内での必然的な一定の商品経済の発展」が，農民層の封建的分解をもたらすとする立場とがあった。この両者に共通するのは，いずれにしても地主制は，前期的諸資本による領主的土地所有の蚕食，あるいは逆に萌芽的な農民的貨幣経済の圧殺として把握されている点であり，この前期的諸資本

の優位性は，農民経営の発展度合，したがって農民層分解の性格に基因するとされてきた。

それゆえ，この両者の差違は，単にブルジョア的発展の有無如何という点からすすんで領主的土地所有に対する前期的諸資本の蚕食という点からみて，地主制の成立時点についても，各論者によってきわめてマチマチな見解を示している*。

 * 概していえば，地主制は封建的分解の結果であるとする立場の所説では，地主制成立期が時代を遡って早くなっている。たとえば，徳川期の地主制研究に広い視野から考察されている大石慎三郎氏は「いわゆる寄生地主制が一応成立する時点というのは，元禄―享保期に封建領主が質地取主の利益部分を公認すると同時に，小作地における小作料を公認し……た時期である」と定められ，この寄生地主制は，「元禄―享保頃より段々と形成され，幕末を経て明治には日本の農村を規定する地主―小作関係」と述べておられるように，明らかに元禄に成立してくる地主制と明治以降の地主制との本質的差違を認めておられないのである。

  幕末，とくに化政期，天保期に地主制成立の起点を求める論者は，枚挙にいとまないほどであるが，それらがいずれも何らかの（上述二説の）商品生産の展開を，地主制成立の論拠としていることは周知のとおりである。

  さらに，この見解のなかには，明治維新＝地租改正が領主的土地所有権を法的に廃棄した（妥協説をも含めて）点から，実質的には明治6年地租改正をもって地主制成立とする論者も多い。この場合，とくに古島敏雄氏の見解は注目すべきである。古島氏は，寄生地主的な地主―小作関係を，個々の事例としては徳川中期以降に認めながらも「地主―小作関係」と「地主制」とを区別されたから，「地主制」の成立を地租改正に求められたのであろう。

このような地主制成立時点の差違は，実は地主制の内容規定にもかかわっており，単に地帯差・事例差というべきものではない。とくに，これは用語的な混乱も起しており，「地主制」・「寄生地主制」・「村方地主制」というように，各論者によって必ずしも内容規定が同様でない用語が使用されている。ここで一応これらの言葉の内容を検討し，本章での対象を明確にしておこう。

周知のごとく，徳川封建制下にあっては，早くから地主―小作関係が存在していた。しかし領主的土地所有とは別なこの土地支配―地代収取関係を，直ちにすべて本章でいう地主制とは考えられない。この点で，とくに「村方地主」について考察を加えた，永原慶二氏や佐々木潤之介氏の研究によれば「村方地

主」と呼ぶものは，幕藩体制下に最も普遍的な形態であり，村役人層として本百姓でありながら封建権力の下部機構を構成するものであるとされている。それゆえ村方地主は，絶対主制下の地主的土地所有とは，明らかにまったく別個な土地保有形態であるといえる。このような地主は，むしろ徳川封建制の構造として考察さるべきものであり，とくに日本封建制における村落共同体の特徴的形態として考えるべきものであろう。しかし，大石慎三郎氏[13]，永原慶二氏[14]によって示されたように，村方地主制より寄生地主制への発展というシェーマが，研究史的には存在している。とすれば，寄生地主制の前史として村方地主の研究が必要になるが，何故に村方地主が寄生地主制への必要前提となるかは，必ずしも明確でない。むしろ，寄生地主範疇が，ここ数年間に次第に通説となりつつあるように，領主的土地所有と対立するものであるとすれば（結論的にはこれが正しい），封建権力によって末端機構とされているような村方地主からは，この移行は，内部的・論理的には導き出し得ない。それが存在するのは単に現実の地主の系譜においてのみである。系譜的連続と，論理的展開とはディメンションが異なるものであろう。*

 * 前掲の佐々木氏は，このシェーマがあるとすれば「第一次名田小作→質地小作→豪農→寄生地主のコースのみがそれに当るであろう」[15]と推定されているが，ここでは村方地主範疇は後退して，地主―小作関係の変化，したがって，なによりもまず農民経営の発展に視点が移されている。佐々木氏は，このコースのうち前三段階（豪農まで）を村方地主の段階とされているが，豪農がそれに当るか否かは議論の余地あるところとしても，寄生地主成立の前提に，直ちに村方地主の論理をもって来られなかったことは正しいと思う。地主制の論理的前提は，封建的土地所有下における農民経営の発展如何であり，それに基く農民的土地所有の動向である。

このように「村方地主」は当面われわれが問題とする地主制の考察からは除外して良いであろう。ところで「地主制」と「寄生地主制」との範疇的異同については，両者をまったく同様に使用する論者もあるし，また異なるものと考える人もある。ともに，資本制地主との差を意味して使用されているが，この両者の異同については，ここで触れるよりも，もっと後に考察したい。ここでは「地主制」という用語で述べる。

ところでこの徳川封建制下に地主制の成立を追求してきた研究者は，明治維新以降の地主制について，いかに把握しているであろうか。しかし，この点は

上述の古島氏の指摘にもあったとおり，明治期以降についてはほとんど積極的解明を行っていない。これは古島氏のいわれるように，歴史家としての制約もあったかもしれないが，力点が形成期の考察におかれ，地主制全体に対する把握がなされなかった点にこそ求められるべきであろう。

　積極的解明は行われなかったとしても，その理解の仕方をみると，大部分は，徳川封建制下に事実上成立した地主的土地所有は，地租改正によってその法認を得，かつ基盤を与えられて拡大し，ここに確立・完成するという見解が多い。この場合，明治政府を暗黙のうちに絶対主義政府と規定するのである。この規定自体がすでに問題となることは，周知のとおりであり，このように，地主制研究者が想定しているのは，ここでも西欧地主制との対比を配慮しており，西欧経済史の成果，とくに，大塚久雄・高橋幸八郎・中木康夫・遠藤輝明・吉岡昭彦・船山栄一・田中豊治諸氏によって明らかにされた，市民革命による地主的土地所有の廃棄を考えて，明治維新をブルジョア革命にあらず，むしろ本質的には絶対主義の成立と理解したものである。

　さて，幕末地主制研究者によるこの時点までの見通しはあるのであるが，さらに明治中期以降の地主制については，ほとんど関説することがない。絶対主義政権と規定された明治政府の変質過程を追求しなければ，明治後半期以降，農地改革まで存続する地主制を規定するわけにはいかないであろう。そうして，この点は，もっぱら現状分析とくに農業経済学の分野に委ねられた感があるのである。

　以上，主として比較経済史学的立場に導かれつつ，封建制から資本主義への移行の過程に現われる地主制を考察してきた人々の，所説をみたのであるが，ここで把えられた幕末—維新期の地主制は，まず封建社会の内部での一定度の商品生産（それが封建制に適合的であれ，否定的であれ）を前提として，領主的土地所有に対立するものとして，前期的諸資本によって創出された過渡的土地所有形態である，という点での一致を見出すであろう。そうして，これが，大多数の論者によって，絶対王制の基盤をなす土地所有形態と規定されていることも確認して良いであろう。

　なおここで，西欧地主制の分析においては，とくに大塚久雄氏によって提唱されているように，一定度の商品生産の発展は，小ブルジョア経済を生みだす

が，社会的分業の狭さは市場圏の狭隘さとなり，小ブルジョア生産者が一定の限界を超えて発展しようとすれば，その蓄積基盤は直ちに前期資本的市場へと移行するという見解が支配的であることを付け加えておきたい。つまり，市場問題を導入して，地主への「上昇転化」を理解する方法である。これは，日本地主制の研究者にも大きな影響を与え，わたしもこれに従って市場関係の吟味を行ったのであるが，このような論理は，あくまでも地主制を過渡期の存在と把える立場からしかでてこないものであることに注目しておきたい。その蓄積基盤は，大塚氏がいわれるように「ブルジョア的利害と共同体的利害のなかで動揺し」絶対王制の初期には共同体的利害が強く作用し，その解体期にはブルジョア的利害が支配的となる，というように移行する過渡期なのである。西欧においては（明瞭にはイギリス。そしてフランスにおいてもまた），この過渡的地主制は消滅するのである。消滅の時期に関しては諸説があるが市民革命期とするものが多い。そして，その後いわゆる三分割制の近代的地主が成立するとするものである。ところでこの過渡的性格を与えられる地主制は，日本においては，明治期以降についてはどう把握されているであろうか。

（ⅱ）明治期以降の地主制の規定

　古島氏によって，戦後の地主制研究史を特徴づける第二のものとされたのは，明治期以降の地主制についての研究である。これについては，すでに戦前，日本資本主義論争として種々論議されていたが，ここではそれには触れない。しかし，戦後の研究も多かれ少なかれそれを継承発展させたものである。

　周知のごとく，そして古島氏がすでに数度にわたって指摘しておられるように，この期の個別地主乃至地域の実証的考察はきわめて少ないものである。この少ないなかで最も精力的に分析された古島敏雄・守田志郎両氏（とくに守田氏）の所説からみてゆこう。古島氏が，幕末の地主制は地租改正によってその土地所有の法認を受けたと規定されたことはすでに述べたが，その後，明治20年の「小作条例草按」および明治26年の「旧民法」等を経て，新民法公布によって，地主的土地所有の法的確認を完成するとされ，これは「地主制が国家権力の基礎として明確にその地位を定めた重大な画期」といわれるのである。このことは，二院制政治において，地主の経済的利害が政治的発言権を持ち得

たことを示されたものである。古島氏はこの段階の明治政府＝国家権力について直接には規定されていないが，旧領主上層・上層官僚を中心とする貴族院，地主層を中心とする衆議院の性格から，これをまだ資本主義的国家権力とは規定されない。とするならば，ここでの地主制は，依然明治6年地租改正当時の地主制との本質的区別をしておられないといえる。否，むしろますます強固に国家権力の基礎となり，その保護の下に安定・成長する姿を見得るのである。この見解を支えるものとしては，地租改正後，急激に地主的土地所有が展開することがあげられる。基盤を法認された地主制の安定的成長として把えるものといえよう。

　しかしながら，この地主制は，守田氏によれば，明治30年代には成熟し，まもなく矛盾期に入る。この矛盾について守田氏は，農業に対する産業資本の跛行的発展により，「現物小作料形態を矛盾とさせながらも，その面から地主制の存在の否定を要求するまでに[21]」はいたらしめていないとしておられる。地主制と産業資本との矛盾は，本質的には露呈し，しかも解消することなく持続しながらも，それでいてその矛盾を決定的な破局へはいたらしめないのである。その理由は，「わが国の経済（すでに資本主義経済と守田氏は考えておられる）が機構的に地主制に一本の脚をふんまえていることに由来している[22]」ためである。とするならば，この矛盾期の地主制は，もはや幕末維新期の過渡的地主制とは異なり，日本資本主義の構造的特質を形成するウクラードとなっているのである。わたしもまた，別な視角から地主制の矛盾の論理構造を明らかにしたが，それはやはり日本地主制が，日本資本主義下の農業問題のなかに組み込まれてしまったことに基いていた。

　古島氏と守田氏の把握の転換点がいかなるものか，これ以上は明らかにされていないが，この間の地主制の位置づけの変化，したがって大石氏のいわれる発展段階の差は，両氏によってぜひ明らかにして頂きたい点である。

　この両氏の地主制把握に較べると，「日本における資本主義の発展」グループ，とくに大内力氏の見解は，対照的である。それは単に両氏に対してのみならず，（ⅰ）で述べた諸見解とも著しく異なる。そこでは，「日本の資本主義の特殊な構造が，農民層の分解をおしゆがめそこから寄生地主制が発展している[23]」といわれるように，当初より日本資本主義の構造が問題とされているので

ある。大内氏は、この点を、「本来農民層の分解がもっとも急激におこなわれるのは、いうまでもなく重商主義の段階であり、商人資本による収奪がもっとも露骨に行なわれる時期である。これに対して、産業革命をへて産業資本が確立される段階になると、農民層の分解はかえっておそくなる傾向をもつ」[24]とされ、したがって、産業革命前に農民層の分解が歪曲される日本においては、その時期にもっとも寄生地主制の展開が急速であるとされるのである。この場合、地租改正前後において、農民層分解の様相はむしろ改正前に多く、改正後に少ないことを検討して、地租改正以後の産業資本育成が、後進資本主義国故に外部から移入され、産業資本を軸に原始的蓄積を進めざるを得なかった日本では、農民層の分解が歪曲され、地租改正前にすでにかなり進展していた寄生地主を、持続的に拡大したと把えられる。そうしてこの立場に立つ人々が、明治維新を不完全なるブルジョア革命、地租改正を近代的土地所有権の法認と把えているため、明治以降の地主は、まさに近代国家内における地主制として、日本資本主義の特質より解明されることになる。すなわち、第一に農村人口の急激なる減小がなかったこと、第二に日本農業の機械化が困難なため、いち早く機械化された工業との不均等発展を作り出し、一層資本制農業の成立を妨げたこと、第三に農業労賃の相対的高騰の三点をあげられるのである[25]（この点、大谷瑞郎氏の最近の論稿もまったく同様[26]）。つまり、大内氏にあっては、本来的に過渡的な地主制は、まったく影をひそめてしまう。その代りに、資本主義経済の構造的問題として「寄生地主」が把えられている。

　ところで、このようにして成立した地主制は、その後どう変化するか。大内氏編の近著のなかで大谷瑞郎氏は、明治末年にいたり、「寄生化を強めてゆく」[27]といわれている。この「寄生化」とは、豪農的＝ブルジョア的経営者の性格を残していた地主が、手作経営を止め、農事改良などを放棄してゆく過程をいわれるのである。地主と寄生地主との範疇的差違如何が、ふたたびここで問題となる。大谷氏は、これを簡単に日本資本主義の帝国主義段階への移行と関係させて述べておられるが、それは農業投資の不利、農業恐慌の打撃から、地主は農業生産から逃避し、レントナー化しつつ崩壊の萌芽を示すに至るものとされておる。この崩壊期については、守田氏もほぼ同様の時期に矛盾激化→地主制の弱化をみておられるし、山田盛太郎氏も米騒動を画期として「地主制分

解期」とされた。また栗原百寿氏も，山田氏とまったく同様であり，さらに進んで，明治40年〜大正7年を「地主制停滞期」とされていた。

　以上の大内・大谷両氏の説をみるとき，まず地主制の形成は，幕末におかれていると考えて良い。この地主制は後進資本主義展開に基く農民層の分解の歪曲であって，資本の原始的蓄積過程において現われ，しかも近代的なものである。この地主制が資本育成の過程に現われながら，資本制地主（マルクスのいう三分割制の地主）にならない根拠は，日本の後進資本主義国の特質にかかわる，ということになろう。とすれば，まだ日本が外国資本主義と接触しない前に（嘉永以前に），なぜ，後進国としての特質が表われるのかが問題となろう。もう一つ問題とすれば，イギリスにおける寄生地主制の存在を認めないことになるのかどうか。この疑問の故に，わたしは，もし幕末以前に地主制の成立を認めるならば，それは後進資本主義国一般の特質によって規定を受けない，世界史的な過渡期の地主制の存在を認めるのが正しいと考える。もっとも生産力的視点から技術的にみて機械化の困難性，土地生産力の異常な高さ（西欧に比較して）という点に地主制成立＝両極分解の不徹底さを考えることもできる。とすれば，それは日本資本主義の特質ではなく，日本農業の特質にかかわり，それと日本資本主義成立との関係の問題となってくるのである。この場合にあっても，地主制の成立は絶対王制下の問題であり，日本資本主義成立との関連は，論理的にはその後に現われるのである。

　この点で，栗原百寿氏は，寄生地主制を農民的土地所有＝分割地所有の成立を前提として，その後進国における壊滅形態として把える点では，大内氏等と相似た見解をとりながら，その形成を明治30年におかれたのである。栗原氏は「地主制」と「寄生地主制」とを区別される。日本における「寄生地主」は，こうしてまったく日本資本主義の特質にかかわるものとして把えられたのである。しかし，ここでも幕末の地主制を，単に従属的な地主制とする点や，あるいは旧稿において重視された，手作地主→寄生地主という質的確立過程での，手作地主範疇の規定については，疑問が多いのである（後出Ⅱ-3で関説する）。

　大谷氏らの所説での，さしあたりのもう一つの問題点は，依然として，手作地主→寄生地主という変化の把え方である。大谷氏は，この変化の時期は，農民経営のブルジョア的発展の最後を画する時期であると強調されるが，逆に，

この時期以降こそ，小作農民の小ブルジョア的発展が本格化すると考えてこそ，この変化が重要な意味をもつと思われる。それでなければ地主の崩壊は，単に外部的な資本主義経済（独占段階の）の圧迫と，内部的には窮迫農民の小作争議とに起因し，農地改革は外圧による民主化にすぎなくなってしまう。わたしは，この変化の点に，日本地主制の最大の断絶（段階的差違・論理的差違）があると考えている。
　以上，研究史としてみてきた，絶対王制下の地主制と日本資本主義の特質としての地主制との二つの見解を，どう理解するかが問題なのである。

　〔補論〕「地主」と「寄生地主」について
　　栗原百寿氏が，「地主」と「寄生地主」とを区別されたことと関連して，本章で使用している「地主制」の内容を示しておきたい。栗原氏の場合，地主制・地主経営とは，レーニンのいう「プロシャ型経営」，たとえばユンカー経営を指すものである。レーニンが「ロシアにおける資本主義の発展」において，とりあげているものも，おおむねこの範疇に入る。これを区別されるために，栗原氏は，日本において存在するものを「寄生地主」と表現されたものである。そうして，栗原氏の規定にあっては，寄生地主は「アメリカ型」＝分割地農民経営発展の挫折として把えられているから，ここでは問題は，農業資本形成での問題，つまり資本主義発展において，一般に跛行的に遅れる農業の問題としてとらえられるのである。
　　しかし，この栗原氏の所説では，実は，西欧地主制を明確に規定することが困難となってくる。それゆえ栗原氏にあっては西欧の「地主制」（市民革命前の）や，日本の幕末—明治初期の「地主制」は，「寄生地主」に完成する以前の副次的地主制となってしまう。実は，それが過渡期の地主制である。
　　わたしは，この西欧の乃至日本幕末の地主制を，近代化過程に現われる過渡的ウクラードと規定して，一応「地主制」と表現する。この場合，東欧において現われる「大地主経営」は，当然別個の範疇となり，これは「領主・貴族的農場経営」と考えたい。慣例的にいえば「ユンカー経営」である。そうして，日本において，幕末—明治初期の「地主制」が，西欧のごとく消滅乃至資本制的地主への質的変化をとげずに，つまり三分割制に適合的な資本制土地所有に改変せしめられずに，日本資本主義機構の一環として体制的に把握されるように「転化」したとき，栗原氏が規定されたことに従って，「寄生地主」と表現しても良い。
　　この区別は，すでに（「養蚕業の発達と地主制」の書評において）提言した点であるが，本章を通じて，その意図するところを述べておきたい。

2 地主制規定の規準＝農民層「分解」の性格

(i) 農民層「分解」の起点

　地主制は，農民層の地主および小作人への分解によって生ずるものであるから，地主制とは如何なるものであるかを規定する場合に，この「分解」の性格を明らかにしておかなければならない。

　この場合，通常「農民層の分解」と呼ばれるものは，封建的小生産者（基本的には隷農）が封建制下にあって，商品生産者（範疇的には「単純商品生産」）へと発展し，これが，一方で「産業資本家」へ，他方で「賃労働者」へと，資本主義社会の二つの基本的階級へ，両極へ分解することを指している。それゆえ，ここで問題となるような，地主―小作人への「分解」については，大塚久雄氏が提唱されたように，「逆分解」とか，「半封建的分解」という用語が使用されることも生じている。大塚氏がこの区別を気にされるように，この二種の「分解」についてはほぼ四つの理解の仕方が存在している。

　第一は，山田舜・吉岡昭彦両氏に代表されるように，「農奴の寄生地主＝小作農民への分解（＝共同体の形態変化）を絶対王制成立の基本的契機と想定し，農民層の小ブルジョワ的＝ブルジョワ的両極分解をもって，絶対王制崩壊（共同体揚棄）＝市民革命の基本線と見做さざるを得ない」というように，「分解」の二段階を主張するものである。

　第二は，大塚久雄氏に代表され，この二種の「分解」は，マルクスのいう資本主義への移行における「二つの道」の基礎をなすもので，小ブルジョア的商品生産者の分解そのものにおける「二つの道」と考えるものである。

　第三は，宇野弘蔵氏に典型的にみられる，いわば旧労農派系の人々のように，原理的には農民層の両極分解を認められつつも，それが適用されるのは先進国（とくにイギリス）のみであり，そこでも，産業資本の形成は商人資本の転化によるものとし，したがって農民層の分解はむしろ賃労働者を創出するのが主体であると考えるものである。そうして，地主―小作人への分解は，もっぱら後進国的資本主義の特質と考えておられる。

　第四は，栗原百寿氏が遺された見解であって，この二つの分解は，ともに小ブルジョア的生産者の成立を前提とするという点で，第二の立場と一致してい

るが，これは資本主義化（とくに農業の）の二つの道と直接に一致するものではなく，プロシャ型地主経営〔念のため断っておくが，この地主は本章でいう地主とはまったく異なる。封建領主の近代化によって作り出された経営。ユンカー型経営。なお，直接にレーニンの規定参照。および「ロシヤにおける資本主義の発展」における地主経営の把え方をみよ〕とアメリカ型分割地所有経営とが二つの道であり，二種の分解は，このアメリカ型経営の分解の「二つの道」と理解されるのである。

　ところで，この四つの立場において，ほぼ完全に一致しているのは，この地主―小作分解過程において支配者となる地主，したがってその土地所有は，何らかの意味で前期資本の土地支配（所有）であるという点である。その限りでは，封建領主的土地所有とは別個のものであり，それを止揚するか否かを別とすれば，領主的土地所有の蚕食形態である。このうち，第一の立場を除けば，この地主的土地所有は，農民の小商品生産者的発展によって事実上形成されてきた農民的土地所有の前期資本的（高利貸的）蚕食形態であるという点でも一致している。さらに第三の立場では，この土地所有は，後進国における近代的土地所有と規定されている。

　この点を土地所有形態に着目してみよう。周知のごとく，マルクスは封建的土地所有の地代形態として，領主により収奪される労働地代・生産物地代・貨幣地代の三つをあげている。この場合「地代支払者は，つねに，その不払剰余労働を直接に土地所有者の手に渡す，土地の現実の耕作者および占有者として前提されている。」ところで，マルクスはかかる本源的（封建的）地代形態から資本制的地代への過度的形態として，分益制度・地主＝ユンカー経営・分割地所有の三つをあげるのであるが，このうちさきに述べた「農民的土地所有」は「分割地所有」に当ることはいうまでもない。ここでの地代は，「剰余価値の分化形態としては現象しない――といっても地代は，ともあれ資本制的生産様式が発展している諸国では，他の生産諸部門との比較による超過利潤として，但し，総じて農民の労働の全収益と同じく農民に帰属する超過利潤として，みずからを表示するのだが。」というものである。こうした分割地所有の成立は，剰余労働部分を領主に支払わないこと，すなわち，農民経営の手元における胎芽的利潤の成立＝民富の形成，その増大を通じて，事実上領主的土地所有を排

除してゆく過程でみられる。

　地主制が，あるいはもっと厳密に地主的土地所有が，領主的土地所有の蚕食形態（結果的にせよ），または対立物であり，また資本制的土地所有でもない以上，これは過渡的範疇として把えなければならない。それは，土地所有形態でみれば，本来，過渡的な形態である分割地所有から，あるいはともに，派生するもう一つの過渡的形態であるといえよう。

　ところで，前期的資本の領主的土地所有への吸着，乃至蚕食という規定は，必ずしも地主制のみを結果するのではない。それはいわば超歴史的な現象であって，単なる商品流通＝貨幣経済一般が存在すれば，これら前期的資本は，単なる自立的貨幣財産としての機能から一歩進んで，自分が結びつけている両極の生産的共同体＝領主領国制の内部で，なにほどか生産過程を支配するに至る。前期的資本のかかる超歴史的性格＝機能が，その「生産的共同体」の一定の段階において，すなわち，その内部において事実上の農民的土地所有が形成されるほど商品生産＝商品流通が展開した段階で，生産，ここでは農業に吸着した場合に，はじめて地主的土地所有が形成されるのである。したがって，地主制形成の規定は，何よりも生産＝小農民経営の発展段階の規定から始めなければならないであろう。ここからも，地主制の規定は，農民層分解論から始めなければならないことがわかるであろう。わたしは，それゆえ，地主制形成の基点の農民層分解を，事実上の（それが自由なものであれば一層）農民的土地所有形成期の分解と規定する。この場合でも，重要なのは土地所有形態が変るか否かではなく，そうした土地所有を作り出すほどの農民経営の状態である。この経営における蓄積部分を，誰が把握するかという「分解」の問題である。ここでは，大塚氏がいわれるように，分解の二つの道が存在する。典型的両極分解も，等しくこの農民的土地所有者——マルクスによれば「近代的諸国民のもとでは，封建制的土地所有の解消から生ずる諸形態の一つとして……たとえばイギリスのヨーマンリー，スウェーデンの農民身分，フランスや西ドイツの農民」[39]がそうであるが——の分解として表われるのである。すなわちこれは，それが小経営のための土地所有の最も正常的な形態の故である。そこに蓄積された経営的富は，資本家の手に集められる。地主—小作分解にあっては，前期的資本としての地主に把握される。

ここで当然，農民層分解の二つの道は，何によってその方向を決定づけられるかという問題があるのであるが，その課題は，日本に即しては，Ⅲで果たすことにして，ここでは地主制形成を規定づける点だけを明らかにしておけば良い。

* この点は，Ⅰでの対象が地主制の規定の吟味であるので省略するが，Ⅱの分析において関説したいと思う。ただここで，いわゆる分解の「二つの段階説」をとられる立場からみた場合との類似点についてふれておきたい。吉岡氏は分解の二つの道を批判されるなかで，何故に寄生地主的分解が先行し，両極分解が後に来るか（史実として）という問題を出しておられる。まさに「量的」にみれば，日本においても事実はそうであり，またイギリスについてもそうである。しかしこのことは，二つの道のうちいずれか一方の優位性を示すものであっても，直ちに他方の否定ではない。とくにこの分解の二つの道が，封建的生産様式解体期に現われる過渡期的問題である点からすれば，このいずれの道をとるかは，まさに「旧社会の内部編成の強固さ如何に関わる」であろう。とすれば，内部的編成の強さは，一般にそこに形成されてくる農民的土地所有の強さに逆比例する。それゆえ，大塚久雄氏がいわれたように，絶対主義の初期には地主・小作分解が支配的であり，後期に両極分解が支配的となると考えて良いであろう。

(ii) 農民層の「分解」と市民革命

ところで如上の農民層分解は，農民的土地所有＝分割地所有が存在する限り，いつまでも二つの道，両極分解と地主─小作分解との方向を持ち得るであろうか。この点に関して，すでに周知のごとく大内力氏と大石嘉一郎氏の問題意識と解明がある。両氏に共通に意識されているのは，マルクスの明らかにした両極分解の法則は，資本主義形成期の一般抽象的法則であり，これは，各段階において異なった型態をとるという点である。この点では一致しておられるが，大内氏が，農民層の分解は資本主義の段階論において究明さるべきであるといわれるのに対して，大石氏は，それでは農民層分解の初期の段階を，つまり，資本主義形成以前の段階を資本主義の発展段階論においてどう把握するか，という疑問を提出して，そこから独自の農民層分解の諸段階についての考察を進められたのである。

大石氏の所説の全貌を伝えることは限られた紙数では困難であるが，農業における経営様式の発展段階（たとえば工業における，封建的家内工業→小営業→

マニュファクチュア→機械制大工業に相当する）を基礎規定とし，それに作用をおよぼす，資本主義の全機構的発展段階（重商主義→自由主義→帝国主義）を媒介的契機として，この統一により農民層分解の段階論を検討されるのである。そうしてこれに，各国資本主義の型態差を類型論として導入され，上記の段階論と統一して規定しようというのである。そうして，農業小経営の発展段階を①自給経済が支配的に規定している封建的段階，②自然経済と商品経済がともに規定的である過渡的段階，③商品経済が支配的に規定している近代的段階，の三つとし（このあとに資本制農業の段階がある），①ではここでいう農民層分解はなく，③では法則的には両極分解を行うが，資本主義の発展段階如何，および類型如何により，歪曲されることがあるとされる。問題の分解の二つの道が生ずるのは②の段階であって，両極分解の法則が基本的には貫徹しながらも，商品経済が支配的になり得ていないために，歪曲されて，地主―小作関係への分解が生ずるとされている。

　ここまでが，前項（i）で検討した地主制形成期の農民層分解の内容であるが，ここで問題としているのは，大石氏によれば全機構的発展段階に視点をおいてこれを導入した場合の，農民層分解である。つまり，初期のいまだ資本主義的生産が微弱な段階から，資本制生産が社会的に支配的となるマニュファクチュア段階・機械制大工業段階，総じて社会体制としていえば，重商主義段階・自由主義段階・帝国主義段階へとそれぞれ移行した場合，農民層分解はいかなる形態をもつかという課題である。

　重商主義段階では，支配的な経営形態はマニュファクチュアであり，これに農業の小商品生産が対応している。ここでは，資本関係の拡大が進行するため，また他方この期は典型的な資本の本源的蓄積過程であるため，農民層の両極分解が，もっとも急激に進行する。ただし，これは内部からノーマルに資本関係が生成する先進国においてである。重商主義段階についての大石氏の見解はほぼ以上のとおりであるが，ここになお，大石氏が付け加えられなかった類型論的規定を加えるならば，この期はちょうどその中間に，市民革命期を含んでいる。そこで，この市民革命を考えた場合，農民層分解はいかに把握されるであろうか。

　周知のとおり，市民革命が農民層分解に与える影響は，一つは，その土地所

有形態の改変である。すなわち，領主的土地所有は最終的に止揚され，他方，近代的土地所有（主なる内容は農民的土地所有）を法的に確認したのである。それゆえ，ここからは両極分解は一層自由に展開する根拠が与えられたのである。

　ところで地主的所有はどうであったかといえば，これについては，イギリスにおいては，議会派からも直接的には小作制廃止の要求は出されていない。市民革命の第一の目的は，下からの生産者の経済的発展から出る要求による，封建制＝アンシャン・レジームの廃棄であり，資本関係の自由なる成長である。イギリスのように，自生的な資本関係が順調に展開しているところでは，過渡的範疇たる地主的土地所有は，小作人の借地農業者＝農業企業者への上昇が進行するにつれ，事実上解体＝近代的地主へ転化することになった。これは殊更，廃棄すべき対象とはなり得ないものに移行しつつあったといえよう。したがって，地主的土地所有（近代的地主でない）は，イギリス国内においても，あるいは早期的に転化し，あるいは残存する地帯もあったのである。しかし，基本的には，市民革命が創出した土地所有，それが保証した土地所有権は，何ら地主的土地所有を保護するものではなく，むしろその対立物＝農民的土地所有を強化した。そうしてこの期の農民経営の発展は，資本関係を創出するほどに高く（とくに工業において），この資本の要請として，イングランド銀行が作られて，市民革命の経済的完成が到来するのである。このような近代的信用制度の確立は，前期的資本の経済的基盤を一層急速に弱化させた。かくて，前期的資本の土地所有である地主制は，独自の収取体系を失って，やがて超過利潤を地代として受け取る資本主義的地主へと変容してゆくのである。かかる段階では，地主—小作への分解は，もはやほとんど無視し得るほどに至るであろう。

　フランスについて，遠藤輝明氏[(42)]は，地主的土地所有＝「市民的土地所有」Propriété bourgeois は，形式的には私的所有権を確立しているが，実質的な地代収取関係では，旧来の封建地代収取機構をそのまま利用していたゆえに，革命の綱領には地主的土地所有廃棄がうたわれていなかったとしても，領主制の解体とともに事実上解体し，近代的土地所有化してゆくと考えておられる。そうしてこれは農村小ブルジョアジーの下における資本関係の展開，すなわち両極分解が解体させたと主張される。しかし，遠藤氏はやはり，市民革命後の「市民的土地所有」の残存を認めておられるのであるから[(43)]，「事実上解体」とい

っても，領主制と同義に廃棄されたものではないといえる。実は，地主＝市民的土地所有の地代収取機構を封建地代のそれとまったく同様に把握される点では問題があり，その過渡的性格としての領主的土地所有との対立面が見逃されているところにこの見解が出たのであろう。氏がいわれるように，まさしく市民的土地所有の近代地主化は，農民経営の発展のなかにあり，必ずしも市民革命期にのみその転化をおかなくともいいと思われる。市民革命は，農民層の両極分解を自由ならしめた限りで，地主的土地所有を崩壊させる契機を作っているのであり，けっして領主的土地所有を廃棄したことで，直接地主的土地所有をも廃棄したのではないのである。

以上，西欧を中心に市民革命との関係をみたが，このことが大石氏のいわれる経済の発展段階とは，直接関係がないにもかかわらず重要なのは，日本の場合，明治維新の評価，それと地主制との関係があるので問題としなければならないからである。

西欧先進資本主義国においては，以上のように，大石氏のいわれる重商主義段階において，なかんずく，市民革命期以降，地主―小作への分解は次第に少なくなり，残存した地主的土地所有も近代的土地所有へと転化してゆく。そうしてこの転化は，産業革命＝自由主義段階に至って完成すると考えられる。

ところで，後進国においてはどうであろうか。ここでは市民革命自体が著しく歪曲されている。市民革命をめざす直接生産者の要求が，必ずしも実現されないで，領主制との妥協，前期的資本の要求の優位等々が現われて，それを市民革命と呼び得るか否かが問題となってくる。しかも，後進国の故に，農民経営は一定度の商品生産を展開させつつも，西欧重商主義＝マニュ段階の展開を完成させないうちに，早期的に機械制工業＝産業革命段階の経済制度が移植される。この早熟的資本主義化によって，農民層の分解は，自生的両極分解を著しく歪曲され，したがって地主―小作への分解が持続的に維持される。

こうした後進国，とくに日本の農民層分解を把握する前提として，西欧の自由主義段階＝産業革命期の農民層分解をみておこう。

(iii) 産業革命と農民層「分解」

この段階における農民層分解の特徴的なことは，農業資本家と農業労働者の

確立である。このことに端的に示されるように，機械制大工業は，注目すべき資本主義の完成を行う。そこに不均等発展があるとはいえ，農業と工業との完全な分離（「機械制生産こそが労働者を土地からきりはなす」——レーニン）を果たし，また，マニュファクチュアが外業部として支配していた小生産＝資本制家内工業を駆逐し，したがって機械制工業は自給経済を終局的に消滅させて商品経済に変え，かくて国内市場を完成してゆくのである。ここではじめて，労働の社会化，自由なる競争が本格的に展開される。こうした過程が進行する限り，もはや地主制の経済的基盤は失われてゆくのである。当然，農民層の分解もまた，地主—小作関係を創ることはない。

しかし，他方，農業生産の特質から（土地所有負担・技術的制約等），工業生産に比較して発展は遅れ，したがってなお小農経営を分解させないままに存続させる。また，資本主義の必然的性格として，相対的過剰人口なかんずく農村における潜在的過剰人口を滞留させる。このため，両極分解もまた抑制されて，完全に分解しきることはないのである。

以上のごとく，機械制大工業の成立は両極分解を完成させることはないにしても，もはや地主的土地所有を存続させ得ない条件を作り出すのが，先進国を貫徹する論理である。地主制は，市民革命を通じてその否定物の成長により弱化してゆきながら，この段階にいたって現実的にも残存し得なくなるのである。ここに過渡期の地主制の最終期がある。

しかるに後進国，とくに日本においては，この期においても地主制は資本制地主へ転化しない。むしろ，従来解明されてきたように，日本地主制は，日本資本主義の機構のなかで一定の役割を示し，それゆえ日本資本主義の欠くべからざる一脚を形造るのである。それは単に地主が，新たに成立した明治政府の財政的基盤をなし，政治的支配者層であったというに止まらない。そのことだけならば，イギリスにおいても，飯沼二郎氏がいわれるように，市民革命から産業革命にいたる間は，Squirearchy（「地主政治」）の時代であって，これが資本制地主へ転化しつつあったのであるから，日本地主制の持続の説明とはなり得ない。むしろ，ここでの問題は，日本における資本主義経済の再生産構造のなかで，経済的役割を果たしていたということが重要である。

とすれば，機械制大工業段階における日本の農民層分解，したがって日本地

主制の存在は，ここにおいて，明確に地主制成立の基本法則（近代化の二つの道としての）から背離した形態を示しているといえよう。後進国におけるかかる背離が，果たして完全に基本法則との絶縁なのか，あるいは，歪曲形態であるか，この類型論的規定がまた大石嘉一郎氏の主たる関心でもあったのである。わたしにとっても，この点に日本地主制分析の大きな課題があり，この解明なしに，農地改革に至る過程，改革の性格と意義を明らかにし得ないと思うのである。

以下，Ⅱ-3で日本地主制を西欧地主制と対比しつつ，規定づけよう。

〔補論〕Ⅱ-2において，わたしは「地主制」という言葉と「地主的土地所有」を同様に使用しているが，この段階ではまだ厳密に区別しなくとも，さほど混乱しないので使用した。それは主として，この両者の区別を明確に述べるにいたらなかったためと，従来の諸論稿において区別されていないため，それを念頭におく場合に一々書きかえることが困難だったためとによる。この区別はⅡ-3に出るが，簡単に記せば「地主制」とは「地主的土地所有」を基礎とする経済制度である。ところで地主は通常単に土地所有者だけに止まらず，諸営業を行っている。これはイギリスの地主と考えられるジェントリーについても同様である。それゆえに，地主は生産経営者としても把握しなければならない。「地主制」とは，こうした経営者であり土地所有者でもある地主が作る経済制度なのである。したがって，地主的土地所有の検討だけをもってしては，地主は把握し得ない。これは，地主を基本的に把握する場合には，その基礎たる土地所有の吟味で充分であるが，事実分析に立ち至れば，もはやそれだけで済まない。地主制のウクラードとしての位置づけも，また土地所有関係＝地代収取関係だけでは果たし得ないものである。

逆に，農民経営からいえば，地主制とは，単に地代収取者＝地主があるということだけではなく，地主支配をぬきにした小農経営だけの論理だけでは律しきれないような，ウクラードである。両者の論理が補完し合って農業の論理となっているウクラードである。

3　日本地主制の類型論的段階規定

ここでは，Ⅱ-2において検討してきた，農民層「分解」―蓄積の性格から，地主―小作「分解」の各段階を規定しておきたい。この段階を規定することが，とりもなおさず地主制の各段階における意味と役割とを明らかにするものである。この場合，われわれが，すでに「日本」の地主制を扱おうとしている以上，

前提として日本という類型的観点に立っている。しかも，それを明確にするためには，ほかならぬ日本資本主義形成の類型論的解明が必要であるが，そこまでを本章の範囲でとりあげることはできない。それゆえ，その課題に関しても学界の論議はさまざまに分れているのであるが，本章では，必要な限りでの私見を注釈として加えつつ述べることにする。

　（i）　日本における地主―小作関係の諸段階
　Ⅱ-1でみたように，従来研究者によって把えられた「地主制」は，幾つかの異なった内容を与えられている。これらすべてを「地主制」として包括して良いか否かは，さておいて，その「地主―小作関係」理解での共通点は，封建社会以降の大土地所有＝貸付地経営（一部手作経営を含む）であり，しかも三分割制の資本主義的地主―借地農業者経営にあらざるものという点であった。この共通点は，極めて超歴史的なものであって，これに各論者によってそれぞれの歴史的規定が与えられていたのである。
　こうした極めて長期の，すなわち，徳川元禄期より農地改革（あるいはその後にも残存すると考える説もある）までの，「地主―小作」分解を考えてみた場合，そうして，この分解によってもたらされる蓄積がいかなるものであるかに着目した場合，そこにはおのずからある歴史的諸段階が生じてくる。
　a　第一段階　　まず一般に「村方地主」と規定されているような，支配的には徳川封建制前半期に確立し，徳川後期にまで存在する地主―小作関係を取りあげよう。この地主―小作関係はしばしば指摘されるように，徳川封建制の，とくに権力機構の下部組織をなし，地主は，おおむね村役人と一致する。しかも，領主＝大名は，この地主を排除することなく，（それは明らかに「獅子のわけ前」を中間において搾取するものであるにもかかわらず），むしろ積極的にそれを支配する。これは，「地主―小作分解」とはいいながら，実は，封建的小農の分解ではない。そのことによって，直接的に領主財産の危機＝領主制の危機をもたらすものとはいえない。
　この「地主―小作関係」は，実態に当って調査してみれば，新たに土地集積を行うことによってはじめて成立するものというよりは，むしろ，それ以前に，土豪的―村役人的本百姓として，新本百姓の土地保有をはるかに凌駕している

ものが多い。その土地保有の大部分は，名子・被官的従属＝労働地代支配を中核として直接に経営されていたものである。徳川封建制は，こうした農村＝村落共同体を変革し，封建的小農把握＝村落共同体の行政的把握を指向する。これはもちろん，徳川封建制期のもつ発展した貨幣経済指向によってもたらされる。この結果，たとえば，大名権力による上からの名子解放令（例。享保７年山形堀田藩の布告。著名なる享保７年の村山郡長瀞一揆は，単に質地流禁止令との関連だけではなく名子解放令との関連がある）もあり，従属農民の自立化＝小作化が，かなり顕著に進行していた。この傾向は，いわば村落共同体を構成していた「小族団」の弛緩として，それゆえに，村落共同体の一定の変質，再編過過を含んでいた。これは徳川封建制にとって，その体制が必然的に創出する典型的な関係といい得るであろう。

　初期的に「地主―小作関係」として把えられたものには，こうした規定を与え得るものが極めて多いと考えられる。そうして，ひとたび従属農民を小作農として自立（それ以前に比し相対的に）させた地主は，今度は，自らの貨幣財産により質地集積を行ってくる。この結果，いわばこの「封建的階級分化―分解」は，量的にもかなりの比率に達した。

　この，いわゆる「村方地主」は，前述のように，もちろんその系譜のまま，いわゆる「地主制」へと連続する者も多い。それゆえ，地主のかかる系譜のみを追求しては，徳川封建制固有のかかる地主―小作関係を区分することは困難であろう。そこに，過渡期の問題の起点＝小農経営とその分解の考察が，ぜひ必要となってくる。

　ところで，本章の論旨からいえば，かかる「村方地主」は，さし当りの「地主制」とはかなり別な存在である。しかし，このことはまさに徳川封建制それ自体の理解にとっては欠くべからざる前提となる。これはいわば，封建的共同体の，少なくとも日本的展開過程（「少なくとも」というのは他国に対比すべき研究がまだ少ないから）をなしている。従来，封建的小農の自立化として研究されたものが，実態に即してみたとき，延宝―元禄期にその確立をみるという見解をも生ぜしめつつあるように，この初期的地主―小作関係をもその一環として把えることが実態に即しているものといえよう。たとえば，村明細帳に記載される「名子」の消滅と「水呑」の登場とは，単に新たな小作関係の形成だけ

が把えられているのではなく，名子的な農民の水呑的農民への転化があるのではないだろうか。そうした意味で「村方地主」的関係の分析が，徳川封建制分析に重要なものとなるのである。

　b　第二段階　以上のごとき，徳川封建制の基礎にある地主―小作関係ではなく，封建制を蚕食し，領主的土地所有に対立する傾向を示す地主―小作関係がある。これは，本質的には，封建制から資本制への移行の過渡期のウクラードとして把えるべき地主―小作関係である。

　なぜかかる地主―小作関係が生ずるかは，もっぱらこの関係を創出する農民層「分解」の性格にかかわる。

　前述したように，村方地主と呼ばれるものからこの段階の地主への転化は，極めてなし崩しに行われる。この実証的研究は必ずしも充分に行われているとはいえない。そこでは，地主経営の側とともに，「分解」の起点となる農民経営の実態分析が必要となる。

　このための基本的視点は，小農生産（工業をも含む小経営生産）の発展としての，商品経済＝商品生産の吟味から始められるべきであろう。封建的生産様式と本質的に矛盾する商品生産の展開は，領主制の危機＝「民富」の形成，をもたらす。この視点が失われれば，封建制下の大土地保有＝小作料収取との区別が判然としなくなる。この民富の形成の実証的把握の仕方については，しばしば論議されるように，明確ではない。民富の形成を単純に農民層一般における，「富の蓄積」，とだけ理解してはならないことは当然であろう。富はつねに発展しつつある一部の農民経営において蓄積されるものであるし，歴史的には，分解は蓄積と同時に進行しているから，現実の姿は上昇・下降の交錯する農民経営のなかに存在しているといえよう。

　こうした民富の形成は，理論的には，農民的貨幣経済の形成，あるいは事実上の農民的土地所有の成立，として把握される。そうして，ここに「農民層分解」の起点が与えられている。この分解は，本源的蓄積の過程をなす。

　ところで問題は，まさにこの段階における地主―小作関係成立の意味である。民富の形成の初期の段階においては，いまだ農業における小農生産を止揚し解体するほどの，生産力発展がない。とくに日本農業のごとく，封建社会体制下において，極めて高位の小経営生産力を有している場合，その技術体系＝農法

からみても，小農経営を解体し難くしている。たとえば，土地生産性の高いことも，小農経営の存続を容易にし，雇用労働による大経営に対する相対的な抵抗力をもたせているのである。それゆえ，この初期の段階では「分解」は必ずしも本格的な両極分解を進行させず，地主―小作分解＝小農維持が優位となる。

この「分解」は，民富の形成―単純商品生産経営の成立期に進行するものであるが，単純商品生産経営＝小経営にあっては，社会的に価値法則が全市場を完全に貫徹しているとはいえない。それは単にモディファイされて貫徹していないのではなく，単純商品生産の基本的性格に由来している。

〔注〕「農民層の分解」（＝両極分解，安孫子注）を価値法則との関連で理解される大塚久雄氏は，つぎのごとくいわれる。
「農民層の分解の基軸が小ブルジョアによる小ブルジョア層のExpropriationであるとするならば，資本の集中は資本による資本（とくに小資本層）のExpropriationを意味するのであり，資本主義発達の段階の進展に伴って，前者は後者に連続的に移行し，かつ両者は部分的に重なりあって現われてくる。つまり，農民層の分解と資本の集中とは，相互にきわめて密接な内的関連をもつところの二つの事実であって，両者の進行の基底には，一つの共通な経済法則が作用している。すなわち，さまざまな個別的価値の絡みあいのなかに，自由な競争を介して，一個の市場価値（ないし生産価格）が貫徹するということである。したがって農民層の分解もまたこの経済法則に即して理解されなければならない。それにもかかわらず，両概念をはっきりと区別することは理論的にも重要である。」として，論理的には「資本論」第3巻を出発点としながら，そこに「産業資本の原始的形成過程」＝本源的蓄積段階の方法概念を導入される。

ここでも，大塚氏の考えをまったく継承しながら，大塚氏がここで捨象された分解の阻止諸要因に即してみれば，この本源的蓄積過程での分解は，一義的に両極分解を生み出すとだけはいえない。すなわち，共同体的諸関係・前期的諸資本・債務奴隷・雇役等々の存在は分解を順調には進めない。

大石嘉一郎氏は，前掲論文において，大塚氏と同様な視点に立ちつつ，小経営＝単純商品生産経営の性格よりして，小経営の再生産条件が，剰余価値の実現＝C＋V＋Mの実現ではなく，必要労働部分の実現＝C＋Vの実現にあるため容易には脱農民化＝賃労働化しない。それゆえ，本源的蓄積過程において社会的暴力が大きな役割を果す根拠がここにある，と述べておられる。

このように，まさに，小経営分解の必然性は，一面では，商品生産＝価値形成過程の法則が，資本制生産＝価値増殖過程の法則へと転化する論理として把握されな

ければならないのである。

　現実の歴史的過程において，一方では，両極分解の進行とともに，他方での地主―小作分解の進行が並存する根拠は，ここにあるといえよう。本源的蓄積過程期における農民層分解の不徹底性については，マルクスおよびレーニンによって，論理的にも歴史的にも，数多く指摘されていることは周知のとおりである。地主―小作分解の問題は，それが過渡期の歴史的課題である限り，論理的には捨象されたもののなかに，問題があるといえよう。

　すなわち，単純商品生産経営の形成・価値形成過程の社会的成立のなかで，その限りでの一定の価値法則支配が生じたとき，その市場＝貨幣経済は，小ブルジョアと前期的資本の対抗の局面となる。この場合，いまだ小経営止揚の条件が不充分なるときは，分解は，前期的資本によって把握され，蓄積もまた，資本家―賃労働者という形は微弱であって，大部分は前期的資本の蓄積として現象する。これが，主として農業においては，地主―小作関係として現象するといえよう。農業における小経営止揚の困難性は，生産力上昇の速度および労働依存度の大きさによって，工業より一層大きい。これは西欧に比較して日本の場合一層著しいものがある。それゆえ，農業における地主―小作分解は，きわめて持続的な姿態をとるのである。

　それにもかかわらず，商品生産＝価値形成は，このことによって圧殺されてしまうことはない。農業面において一層展開するとともに，他方，未分離の状態とはいえ，加工業の分野ではさらに発展する。そこでは，剰余価値部分が成立し，小資本範疇が形成される。こうした条件のもとでは，小生産者の両極分解とともに，一方前期的資本の産業資本への転化も輩出する。同時に，地主―小作関係の下での小作料（rack rent）負担が両極分解をも促進する（大塚氏の指摘を参照）。そこでは，地主もまた，とくに諸営業および部分的には農業の面においてブルジョア的性格を有してくる。このように，この段階での地主―小作分解を，本源的蓄積過程の側面たらしめている契機は，ほかならぬ単純商品生産経営の形成であって，その地主―小作分解は，けっして商品生産の「挫折」と把えるべきではない。商品生産＝価値形成としては，歪曲され，かつ減速されつつもなお展開するのであって，挫折するのは直接生産者の資本家への上昇というコースである。この観点が抜けては，この段階での地主―小作分解

を，本源的蓄積過程の一側面と把えることはできなくなるであろう。

ところで，以上のような地主—小作関係は，実証の仕方に種々論議があるとはいえ，徳川後半期には先進地で形成され，幕末にはかなり広く散見し得るものと考えられる。もちろん個々の実例としては，徳川中期以前にも存在していたと思われるし，逆にまた幕末期に至っても，こうした地主—小作関係ではなく，商品生産の未発展ゆえに，村方地主と呼ばれるごとき，すぐれて徳川封建制的な地主—小作関係しか存在していない地域もまた広くあった。概していえば，幕末期にはかなり普遍的に形成されていたといって良いであろう。この地主—小作関係が立脚しているのは，もはや，封建制の基礎としての小農民ではなく，したがって，それ自体，封建制，とくに領主的な土地所有と対立する面を有している。それは，他ならぬ農民の単純商品生産的展開であって，そのことが，政治史的には明治維新を導くものといえよう。ここで明治維新を絶対主義成立とみるか，不完全なブルジョア革命とみるかが問題となろうが，そのことをここで詳論する余裕はない。

〔注〕 一言だけつけ加えれば，19世紀後半という世界史的段階でみるとき，先進資本主義諸国との関係から，日本においては，もはや典型的な絶対主義王制が成立することもなく，また内部的に生産諸力の発展，それに基くブルジョア的要求の強さからいえば，市民革命（古典的な）ほどのブルジョア的必然性も弱かったことは，認めなければならないであろう。明治絶対王制と規定した場合，その解体乃至変質の過程については，ほとんど論議されないままに，たとえば「軍事的＝半封建的帝国主義」への転化という規定が存在している。この変質の点が解明されない限り，絶対主義論には難があるといえよう。

また，最近では，「絶対王制の基礎としての地主制」という観点から，明治期に確立＝法認される地主制に着目して，この政府を絶対王制と考える立場があるが，地主制の存在を，Ⅱ-2で述べたように，市民革命期に必ずしも廃棄されないものとすれば，この論証は成り立たない。

問題を政治的に結論づけると，明治維新は，種々の複合的要素を段階的にもった，近代化改革と考えたい。複合的要素とは，第一に，絶対主義的権力のヘゲモニーを争う幕府と雄藩の対立＝雄藩会議の事態収拾，第二に天皇制を中核とする絶対主義指向＝藩籍奉還，第三に，上からの近代化を意図した初期官僚＝廃藩置県以降の一連の政策・地租改正はとくに注意。この基盤としての商品生産経営の諸要求（自由民権まで）。第四に，開国後著しく重商主義的基盤を与えられた前期資本の要求と

官僚の癒着。前期的資本の産業資本への特権的転化。

　以上の諸要素の対抗関係のなかで進行しつつ，自由民権期以後に成立したのは，諸資本主義国との経済的・技術的・イデオロギー的関係から，結果としては，封建的諸関係との妥協の産物である巨大なる尾をひいた，早産児的初期資本主義国家（cf. イギリスの市民革命の産物たる初期資本主義国家）ともよばれるべきものであった。すなわち，この時期以後の明治国家の意図したものは，絶対主義の維持ではなくて，資本主義国家の育成であった。経済政策からみれば，資本主義の特権的育成を意図する（ここでイギリスと異なる）「議会重商主義」的政策であった。

　そこには，一部に「市民革命」的エネルギーをもつ要素がありながら，「下からの革命」コースは挫折して，「上からの近代化改革」が行われたのである。それゆえ，自由民権以後では，絶対主義確立と考えるよりは，初期資本主義国家の歪曲的成立と考えたい。

　維新史研究を一段と深めている大江志乃夫氏[52]，大石嘉一郎氏[53]等最近の見解は大変興味深い。私見は，まだまったく仮説であるが，わたしは維新の過程は，明治10年代までを含むと考える。

　明治維新の変革は，一応，領主的土地所有を廃棄し，殖産興業＝資本制生産育成を図り，その限りでは，農民層の両極分解の基礎を提供したかのごとくであるが，まさにこの小商品生産経営発展の微弱さから，基本的な経済段階は，マニュファクチュア段階＝（重商主義的段階）＝本源的蓄積進行期，という関連が成立している段階であった。したがって農民層分解論からいえば，量的差違こそあれ，幕末期の「分解」と基本的な差違はなかった。もちろん，自主的にも移植の点においても，資本関係の形成は，その基盤を与えられたことによって急速に進行し，それだけにますます両極分解を増大させてはいる。しかし，この段階では小経営＝単純商品生産を駆逐するだけの，価値貫徹＝市場形成には至らなかった。「マニュファクチュア期は，なんら根本改造をもたらすものではない。人の記憶するように，本来のマニュファクチュア期は，国民的生産をきわめて断片的に征服するのみで，つねに広範なる背景として都市手工業と家内的＝農村的副業とのうえに立っている……大工業のみがはじめて機械とともに資本主義的農業の不変的基礎を供給し，農村民の巨大な多数を根本的に収奪して，農耕と家内的＝農村的営業の分離を完成し，その根をむしりとる。」[54]のである。

　明治維新以後においてもなお進行するこの本源的蓄積過程では，両極分解と

ともに依然として地主―小作関係分解が進行する。それは，基部における小商品生産の分解が，なお資本関係形成＝価値増殖過程成立には至り得ない限界を有しているからであり，その限界は，小経営を廃棄し得ない商品生産の生産力水準にかかわっていたといわなければならない。そこに，前期的資本の活躍基盤があったのである。

以上を，日本における地主―小作関係の第二段階の性格と考える。

c　第三段階　如上のことからすれば，当然導き出されることは，日本資本主義成立史における本源的蓄積の完成＝機械制大工業・産業資本の確立以降は，地主―小作分解の意味が異なっているといわなければならない。そのことのメルクマールは，日本における産業革命の展開と，それによって完成する資本主義経済制度の社会的確立である。そこでは，大塚氏が述べられたように価値法則の貫徹＝自由競争―資本の本性よりして，すでに資本の集中が進行する。[55]このことはもちろん本源的蓄積過程においても，個々には進展しており，したがって明治10年代後半以降はいわゆる「泡沫会社」が著しく誕生・消滅し，30年代に入るや，地方的「小会社」は都市の大会社との競争で，没落傾向を現わし始めていることからも窺えよう。このことは，とくにいちはやく産業革命を経過（事実はしばしば移植）した部門に著しい。

ここに至っては，農民層の分解は，次第に日本資本主義の独自の人口法則に規制されることになる。一般的にいえば，先進国の事例では，なお両極分解が進行し，それは主として農業における資本制生産をもたらしている。分解して下降したものは，一部は農業労働者となり，他の一部は工業労働者となる。この過程は，資本主義の相対的過剰人口の創出過程であり，資本主義独自の人口法則の基礎的な一環といえる。すなわち，「分解」はもはや本源的蓄積ではなく，資本主義の価値法則貫徹の下での，それ自身による資本主義的蓄積に外ならない。第三段階の農民層分解は，まさにこの点から規定づけられる。

ところで，日本資本主義にあっては，この蓄積のための人口法則は，きわめて歪曲されていた。それは，第一に，早期的に移植育成された資本制生産＝機械制大工業であったために，日本の資本制生産全体として，世界的にみれば，社会的価値より大きい個別的価値で生産しており，したがって，総体としてマイナスの超過利潤を背負っていたことのためであり，第二に，工業と農業との

不均等発展が著しく，このため資本制生産対単純商品生産の競争の過程で，小経営にあっては剰余価値部分の成立は圧殺され，さらに進んで必要労働部分の圧縮がみられたことによる。このことは，小経営が必然的に自給部分を随伴していることのために，一層容易に行われたものといえる。こうした農業に対する負担転嫁は，資本家と，この前段階より農業を支配している地主との妥協によって行われた。この結果，相対的過剰人口とはいいながら，両極分解はなお完全には進行せず，小経営を維持せしめつつ，家族（とくに二三男や女子）の賃労働者化が広範に進行することになる。そうして経営としての分解は，依然，地主―小作関係が進行した。

　この地主―小作分解は，大正中期ごろまでは，小作人経営という形で広範なる潜在的過剰人口を作り出し，一部で停滞的過剰人口を形成したのである。そこでは，農業外部に聳立した資本制生産によって，機構的に把握されてきた農業の姿が現われてきている。すなわち，この分解・蓄積は，一義的には前述のごとく資本主義法則による蓄積であり，その日本的形態としては，農業における資本制生産の成立条件を欠如していたゆえに，小経営のまま圧伏されたものといえよう。そうしてまた，工業における資本制生産が，個別価値以下の実現しか，なし得なかったところに，相対的過剰人口の特殊的形態が生れたものといえる。

　このことだけでは，実はまだ地主―小作関係再生産の必然性がわからない。それは，小作人＝小経営の存在理由ではあっても，地主＝過渡的地代収取の存在理由は必ずしも明確ではないであろう。すなわち，この段階に至れば，この分解を一義的に決定する要因は，もはや近代化＝過渡期の一側面の担い手たる地主にあるのではなく，資本主義法則に移ってしまっているのである。したがって分解の問題は，「日本資本主義の農業問題」と化するのであって，前段階におけるごとく，近代化の道を決定する「方法概念」，したがってその一方の主役としての「地主」，という論理構造とはまったく異なっているといって良い。ここに，地主―小作関係乃至分解のもつ論理的差違・段階的差違が明確になっている。この両者の差違を認めず，単に地主＝半封建的土地所有者という観点からみれば，その土地所有を成立させている基盤について，本質的な差違を検出し難くするであろう。曰く，低位生産力，村落共同体的関係の残存，零

細錯圃制の存続，高率小作料の持続等々。そうして，まさにこれらの諸条件は，その前段階におけるごとく完全なる廃棄なしに存続し，地主的土地所有の基礎条件となっているが，それとともに，この段階での地主にあっては，かつて鋭く対立したブルジョアジー層との体制的妥協が，主要なる存続条件となる。その妥協ゆえに，資本家対地主の矛盾は内攻しており，資本制生産対単純商品生産の矛盾，具体的には小農の商品生産の飛躍的発展により，顕現化し，解消されるに至る（農地改革に至る過程。起点大正7年）。

　この過程を先進国と対比してみれば，イギリスにおいては，産業革命期を指標として，農業における資本制生産が確立し，分解の基本形態は，もっともノーマルな相対的過剰人口を形成し，その下における土地所有関係は，基本的には「三分割制」に基く資本主義的土地所有へと転化していった。まさに「大工業のみが………資本主義的農業の不変的基礎を供給した」のである。この過程では，過渡期的ないわゆる「地主的土地所有」は，産業資本の「自由主義的経済政策」によって，法的にも圧迫・否定されてゆく。もっとも，イギリスにおいて，かかる傾向が生じたのは，産業革命期に至ってからではない。市民革命によって基礎を与えられた農民的商品生産の発展は，一貫して地主的土地所有を否定してきたのであるが，その完成の指標として産業革命，そして農業における農業革命期を考えるものである。フランスにおいても事態は，年代こそ遅れるが，基本的性格においては同様であると考えられる。これらの先進諸国にあっては，産業革命をメルクマールとして，地主―小作分解の本来的性格は消滅し，新たに，資本主義的土地所有と農業資本主義を生みだすものとなる。この点で，依然，地主―小作分解を微弱ながら進行させる日本とは決定的に異なり，それはこの段階＝自由主義段階での資本主義構造の差違に基くものといえよう。

　〔注1〕　イギリス乃至フランスにおいては，市民革命後は「地主的土地所有」は否定され，したがって本来的な「地主―小作分解」はあり得ないとする考え方が非常に多くある。そして基本的には両極分解のコースのみが存在すると考えられるのである。しかしこの説を批判される飯沼二郎氏の見解に依拠すれば，市民革命後のイギリスについても，歴史的事実としては，地主―小作関係はなお継承されており，しかもそれが「初期資本主義国家」の重要なる政治的基盤となっていた。たしかに，論理的には市民革命の創出せる諸条件は，両極分解への阻止要因を排除し，社会体

制としては商品生産→資本制生産のコースのみを確定した。しかし，歴史的には小経営＝単純商品生産の存在は，つねに分解の二型を存在させる。この段階においても，分解の二型のうちの両極分解のコースのみを基本的には指向しつつも，なお地主―小作分解の尾をひくものである。

　この点，フランス地主制を分析される遠藤輝明氏は，「封建的土地所有の最終形態としての『地主的土地所有』は，産業資本の利潤範疇を設定したブルジョア革命によって，基本的には解体した。しかしこの段階において，なお地主層は金融業者と連合して，利潤範疇の確立を阻止し，『利子率』＝『小作料率』の高率を維持しようとする。そしてそれが可能である限り，狭い意味での『地主制』もまた現実には存続しうることになる。こうした地主制が最終的に解体するのは，したがって産業資本が『貸付資本』・『土地所有』を自己のものとして全面的に従属せしめ，利潤範疇の優位を確定した段階においてである。……ここに地主制は『産業革命』の展開と共に，終局的に，解体していったといえる。[58]」と述べておられる。飯沼氏は，これに対し，地主制の存続の点を，「歴史家」遠藤氏は率直に歴史事実を認めながら，「理論家」遠藤氏はそれを認めまいとされると批判しておられる[59]。ここでともかくフランス大革命後にも地主制が存続していることは明らかであって，地主―小作関係という過渡的範疇を扱う場合には，単に論理的な存在意義の有無にだけ止まっては解明は困難になるばかりである。

　遠藤氏は，この論文で，引用にもみられるように，「地主制」と「地主的土地所有」を微妙に区別しておられる。この区別は，本章においてもきわめて重要であるので（Ⅱ-2 末の「補論」参照），次項（ⅱ）で述べるが，遠藤氏は，狭義の地主制とは「地主―小作関係」，広義では「地主的土地所有＝封建的土地所有関係の一型態」と考えておられるようである。しかし，「地主制」が分解＝蓄積の問題（しかも過渡的）である以上，それが一面においては正しいにしても，「封建的土地所有」の点だけに限定してしまうわけにはいかないと思われる。遠藤氏をはじめ，この点にこだわれば，封建的土地所有＝そのもっとも基本的な領主的土地所有の廃棄とともに，地主的土地所有の廃棄が導かれざるを得なくなってしまうのである。なお，遠藤氏の広義・狭義は，わたしの区別の仕方と異なる。

〔注2〕　飯沼氏は，本章執筆中に，「ブルジョア革命と地主制」という論文を発表された[60]。これは，従来の所説を体系化したものであるが，Ⅱ-1 でわたしが紹介したような単純な，イギリス＝近代地主制，日本＝寄生地主制という二本立ではなく，基本的には同一の地主制でありながら，その差違は「第一に日本農業の特殊な国土的・技術的条件に基づく土地生産力の驚くべき高さに由来するもの」として，「一変種」と把握されておられる。

　このことから，世界史的に，基本的に同様な地主制を，イギリス・フランス・ドイツ・日本に認められるのであるが，その解体についても，フランス，ドイツと同

様に考えておられる。わたしとの差違は，私見ではフランスにおいては産業革命期に消滅するものが，日本において消滅しない，という点にある。フランスにあっては，産業資本＝自由主義段階の初期に解体・変質するものが，日本にあっては，独占段階にあっても厳として存続したという差違が重要であって，それゆえ，本源的蓄積過程の地主―小作分解と，産業資本段階の地主―小作分解を，地主制そのものについても，明確に区別すべきものと考えているのである。

　もちろん，飯沼氏のいわれるように，本源的蓄積過程においてさえも，日本とイギリス・フランスでは，地主制とくにそれを成立させる農民層分解において差違はある。そのことは類型論的差違であって，基本的には同一であり，産業資本段階に入れば，段階的・論理的に異なるものと考える。

(ii)　日本地主制における二段階

a　「地主制」と「地主的土地所有」　前項（i）の注にも記したように，「地主制」という用語法は，もう少し厳密に使われないと，そこに幾多の混乱が生ずる。ここでは，本章において使用する定義的な考えかたを断っておきたい。(i) では，日本における「地主―小作関係」の段階について，もっとも必要と思われる時期についてのみ，区分を行った。いうまでもなく，単なる「地主―小作関係」という生産関係の示すものは，超歴史的な（どの時代にもあるというのではない），いわば無概念的なものである。これに類似した関係は，いくつかの時期で，いくつかの型態で存在する。それゆえ，本章では，地主制を，そうした形態を創出する，「広義の農民層分解」の諸段階において位置づけてみたのである。

　こうして，かなり広い歴史段階における地主―小作関係の段階区分が行われるのであるが，いわゆる研究対象としての「地主制」とは，そのように無概念的な範疇を考えているわけではなかったと思われる。それは主として，二つの意図＝問題意識，すなわち，第一には，近代化＝封建制より資本制の移行過程の分析において見逃し得ない過渡的ウクラードとしての「地主制」の分析であり，第二には，農地改革以前に日本資本主義の内部で農業を支配していた「地主制」の分析であった。この観点からすれば，前項（i）において三段階を区分したことだけでは，まだ問題の本質解明には立ち至っていないことになる。

　ところで，「地主制」と一般に呼ばれるとき，それはしばしば「地主的土地所有制」とまったく同義語に考えられている。もちろん，地主が農民層分解の

一形態から創出され，小農経営を廃棄せずまた脱農民化を阻むという点からすれば，「地主制」とは，すぐれて農業上のウクラードと考えられる。そしてこのことは基本的には正しい。それゆえ「地主制」の本質的表現は，「地主的土地所有」であることも当然である。しかし，この二つは，まったく同義語，つまり論理的に同次元の等しい範疇ではない。それは「資本」と「資本制生産」の論理段階が異なるのと形態的には類似した意味で異なった範疇なのである。「地主制」という範疇は，いってみればきわめて高次の概念であり，そこには「地主経営」・「地主支配」，もっと広く「ある一定の農業制度」，さらに広く「一定社会の経済的基盤」というものまでが入って使用されている。この点で，「地主的土地所有」は「地主制」の論理の基礎範疇をなすものと考えられる。

　この両者の区別を明確にしたうえで，「地主制」という範疇を考えてみよう。

　「地主的土地所有」が，封建体制下における単純商品生産経営の分解によって，歪曲的に現われる（しかし，それは小営経＝単純商品生産のもつ歴史的性格から，この歪曲は歴史的には一定の必然性をもって現われる）という点からみれば，この地主的土地所有自身が，実は「商品」や「封建的土地所有」という基礎範疇より，はるかに高次の論理段階での概念であることがわかろう。しかも，これは，単純商品生産発展→封建制解体から，資本制生産確立＝資本主義確立への移行期に特徴的に現われ，日本ではその後も存続するものであるから，封建制・資本制の両者に属する諸概念からみれば，きわめて過渡的な範疇であることも確認して良いであろう。すなわち，それは単に領主的土地所有→地主的土地所有→資本主義的土地所有，と単に並列的に把えられるべきものではない。それはその前後の土地所有に比し，極めて過渡的である。また，より高次の範疇である。

　それは，この「地主的土地所有」が，前期的資本が農業把握に際して示した一生産関係であり，したがって超歴史的な前期的資本は，一定の社会的生産様式を構成し得ないという点から過渡期の産物となるのである。すなわち，前期的資本が，形成されてくる単純商品生産経営を支配（農業面で）する限りでの所産であり，前期的資本が優勢，または残存している状態，小経営が支配的に存在する段階においては，それが封建末期であれ，初期資本制下であれ，成立する可能性をもっていた。

もちろん，この地主的土地所有は，旧来の封建的土地所有の成立条件と本質的に同様な諸条件，たとえば村落共同体等々，の存在があったから成立するものであったが，それは，封建制の存在理由に根拠をおいているというよりは，前期的資本の存在理由があったから，成立したものである。そのことが，市民革命後にも地主的土地所有が維持された根拠である。
　地主的土地所有を本質的に「封建的」＝半封建的というのは，それが封建的生産様式を止揚する契機になり得ない点にこそある。それゆえに，封建制のさまざまな姿態を直接的に継承しているのであって，「地主的土地所有」の成立根拠が，直ちに「封建的」なのではない。その根拠は，くり返していえば「前期資本的」なのである。
　この基礎の上に立つ「地主制」というのは，かかる過渡期のウクラード総体をさすものである。それは一つの階級的支配の形態（過渡的な）である。したがって，これは単に農業面だけに限定されない。工業面の諸営業においても，国家権力のなかにも入りこむ。ただし，産業資本と対立しつつ。
　この「地主制」が優勢に成立する段階では，産業資本の創出する価値法則→利潤基準のために，前期資本の産業資本への転化が進行する。それゆえ，個々の地主をとってみれば，それはブルジョア的側面＝産業資本機能をもつことがある。角山栄氏はこうした側面から「ジェントリー資本」という範疇を措定された[61]が，それは個々の事態においてはまさしく存在する。しかし，吉岡昭彦氏が批判された[62]ように，それを一括することは，歴史的範疇を無差別に総和したものであって，範疇として措定することには大いに難があろう。しかし，具体的な事実分析に当っては，個々の地主＝経営のなかに，それが混在することはあるので，単純に地主＝前期的資本とだけ把握しては，歴史的展開の様相が見逃される。こうした限定した意味で，「ジェントリー資本」の歴史的・具体的役割を検証することは重要であろう。
　ところで，それにもかかわらず「地主制」は範疇（過渡的）として成立する。それはこれが内部には矛盾を含むとはいえ，一定のウクラードとして，過渡期社会で一定の役割を果しているからである。「地主制」とは，そうした範疇なのである。
　b　日本地主制の二段階措定　　以上の観点よりすれば，さきに述べた地主―

小作関係の三段階に，すべて「地主制」が存在したのではなく，後二段階にのみ存在するといえよう。

すなわち，徳川封建制中期以前で支配的な地主―小作関係は，まさに封建制（徳川期）の下部機構をなすものであり，封建制そのものといってよい。かかる場合には，「地主制」という過渡的ウクラードではなく，「領主制」にそのまま組み込まれているものである。したがって，この地主―小作関係は本章の「地主制」の圏外におかれる。つまり，「村方地主」という規定（用語法）は認めても（それを徳川封建制の下部機構分析の視点で），「村方地主制」は否定したいのである。

第二段階の，単純商品生産範疇成立後，農民層分解の一型態の所産としてみられる地主―小作関係は，もっとも「典型的な地主制」である。これは，封建末期に姿態を整え資本制初期にまで存在する，もっとも過渡的な，それゆえに「地主制」としては，本来的な「地主制」である。この段階措定についてはほぼ異論がないであろう。具体的な段階区分については説がわかれるであろうが，このことについてはつぎのⅢで述べる。ともかく，このような封建制から資本制への移行の過程における地主の位置づけは，単に日本だけではなく，イギリス・フランスについても措定し得るものと考えられる。この段階での「地主制」は，なお未熟なる単純商品生産経営の発展を基盤としており，産業資本の自生的発展に制約されつつ，前期的資本の産業資本への転化のコースを支える経済的基盤となっている。しかも，封建領主制の廃棄＝市民革命後においては，過渡的に（否定される傾向を当初より有しつつ），国家権力の経済的基盤をも構成するものである。

日本においては，その商品生産展開の特殊類型的規定を受けつつ，「地主制」は圧倒的に成立して，農民層の両極分解を，きわめて微弱なものとしている。この日本農業における商品生産展開の類型的特質は，外国資本主義と接触することにより，「後進的」類型になる。とくに安政開港後においては，生産力的特質と資本主義の後進的特質との，二重の意味での類型把握が必要となってくるのである。

つぎに，地主―小作関係の第三段階と規定した時期，メルクマールとしては産業革命期以降についてみれば，イギリス・フランスにおいてはすでに，「資

本主義的地主」に転化しており日本とは範疇的にまったく異なる地主になっている。日本においては，この時期にいたってもなお前期的資本の性格が廃棄されず，そのため資本主義的範疇に属さない過渡的範疇の性格をまったく変更していない。ここでは，その地主―小作関係は，資本主義との妥協の上にあり，しかも日本資本主義再生産構造に明確に組み込まれた存在である。それはいってみれば，資本主義の再生産＝蓄積が，非資本主義領域を論理的には必要としないにもかかわらず，現実には非資本主義領域（たとえば植民地）を再生産の重要なる柱として，組み立てられているものと類似した意味においてである。この場合，地主はもはや社会的な支配者ではあり得ない。社会の基盤を提供するものでもない。それは資本家と資本制生産に席をゆずるものとなっている。この場合日本資本主義の再生産が現実に必要としているのは，農業，その小経営であって，直接に地主の前期的資本なり土地所有ではない。地主―小作関係を廃棄せずに維持しているのは，まさに農業とその小経営を維持する必要があるからに外ならない。それゆえ，農業に限定してみれば，そこでは「地主―小作関係」が支配的であり，資本主義下の異質的＝過渡的ウクラードとして存在している。それゆえに，これをも「地主制」の一段階として措定し得ると考えるのである。

しかし，これは，その基礎的性格において同一のものであれ，その存在理由も役割も，前述の「本来的な地主制」とは異なる。それゆえに，この区別をするために，これをとくに「寄生地主制」という言葉で表わすのも妥当であろう（わたしは用語にこだわるのではない。それゆえ，この地主制を何と呼ぼうとよいのであるが，論者によって同じ言葉が異なる内容を与えられると混乱するので，統一的用語法を段階規定とともに提案するのである）。

ここでは，産業革命後を一括して，その段階の地主制を「寄生地主制」と表現したのであるが，独占資本主義段階＝帝国主義段階についてはどうであるかが問題となろう。独占資本主義段階の農民層分解は，それなりの特殊性をもっている。しかし，「地主制」の第一段階と第二段階（寄生地主制）とを区別する根拠となった，本源的蓄積か資本主義的蓄積か，という視点に立てば，基本的には後者の蓄積法則の枠内にあることは明瞭であろう。この蓄積法則が，帝国主義段階で歪曲化され，小農よりの総体的な収奪が始まるとしても（日本では

独占資本主義段階以前にもそれがある＝類型的特質），基本的には資本主義的法則の下にある。それゆえ，「地主制」の段階区分においても，大きく区分する場合には二段階でよいと考える。そうしてこの二段階のそれぞれ内部で，さらに立ち至った小区分が行われるべきであると思われるのである。

　以上，日本地主制分析にあたって，まず定めておかなければならない理論的規準として，二段階規定を行ってみた。具体的な分析はこの上に行われるのであるが，その全貌はとうてい取り扱い得ない。ただ，いままでわたし自身が行ってきた分析に依拠しつつ，そのきわめて試論的なスケッチを，つぎに述べておく。

Ⅲ　日本地主制の二段階分析〔その覚書〕

　以上，Ⅱにおいて示した規準に拠って日本地主制の分析を行うことが，本節Ⅲの主題であるが，いってみればこれが研究の目的であり，今後の具体的研究課題でもある。したがって，本章では本来尽し得ないものであり，それのみで膨大なる個別研究を必要とするものである。この節では，この分析のスケッチに止まるのであるが，それも地主制の段階論を行うにあたって必要な，論点提示風なスケッチであって，実証成果とはいえない。もちろん，それだけのためにも，わたしの過去の実証的分析が基礎になっているし，諸先学の数多くの成果に依拠しているものである。

　それゆえ，このⅢの主題の限定のために，いわゆる「地主制論争」等に関しては何ら解答を与えるものではない。従来の論争点の解明という仕事自体が，問題点とくに地主制そのものの明確なる位置づけを欠いたまま，あるいは各人各様に位置づけながら行われたことに対する，反省に止まる。ここから，ふたたび論争点を解明しつつ分析の肉づけが必要になるのである。

1　近代化過程における地主制

（ⅰ）「地主制」の形成と確立
　a　形成要因　　Ⅱで簡単にみたように，地主制形成の過程・その時期に関

しては，かなりの異論が存在するが，このメルクマールとして考えたいのは，封建的小農民の「事実上の小商品生産者化」である。問題は，この検出であるが，通例この点は，畑作商品作物地帯を事例として行われてきた。それには，必ずしも根拠がなかったのではない。稲作については，周知のとおり，徳川封建制下のもっとも基本的な生産物貢租が課せられており，しかもきびしい作付強制が加わっていた。このことは直接に封建領主の支配下にあることを示すものであり，それゆえ一層きびしく前期的資本によって把握されるものであった。米が，領主的貨幣経済下の最大の商品であったことを考えれば，しかも生産物地代として多量に収奪されたことを併せ考えれば，稲作の面から最初の単純商品生産は形成されがたかった。

これに対して畑作物においては，地代形態は多様であり，大豆・米・貨幣等々が存在し，かつ作付の強制は著しく弱かった。とくに，封建領主の貨幣要求からも，小物成の漸次的増徴につれ，四木三草等の販売作物が奨励されて，封建的小農経営の貨幣経済化が著しく進行していた。しかしこうした稲作と畑作の違いは，単に商品生産成立の難易さの差違であって，このことが決定的な差違を作ることは考えがたい。部分的には稲作経営からも，かかる商品生産指向が現われており，一方は他を規定しながら発展する，ここに胎芽的利潤の成立＝民富の形成が結果する。

この場合，とくに畑作商品作物に注目して，これを封建的特産物商品経済とする山田舜氏の見解があるが，市場の前期性が単純商品生産成立を規定するのに重要なのではなく，農民経営のあり方が問題なのである。この経営の規定について，山田氏は，耕地強制＝零細錯圃制に封建性の基底を求められるが，この零細錯圃制は封建性のみの属性ではなく，むしろもっと広く小農経営の属性と考えた方が良いと思われる。日本農業では，それが一層顕著である。それゆえ，この属性は単純商品生産＝小経営にあってもなお廃棄され難い。この属性が封建制の基礎となるためには，そこに結ばれる共同体的諸関係が，封建的共同体を形成するまでに論理の次元が高まらなければならないのであるが，ここでは詳論し得ない。

ところで，この前提のうえに，農民層の分解が地主―小作分解に結果する要因が明らかにされなければならない。

大塚久雄氏は，これを，「局地的市場圏」理論＝共同体解体の論理という，より抽象的な論理から，一歩具体的な論理としての蓄積基盤の移行＝蓄積の論理を導き出して，説明しておられる。この本源的蓄積の限界性を実証する場合に，直ちに具体的な局地的市場圏を検証する方法は誤りである。局地的市場圏理論はあくまで共同体の内部的解体の論理であって，歴史的事実検証の論理基準ではあっても，事実基準ではない。局地的市場の存在そのもので，農民的商品生産の発展を措定することは危険であろう。

他方，耕地強制よりする限界経営規模説は，農民層の分解を，あまりにも農業における資本主義化の面に拘わらせすぎている。イギリスにおいても本源的蓄積のもっとも大きな梃子は羊毛工業であった。たしかに農業における限界規模説も，地主―小作分解の可能性を示すものであるが，そのことによって両極分解が一義的に閉されるという，結論が導かれることは誤りであると思われる。

以上のごとき地主―小作分解が成立するのは，先進地にあっては，ほぼ徳川封建制中期以降であると考えられる。地域によってはもっと早い。他方にまた，膨大な地域において，かかる地主―小作分解は進行せず，幕末期においても，いわゆる村方地主的小作関係が強固に存続していたと思われる。

b　全国水準的形成　　徳川中期以降に形成される地主―小作関係は，先進地にあっては幕末には「地主制」として姿をととのえるに至った。そのメルクマールは，失敗したとはいえ一連の天保期の改革と外的要因としての開港である。地主の手による経済機構把握が次第に進行していたことは，たとえば羽州村山郡の百姓一揆が，ほとんど地主＝前期的資本を対象としていた（しかも件数密度においても高い）ことにも現われている。また村方騒動として把握されるように，村内での支配者・支配機構の変革も先進地では多い。こうしたことの結果が，藩財政の破局的危機とその対策であり，旧来の特権商人による，いわば絶対主義的再編成である。

しかしながら，こうした先進地の水準は，なお，全国的な単純商品生産の未展開，したがって価値形成法則の貫徹不充分のゆえに，容易には後進地を把えることができなかった。この過程を促進した契機は数多くあるが，その最大なるものは，明治維新の諸政策なかんずく地租金納化であった。そもそも明治維新の経済政策は，先進地によって示された水準の上に立って，これを全国的水

準としようとしたものであり，これに先進資本主義国から取り入れた近代的経済政策が加わっていた。それゆえ，後進地帯は，これによって貨幣負担→商品生産指向へ否応なしに転化されることになった。

かくて，この単純商品生産の発展水準は，明治維新以降においてはじめて全国的規模において形成されることになった。したがって「地主的土地所有」の，そして「地主制」の全国水準での形成は，明治以降にあるといえよう。

この先進地帯と後進地帯の再生産構造的連関は，日本地主制の具体的分析にあっては，従来ほとんど見逃されていた点であろう。それゆえ，幕末期の地主制形成が畑作地帯に集中し，明治期において典型的（現象的に）に地主が成立するのは米作地帯であるということの，構造的関連も解明し得なくしてしまっていたのである。

　　c　地主的土地所有の法認　　先進地において幕末に事実上形成されていた地主制は，領主的土地所有の廃棄とともにその土地所有を顕現化した。諸説において，地租改正を地主制の法認とするものがあるが，これは当然地主的土地所有を指さなくてはならない。しかし，ここで領主的土地所有の廃棄によって，現われたのは単に地主的土地所有だけではない。少なくとも観念的には，法認されたのは農民的土地所有であった。しかしながら，農民的土地所有が単純商品生産発展の基盤を提供するものであるにもかかわらず，地租改正は二つの面からその基盤とはなり得なかった。それは第一に高率地租の点で，この高率地租によって小農経営を圧迫し，単純商品生産における胎芽的利潤の蓄積を著しく阻害し，さらに進んでこれを窮乏化させていた。第二には，主として後進地帯に対しては，上からの貨幣経済化として作用し，そこに窮迫販売的商品経済を作り出すことによって小経営の没落を促進した。

このように，法的に農民的土地所有を設定しながら，その発展コースを阻害し，単純商品生産を急速には拡大し得なかった。このような状態におかれたため，激しい貨幣経済の動揺のなかで（明治10年代のインフレとデフレがその例）分解する農民経営は，地主─小作関係を拡大していったのである。

このことから，地租改正が農民的土地所有を排除していたとはいえない。法的には認めながら，地租改正の意図はむしろそこにはなかったと見るべきである。すなわち，地租改正の経過からもわかるとおり，これは国家財政の整備を

第一義として行われており，農民的土地所有権立＝小商品生産展開がまず意図されたとはいいがたいものがある。したがって，この法認が現実に小商品生産の基礎となったのは，栗原百寿氏もいわれるように，地租引下げ・米価の上昇・貨幣価値下落の過程が進行した，明治10年代後半といえるであろう。この点で，西欧の農奴解放＝金納化・土地買受け（有償解放）と相似た点があるが，日本では事実上幕末にも農民的土地所有が微弱ながら存在し，単純商品生産も進展しているのであるから，同義には断じられない。しかし，ここに日本の後進性，絶対王制成立の不徹底さと，なしくずしの近代化改革の，特徴的性格を見得るのである。

ところで，地租改正＝近代財政の強行的確立の視点からみれば，初期資本主義国家財政の地租依存は共通にみられる現象であり，それが日本では，明治22年の国会開設まで地租負担者＝地主の政治的立場が与えられなかったところに，天皇制国家としての特質があった。この天皇制と地主制の妥協は，明治14年自由民権運動の過程で成立したのである（国会設置の気運）。

(ⅱ) 本源的蓄積の進行と「地主制」の役割

　a　資本制生産の形成と農民層分解　　周知のごとく日本における資本制生産の形成は，内部よりの微弱なる発展と，前期的資本の転化による圧倒的成立をもって特徴づけられよう。前者の例としては，とくに製糸，絹織物製造業を中心として考察されてきた。それとともに，全国的にみれば，主として地主の資本による弱少「工業」が，きわめて多く存在していることに留意すべきである。直接生産者の自主的発展，そしてその産業資本段階での確立と存続は，たしかに日本にあってはそう多い例ではない（例，諏訪製糸業）。しかし，産業資本確立の過程で没落してしまったとはいいながら，この自主的発展のコースも数多く存在していた。こうしたなかで地主は，巨大前期的資本の転化＝対応形態とともに，また自らも小資本家として，兼営するものが多かった。そしていまとなっては，これら小資本家が地主となったのか，地主が営業を廃して土地所有者に止まったのかは統計的にはわからなくなっている。

このような，地主＝マニュファクチュア，あるいは，地主＝ブルジョアジーといった兼営的性格は，日本ばかりでなく，イギリスのジェントリー階層につ

いてみても，まさにそうであった。このことは，日本における本源的蓄積過程の特質をも示している，すなわち，日本における単純商品生産の展開は，それが充分に価値形成の法則を全国水準にひきあげる前に，前期的資本の転化と上からの移植によって，きわめて早期的に資本制生産にとって代られることになった。そのために，農民層の両極分解は微弱にしか表われず，労働者の形成は一家をあげての脱農化の形態が少なく，主要なる部分は子女の流出という形態をとるに至った。そうしてその基盤のうえに，地主―小作分解が一層進行したのである。ここにおいては，地主もまた営業の面において労働者を吸収していった。この状態が，明治維新以降の諸経済政策によって促進されて，日本の特殊な本源的蓄積過程をなしていたのである。

　明治期を通じて，地主はより富農的（豪農的）・ブルジョア的であり，小作人はよりプロレタリアート的であるのは，それが本源的蓄積の一側面をなしているためであって，つぎの段階では，小作人＝プロレタリアート的性格だけが持続し，地主は単に土地所有者となり，やがてこの小作経営のなかからも，富農的経営が多数析出してくるに至る。この点で，明治期の分解とは著しく現象的にも異なっているのである。

　なお，この段階において「豪農」なる範疇が使用されるが，本章での基準によってみれば，豪農の大部分は地主の範疇に入るものと思われる。その下層に純然たる富農的経営も存在するが，この段階の地主とは，まさにかかるブルジョア的側面をも有していることが，形態的特質であるといっていい。

　b　初期資本主義国家と地主制　　地主が，明治維新直後の国家権力のなかで，支配者としての立場をもっていなかったことについては前述したが，その国家財政における地租の比率からみても，また農業および農村における支配階級的立場からも，当然国家権力の構成者に上昇すべきものであった。この点では，初期維新政府は，天皇制のいわば古代的遺制を，その絶対主義的遺物とともにもっていたものといえる。山田盛太郎氏や古島敏雄氏が，明治22年をもって地主制の確立とされるのは，こうした権力関係までの配慮の上である。

　しかし，資本主義の基本法則は，国家権力内における地主制の独自的地位を長くは保たせなかった。とくに日本では，近代化から資本制確立までの，きわめて早期的育成が行われた結果，国会が開設されるや否や，地主は，その否定

者（本質的には）たる資本家との対抗を示したのである。これはまず明治31年の地租増徴のなかに端的に示されるように，資本家側の地主に対する優位が現われてくる。また他方では，日清戦争後には，朝鮮米の輸入をめぐって地主と資本家は対立し合う。こうした一連の対立が表面化してくるのが，本来，地主制と矛盾をもつ資本主義国家の当然のなりゆきであったのである。

しかも，本源的蓄積期におけるこの対立を有しつつ，他方ほぼその蓄積を終了し，とくに産業革命を経過して確立してきた産業資本は，自らの再生産構造の課題として日本農業を把握する。そこにふたたび，地主と資本家とのより高次の妥協が生ずるのである。この過程は，何よりも，まず農業政策を通じて表われる。明治初年の一般的な商品作物奨励（田をつぶしても特用作物を作付けることさえ奨励される）は，次第に米作中心の農業政策に変化する。この殖産興業政策から，稲作・米穀政策への転換は，そのまま日本農業の位置づけの変化を示すものである。このなかで地主制もまたつぎの段階へと再編成されるのである。

こうした点の画期は，前述のように一般的には明治中期＝20年代末・30年代初頭と考えられる。これを個々の地帯での地主制に即してみれば，古島氏の古典的な指摘があるように，[67] 先進地にあっては明治20年代，後れた地帯では大正期にこの変化があらわれるものと思われる。古島氏の把えられた意味とは異なっているが，同じ現象をわたしは以上のように理解するのである。なお，当然，この先進地・後進地は，幕末期の地主制形成の先進地・後進地とは別であり，それは必ずしも一致しない。

2 資本主義経済内における地主制

（ⅰ）産業革命期の対応と再編

a　地主経営の対応形態　　産業革命の進行・機械制大工業の支配的確立は，価値法則を全社会に貫徹するような指向をもつ。このことによって地主経営に与える影響は，まず，資本集中の論理が地主経営・小農経営を把えるところから始まる。前段階において，地主が兼営していた諸営業乃至産業投資は，自由競争とその結果ひき起される社会的価値水準の形成によって，多くはその資本の弱小さ，したがって生産力の低さのために，生産から駆逐され始める。地主

の営業廃止が広範にみられるのである。この際，より資本家的経営に比重があったものは同時に地主としても没落してしまう。土地所有者としても止まり得ないのであって，たとえば明治30年代後半の生糸不況によって，多くの製糸家地主が没落するのは，東北地方にもかなりあった。しかし，こうした没落する地主は一般には多くなく，営業を廃止するとともに単に株投資を行いながら，地代収取者＝農業支配者に還元される地主が多かった。といっても決して単なる地代収取者ではなく，依然として農業における前期的資本としての支配を持つ点で，明らかに近代的地主とは区別される。

　つぎに地主の手作経営廃止が指摘されるのであるが，ここでは二様の廃止の意味があると思われる。一つは豪農＝富農的な手作経営にあっては，農産物に対する社会的価値以下への価格切下げの圧力の下で，労賃負担が一層困難となってきたことである。農業労賃の上昇の著しさもまたこの傾向を促進した。第二の意味は地主手作乃至豪農といえども，その労働力確保は，完全には雇用労働力に頼っていなかった点である。すなわち，とくに地主にあっては，カバーラ的形態での緊縛や，もっと自然経済的な共同体的関係で確保されていた部分が存在していた。こうした労働力確保の基盤が，明治末期からは急速に崩れてくる。それはたとえ二三男であれ，脱農化傾向が進行し，農業内部でもともかくも，労賃水準が形成されるにつれて，崩れざるを得なかったものである。この両様の意味は絡み合って存在した。それだけに，この産業革命期が農業を深部において把えていたものといえるであろう。こうして地主は，土地所有者の側面にのみ追い込まれることになった。

　他方，資本主義的蓄積法則が農業を把えるや，生産額の上昇・安定・価格維持そして農民層分解の日本的抑止が，農業政策の上でも明確に表われ，地主は農村において行政的にも，経済的にもこの下部機構を形作るに至った。部落の再編・共有財産の行政的統一が進行するのである。

　　b　地帯的な地主制再編　　日本資本主義下の農業は，社会の再生産機構により，米作を中心に，養蚕その他原料作物生産に再編されてきた。それは小農経営においても，米作がもっとも高い生産力を有していたし，市場においても最大の商品であった点からみて，当然のことであった。そうして，いまや全国的にみれば，米作を基礎とした商品生産経営が大多数を占めており，なかんず

く特徴的な水稲単作農業の巨大な地域を作り出していた。このような農業生産の地帯的特質＝分業化は，明治中期以降急速に進行した。われわれの研究によっても，単作地帯が確立したと考えられるのは明治 20 年代後半であり，単に水田面積の比率が大きいだけで単作地帯とはいえないのである。

　このような農業生産の諸地帯＝分業は，地主制の地帯的類型を作ることになった。この点古島敏雄氏は，この類型をつぎの五つにわけられた。[68]「第一は後に千町歩地主に代表される稲作単作地帯，第二は旧土産的商品生産の発展の顕著な地帯，第三は新らしい器械製糸が展開した地帯，第四は旧来年貢として収納された米の外に，米の商品化の余地も少なく，畑作物の商品化も乏しかった地方が，地租金納化によって商品経済に入りこんだ地帯，第五は地租金納後も深く商品流通に入りこむことのない山間地帯である。」この地帯区分設定が妥当であるか否かは，現在のわたしの実証成果の範囲をはるかに越えるので判断し得ないが，このうち日本資本主義下の地主制としてもっとも基本的なものは，米作発展地帯（単作地帯と同じではない）の地主制であろうことは，日本資本主義の農業把握の本質よりみて妥当であろう。その研究を中核としながら，今後の実証的研究が進められるべきものと思う。そのことによって，日本資本主義の蓄積機構が一層厳密に解明され，同時にこの段階での地主制の役割がもっとも正しく規定され得るものと思われるが，わたし自身にはまだまったく未解決の分野となっている。

（ⅱ）　地主制の矛盾的構造と解体過程

　この点に関しては，すでに本書第 5 章の「水稲単作地帯における地主制の矛盾と中小地主の動向」において，[69]従来のわれわれの成果に基いて理論的に整理して発表した。これは，日本地主制分析に関して，わたしが理論的総括を行っている唯一の部分といって良い。そうしてこの部分については，本章とほぼ同一の視点で書かれているため，とくに変更すべき基本点はないと考えている。それゆえ，ここに述べることはまったく重複となるので，紙数の関係もあり，ここでは項目的に記すだけに止めたい。

　　a　農民経営の展開と地代率の低下　　この点はまず小農生産力の上昇と安定化から始まる。周知のごとく，大正期における稲作反収の高水準安定は，明治

期とは著しく異なる。これは自然条件もあるが，明治農法の確立と耕地整理・治水事業とに由来した。

この安定化は，地代の固定化―契約小作料への移行をもたらす。ここに地代率低下傾向が明らかとなる。これはとくに単作地帯の場合，大正初期より著しい。ここに小作経営の安定化（商品生産の）が結果され，小作農発展―自立化（地主支配よりの。自作化ではない）が見通される。

　　b　流通過程における地主経済の限界　　外部的要因としての地主経済と資本主義経済の対抗は，米販売と信用制度の二点で顕著である。

米穀検査等の地主的努力は，この資本主義経済との対抗関係を，地主―小作関係内部に転嫁させ，小作層との対立を激化させる。一方，大正8年を境として米価は低落し地主の投機的販売の道がとざされ，米流通は米商人の手に把握される。

信用制度の浸透は，産業組合活動等を通じて農村を把え，地主の前期的資本機能の活動分野をせばめた。地主の資本は，銀行などに流出する（地主銀行）。

　　c　地主的土地所有の否定傾向　　まず内部的には，土地投資が不利になり，株投資・一般利子率に及ばなくなる。一方，農民的高地価形成がある。この過程を通じて小作権強化がみられ（宮城県では永小作権登記），他方外部的には，地主的な農民再編にもかかわらず，小作争議が激化する。大正末からの慢性的不況がこれを促進する。

以上の結果，地主は国家＝独占資本主義と結合しつつ，土地の売り逃げを図る。中小地主の反動的農民収奪の努力が著しくなる。これを小作争議に対する弾圧などで，国家権力がバックアップする。

　　d　地主制の廃棄　　いまや独占資本の再生産機構が，全農民収奪をめざして地主制との矛盾的結合を解体せんとする。戦時経済はこれを促進し，供出米価の差違となる（生産者米価が高く地主米価が安い）。独占資本の全農民的把握が進行し，皇国農村体制が完成する（昭和13年起点）。

こうした，小農＝小作経営発展と，それに基づく独占資本の地主制切り捨て傾向との，直接的延長上に，上からの農地改革が行われる。

参考文献

（1） 安孫子麟「江戸中期における商品流通をめぐる対抗」『研究年報経済学』32，71-118 頁，1954 年．

　　安孫子麟「幕末における地主制成立の前提」歴史学研究会編『明治維新と地主制』岩波書店，115-150 頁，1956 年．

（2） 安孫子麟「明治期における地主経営の展開」『東北大農研彙報』6，225-275 頁，1954 年．（本書第 3 章）

　　安孫子麟「大正期における地主経営の構造（上）」『東北大農研彙報』7，315-333 頁，1956 年．（本書第 4 章）

　　安孫子麟「大正期における地主経営の構造（下）」『東北大農研彙報』8，203-223 頁，1957 年．（本書第 4 章）

　　安孫子麟「水稲単作地帯における地主制の矛盾と中小地主の動向」『東北大農研彙報』9，291-347 頁，1958 年．（本書第 5 章）

　　安孫子麟・大木れい子「昭和期における地主的土地所有」『東北大農研彙報』11，271-288 頁，1960 年．

（3） 安孫子麟「書評：高橋幸八郎・古島敏雄編『養蚕業の発達と地主制』」『商学論集』27（3），254-265 頁，1958 年．

（4） 古島敏雄『地主制の形成』御茶の水書房，16 頁，1957 年．

（5） 大石嘉一郎「農民層分解の論理と形態」『商学論集』26（3），152 頁，1957 年．

（6） 大石嘉一郎，同上論文，154 頁．

（7） 大石嘉一郎，同上論文，204 頁．

（8） 飯沼二郎「土地制度と農業革命」河野健二編『資本主義への道』ミネルヴァ書房，88-93 頁，1959 年．

（9） 大石慎三郎「寄生地主形成の起点」古島敏雄編『日本地主制史研究』岩波書店，140 頁，1958 年．

（10） 大石慎三郎，同上論文，143 頁．

（11） 永原慶二・長倉保「後進＝自給的農業地帯における村方地主制の展開」『史学雑誌』64，1-20，129-141 頁，1955 年．

（12） 佐々木潤之介「幕藩体制下の農業構造と村方地主」古島敏雄編『日本地主制史研究』岩波書店，51-139 頁，1958 年．

（13） 大石慎三郎「寄生地主制の成立とその条件」（歴史学研究会 1954 年度大会における報告要旨）

（14） 永原慶二・長倉保，前掲論文，140-141 頁．

（15） 佐々木潤之介，前掲論文，139 頁．

（16） 古島敏雄，前掲『地主制の形成』16-22 頁．

(17) たとえば，津田秀夫「封建社会解体過程と地主制の展開」古島敏雄編『日本地主制史研究』岩波書店，200頁，1958年。
(18) 大塚久雄『欧州経済史』弘文堂，171頁，1958年。
(19) 大塚久雄「封建制より資本制への移行」『土地制度史学』3，12頁，1954年。
(20) 古島敏雄「地租改正後の地主的土地所有の拡大と農地立法」同編『日本地主制史研究』岩波書店，351頁，1958年。
(21) 守田志郎「地主的農政の確立と地主制の展開」前掲『日本地主制史研究』398頁。
(22) 守田志郎，同上論文，401頁。
(23) 楫西光速ほか『日本資本主義の成立』Ⅱ，東京大学出版会，489頁，1956年。
(24) 大内力「農民層の分解に関する一試論」『理論と統計』（有沢広巳教授還暦記念論文集）東京大学経済学会，195-202頁，1956年。
(25) 楫西光速ほか，前掲『日本資本主義の成立』Ⅱ，488-489頁。
(26) 大内力『農業史』（大谷端郎執筆部分）東洋経済新報社，70-71頁，1960年。
(27) 大内力，同上書，93-96頁。
(28) 山田盛太郎「農地改革の歴史的意義」『戦後日本経済の諸問題』有斐閣，175-176頁，1949年。
(29) 栗原百寿『現代日本農業論』中央公論社，39-41頁，1951年。
(30) 栗原百寿，同上書，32-40頁。
栗原百寿『農業問題入門』有斐閣，284-289頁，1955年。
(31) 大内力，前掲『農業史』94頁。
(32) 大塚久雄『西洋経済史講座』Ⅲ，岩波書店，20頁，1960年。
(33) たとえば，山田舜・吉岡昭彦「寄生地主制について」『歴史学研究』191，28-34頁，1956年。
(34) たとえば，大塚久雄「寄生地主制論争の問題点」『歴史学研究』192，37-42頁，1956年。
(35) たとえば，宇野弘蔵『地租改正の研究』（上）東京大学出版会，20頁，1957年。
(36) 栗原百寿，前掲『農業問題入門』150-163頁。
(37) カール・マルクス『資本論』第3部，青木書店，1121頁，1953年。
(38) カール・マルクス，同上書，1134頁。
(39) カール・マルクス，同上書，1136頁。
(40) 大内力，前掲「農民層の分解に関する一試論」185-208頁。
(41) 大石嘉一郎，前掲「農民層分解の論理と形態」158-164頁。
(42) 遠藤輝明「フランス革命といわゆる「地主的土地所有」について」『歴史学研究』195，46-49頁，1956年。

(43) 遠藤輝明「ブルジョア革命と地主制」『歴史学研究』225, 72頁, 1958年.
(44) V. I. レーニン『ロシアにおける資本主義の発展』(レーニン全集第3巻) 大月書店, 556頁, 1954年.
(45) 飯沼二郎, 前掲「土地制度と農業革命」121-131頁.
(46) 佐々木潤之介「幕藩体制下の農業構造と村方地主」前掲『日本地主制史研究』136-139頁.
(47) 古島敏雄『日本農業史』岩波書店, 159-162頁, 1956年.
(48) 大塚久雄「農民層分解に関する基礎的考察」『土地制度史学』1, 8頁, 1958年.
(49) 大石嘉一郎「農民層分解の論理と形態」『商学論集』26-3, 170頁, 1956年.
(50) たとえば, K. マルクス『資本論』第1巻, 青木書店, 1139-1140頁, 1953年.
たとえば, V. I. レーニン『ロシアにおける資本主義の発展』(レーニン全集第3巻) 大月書店, 575頁, 1954年.
(51) 大塚久雄, 前掲論文, 5, 8頁.
(52) 大江志乃夫「明治維新史についての若干の試論」『歴史学研究』235, 2-9頁, 1959年.
(53) 大石嘉一郎「維新政権と大隈財政」『歴史学研究』240, 25-31頁, 1960年.
(54) K. マルクス, 前掲書, 1139-1140頁.
(55) 大塚久雄, 前掲論文, 8頁.
(56) たとえば, 吉岡昭彦「西ヨーロッパ地主制」大塚・高橋・松田編『西洋経済史講座』Ⅲ, 岩波書店, 136-137頁, 1960年.
(57) 飯沼二郎「ブルジョア革命と地主制」『思想』439, 86-91頁.
飯沼二郎「土地制度と農業革命」河野健二編『資本主義への道』ミネルヴァ書房, 88-131頁, 1959年.
(58) 遠藤輝明「ブルジョア革命と地主制」『歴史学研究』225, 72頁, 1958年.
(59) 飯沼二郎「西洋近代史の基本課題」『歴史学研究』231, 51頁, 1959年.
(60) 飯沼二郎, 前掲「ブルジョア革命と地主制」85-95頁, とくに91-95頁.
(61) 角山栄「商業資本とマニュファクチュア」前掲『資本主義への道』ミネルヴァ書房, 39-87頁.
(62) 吉岡昭彦「書評:角山栄『イギリス絶対主義の構造』」『歴史学研究』220, 41頁, 1958年.
(63) 山田舜『日本封建制の構造分析』未来社, 244-259頁, 1956年.
(64) 大塚久雄「封建制から資本制への移行」『土地制度史学』3, 12頁, 1954年.
(65) 栗原百寿『農業問題入門』有斐閣, 286-287頁, 1955年.
(66) 古島敏雄「地租改正後の地主的土地所有の拡大と農地立法」前掲『日本地主制史研究』351頁.

(67) 古島敏雄・守田志郎「明治期における地主制度展開の地域的特質」明治史料研究連絡会編『地主制の形成』御茶の水書房，93-120頁，1957年。
(68) 古島敏雄，前掲論文「……農地立法」340-346頁。
(69) 安孫子麟「水稲単作地帯における地主制の矛盾と中小地主の動向」『東北大農研彙報』9，291-349頁，1958年。(本書第5章)

第2章　寄生地主制論

はじめに

　地主制研究は，戦後の日本歴史学の分野におけるもっとも主要な論点のひとつに数えられており，なかでも 1954 年を画期としてはじまる「寄生地主制論争」は，同じ年にはじまる「太閤検地論争」と並んで，その量においても，また質においても，戦後の歴史学研究に与えた影響の大きさをもって，二大論争とさえいわれている。しかしながら周知のように，この論争は，その後理論的にもまた実証的にも深められながら，明確な成果の確認をなしえないままに，論争としては消滅したかにみえる。このような状況に対して，この論争に限定されず広く地主制研究全般にわたる研究総括が，多くの研究者によってなされてきた。いま，その代表的なものを挙げれば，つぎのごとくである。

　　安良城盛昭「日本経済史研究の当面する課題——理論と実証をめぐる二，三の問題——」㈡㈢『思想』407・423，大石慎三郎「寄生地主制の展開」歴史学研究会編『明治維新史研究講座』第 1 巻，同「地主制史論」日本歴史学会編『日本史の問題点』，山田舜「地主制論争」大阪市立大学経済研究所編『経済学辞典』，山崎隆三「地主制（形成期）をめぐる諸問題」『社会経済史学』31-1〜5，加藤幸三郎「地主制（確立期）をめぐる諸問題」同前誌，青木美智男「近世の政治と経済Ⅱ」永原慶二・井上光貞編『日本史研究入門』Ⅲなどをあげることができる。

　同時に他方では，地主制研究は，かつての論争を踏まえていよいよその本質的課題に迫りつつあると思われる。いうまでもなく，地主制は，農地改革にいたる日本資本主義の全生活史を貫く課題であり，全社会構造の基本的一環をなしている。こうした巨大な課題に取組む場合には，これは歴史学の諸課題全体に通じる問題であるが，一方における研究者自身のかかえる社会的課題の変化

と，他方における研究内容自身の論理的・必然的展開とが両者相俟って研究における力点を変えていく。この点は，前掲の青木論文でも重視されている。

　本章でも，単に論点や成果のみを述べるのでなく，そもそも地主制研究の意義がどこにあったかを考え，諸成果を踏まえて，今後の課題を明らかにしたい。ただ限られたスペースでこの巨大なテーマを扱うのは困難なので，思い切って論点を整理したことをお断わりしておきたい。

Ⅰ　地主制研究の意義──「地主制論争」の位置づけについて

1　戦前の研究における地主制の位置づけ

　本章が主たる対象とするのは戦後歴史学における研究成果であるが，戦後における地主制研究の意義を明確にするためにも，戦前の研究におけるその意義を把握しておくことが必要である。これは，単なる研究史的整理のためではない。むしろ，ここ数年の地主制研究は，戦前に提起された課題に密着した点へ回帰しつつあると考えられるので，ここで簡単にその意義を再確認しておきたい。

　いうまでもなく戦前の地主制研究は，日本資本主義の歴史具体的な構造との関連で把えられていた。その終局的な目標は，日本における革命の戦略問題として，すなわち天皇制国家としての日本資本主義の権力構造の把握のための，不可欠な一環として考えられていた。大正末期における日本共産党と解党派＝雑誌『労農』グループとの分離・対立は，それぞれの革命戦略の確立のための科学的現状分析を要請することになり，地主制研究は，大正後期以降の全国組織的農民運動の本格的展開のなかで，ひとつにはこの農民闘争の歴史的役割を規定する作業として，ふたつには日本資本主義，なかんずくその国家権力の歴史的性格を規定する課題として，深められていった。その先駆的成果として野呂栄太郎の分析があるが，野呂の流れからは，大きくいってふたつの課題が具体化されていった。

　ひとつは，三二テーゼと山田盛太郎の『日本資本主義分析』（1934年）に代表されるもので，地主制を日本資本主義の型＝歴史的類型規定のなかに位置づ

けたものである。周知のように，山田は天皇制権力を頂点とする日本資本主義を，軍事的半封建的（＝半農奴制的）資本主義とし，その基柢を「半封建的土地所有＝半農奴制的零細農耕」と規定される地主制に求めた。そうして，米騒動を画期とする全般的危機の開始のなかで，労働者階級の成長，労働者農民の階級闘争を展望して，「型の解体」を見通したのである。このような地主制の把え方は，戦後まもなく栗原百寿によってより明確にされた。すなわち日本資本主義の基柢としての地主制が問題となるのは，まさに地主制の危機＝日本農業の危機が直接に体制的危機となる，という日本資本主義の根幹にかかわる課題だからである（栗原百寿『現代日本農業論』緒論・第1章）。こうした把え方とまったく対立する「労農」グループの把握は，大内力に代表されるように，明治以降の日本農業を過小農制と規定し，そこから地主―小作関係の成立を説き，半封建的本質を否定して封建遺制としてのみ把えるものであった（大内『日本資本主義の農業問題』）。当然，この立場からすれば，小作農民によって主導された農民闘争の高揚も，矮小化された目標に対する闘いにすぎず，革命の戦略に関するものとはなりえないことになる（揖西・大島・加藤・大内『日本における資本主義の発達』上）。このように，三二テーゼ・山田における地主制の把え方は，軍事的半封建的な天皇制資本主義の解明に据えられていたのであり，下山三郎が明快に指摘するとおり，「三二テーゼの問題提起にたいして，日本の民主主義的社会科学者の立場から，体系的論証をもってこたえたところにこそ，『講座』の主流的論旨の最大の歴史的意義があったのではあるまいか」[*]（『明治維新研究史論』）。

> [*] 三二テーゼと『講座』との関係については，服部之総によれば，『講座』1, 2巻の執筆者は三二テーゼを知っていなかった。むしろ企画者野呂の意図は，三一テーゼの批判にあり，それが三二テーゼの実証に結果的になったようである。これは，それ以前における「労農」グループとの論戦や，二七テーゼの理解にかかわり，科学的認識が，現実の政治的課題のなかで深められていたことを示すものであろう（服部之総「マニュファクチュア論争についての所感」『服部之総著作集』第1巻）。

野呂の研究に接続するもうひとつの課題は，服部之総が提起した幕末厳マニュ段階論の中核に据えられ，「地主＝ブルジョアジー」範疇として把えられた地主制である（「明治維新の革命及び反革命」，「維新史方法上の諸問題」，ともに『服部之総著作集』第1巻に収録）。服部が意図したものは，その論題が示すとお

り，明治維新＝天皇制統一国家による上からのブルジョア化の起点の歴史的把握にあった。そうして列強の強要・ミイラ的分解＝植民地化の危機を回避しえた条件として，当時の諸説を自説もふくめて否定し，厳マニュ論，すなわち国内における資本制生産方法の発展に基本的契機を見出し，その具体的な表現として，維新過程における階級配置のなかに変革主体の指導と原動力を探ったのである。地主は土地所有者としては封建的であるが，同時にマニュ経営者としてはブルジョアジーであり，これは「歴史の皮肉」であろうとも早期資本主義時代＝マニュ段階に特有な「地主＝ブルジョアジー」範疇をなすとされた。この「特有な範疇」は，大産業と農業との分離が完成するや，この種の範疇のブルジョアジーはその存在意義を失うものとして，その過渡的性格を与えられている。服部説における地主制研究の意義はまさに如上の点にあるのであって，日本資本主義の「型」規定においても，資本主義形成の世界史的一般法則の貫徹を基礎として把えることが重視されたのであった。この点を把えずに，土屋喬雄（土屋喬雄・小野道雄『近世日本農村経済史論』，『日本資本主義論集』）などとの間のいわゆる「新地主論争」のみをみたのでは，服部説の画期的意義を見失うであろう（服部前掲「所感」，下山前掲書，なお「新地主論争」については，大石前掲「展開」参照）。

　以上，野呂の見解を具体化・体系化した服部・山田の地主制研究のもつ意義は，日本資本主義の「形成」と「構造」という力点の相違を持ちながら，等しく天皇制国家と地主制との関連の解明を志していたのであり，それを通じて政治課題と科学との相互的関係を発展させたものといえよう。そうして，このような地主制研究の位置づけは，戦後の諸研究にさまざまな形で継承されることになったのである。

2　戦後の新たな課題と研究基準

　戦後の地主制研究は，日本の，したがって研究者のおかれた現実の社会的課題から，新たな問題意識をもつことになった。これは単に地主制研究に限らない問題であり，ここで詳述しえないことであるが，簡単にみると，つぎの2点であろう。第1は，「占領」という現実のなかで民族独立の課題が提起され，アジア諸民族の独立・自決の運動と関連して，維新変革期における植民地化の

危機の問題が重視されたこと，これは変革の主体と基盤の問題になり，幕末期の経済発展段階と階級構成，総じて「農民層分解」論として展開した。第2は，占領政策の重要な一環となった農地改革（地主的土地所有の有償解放）をめぐって，「上からの民主化」に対する評価が論議されたこと，それは地主制支配の経済的基盤の分析から「半封建制」論として展開した。この両者を通じて，旧日本社会の再検討を試み，なにを捨て・克服するか，なにを継承・発展させるか，という課題に当面したといってよい。

　これらの課題に関する諸成果については，II以下で述べることにするが，後者についていえば，直接に地主制が論じられたのはほぼ1951年ごろまでであって，農地改革における地主的土地所有廃棄の不徹底性が批判され，地主制存続・半封建制存続をめぐって研究が進められた。しかし，ここでは，日本資本主義下の地主制についての新たな実証研究の深化は少なく，戦前の成果を継承して，農地改革が評価されていた。この結果，農地改革の完了に伴い，地主的土地所有の解体結果が明確になるにつれ，直接に地主制を論ずるよりは，成立基盤としての半封建制を共同体論として把えるか，小農的土地所有の性格として把え，次第に，現段階の「農民層分解」論へ移行していった。これについては他の機会に研究総括を行なっているのでこれ以上はふれない（安孫子「明治以降に関する共同体論」中村吉治教授還暦記念論集『共同体の史的考察』）。そうして，改革前地主制の実証的研究が再び深化するのは，いわゆる「地主制論争」以後，新たな課題をもってはじめられたときである（後述）。

　そうした意味では，戦前の研究を，直接に継承・発展させたのは，第1の課題の分野においてであるといえる。それはいうまでもなく，主として服部之総説の実証と補強（修正）という形で進められた。しかし，この際に理論的基準とされたものは，服部説にみられたアジア的生産様式論の克服＝厳マニュ論導入のみでなく，むしろ厳マニュ段階説を修正しつつ，新たに比較経済史学によって達成された成果を適用し，そこに西ヨーロッパ，とくにイギリス＝基準，日本＝類型として世界史的法則の貫徹を考えることになった。もちろん，そこではイギリスもふくめ各国資本主義の型が類型別されたが，マルクスにおける「2つの道」理論，その具体化としてのコスミンスキーの「2つの貨幣経済」論，さらにその集中的表現としての大塚久雄による「局地的市場圏と隔地間的

商業」→「農民層分解そのものにおける2つの道」(「資本主義社会の形成」『社会科学講座』第4・6巻,なお『大塚久雄著作集』第5巻に収録)という理論基準を通じて,イギリス＝基準という意識が,研究者の間に強く浸透したことは疑えない。このことは,日本の天皇制資本主義国家を,いわば世界史的基準において明確に位置づけ,ひいては日本地主制についても,世界史的に位置づけることを可能にしていった。そうしたものとして,われわれは,戸谷敏之の「摂津型」農業経営(「江戸時代に於ける農業経営の諸類型」『近世農業経営史論』),奈良本辰也の「郷士＝中農層」・「在郷商人」(『近世封建社会史論』の各論文),藤田五郎の「豪農」範疇(最終的には『封建社会の展開過程』,なお『近世封建社会の構造』参照)を挙げることができる。

　この結果,地主制研究は,資本主義形成過程の課題として,つまり資本制生産関係展開過程のなかでの問題として,絶対主義権力との関係,市民革命の性格との関係を展望しつつ進められていくことになった。そうして,その集約的課題として「農民層分解」論がおかれたのである。日本地主制の研究は,日本資本主義形成の問題,つまり「型」形成の課題として,世界史的基準のなかで位置づけられることになったのである。

3　「農民層分解」論としての地主制論争

　以上のように,戦後の地主制研究は,いわばアジア的生産様式論＝アジア的停滞性の呪縛から解放されて,戦前の新地主論争の水準をはるかに越えて進んだ。それは,日本における西欧経済史研究,なかでも大塚久雄の諸研究に導かれ,かつ国際的規模で論議されたいわゆる「(封建制から資本制への)移行論争」を受けて,幕藩体制の矛盾の内在的展開＝資本制生産関係展開の視角から考察された。この場合,方法論的に注意されるべきことは,農業生産力上昇→農民経営の性格(商品生産か否か)→市場関係の吟味→農民層分解の意義→地主経営乃至地主制の性格,という論理展開が一般的に定着したことである。このなかで,農民経営と市場関係の問題は,共同体からの解放如何という問題として位置づけられ,とくに市場の問題は,レーニンの「市場理論」＝社会的分業の理論を基礎に,分析方法の中核に位置づけられた観があった。このことから当然に,地主制研究の対象地域としては,生産物地代形態の重圧を受け社会的

分業として容易に展開しえない水田作地帯を避けて，畑作商品化地帯が多く選ばれることになった。このような分析方法への批判は，さまざまな論拠から提起されたが（古島敏雄・大石慎三郎・堀江英一・逆井孝仁ら），これはⅡで触れよう。

このように，戦後の研究視角は，いわば地主制の形成過程に力点がおかれ，したがって幕末期の農民層分解＝本源的蓄積過程の日本的類型が問題にされたといえよう。この立場から戦後の地主制研究（この範囲に止まらないが）を切り拓いたものとして，藤田五郎の「民富の形成→小ブル経済成立→上昇転化による地主化」というシェーマがある（とりあえず前掲『展開過程』）。これは戦時下に古島敏雄が打ち立てた「地主手作→寄生地主」（「元禄前後における農業経営規模と時代的特質」『近世日本農業の構造』）に対する服部・大塚的立場からの批判であった。だが他方，藤田の説は，その「上昇転化」論をもって，農民層分解の日本的特質，したがってまた日本資本主義形成の特質＝「型」を，基準たるイギリスに機械的に対立させたことになった。そのため，吉岡昭彦のイギリスにおける地主の検証が明らかになることによって，日本資本主義の特質＝「型」が，はたして藤田の主張するごとき点に由来するのか否かが課題となった。

1954年は，このような論点が明確となり，いわゆる「地主制論争」が開始される。この年5月の歴史学研究会大会封建部会においては，とくに大石慎三郎の報告（「寄生地主制の成立とその条件」『歴史と現代』(1954年度歴研大会報告)）で提起された「村方地主→寄生地主」ならびに「商人地主」の把握をめぐって討論されたが，これは背後に「地主＝ブルジョアジー」範疇の吟味をふくむものであった。さらに同年10月の土地制度史学会大会では，大塚久雄の報告（「封建制から資本主義への移行――とくに農業共同体との関連において――」ブレティン『土地制度史学』3，のち『著作集』第7巻収録）をめぐって，吉岡昭彦・山田舜から，局地的市場圏の理論は承認しつつも，その適用に関して，すなわち地主―小作分解を結果する「蓄積基盤移行」論の吟味を通じて「農民層分解の2つの道」に批判がなされた。それは「農民層分解の2つの段階」説であり，地主―小作分解は，局地的市場圏の成立なしに，したがって小ブル的商品生産の形成なしに進行するものであること，またしたがって，地主制を基盤とする絶対王制は，一定のブルジョア的発展の所産ではないことが示された。

直ちにわかるように，この理論の日本への適用は，維新＝絶対主義という規定を背景に，幕末期のブルジョア的発展・局地的市場成立を否定し，一方で服部説を根底から覆すとともに，他方で日本地主制を日本的特質としてでなく，「封建社会の段階的発展に関する世界史的法則」として検出し位置づけることになった（この点では青木美智男の前掲総括の評価は逆である）。「地主制論争」が内在的にもったこの規定性は，これ以降の研究者を幻惑して，地主制研究の本来的意義を狭く把えさせることになったのではないかと思われる。

これをつき破る試みは，早く古島敏雄から提起され（たとえば『『地主制の形成』解説』『明治資料研究叢書』第2巻），この「論争」をふまえて大石嘉一郎による「類型論的規定と段階論的規定の統一」の提唱（「農民層分解の論理と形態」『商学論集』26-3），その日本への適用ともいえる安孫子の「日本地主制の二段階規定＝本源的蓄積段階と資本主義的蓄積段階」として現われた（「日本地主制分析に関する一試論」『東北大農研彙報』12-2・3）。以下，Ⅱで戦後研究の成果と展望を検討しよう。

Ⅱ　「農民層分解」論＝資本主義形成論としての地主制研究

Ⅰに述べたように戦後の地主制研究は，世界史的基準の上に，日本資本主義形成の問題として深化した。とくに，維新の性格規定と関連して，その変革の担い手を確定するという意図の下に，幕末の階級配置，地主制の形成が考察されたのである。このいわば「農民層分解」論的研究をその展開にしたがって概観しよう。

1　「分解」起点——商品生産とその担い手の性格

服部之総の「幕末厳マニュ段階・地主＝ブルジョアジー」説を直接に発展させたのは，藤田五郎であるが，その前に，大塚久雄の研究成果を日本に適用して「生産者的中農層」を検出したのは奈良本辰也であった（前掲書）。奈良本は，これを維新過程における各地帯の政治的動向の基礎として把え，東北諸藩と長州藩との対比で，前者における商品生産の欠如→地主経営拡大と，後者における商品生産の形成→農村市場の展開とを明らかにし，そこでの担い手である生

産者的中農層ないし在郷商人が維新変革の主体的勢力をなすことを示した。ここではまだ，地主制の役割は論じられず，東北の地主経営が寄生地主であるという規定も必ずしも明らかでない。むしろ，西南日本に戸谷の「摂津型」を検出し，このブルジョア的発展を維新変革に結びつけたところにこの研究の意義があり，大塚理論適用の成果として評価された。

　奈良本の研究は，幕末期のブルジョア的発展を確認したが，古島の「地主手作→寄生地主」のシェーマに触れることはあまりなかった。この点では藤田五郎が，後に中間地帯と規定した福島地方を対象として，中世的農奴主経営→初期本百姓経営に対して封建的自営農としての新本百姓が形成され，それが商品生産の担い手となって萌芽的利潤の形成・民富の成立に結果することを示した。この新本百姓による民富の形成は，その波頭にマニュおよび手作富裕経営を成立させるが，しかしブルジョアとして成長せず，自らのうちに寄生地主的小作料収取者としての性格を持ちはじめ，「豪農」範疇として確立するのである。この小商品生産者の持続的な豪農への転化，さらに寄生地主としての発展は，いわゆる「上昇転化」論をなすのであるが，この論拠としては強固な農村共同体規制の一定度の存続と封建領主権力の強さが挙げられている。この再版農奴主的手作地主・寄生地主・農村ブルジョアジーの3側面を併せもつものとしての「豪農」範疇は，ブルジョア的発展の日本的形態として位置づけられ，一方で豪農マニュの担い手となり，他方幕末期から自由民権運動にかけて農民運動を主導するものとして変革主体とされたのである。この藤田「豪農」論は，古島シェーマを間接的にしかし全面的に否定し，服部・大塚説の具体化となるとともに，世界史的法則のなかに日本的類型を位置づけ，さらに実証の方法として共同体解体→社会的分業展開→国内市場形成という視角を定着させるものであった。いいかえれば，「豪農」範疇は，移行期・過渡期を把握する日本的特殊範疇であった。この藤田の理論は，当時賛否いずれにせよ避けえない課題を示したのであるが，批判としては，農民的商品生産について実証不足のまま萌芽的利潤形成を論じた点，共同体的規制の存続の意義の不明確さ，したがって「上昇転化」論の弱さ，が指摘された。なかでも羽鳥卓也は藤田との共著（前掲『構造』）ですでに批判を展開し，それは後に一書にまとめられた（『近世日本社会史研究』）。ここでは主に共同体の問題から，商品生産についての限定＝

半封建性，豪農性格の封建性が強調された。共同体のこのような理解の仕方は，共同体の存続＝商品生産否定といった印象を作りあげたが，これはIで述べた農地改革評価の論点とつながっていくことになった。

藤田の「豪農」論によって契機を与えられた農民的商品生産に関する研究は，きわめて多様に展開した。戸谷の「農業類型」論を発展させた堀江英一（「封建社会における資本の存在形態」『社会構成史大系』第2巻），古島敏雄（「近世における商業的農業の展開」『社会構成史大系』第4巻），畿内棉作の本格的分析を行なった高尾一彦（「摂津平野郷における棉作の発展」『史林』34-1・2），西摂菜種作地帯での八木哲治（『封建社会の農村構造』），水戸藩についての木戸田四郎（「幕末水戸藩における商品生産の発展と中農層」『研究年報経済学』23）など，枚挙にいとまがない。これらは論点も多様で分析視角もまちまちであるが，幕藩体制下の商品生産を論じたものとして地主制研究の前提をなした。

このなかで，古島敏雄と永原慶二によって発表された『商品生産と寄生地主制』は河内棉作地帯の分析であったが，以後の地主制研究に大きな意義をもった。すなわち，戸谷以来「摂津型」として経営上昇をひき起こしたとされるこの地帯の商品生産を分析して，享保―天保期における中農層の発展とその政治的高揚（村方騒動・国訴）を認めた上で，天保期における商品生産の挫折，中農層の没落，その結果として少数者への土地集中＝寄生地主化を実証した。これは古島自身のシェーマを否定したもので，ブルジョア的発展を確認した上で，「摂津型」の限界＝「挫折」の指摘と，維新変革における豪農や中農の役割，ひいてはブルジョア的発展の意義を併せて否定したものであった。すなわち，一方で地主制形成のメカニズムを示すとともに，他方で明治維新におけるブルジョア的要素を否定したものであった。この「挫折」論は藤田の「豪農」論と並んで，農民層分解論としては，もっとも有力な実証的研究であった。

2 「地主制論争」における論点とその展開

「地主制論争」は，前述のように1954年における地主制に関する2つの総括を契機としてはじまった。このうち日本地主制を対象とした大石慎三郎の報告（前掲歴研大会報告）をめぐっては，商品生産と共同体存続との関係，村方地主→寄生地主の変化における地主の性格，地主制の性格規定と農民闘争との関係，

などが論議された。大石は，村方地主からの転化形態と商人地主型とは区別したが，商品生産発展の地域的差異を捨象して古島・永原の成果を離れ，一般論として共同体存続による限界，領主との共生関係を強調して，地主形成のブルジョア的発展の側面を否定した。この大会討論では論争というほどの体系的対立が明確になったのではないが，論点としては示されていた（前掲歴研大会報告討論参照）。大石総括に対する反論としては，津田秀夫の一連の商品生産→農民闘争に関する成果（「摂津型地域における百姓一揆の性格」『歴史評論』28，「幕末期大阪周辺における農民闘争」『社会経済史学』21-4）や，安孫子（「江戸中期における商品流通をめぐる対抗」『研究年報経済学』32）の紅花地帯の考察があった。これらの研究は，まもなく歴史学研究会編『明治維新と地主制』にまとめられ，高尾・津田・塩沢・安孫子のブルジョア的発展前提説が述べられた。

　この段階ではまだ論点の体系化はなされていなかったが，地主制をめぐる諸論点をそれぞれ体系化して，本格的な論争をひき出したのは，前述の大塚久雄の総括と吉岡昭彦・山田舜の新説であった。大塚総括は吉岡によるイギリス地主制検出の成果をふまえて，論題どおり地主制のみならず「移行期」全過程を総括したものであるが，その主要な主張は，(1)封建的共同体崩壊の条件として，共同体内分業＝局地的市場圏の形成を挙げ，終局としてのエンクロウジャーの意義を示した。(2)これを歴史過程としての社会構成の観点でいえば，条件の成熟度合により，絶対主義の形成と崩壊の物質的内容が定まる。(3)これを階級関係に即していえば「農民層分解そのものの２つの道」の対抗過程である。(4)初期には分解における共同体的利害が優勢，後期にはブルジョア的利害が優勢。(5)前者の段階では，局地的市場圏の限界から小ブルジョアの蓄積基盤が前期的資本機能に移行し，共同体の維持・再編に結びつき寄生地主化する。農民に対する金融的支配（前期的）が強まる，などであった。

　これに対する吉岡・山田の批判は，大塚理論の基礎をなす(1)の論点にはふれず，これを前提として(2)以下の適用をめぐって行なわれた。それは，①絶対主義形成期の市場は小ブルジョア的発展の結果とは認められないこと。すなわちこの期の社会的分業は特産物生産で，生産力の発展も共同体規制の枠内に止まっていること。②それにもかかわらず，イギリスでも日本でも寄生地主制の形成はあり，ブルジョア的発展なしにそれが成立しうること。③したがって農民

層分解は，寄生地主成立＝絶対主義形成段階と両極分解＝絶対主義下→崩壊段階との，2つの段階として把握されるべきであること，などの点であった。大会討論は，必然的に，批判②③点を導き出す①の点に集中した。この点をさらに細かくみれば，局地的市場圏規定＝検出の具体的メルクマール，その主要なメルクマールとされる賃労働＝日雇層の吟味，農業生産力の性格＝共同体規制との関係，蓄積基盤移行の具体的プロセス，経営規模の限界性，が検討されたのである（岡田与好による「討論要旨」前掲ブレティン3）。

　土地制度史学会におけるこの論争は，その後，『商学論集』(23-5) が，吉岡昭彦（「寄生地主制分析の基準——イギリス絶対王制成立期の農民層分解」），山田舜（「寄生地主制成立の前提——地主手作の成立」），庄司吉之助（「寄生地主制の生成Ⅰ——手作地主から寄生地主への移行」），大石嘉一郎（「寄生地主制の生成Ⅱ——自由民権運動と寄生地主制」），星埜惇（「寄生地主制の再編——耕地強制と耕地整地および交換分合」）の諸研究を特集し，岡田与好がこの書評（『歴史学研究』189）を行なったことで直接継続した。すなわち，岡田批判に対する吉岡・山田の反批判（同191），さらに大塚の論点整理と主張（同192）と展開したのである。

　岡田与好の批判は，主に吉岡・山田・星埜に向けられ，自らのイギリスにおける実証（「イギリス・マナー崩壊の基本的特質」『社会科学研究』5-2～3）を基礎に，多岐にわたるものだったが，主要な点はつぎの3点にあると思われる。(1)もっとも中心的な論点は，絶対王政成立期の農民的貨幣経済は小ブルジョア経済であること。すなわち「特産物」経済なる本質は存在せず，それは小ブルジョア経済と封建領主支配との対抗の現われであるという点であろう。(2)絶対王政成立は小ブルジョア経済を前提とするが，その土地所有の基礎は寄生地主制とは限らない。絶対王制下の土地所有は領主的土地所有の一定の解体の所産であるが，それは商品生産の展開・農民闘争に規定されるもので，一義的一般的には寄生地主制を基礎とするものではないこと。(3)したがって日本地主制については，後進資本主義国の体制的一環として世界史の発展段階との関連で規定する。つまり，寄生地主制一般を世界史の法則のなかに指定するのでなく，日本＝後進国類型として世界資本主義の発展段階のなかで，地主制を規定しようとする。

この結果，(1)の点では岡田・大塚が一致し，(2)(3)では大塚・吉岡・山田が一致することになった。論点としてその後もっとも発展させられたのは，(1)の点であった。すなわち，山田舜は，論争に応えて，半封建的基本経営→典型経営，つまり半自給経営という範疇を提出し，生産過程に商品経済が入りながら経営の基底たる労働過程では自給経済の論理が規定的である場合を半封建的経営とした。ここでは労働過程が集中せず分散される（零細錯圃制）ことを基礎に経営規模の限界性を主張し，これが寄生地主成立のメカニズムであるとした（「近世封建制の基本的階層」『商学論集』24-3 など，なお『日本封建制の構造分析』）。ここにみられる「限界経営規模」論は，早く羽鳥卓也によって地主手作論（安良城批判）として提出されていたが（「戦後における社会経済史学の発達・日本(4)」『社会経済史学』20-4・5・6），山田は別な観点からこれを構成したのである。この山田の「限界経営規模」論は，大塚の「蓄積基盤移行」論と並んで，寄生地主への「上昇転化」を説明する有力な説をなしている（その後，堀江英一・逆井孝仁らの批判が出る。後述）。

このような吉岡・山田の新説に対しては，堀江英一の批判（「民富について」『商学論集』24-3）や大石嘉一郎の批判（「封建制の構造論について」『歴史評論』102）があり，さらに大石は大塚の「局地的市場圏」の理論にも批判を加えた（前掲「農民層分解の論理と形態」）。山田に対する批判として共通するのは商品生産者の性格規定についてであって，とくに大石は生産過程と労働過程の機械的分離の誤りを指摘している。また後に安孫子も，山田の労働過程の把握は究極のところ耕地・耕作強制に規定される土地所有の性格に帰着するが，経営を規定するのは社会的分業と労働力の性格であろうとして，土地所有の変革を先行させるのは逆であるとした（「書評──養蚕業の発達と地主制──」『商学論集』27-3）。

この論争のなかから本格的実証研究として，塩沢君夫・川浦康次の尾張棉作地帯の分析『寄生地主制論』と，高橋幸八郎・古島敏雄編の福島県伏黒村の分析『養蚕業の発達と地主制』の画期的成果が現われた。前者は，大塚久雄の「局地的市場圏→蓄積基盤移行」論の日本への全面的適用を試み，その方法論によって藤田「豪農」論が十分に展開できなかった「豪農」→「寄生地主」への上昇転化を実証し，「豪農」論を補強したものであった。後者は，とくに安良

城盛昭（「養蚕業の展開と徳川期の地主・小作関係」），佐々木潤之介（「宝暦―寛政期における蚕種経営」），山田舜（「蚕種生産における半封建的経営」）の3編をもって，いわば「特産物」商品生産における半封建的典型経営＝「豪農」（藤田の「豪農」と異なる）を実証し，さらにこの期の地主―小作関係の不安定さ，小作人層の非自立的存在から，かかる商品生産の展開は，この期の幕藩体制に照応しており，地主制としては未成立であったことを明らかにした。このなかで三者は微妙に差異をもち，佐々木はこの「豪農」規定を後に確立して，永原慶二・長倉保によって確立された幕藩体制下の普遍的形態たる村方地主（「後進＝自給的農業地帯における村方地主制の展開」『史学雑誌』64-1・2）の具体的内容とし，幕藩権力の下部構造を構成したもので絶対主義下の地主的土地所有から峻別した（「幕藩体制下の農業構造と村方地主」古島敏雄編『日本地主制史研究』）。この佐々木の「豪農」論は，のちに幕末農民闘争論のなかに位置づけられることになる。また安良城の地主―小作関係の分析は，すぐ3でみるように，小作人層の自立化は農業生産力上昇＝萌芽的利潤形成にあるのでなく，必要労働部分の余業による補塡にあるとする説へ発展した（「幕末期泉州における小作農の存在形態」高橋幸八郎編『土地所有の比較的研究』）。

　「地主制論争」をふまえての日本地主制の把握の試みは，古島敏雄編『日本地主制史研究』の各研究に現われているが，論者の差異は統一されず，各人ごとの規定（単なるくり返しもあるが）に止まっていた。この後の研究展開は，3で検討しよう。

3 「分解」論的研究の総括と展開

　この時期から「論争」の総括整理が現われはじめる。細部は別として基本的論点をまとめてみるとつぎのようであろう。

　第1点　岡田与好の指摘にもかかわらず，「論争」は否応なしに，過渡期の世界史的法則の日本への適用として展開された。しかもそれは後に堀江英一が批判するように，大塚理論を前提とした「共同体解体」論としての「農民層分解」論という理論的枠組みを脱し切れなかった。これに対する反省は大石嘉一郎の積極的提言（前掲「論理と形態」）にもかかわらず，論争内部からの実証的研究としては，かなりおくれて展開した。論争外では幾つかの先駆的成果がみ

られる（Ⅲ）。

　第2点　最も論議された点として，地主—小作関係への分解を，「二つの道」のひとつとして把握するか，それとも両極分解に先行するものとして「二つの段階」として把握するか，という問題があった。歴史具体的にいえば，地主—小作分解は農民経営のいかなる段階（小ブルジョア経済か否か）においてはじまるのか，さらにいえば，絶対王政成立期の経済発展段階はなにか，という問題である。

　第3点　第2点の実証作業と関連して，農民経営が商品生産となりながらも，なにゆえに経営拡大→両極分解を指向せず，限界経営規模につき当って地主—小作関係に結果するのか，という問題があった。

　第4点　以上1～3点が論議されたのは，この「論争」の中核に服部之総の「地主＝ブルジョアジー」範疇の再検討の課題があったため，とする安良城盛昭の指摘がある（前掲「当面する課題」⑵）。安良城はこの核心的論点の追求の意義を，「現実的課題」と「理論」と「実証」この三者の関係から明らかにし，それが戦前の「日本資本主義論争」の主要な一論点を深めるものであるとしている。

　最後の安良城の総括にもあるように，「論争」を踏まえての研究の展開も，依然として「資本主義形成」論としての「農民層分解」論の線上で進められることになった。そうしてとくに枠組みとしての大塚理論の止揚をはかる理論が，多様に提起されてきた。もちろん，大塚理論の枠組みを支持する研究もまた，きわめて多い。以下，個別に諸説を検討しよう。

　「論争」に関連した「分解」論が，ともかくも商品生産の成立→社会的分業発展→「市場関係」論を内包していたのに対し，この枠組みを止揚しようとする最初の試みは，大石慎三郎によって提起された（『封建的土地所有の解体過程』なお前掲古島編『地主制史研究』所収の論文参照）。大石は，幕藩体制下の小農生産力の上昇によって地代負担以上の剰余労働部分が成立すれば，これが地主制形成の前提をなすという立場から，生産力上昇→農民的土地所有の前進→地主的土地所有の形成を論じた。この場合，農民剰余を獲得した農民経営の分解は，領主収奪の強化・農民との対立によってひき起こされるとし，ここに吸着した前期的資本により質地関係—質地小作が広範に成立したと把えるのであ

る。この質地地主は，領主財政悪化のなかで領主権力に連繋・保護され共生関係をもつ。この点を，幕法などの質地関係保護政策の検討を通じて明らかにしたのである。したがって，「分解」の前提から商品生産を除外し，進んで畑作商品化地帯における地主制の不安定さ，米商品化地帯の安定さを主張した。つまり，ここでは地主制は，前期的資本そのものとしての質地関係で成立し，領主権力の末端に位置づけられた。その成立期も元禄―享保期に措定されたのである。また竹安繁治も，隠田の存在から農民剰余の発生を近世初期に求め，地主制の形成もまたその時期においた（『近世土地政策の研究』）。両者は相似た方向で大塚理論の枠組みを脱したが，その結果，地主制形成は幕藩体制内に位置づけられ，過渡的範疇という世界史的段階規定を失うことになった。つまり前述の佐々木潤之介の説が，豪農を幕藩体制に適合的な存在として地主と峻別したのとまったく逆である。つまり「分解」論としての歴史的規定性が曖昧になったといわざるをえない（幕藩体制内での構造規定はあっても）。これは「論争」を否定的に継承したといえよう。

　同じように，質地関係に地主的土地所有の成立を見出しながら，まったく異なった論を提起したのは安良城盛昭である（前掲論文「存在形態」など）。安良城は大石と逆に，商品生産により農民剰余＝萌芽的利潤が恒常的に成立するならば，農民の没落はありえないし，没落するのは萌芽的利潤が失われて経営が困難になった時であるとして，かかる農民経営は安定した小作料を支払いえない。支払いうるとすれば，萌芽的利潤からでなく必要労働部分への食い込みであることを主張した。かかる質地関係は，それゆえ前期的資本機能としての収奪であり，小作農は，奪われた必要労働部分の確保のため，余業に頼らざるをえないと主張した。逆にいえば，かかる余業機会の成立こそ地主的土地所有の安定的成立の前提となるのである。この安良城の指摘は，「小作＝貧農（半プロ）層」規定を説明するものであって，牧歌的な「小作＝中農層」規定を否定し，小作闘争の意義づけにつながるものをふくんでいた。これは「論争」の枠組みをいわば拡大したもので，農産物市場における価値法則＝小ブル的「競争」から分解を導くのでなく，前期的資本の収奪面を強調する。ただ，ここで安定的成立の条件となる「余業」の段階論的規定が問題として残るだろう。余業機会の成立をふくめて，社会的分業の展開とみれば，拡大された枠内に入る

ことになろう。なお，山崎隆三は，富農・地主経営の実証として高く評価された『地主制成立期の農業構造』で「摂津型」の崩壊を跡づけながら，地主―小作分解とブルジョア的分解の併存を指摘したが，後に全国的な検討を通じて，商品経済が発展しながらも萌芽的利潤が成立しえないという条件こそ地主制形成の前提であるとして，高利貸的な質地地主こそ基本コースであることを主張した（「江戸後期における農村経済の発展と農民層分解」岩波講座『日本歴史』近世4）。ここでは安良城説にいちじるしく接近している。山崎・安良城は，ともに地主―小作関係乃至地主的土地所有の展開起点を江戸中期におくが，これを必ずしも「地主制」としていない点で，Ⅲに述べる問題，つまり日本資本主義と地主制の問題を見とおした配慮があるといえる。

　大塚理論の枠組みを否定した３つめの理論として堀江英一の説がある（『幕末維新の農業構造』第６章）。堀江は，小商品生産の正常な「分解」は両極分解であるという通説的理解を否定し，「小商品生産」段階の分解は必然的に寄生地主的土地所有に帰結することを，理論的にも実証的にも主張した。堀江の批判は，大塚理論の枠組みが，封建制＝共同体として把え，「小商品生産」をこの「共同体内」分業としてのみ考えるところから，小商品生産→共同体解体→資本制形成という論理展開が生ずる，という点に向けられる。大塚理論では封建制は単なる外被であり，その内部に生ずる小商品生産の展開のみが資本制を形成するものとして把えられ，逆に資本関係を形成しない地主―小作分解は，この外被たる共同体＝封建制の規制に要因を求めざるをえなくなっている。しかし小商品生産は，積極的に過渡的範疇としての分割地所有を創出するものであり，「分解」論は，分割地所有の分解として展開されなければならない。堀江の以上の主張は，「共同体解体」論としての「分解」論，したがって「市場」理論としての「分解」論を否定し，小商品生産それ自体，つまり分割地農民それ自体から「分解」論を構成しようとするものであった。しかし，その意図にもかかわらず，これは批判に止まり，積極的な「分解」論は明確でない。地主制の形成も，生産力の限界，経営限界からのみ把えられており，その実証も，地主的土地所有成立の量的事実の指摘に止まり，必然性としては論証されていない。

　堀江による批判の方向を支持しつつ，その欠陥を指摘したのが逆井孝仁であ

る（「寄生地主制研究に関する一考察」『経済学研究』17-3）。逆井は，堀江においては折角「小商品生産段階」＝分割地所有を提起しながら，それを土地所有の問題として正面に据えないところに不十分さがあるとして，封建的土地所有関係＝地代収取の解体過程との関連で分割地所有を位置づけ，その分解所産たる地主的土地所有をふくめて，「過渡的地代範疇」理論から「分解」論を構成すべきであると主張した。この過渡的地代すなわち分割地所有関係は，農業外の商品生産発展との関係，総じて発展段階の差異，さらに一国ごとの外的諸条件の差異により，存在形態が異なるものであり，ここから特殊日本の類型的把握が展望されている。この逆井の指摘どおり，戦前にあれだけ論争された「地代＝小作料」論が，戦後論争で皆無に近かった点は，今後のひとつの課題であろう。

4　「資本主義形成」論から「階級闘争」論への「分解」論の展開

　以上述べたような「分解」論の展開があったにもかかわらず，「論争」の課題としては明確に解決がつかないまま，「分解」論の新たな課題が生じつつある。それは，農民層の分解を新たな生産関係の成立，その経営（乃至労働）主体としてのみ把えるのでなく，進んで維新変革期の階級闘争の主体形成として把えようとするものである。こうした点は，早くから津田秀夫（前述）・堀江英一（『明治維新の社会構造』など）によって解明されてきたが，それらは商品生産を前提とした幕藩体制解体過程の問題として把握していた。これに対して，1965年度歴史学研究会大会以降，幕末維新期の階級闘争を幕藩体制そのものの構造的特質からひき出そうとする試みが行なわれている。その中心にあるのは佐々木潤之介の理論であり，これは最近『幕末社会論』として体系づけられた。すでに前に述べたように佐々木は，村方地主・質地地主の発展形態として，それを包含する形で「豪農」範疇を幕藩体制下に位置づけたのであるが，これは山田舜の半封建的典型経営を，歴史具体的に幕藩体制の特質＝日本的・類型的特質として規定したものであり，これを通じて，近世初期の「幕藩体制」研究との統一をはかったものであった。佐々木が重視するごとく，それまでの地主制研究では，領主権力はしばしば抽象的普遍的な封建権力としてのみ農民経営に対置されていた嫌いがあった。この点で，地主制形成を幕藩権力規定＝石

高制との関連で把えるものは，大石・安良城説で明確であったほかは，あまりなかったといってよい。

　佐々木は，その「豪農」論を中核に，幕末の一定の商品生産の所産としての「分解」は，幕藩権力に連繋し組みこまれる豪農と，本百姓の没落形態として半プロレタリア＝貧農層を作り出したとする。この半プロ＝貧農層の検出は，安良城説と同様な史実認識であるが，その上に立つ地主を安良城は過渡範疇と把えるのに対し，佐々木の「豪農」は幕藩体制下の範疇である。そうして佐々木は，この「豪農」と「半プロ」の階級構成を重視し，この階級対立こそ幕末の主要な階級闘争をなすものとして，服部之総以来通説化していた小ブル層の「指導と同盟」論を批判し，羽仁五郎の「農民闘争」論を，別な視角から発展させたものであった。つまり，より実証的にも理論的にも深められた「幕藩体制」論と「分解」論を基礎として，幕末階級闘争論を展開したのである。この前史としては，林基の「宝暦─天明期の社会情勢」（岩波講座『日本歴史』近世4）があった。つまり逆にいえば「分解」論が普遍法則的な移行問題に止まっていた段階から，具体的な維新変革過程へ適用されたものとして，戦前からの服部・羽仁の対立の課題を復活させたものであった。これは直接に地主制論をなすとはいえないが，「論争」の核心的課題とされた服部の「地主＝ブルジョァジー」範疇の日本における役割を否定するものであった。この課題は，65年以降歴研封建（近世）部会で追求され，そのなかで佐々木と並んで青木美智男の一連の精力的な研究があることを付け加えておきたい。しかし，この新たな問題視角は，まだ全面的に発展させられているとはいえず，今後の課題として，変革主体の核心的課題の解明に展開することを期待したい。

Ⅲ　「段階・類型」論＝資本主義構造論としての地主制研究

1　「段階」論と「類型」論との統一──「形成」と「構造」との統一的把握

　Ⅰの最後に述べたように，「農民層分解」・地主制形成の問題を移行期の問題としてのみ把える分析視角には，古島敏雄が早くから疑問を出していた。古島は守田志郎との研究のなかで，明治期の地主について5つの型・地域的特質を

挙げ，そのなかでも日本地主制の中核をなすものとして，水稲単作地帯の大地主を重視した（「明治前期における地主制展開の地域的特質」『経済評論』1951・6）。そうした視点での成果は2でみるように，守田志郎の一連の新潟県巨大地主の分析として現われた（とくに『日本地主制史論』，『地主経済と地方資本』）。

　他方，「論争」の成果を踏まえて，地主制研究の方法論を理論的に提示したのが大石嘉一郎だった（前掲「論理と形態」）。大石は，地主制研究が，戦前においては主に日本資本主義の類型論的規定において問題とされ，戦後は主として段階論的規定において問題とされていると把え，これはともに一面的であり，両規定を統一することを主張する。そしてこの統一は，一般的・抽象的規定として段階規定を確定した上で，具体的・個別的規定たる類型規定を付加すべきであること，このための媒介項は，地主制の土地所有関係それ自体でなくその基盤としての農民経営であることから，「農民層分解」の段階論的かつ類型論的規定を行なうべきであると主張した。ところでこの段階論的規定の基準として，大石は2種類の基準を示す。すなわち，第1は農業そのものの段階規定であって，農業の生産諸力・経営様式の段階として，封建的段階・半封建的（過渡的）段階・近代的段階の3段階を示す。これは基礎規定となる。第2は資本主義の発展段階であるが，これには直接的生産過程の段階（小営業―マニュ―機械制大工業）と全機構的政策的な段階（重商主義―自由主義―帝国主義）とがあるが，前者は抽象的規定であり後者の具体的規定に包摂されるとして，この全機構的段階規定を問題とする。そしてこれはさきの農業発展の段階規定＝基礎規定に対して，媒介契機となる。なお，大石のこの全機構的段階の最初に，農業外部門においても資本制生産が支配的でない段階（小営業段階）をおくから，4段階規定となる。この2種類の規定の「照応」関係の差異は，まさに各国資本主義の類型を定める基礎になるのである。大石はひとつの試論として，〔幕末〕農業＝半封建的段階，全機構＝小営業段階，この対応は正常発展の先進国とほぼ同様，〔明治〕農業＝半封建的段階，全機構＝本源的蓄積期→（早熟的）帝国主義段階，この対応こそまさに「日本的類型」，と述べている。ここから，「徳川期の地主制の成立と明治以降の存続とは，同一の論理では割り切れない」（傍点―安孫子）と結論する。

　この大石の主張は，細部に難点をふくみながらも（山田・堀江の批判），核心

においては戦後研究に対する，研究の意義，方法論での重要な反省を迫るものであった。しかし，批判の多くは「分解の論理」や「段階基準」にのみ目を向け，この提言は容易に定着しなかったように思われる。

これに続いて安孫子は，幕末期紅花生産地帯と明治期単作地帯の地主の分析の対比を通じて，大石提言のもつ重要性を指摘し併せてその日本への適用を試みた（その構想は「水稲単作地帯における地主制の矛盾と中小地主の動向」『東北大農研彙報』9-4，この体系化は「日本地主制分析に関する一試論」同 12-2・3）。安孫子は日本地主制の研究史的検討を通じて，研究史上に現われたさまざまの段階の地主―小作関係（地主制ではない）のなかから，過渡範疇としての地主―小作関係と資本主義の構造的一環をなす地主―小作関係のみを，支配体制としての地主制と把え（村方地主制の否定），前者を本源的蓄積進行期の地主制（産業革命が終期），後者を資本主義的蓄積段階の地主制（このなかでさらに産業資本段階と独占資本段階に細分する）と２段階に規定した。この点は，大石の段階基準と大きく異なっている。この２段階規定の上で類型論的規定を加えようとする点は大石と同様であるが，ただ具体的に各国資本主義を比較したため，後段階の地主制にあたる存在は，イギリス・フランスにはないとして，資本主義の構造的一環としての地主制は，それ自体特殊類型的であると考えている。この安孫子の説もまた，資本の蓄積様式での段階規準を立てているから，その基礎は「農民層分解」論であり，この「分解」論を独占段階まで拡大して把え，そのなかから地主制の絶えざる再生産＝存続を，日本＝類型として把えようとしたのである。

こうした大石・安孫子の論を，「労農」派的見解とする評価が，堀江英一（前掲『農業構造』）はじめ２，３あるが，かかるレッテル自体が無意味であることは，以上の主張から明白であろう。それらは，戦前・戦後の両論争をふくめて日本地主制の意味を再確認し，併せて方法上の問題を提起したのであり，またその適用においても，大内力（「農民層の分解にかんする一試論」有沢広巳教授還暦記念論文集『理論と統計』）らと異なっている。大内は，マルクスの明らかにした両極分解の法則は資本主義形成の一般的抽象法則であり，発展段階により異なった形態をとるとして，重商主義・自由主義・帝国主義という資本主義の段階論を適用する。と同時に，先進資本主義国と後進資本主義国との「分解」

の進行の型を示す。このように大内もまた段階論規定と一種の類型論規定を与えるのであるが，その基準はまったく異なる。安孫子が蓄積様式で2段階に区別したのは，大内の3段階区分では「農民層分解」の，また「地主制」の，歴史的役割の差異が明確にならないと考えたからである。つまり，大内の「分解」論からは，日本資本主義の構造的一環＝再生産構造内に定置された地主制という規定はでてこないのである。

なお，以上の諸説に関連して，まったく別な視角から，段階規定と類型規定を試みたのは栗原百寿である（『農業問題入門』）。栗原は，地主制の段階規定としては分割地農民の潰滅形態，すなわちアメリカ型の道の潰滅として明確に過渡期に位置づけながら，日本におけるその類型規定としては，幕藩制的土地所有の下での「事実上の」農民的土地所有の潰滅の上に発生し，地租改正は，潰滅した農民的土地所有をそのまま，つまり不完全な分割地所有として地主的土地所有と抱き合せでのみ法認したとする。領主的土地所有の重圧を逃れた地主的土地所有は，この不完全な分割地所有の一層の潰滅の上に，本格的に成立＝確立する（明治20～30年代）。この栗原の理解では，第1に，分割地農民が潰滅したとは考えられないイギリスの地主制を位置づけられない。第2に，段階規定では過渡範疇であるものが，類型規定では日本資本主義の構造的一環となって，その歴史的役割が不明確となる。これは栗原が，ひとつの段階にのみ固定した故で，2段階規定を行なうべきであったことを示す。

2 「類型」論＝日本資本主義構造論としての地主制研究

Ⅰ-2で述べたように，戦前の研究を直接に継承する仕事は，戦後早い時期に行なわれた。

その代表は，山田盛太郎の「農地改革の歴史的意義」（『戦後日本経済の諸問題』）や栗原百寿の『現代日本農業論』であろう。このほか，農地改革に関連した研究は汗牛充棟の感があるが，資本主義構造論として地主制研究を深めたというよりは戦前の成果に依拠した論争が多かった。山田はその後『日本農業生産力構造』で，明治以降の地主制の生産力的基盤と地主類型を明らかにしている。また栗原の研究は，戦後農業問題を見通すために地主制解体の過程と意義をスケッチしており，とくに農業危機との関連で，日本資本主義の危機と地

主制の関係に秀れた展望を与えた。

　これに対して，戦後の「論争」と関連しながら日本資本主義と地主制の課題を追求したのは，丹羽邦男と守田志郎であろう。もっとも，丹羽は，周知のとおり地租改正期に視点をおき秀れた成果を挙げてきたが（代表として『明治維新の土地変革』，『形成期の明治地主制』など），それらは日本資本主義構造論というより日本資本主義形成論の立場にあった。つまり「論争」の多くが幕末期に集中し，維新変革でどのように位置づけられ，どのような役割をもつかが論じられないなかで，丹羽は，維新過程での地主的土地所有の法認の意味と地域的類型を解明したのである。同時に，地租改正期に定まった明治権力の「富国強兵・殖産興業」政策のなかで，農業とこの地主的土地所有が，いかに組込まれ再編・集中していくかを明らかにした（「地租改正と農業機構の変化」『日本経済史大系』近代上など）。

　日本資本主義構造論の立場では，守田志郎の研究が特筆されよう。守田は，前述のように日本地主制の背骨をなす単作地帯巨大地主を分析して，農業生産力との関連で地主的集中を明らかにするとともに，日本資本主義の下での米穀流通政策の実証分析を通して，資本家・地主対労働者・農民のブロック対立，地主制と資本主義経済との矛盾の展開，そのなかでの地主の「最終的努力」＝農民収奪，そして農民＝小作闘争の展望を明らかにした（『日本地主制史論』）。さらに同じ地帯について，地方産業・金融業との関連で地主制の確立と変貌を明らかにした（『地主経済と地方資本』）。また，資本主義農政の確立とその下での地主制の定置＝確立を全体として描いた研究もある（「地主的農政の確立と地主制の展開」前掲古島編『日本地主制史研究』）。

　このほか，同じく単作地帯を対象として，明治30年代における地主制の段階移行と，大正期における小農＝自小作発展から，小作＝中農の形成とそれを基礎とする地主制の危機を実証した安孫子の仕事もある（前掲「地主制の矛盾」など宮城県南郷村の一連の分析）。また明治中期―大正期を主たる対象として，地主制の基礎をなす共同体的規制の本質を明らかにし，さらにこの共同体的規制＝耕地・耕作強制の廃棄の条件を土地・労働過程の変革から解明し，ここから小作農の発展→小作闘争の意義づけを行なった星埜惇の研究も重要である（きわめて多いが，『日本農業発展の論理』など）。なお，星埜の研究は，日本農業

の把握を基礎に国家権力―社会構成の全体的把握に及ぶ広大な体系を築きつつある。これが日本資本主義構造論の体系へ具体化されてくることを期待したい。

最後に，最近の日本資本主義構造論的研究として特筆しておきたいのは，中村政則と安良城盛昭の諸研究である。中村の論文「日本地主制史研究序説――戦前日本資本主義と寄生地主制との関連をめぐって――」（『経済学研究』12）は，資本主義構造論として地主制研究を考える場合，避けて通ることができないものと思われる。戦前の研究で，そして現在にいたるまで，日本資本主義と地主制の関連を考える場合のひとつの基準は，いうまでもなく山田盛太郎によって示された，地主制は，資本主義への「編成替」の，そしてまたその「再生産構造＝二部門確立定置」の「基柢」という把握である。山田は主としてこの点を労働者の創出・編成の観点から把握し，併せて天皇制の基礎として位置づけているが，中村は，地主制を資本の源泉機構として把え，明治前期における地租，中期以降における地代の資本への転化のメカニズムを解明し，この点から日本資本主義の「基柢」となっていたことを論証した。しかし，日本資本主義の構造的一環として定置されるのは，換言すれば（日本資本主義下の）地主制として確立するのは，ほかならぬ日本資本主義・天皇制が確立し，これらと地主制との三者の統一によってであり，これは日清戦後経営を通じてであるとする（「日清戦後経営論」『一橋論叢』64-5,「日本資本主義確立期の国家権力」『歴史学研究』別冊）。周知のように，この点では，中村の明治30年代確立説と，安良城盛昭の明治20年代確立説とが対立している（安良城「地主制の成立」『歴史学研究』360）。

安良城は，豊富な，全国におよぶ府県別資料を駆使して，地域別の地主の様態を整理し，地租軽減・地価修正運動の分析から，政府・民党と地主の関係を規定した結果，明治20年代には経済的にも政治的にも地主制が確立したとする。すなわち，地主制の基本的類型の成立（以後は量的展開）は松方デフレからの立直り過程でみられ，20年代初頭の議会制度・地方制度・天皇制（憲法・皇族・華族財産の制度）の整備により，地主制の基本的位置づけが定まったとするのである（「地主制の展開」岩波講座『日本歴史』近代3,「初期帝国議会下の地租軽減・地価修正運動とその基盤」『社会学研究』19-6,「日本農業＝地主制の地帯構造について」『茨城県史研究』13）。この両者の間では，「確立」の意義が微

妙に食いちがっている。とくに経済的側面に限ってみても、安良城は地主階級の即自的な確立に力点をおくのに対し、中村は各階級間の矛盾・対立関係の確立に重点をおく。つまり、再生産構造内の定置を強調する。こうした差異は、山田盛太郎や栗原百寿も注目していて、たとえば、「成立」＝明治22年、「確立」＝明治30年代、として把える。この論点は、資本主義構造論としての地主制研究を、より具体的に深化させることを要求している。問題は二者択一的ではなく、それぞれの段階の「構造」論的把握を深めることであろう。

　以上、簡単に最近の研究をみたが、ここでの問題意識は、地主制研究の現代的意義は、やはり戦前の研究意識を欠落させたままでは無意味であることを強く示していると思われる。それは資本主義形成論としての地主制研究が不要だということでは、毛頭ない。ただ日本地主制が、「現実」に、幕末から農地改革まで存続し、われわれ研究者自身の、さまざまな形での社会変革の課題もまた戦前から引き継がれている以上、それを欠落させることはできないのである。

　　付記
　1．私の不手際から、紙数を越えながら前半に比しⅢが著しく短くなった。とくに重点をおくべきⅢ-2がスケッチに止まったことをお詫びする。
　2．私自身も『宮城県農民運動史』の研究に携わったのだが、本章では紙数の関係で、どうしても農民運動・小作争議を扱えなかった。一面的という批判を甘んじて受けなければならない。

〔補論1〕「日本地主制」規定の視角について
――「明治 30 年代確立説」をめぐる 2, 3 の問題――

1

　本補論は最初，永原慶二・中村政則・西田美昭・松元宏の 4 氏の共同研究の成果である『日本地主制の構成と段階』（東京大学出版会，1972 年）を論評せよということで依頼されたものである。しかし，同書については，私はすでに他の機会に（「土地制度史学」誌に――未刊），不充分ながら書評を書いていたのでお断りした。ところが，重ねて日本地主制論として「論争的に」書くようにとすすめられ，書評では果せなかった問題について，急拠私見を述べることにした。それは「論争的」なものではなく，むしろ私自身の宿題であったことである。

　私は，日本地主制に関する明治 20 年代確立説と 30 年代確立説との「対立」について，「問題は二者択一的ではなく，それぞれの段階の構造論的把握を深めることであろう」と述べたことがある（「寄生地主制論」『講座日本史』9 所収，東京大学出版会）。この点は，さらに中村氏が「むしろ両視点の方法的統一をはかることが重要だと考える」と敷衍された。そして同書を評された有元正雄氏は「両視点の無媒介的統一を安易に計るべきではない」として，積極的に，地主的土地所有の一般的成立・地主経営の安定的循環・社会的定置，すなわち地主制そのものの確立＝20 年代説の視点。産業資本確立・主ウクラードたる資本主義と副ウクラードたる地主制との構造的結合，すなわち半封建的資本主義の型相確立＝30 年代説の視点。と提言された（「歴史学研究」389 号）。ただ，これでは中村氏は納得されないであろう。なぜならば，中村氏にあっては，地主制の確立とは，地主的土地所有が日本資本主義・天皇制の不可欠の有機的一環として構造的に定置する局面＝段階を意味し，すぐれて体制的な概念となっているからである（たとえば「思想」574 号の同氏論文参照。他にも『日本の産業革命』〈シンポジウム日本歴史 18，学生社〉の同氏報告など）。つまり，「地主制」の定義自体が異なる。だがこれは，単に定義の言葉上のちがいではない。戦前日本資本主義の特質把握の視点のちがいとなるからである。

私にとって宿題となっていたのはこの点である。かつて私は，日本地主制の2段階規定を行ない，地主制というウクラードの定義を，蓄積構造における役割から規定しようとした。そこでは，本源的蓄積段階の地主制＝世界史的範疇，資本主義的蓄積段階の地主制＝日本資本主義「型制」の基底と考えた。現在は，この論文の不備を痛感し，最近の地主制研究から多大な教示を得て，再考しているところであるが，この2段階規定を放棄するには至っていない。こうした立場から，すでに前述の書評で，基本的には30年代確立説の視点に賛意をもつと書いたのであるが，ここではその論拠を示してみたい。併せて，同書の著者たちの方法論的見解への疑問を，できるだけ内在的なものとして，提出したいと思う。

2

　「30年代確立説」の立脚点は，いわば，資本制・地主制・天皇制の三位一体的確立＝日本資本主義確立という点にあるが，いま私には，天皇制，つまり国家権力そのものの規定にふれる能力はないので，この確立過程の基礎をなす，資本制と地主制との構造的結合＝資本主義の不可欠の構造的一環としての地主制の定置という点からみていきたい。この「結合」乃至「定置」ということは，中村氏によれば，さらにつぎの内容をもっている。すなわち，資本制的ウクラードが支配的地位につき，地主制的ウクラードが従属的地位におかれていること，そしてこの両ウクラードは，単に「主要」・「副次」という相対的関係のみならず，「原理的には排他的な」異質なウクラードであり，この異質な両ウクラードの結合は，商品流通，つまり労働力市場・商品市場・資本市場という3つの経済的契機を媒介として行なわれ，さらに，国家権力の不断の介入という政治的契機により補完されているのである（前掲『日本の産業革命』）。このような「結合」が確立することが，地主制の確立と規定し得る内容なのであるが，規定はともかく，この一見問題ないようにみえる「結合」の内容のうち，異質なウクラードという点は考えてみる必要がある。といっても，同質であるというわけではない。

　本来，排他的な異質なウクラードというのは，結合によって異質さが生じたわけでなく，もともとそれぞれのウクラードの本質的な歴史規定として内在していたはずである。資本制の歴史的規定は明確であるが，地主制についていえば，中村氏は，「高利貸資本の転化形態，その人格的表現としての寄生地主」

（前掲『構成と段階』474頁）という規定をおく。この転化がいかなる段階のものかは，改めて述べる必要もないであろう。私自身も，地主的土地所有とは，前期的資本の土地＝生産支配の形態と規定してきた。問題は，かかる規定性を，どのような段階で受取ってきたかである。有元氏が，「地主制そのものの確立」といわれるとき，この「異質な」ウクラードとしての成立・確立を念頭においていたと思われる。それを，地主制的ウクラードそのものの確立，と考えてみれば一層明瞭であろう。こうした一ウクラードの形成・発展は，たしかにそれ自体では，一国の体制的構造の一環ではあり得ても，体制そのものではない。だが，かつての地主制論争以来の研究史をふり返るとき，こうした異質なウクラードとしての地主的土地所有乃至地主経済の形成，その役割が課題となっていたことは否めない。それは，封建制＝領主制とも異質であり，資本制とも異質な，まさに「過渡的範疇」として把えられたのである。

　こうした関心が，中村氏をはじめとする同書の著者たちの視点とちがうことは明らかである。資本主義の不可欠の構造的一環としての地主制の，意義・役割を明確にし，その段階確定を行なうことは，たしかに戦前日本資本主義の解明のために必要不可欠の視点であり，その実証を通して，明治30年代の画期的意義を認めることに，私も賛意をもつのである。しかし，他ならぬこの地主制的ウクラードの，資本制との「結合」以前の役割がなんであったのか。それを未確立・未完成とみるか，あるいはそこに独自な過渡的範疇としての意義・役割をみるかは，大きな差である。

　たとえば，前者の観方は，中村氏らがしばしば引用される栗原百寿氏の言葉に代表されよう。「わが国の地主制はともかくも明治20年代初頭において成立するにいたったが，それは未だ本格的に確立するまでにはいたらなかった。わが国の地主制が終局的に半封建的な寄生地主制として確立するにいたるのは，日本資本主義の確立過程に対応して明治30年代においてであった」（『現代日本農業論』32頁，中央公論社）。栗原氏は，さらに自らこう説明する。「寄生地主制が構造的に確立されたといい得るためには，日本資本主義の早期金融資本的な発展そのものに対応して，一方では地主手作の地主経営的発展の道が決定的に閉塞されるとともに，他方では寄生地主制が名目的に解放されたばかりの農民的分割地所有の急激な潰滅にもとづいて急速に拡大しつつ，同時に深刻な潜在的農村過剰人口を作り出して，日本資本主義のために相対的過剰人口の供給源となり，資本主義的蓄積の不可欠の基盤としての意義を与えられることが必要であった。すなわち，わが国の寄生地主制は，明治初年でも10年代でも

なくて，実に20年代から30年代にかけて，自作農的な分割地所有の一応の安定化と対応して，確立されたのである」(『農業問題入門』286頁，有斐閣)。しかし，この把握では，過渡的範疇としての地主制の世界史意義を把握できない。「異質な」ウクラードとしての地主制の意義は，資本制の下に，構造的に，従属的に組込まれることのみにあるのか，という疑問である。あるいはまた，地主制の「異質な」本質は，資本制下に組込まれてはじめて完成するのか，という疑問である。

　私の2段階規定は，この栗原氏の理解を手がかりとしたものであったが，30年代の画期的意味を考えれば考えるほど，この期を，地主制の歴史的役割の転換点と見なさざるを得なかったのである。それは現在からみれば，不充分かつ誤まった部分を含んでいるが，本質的にはいまもそう考える。この転換，あるいは，後段階の地主制の「編成替」の完了を30年代とみ，その内容としては，中村氏らによって充実された意義を与えたいのである。「地主制30年代確立説」は，そうした脈絡の上に考えなければ，どこまでも，地主制の定義にかかわり合うことになりはしないかと怖れる。そう考えてみると，明治20年代というのは，一方で地主的土地所有の量的成長過程であるとともに，他方では，地主制の2つの歴史的役割の交替，併存→転換の過程であると思われる。この過程は，服部之総氏の「地主＝ブルジョアジー」範疇の歴史的役割の終焉であり，3でもふれるが，栗原氏の「地主の小営業ないし零細マニュファクチュア兼営」の最後の「開花」期であった。それゆえ，20年代のこうした局面を重視するならば，地主制ウクラードの本質，高利貸資本の転化形態としての確立を，30年以前（明治初年，10年代など）に求めることも一理あると思われる。もちろん，これはただちに「20年代確立説」を指すのではない。「20年代確立説」では，議会・天皇制の問題など，日本資本主義の体制にかかわる視角が不可欠なので，私のいう前段階・原蓄段階の地主制とは，視点が異なっているからである。

3

　2では，ウクラードとしての「異質性」という抽象的な問題を手がかりとして，私見を述べたのであるが，つぎに，同書の著者たちの「30年代確立説」の論拠となっている，地主制の質的確立過程についてみたい。

　ここで，中村氏は，量的確立過程の事実認識では，栗原百寿氏の説を支持し

つつ（10年代＝自作農の自小作化，20・30年代＝自小作農の小作化），質的確立過程では，「この通説とされている見解が実証的根拠をもって主張されているか」と疑問を出され，「独自の観点」から再構成する。この部分は，理論的にも実証的にも（松元宏氏の第1章第2節2・3，中村氏の終章第4節），本書のもっとも興味深い点である。

ところで，ここで斥けられた栗原氏の見解とは，つぎのようなものであった。すなわち，地主制の質的成長の基本過程は，手作地主の寄生地主への転化の過程であるとして，これを2段階に把える。第1段階は，明治10年代にはじまり，20年から30年にかけて本格的に展開する，地主の小営業・マニュ兼営，手作経営縮小，であり，第2段階は，明治30年代の産業資本確立に対応して，地主の小営業・マニュが没落し，純粋な寄生地主となる過程である（前掲『現代日本農業論』34-35頁）。この点についても私はすでに（1958年），疑問を指摘した。それは，この第1段階と第2段階の意義を，栗原氏のように地主制の質的確立過程のなかの相継起する段階としてでなく，まったく別個な歴史的役割を示すものと考えるのである。この第1とされる段階では，ブルジョア的進化における地主の直接的な役割，地主兼資本家という，過渡的範疇としての歴史的役割を示すのに対し，第2といわれる段階では，その役割の喪失が問題となる。つまり，第1段階にみられる特質的現象は，30年代に確立する地主制にとっては，否定されるべきものの発展であり，第2段階に至ってはじめて否定が進行する。ただ，問題なのは，地主手作の解体をどうみるかである。この点は実証的にも困難な問題である。現象だけならば，手作→小作化は，古島敏雄氏によって強調されたように，江戸中期にもみられる。また，明治10年，20年代に，どう実証されるかも問題である。しかし，マニュ兼営地主が，自らの商品生産者乃至ブルジョアとしての活動を，諸営業に移した場合，農業生産を縮小することはあり得る。だがそれは，限られた地主経営についてそうなのであって，兼営する営業のない地主は，むしろ手作＝農業生産において小ブルジョア的性格を強めるとみるべきである。つまり，農業であろうと工業であろうと，10年代，20年代の企業勃興期にあっては，地主の商品生産者的性格が強まるということこそ，正しい事実認識ではないか。宮城県南郷村の例でいえば，諸営業と同時に手作も展開し，営業の没落とともに（むしろこれが先行）手作も廃止される。これこそ，第2段階とされる過程の特徴であり，そこでは地主の生産者的性格が失われることが，本質である。

つまりこれを，私は，産業資本確立の過程で，価値法則が営業＝工業面を深

く把え，資本の競争に基づく集中過程が開始されたものと理解する。地主の過渡的歴史役割は終りを告げ，資本の下に，土地所有者・貨幣財産所有者として組込まれていくのである。ここでの地主手作の解体は，どういう意味をもつだろうか。それは，資本主義経済＝競争原理から直接には説明し得ない。しかし，産業資本確立過程で構造を整える商品経済＝再生産構造の下での，農民的経営との対抗＝支配に由来するものと考えられる。つまり，手作所得と小作料取得との比較である。ここで手作を廃止することは，地主的土地所有を，小作人層との対立関係のなかに，すべて提示したということである。のちに，小作運動として激化するこの対立＝矛盾のなかで，地主がふたたび土地取上げ＝手作化をはかるのも，ここに由来する。

　地主制の「30年代質的確立」の側面は，このように把えるべきではないだろうか。ここでも，地主制の2段階把握という観点が，必要なように思われる。栗原氏のように，マニュファクチュア資本家としての発展と，その没落を，一つの質的確立過程とみるとき，そもそも質的とはなにをさすものなのか。私は，これを別個な過程とみることにより，競争の下での地主経済の資本制への従属と把える。この過程を，「手作地主から寄生地主へ」というとき，その範疇的変化の意義をどこに求めるか。これは山田盛太郎氏の定式，「地主手作＝豪農経営の解体」の背後にある「中堅層の成立・構成」→「零細農耕の論理」でなければならない。山田氏にあっては，地主手作の解体が，零細農耕の構成ならびに対抗の展開のなかで説かれ，地主的土地所有揚棄の必然性，つまり地主制のもつ基本的矛盾に関連づけられている点に注意したい。これが30年代の質的転換（質的確立）の内容であろう。

　ところで，中村氏は，この質的確立の「独自」な観点として，労働力市場・資本市場の基本的2視点からアプローチする。そうして，30年代を通じて，高率小作料と低賃金との二重関係の同時創出と，地租および地代の資本への転化機構確立とを，論証された。とくに前者について，「この構造が定置されたことによって，地主制は確立の基礎を得た」（前掲『構成と段階』523-524頁）といわれる。つまり，地主経済の基幹をなす小作料収取体制も，産業資本確立によって達成されたことになる。これが三位一体の基礎過程なのである。この点も，2で述べたように，疑問の生ずるところであろう。たしかに，さまざまな実証分析において，小作料の安定的取得は，明治末期・大正期に達成される例は多い。だが，安定化しなければ，資本制と異質なウクラードとしての地主制は，確立し得ないのだろうか。現に，小作料収取の不安定期に，地主の土地集

積はもっとも進む。また，守田志郎氏のように，検見制に基く最高小作料的性格こそ，地主的土地所有の本質と考えるべきではないか，とみることもできる。しかし「30年代確立説」の視点は，そこにはないはずである。その意味するところは，あくまでも，日本資本主義の再生産構造に定置された「高率小作料」の問題なのであるはずである。ここでも，単に確立過程上の段階というより，小作料を把える観点の本質的なちがい，地主制そのものの段階のちがいを感じるのである。

なお，ここでメルクマールとされた2視点（労働・資本の市場）についていえば，ここでの実証は，資本制と地主制とがあまりにも適合的すぎるように思われる。中村氏のいわれるセメダインが強すぎるのである。印象的な表現で申訳ないが，異質さからくる両者の対立・矛盾は，どのような形で把えられるのか。中村氏は，この関係を，動態的・パラドキシカルな関係といわれるが，やはり確立期に矛盾対立の側面をも，明確にする必要があるのではないかと思われる。この点を，以下もう少し述べてみたい。

4

この点は，別稿書評にも述べたことなので，あまり詳しくはふれないが，問題は，やはり3つの経済的契機のウエイトのおきかたに由来するように思われる。著者たち，とくに中村氏は，この3契機の重要性をくり返し指摘する。この3契機は，前述のとおり，資本制と地主制とを構造的に関連させる媒介契機である。さらにこのほかに，地主経営そのものの分析については，地主小作関係・小作米販売・地主資金運用という3局面を重視している（第4章2～4節の構成）。この両者の主要契機の1つである，米穀販売―商品市場の分析は，本書においてはやや弱いように思われる。これは，課題が，資本制と地主制との構造的関連，そこでの資本制の優位，産業資本再生産構造の特質，という点の解明におかれたためとも考えられる。つまり，資本関係の基軸となる資本と賃労働が，たえず正面にとりあげられてくるのである。

しかし，本来，地主制が農業支配を基礎として形成される体制であるならば，農業＝産業としての生産物の流通も，もっと重視されていいのではないかと思われる。しかも，日本地主制のもつ外見的特質の1つは，高率な「現物」小作料形態であった。米の売り手としての地主と，買い手としての資本制ウクラードの諸階級は，幅広い基礎で結び合わされている。ところが，本書の分析のな

かでは，第1章補論，第4章第3節ともに地主経営の側からのみ論じられ，投機的利潤の問題が中心となっている。やや奇異な感じを受けたのは，守田志郎氏の『地主経済と地方資本』のみが引用され，『日本地主制史論』が参照されていないようにみえることである。守田氏が，米穀販売をめぐる地主と産業資本との対抗をまず把えるのは，米穀検査制度問題においてであった。それは，資本主義経済内における主要な商品として，低米価―低賃金構造を創出するための，1つの重要な過程であった。これを端緒として，「米価をめぐる対立は，現物地代として収奪した全剰余価値実現への地主的努力に対する，産業資本のあくなき相対的剰余価値への欲求……両者のこの構造上の矛盾として，派生的な矛盾を伴ってのっぴきならないものとなっていく」（『日本地主制史論』346頁，東京大学出版会）。

実は，この米販売＝商品市場こそ，資本制と地主制との異質さが，直接にぶつかり合い矛盾・対立を作り出す局面であると思われる。労働力市場・資本市場においては，地主制ウクラードのもつ異質さは，むしろ資本制にとって有利な面が多い。

それは，30年代以降，地主のブルジョア的機能が奪いとられたため，地租改正以降20年代にみられる政府・資本制との矛盾・対立は，次第に消滅したためである。だが，「純粋」な土地所有者といわれる30年代の地主は，依然として現物小作料のますます安定的な収奪者であり，この面での矛盾・対立は強まる一方であった。

この点も，「30年代確立説」のなかに組込まなければ，資本制と地主制との適合性が強調され，矛盾面の把握，ひいては異質性が解明され得なくなる。そして，この矛盾を，地主制が小作農に持続的に転嫁するところに，地主―小作関係の矛盾もまた激化するのである。この観点は，地主制の停滞・凋落過程の分析にあっては，不可欠の視点であると思う。

以上，方法的視点を中心に，「30年代確立説」を私なりに意義づけてきたが，これには実証が必要である。その一部は果たしているとはいえ，多くの点が残っている。私自身今後とも，その解明を心がけたいと思う。

〔補論2〕 日本農業分析における栗原理論
―― 戦前日本農業の把握を中心として ――

1

　故栗原百寿氏の著作集（校倉書房刊）が，昨年から刊行されはじめた。これは私にとって，身がひきしまる思いを持ちながら，栗原氏を学び直す契機になった。すでに本誌（『社会科学の方法』御茶の水書房）67号でも，斎藤晴造氏が，栗原理論の日本資本主義論争に対する寄与について論じておられるとおり，戦前・戦後を通ずる日本農業分析にあっては，栗原氏の研究（理論と実証）は避けてとおることのできないものである。かえりみると，私が日本地主制の分析に取りくんで以来，栗原氏の研究は，たえず私の目標となっていた。しかし，この長い期間がありながら，どれだけ氏の研究から学び得たかは，恥しいことながら疑問である。

　さしあたりここでは，著作集の刊行や，前記の斎藤氏の論説に触発されつつ，栗原氏の戦前日本農業についての把握に限定して，私の関心をひいている2, 3の問題について述べてみたい。それはもちろん，栗原氏の理論的発展の軌跡を全面的に考察することではないし，また氏の精緻な日本農業の実証分析に立入ることでもない。それらは，他の機会に他の論者によっても行なわれることであろう。

　栗原氏の日本農業研究，ならびにそのための基礎理論研究は，1939年，帝国農会に入られたときからはじまり，1955年5月に逝去されるまでに，実に220篇に及んでいる（詳細は『栗原百寿――その人と憶い出――』同追憶文集刊行会，1966年，31-47頁を参照のこと）。そのいずれもが，理論と実証の統一の上に，究極的には日本資本主義の農業問題解明をめざしたものであって，その多岐にわたる氏の研究を全体として考察することは，とうてい私の能力の及ぶところではない。このなかから戦前日本農業の把握に直接関連するものだけとり出してみても，農業団体史や農民運動史に関する研究は，ここでは省略せざるを得ない。実は，栗原氏の理論構成は，単に実証と理論のみならず，農民組織・農民運動までを含んでいるところに，その偉大さがあるのであって，それゆえに

日本の民主的変革の実践・展望のための理論となっているのである。いうまでもなくこの課題は，日本資本主義論争の究極の課題だったのであり，氏が，この論争に現われたそれぞれの一面性を止揚して，「日本農業をその基本矛盾の相互浸透的闘争の過程において発展的に把握しようとし」……「その特殊性を一貫する一般的法則を検出」することによって，この課題に応えようとしたことは明らかである（『日本農業の基礎構造』凡例1，中央公論社，1943年）。それゆえ一見多岐にわたる氏の研究も，究極のところ日本農業の「基本矛盾」の展開過程を把握するためのものとなっているのである。

本補論では，栗原氏のそうした分析手法と，それによって把握された日本農業の戦前の展開過程について考察したい。

2

栗原氏の戦前日本農業に関する把握といえば，人は誰でも「小農標準化傾向」（周知のように，この語は後に「中農標準化傾向」といわれることになった）の検出を想起するであろう。この「傾向」は，日本農業の特殊的構造を貫徹する一般的発展法則の具現として，氏の理論構成を，最後までとらえて離さないものとなっているのである。ただしその間に変化・発展がなかったわけではない。

そもそも，氏が小農標準化傾向を検出するに至った背景には，日本農業の「特殊性の検出のみをこととして範疇的規定に終始することの理論的不毛性にたいする反省」（『基礎構造』凡例1）から，旧講座派亜流にみられる絶望的没落説，すなわち日本資本主義の特殊性把握にのみ立脚する「農業危機」説の消極的規定を排して，商品生産の展開に嚮導される日本農業発展の一般的規定を見出そうとする意図があった。同時に他面では，日本農業における資本主義の自然成長的発展を展望する楽観論，「大農論」に反対するものでもあった。つまり，氏の意図は「封建性を固定化する見地と封建性を抹消する見地とをともに止揚」することにあったのである。

氏はこの意図の下に，農業生産発展の広義の構造を把握するために，農家構成（経営構成）の分析から一般的規定を見出し，農地所有の構造に対応させ，商品経済・農業技術の発展を考察して具体的規定に達する，という分析方法をとる。小農標準化傾向は，この一般的規定をなす農家構成の把握であったのである。こうした分析方法は，氏の『基礎構造』および『日本農業の発展構造』（日本評論社，1949年）の編別構成を見較べればわかるとおり，両者ではまった

く同じである。氏が，この分析方法をもって解明したかったことは，上述のように，日本農業における地主的土地所有と農民的商品生産との基本的矛盾の相互浸透的闘争の過程であり，それは内容的にいえば，地主的土地所有の停滞・凋落過程の解明につながるものであった。それはまた日本変革の戦略課題にかかわる問題なのであった。

　栗原氏のこうした把握を，栗原氏がもっとも強く影響された山田盛太郎氏の把握と較べてみよう。山田氏は，日本農業の「基本線」，「展望」を，つぎのようにみる。「……かくの如き狭隘なる土地所有＝農耕の関係においては，独立自由な自営農民の成立の余地なく，従って小農の範疇は成立の余地なく，……その半隷農的零細耕作農民の資格が分割土地への展望を与え，その半プロレタリアたるの資格がその展望に決定を与へる」（『分析』215頁）。この「自営農民・小農の成立の余地なし」という点こそ，栗原氏が，固定的把握として排し，一般的発展法則の貫徹という視点の必要を感じた点であろう。山田氏が，農民の「半プロ」の資格が展望＝変革に決定性を与える，ととらえた点は，栗原氏にあっては，商品生産者としての小農の主体的な役割の変動，「二つの道」・「労農同盟」の問題として把握されなければならなかったのである。

　　＊　山田氏の『分析』における把握はこのようであるが，戦後の論文においては，明治40年を画期とする「中堅層の展開」を，地主制の論理と零細農耕の論理との二条の論理の対抗・矛盾の顕現化ととらえられた（「農地改革の歴史的意義」『戦後日本経済の諸問題』所収　有斐閣，1949年）。山田氏が，『分析』で工業（とくに旋回基軸部門）について強調された「型制の解体」の論理が，農業については，ここで明らかにされたといってよいであろう。

　こうした基本的矛盾の相互浸透的闘争の過程を通じて把握された小農の位置づけは，戦後，旧講座派に対する内部批判として華々しく展開された，豊田四郎・神山茂夫氏らの「二つの道」理論に先行するものであったと同時に，それらが一般理論として「抽象的に展開されている」のに対して，「小農標準化」という具体的把握をもっていた点で，はるかに日本農業の本質把握に迫っていたといえよう。とはいうものの，この矛盾＝闘争の過程をどう把握するかということは，栗原氏がもっと苦心し，一作ごとにたえず理論的に深めなければならない点であった。たとえば，『基礎構造』における，「儼乎たる」土地所有によって限界を画される「生育しつつある端緒的小農制」の発展と，地主的土地所有の衰退傾向との対抗という把握は，『発展構造』においては，農業危機の構造解明という視点から，国家独占資本主義と結合した地主の富農化，ボス的

支配と，多かれ少なかれ零細転落化の傾向を余儀なくされている農民的自小作経営との対立，「二つの道」という把握に変化しているのである。さらに，この『発展構造』における把握が，地主の富農化，地主のブルジョア化傾向を重視した結果，必然的に土地所有の規定性を大きく評価することになったのに対して，つぎの『現代日本農業論』（中央公論社，1951年）では，ひとしく農業危機の展開構造を基本視角としながら，地主制の金融資本への依存従属，戦時国家独占資本主義の下での地主制の機能喪失過程を明らかにして，国家独占資本主義と事実上プロレタリア化しつつある小農との対立を重視する把握に変っていくのである。

　栗原氏の，このような矛盾＝闘争過程の把握の変化は，われわれの地主制研究にも大きな影響を与えた。すでに実証的には，戦時中に田中定氏の「自小作前進型」の検出があって，矛盾＝闘争の過程を重視することの正しさは認められつつあったのであるが，その「過程」の本質的意義を把握することは，理論的に確定しがたかったのである。われわれが，水稲単作地帯の地主制分析を志して，宮城県南郷村の実証分析を行なうなかで（須永重光編『近代日本の地主と農民』御茶の水書房，1966年），大正初期を画期とする小自作農経営の自立・発展を解明した際にも，それをどう位置づけるかは大きな問題だった。

　こうして，私は，栗原氏の理論の発展を追うなかで，氏の理論発展が，2つの軸をもって進められていることに気づいた。1つは，段階論を軸とした日本農業の類型把握であって，これによって一般法則の貫徹が正しく把握されていくことになるのであった。もう1つは，小農あるいは小経営的生産様式に関する理論的把握である。結果的には，私の戦前農業における地主制把握は，栗原氏のものとかなり異なるものになったが，以下，この2つの軸を吟味するなかで，栗原氏の把握に対する問題点を提起してみたい。

3

　栗原氏の農業把握が，つねに矛盾＝闘争の過程を基礎とし，農業危機の展開過程をその顕現形態としていることは，とりもなおさず資本主義の段階論的把握に立脚していたことを示すものである。その小農標準化傾向の把握が，明治41年以降の統計資料によって示されていることを，人はあるいは統計資料の整備状況から説明しきれないかもしれない。しかし，栗原氏にあっては，展望＝変革を見通す日本農業の把握は，当初から明治末期の「農業危機」＝農村荒

廃を出発点としていた。周知のように，氏は後に，日露戦後農業危機開始説を批判するに至るが（『現代日本農業論』緒論），明治末の「農業行き詰り」を基本的矛盾＝闘争の過程の顕現化とみる点は変らなかったのである。

　氏の最初の著書である『基礎構造』は，みずから「小農理論」をまとった「奴隷の言葉」で書かれたと述べておられるが（同書 戦後版序文），その「中正的に生成しつつある端緒的小農制の歴史的展望」という意図表現にもかかわらず，「本書は，大正以降の発展を第一次世界大戦，昭和大恐慌，および大東亜戦争の3大画期につき究明して，これを大東亜広域アウタルキー経済体制への積極的展望において総覧」する，という著者の序言を，早熟的に帝国主義に転化した日本独占，国家独占資本主義の段階的把握によって，日本農業を理解すると読んではいけないであろうか。栗原氏にあっては，日本の農業問題とその解決＝展望は，明治末以降，つまり日本資本主義の帝国主義的転化以降の課題として把握されていたのである。

　だが，誤ってはいけない。そうとらえたからといって，幕末・明治前期に形成・展開してくる，日本農業の特殊構造としての地主的土地所有とそれに立脚する地主経営の，半封建的性格を認めていないのでも，認めて切捨てているものでもない。その意味では，いかに旧講座派批判を意図しているといっても，労農派的見地とはまったく異なるのである。それは，『発展構造』の1つの主題であった「地主のブルジョア化傾向」をとらえる際にも，『日本資本主義分析』の立言を，つまり半封建的土地所有の重圧を，一般的規定としては正しいとした上で，この一般的規定に留まっては，日本農業の発展過程→展望＝「革命的止揚」の具体的分析を放棄するものになる，と自説の立場を述べていることに示されている。段階論的把握の導入は，それだけでは労農派的見地とはいえない。山田盛太郎氏に，戦前すでに「型の解体」の提起があり，戦後いちはやく「農地改革の歴史的展望」で，段階的把握が示されていることを想起するならば，旧講座派が，「構造固定的把握」に留まっていたとはいいきれないのである。

　たしかに栗原氏の把握の仕方は，『発展構造』までは，地主的土地所有の重圧＝規定性が重視され，経済外的強制が「鞭の力」から「事情の力」に変って規定力をもち，そのなかで，地租改正において創出されなかった小農範疇が，小農標準化傾向として端緒的に形成されてくるという理解であった。しかしこのことは，石渡貞雄氏や犬塚昭治氏が理解されるように，単に近代的小農の形成をみることは正しいであろうか。栗原氏が，農業危機を基本視角におかれた

〔補論2〕 日本農業分析における栗原理論

ことは，単なる近代的小農範疇の形成でなく，一般的危機開始の前後を見通した段階的把握であったと考えてはいけないであろうか。私は別稿で（吉田寛一編『労働市場の展開と農民層分解』農文協，1974年），農民層分解論を段階論的に把握した最初の人は，栗原氏であると述べたが，その意味は如上の点からであった。

その後，栗原氏は『現代日本農業論』で，この点をいっそう明確にされる。それは，斎藤晴造氏が明確にされたように（「栗原理論の大成と問題点」『経済学』36号），この著作においては，2年前の『発展構造』とちがって，国家独占資本主義のもつ規定性が第一義となっていることに基づく。この把握の変化は，多くの反対をひき起こした。それは栗原氏が，あれほど信頼を寄せた「わが国の科学的精神」の大きな不幸でもあった。それはここで述べる必要はないが，氏の没後，氏の問題把握の線に立つ秀れた研究が生まれ，理論の大筋においては支持されつつあることは，周知のとおりである。

ただ私が問題としたいのは，一義的な規定力が，国家独占資本主義か地主的土地所有かという，択一的結論ではない。栗原氏は，戦時下から農地改革時点について，そう規定したのであって，明治末以降をそう規定したのではない。まして，幕末・明治前期については，まったく別問題である。問題は，栗原氏が基本的矛盾＝闘争の発展過程を，段階的にどうとらえたか，という点である。それは少なくとも，幕末以降戦後，さしあたり農地改革の時点までについて，一貫して展開されなければならない。『現代日本農業論』は，その第1章において，スケッチ的にそれを示している。この部分は，その後の日本地主制研究，あるいは戦前農業問題把握に，大きな影響を与えているといってよいであろう。

私の地主制研究もまた，氏のこの部分を手がかりとしたものであるが，段階論的把握として疑問となったのは，日本資本主義の本源的蓄積段階と，確立・帝国主義転化段階とで，把握の基準がなお曖昧である点であった。この両段階の区別が明確でないため，栗原氏の地主制理解，ひいては農民層分解の把握は，主に連続的な量的確立過程としてみられることになり，本質的な質的確立過程の把握は，難点をもつものになった（この点，本誌（『社会科学の方法』御茶の水書房）43号の拙稿に詳しい）。私見においては，この資本主義の両段階における蓄積構造の差異は，農業の，ひいては地主制の歴史的役割に質的差異をもたらすものであるが，栗原氏はそれを成立・確立・解体という発展段階に区別するのみである。

この点は，日本資本主義の蓄積構造における農業，農民と地主の位置づけの

問題である。資本主義の段階論は蓄積構造の段階論でなければならないとすれば，幕末・明治前期の本源的蓄積段階の農業把握が正しく行なわれないと，一方では，日本農業のもつ特殊的構造を，蓄積構造と切離された地主の半封建的土地所有にのみ求めることになり，他方では，その特殊性を「過渡期」としての一般的把握に解消してしまうことになる。こうして問題は，各段階における農民層分解＝蓄積の位置づけにかかってくるのであるが，栗原氏は，これを小農標準化傾向まで見通した，小農＝小経営生産様式の問題として解明していかれたのである。

4

いうまでもなく，栗原氏が小農＝小経営理論を積極的に提示したのは，『農業問題入門』（有斐閣，1955年）においてである。栗原氏は，ここで「農業問題の全体系を一貫して小農の問題が根本問題をなしている」として，原始共同体的生産様式の解体期から，資本主義的生産様式によって終局的にアウフヘーベンされてしまうまでの期間，小経営的生産様式（およびそれと対応する共同体的諸関係）に視点をすえ，それを媒介とすることによって，各社会の階級支配的生産関係，大経営形態の，移行・転化過程を把握された。この顕著な歴史理論構成にもかかわらず，この点は，この画期的著作のなかで，比較的注目されなかった。1968年に河音能平氏が，この点を明確にされた（「前近代の人民闘争」『歴史評論』219号）ことによって，再び注目された論点といっていいであろう。

栗原氏の日本農業把握が，くり返し指摘したように，地主的土地所有（独占と連繋した）と小農の商品生産との基本的矛盾＝闘争の過程の解明にあった以上，小農の理論的把握は当然必要なことであったのであり，『現代日本農業論』以後にも，「わが国小作料の地代論的研究」（『経済学』26号）などによって，地代論的見地から農民経営の本質規定を意図されていた。しかし，この『農業問題入門』においては，単に小農を理論的に規定づけるだけでなく，小経営的生産様式を歴史理論の媒介範疇としてすえることによって，地主的土地所有をもまた，小経営的生産様式＝小農範疇の動向から規定するに至ったのである。この著作は，他にも重要な理論展開を持っているが，私にとってもっとも重要と思われる点（日本農業の把握のために）は，その点であった。

ここでの問題は，小経営的生産様式の長い歴史的生活のなかの，封建制から

資本主義への移行期である。その移行期の小農の動向である。栗原氏は，当時の比較経済史学の新しい成果に立って，この移行期の問題，地主的土地所有の展開を，単に日本資本主義の特殊構造としてでなく，西ヨーロッパで実証的にも確認されるものとして，一般的・世界史的法則として提示されたのである。

それはまず，封建的生産様式内部における基本矛盾の二重的構造，すなわち発展しつつある生産諸力は，第1に一切の封建的支配と束縛と矛盾することによって，封建制から小経営を解放し発展させる側面をもって同時に，第2に小経営的形態そのものと矛盾することによって，小経営を破滅させる側面をもつものとしてとらえられる。ここから，「解放」と「分解」との両側面が理解されるのである。移行期＝過渡期とは，この両側面が同時的に進行しながら，とくに後者が一挙に完了しないことから生ずる，解放された小経営的生産様式が支配的な段階を指すのであり，独立自営農民，総じて分割地農民が，その典型をなすと見るのである。そうして，この過程で，マルクスのいう「二つの道」が展開するのであって，他の過渡形態では「地主」＝ユンカー経営に帰着するとされている。

地主的土地所有（栗原氏は寄生地主と呼ぶ）は，さきの分割地農民的経営の潰滅の上に生成・発展するもので，いわゆる「下からの道」の流産形態とみられる。この潰滅は，主として前期的資本の吸着・収奪によるカバーラ化によってもたらされる。寄生地主の農民支配もまた，公力に便乗した前期資本的支配であり，それは封建領主的権力が弱まり，かつ分割地所有が依然として分割地所有であるかぎりにおいて，全力を発揮して繁茂するものととらえられるのである。

このような小経営を媒介とする地主的土地所有の理解は，まさに「小経営」が存続するかぎり，その質的転化は認めがたくなるであろう。したがって，ここまで，小農展開の一般的法則として追及しながら，栗原氏は，日本においては産業革命以降も強固に地主的土地所有が存続する点を，当初から日本資本主義の特殊性に求めて西ヨーロッパとの対比を曖昧にし，また明治の土地変革を分割地所有の法認と規定し，その小作料を過渡的名目地代と規定することになったのである。

だが問題は，実体としては分割地所有と見なされないものが，なぜ法認されたかという点である。これは，単に前期的資本による潰滅からは説明し得ない。それはふたたび，日本資本主義の原蓄構造の問題に立戻ることであろう。私は，明治末期以降の栗原氏の日本農業，地主制把握から多くを学んだものであるが，

本源的蓄積段階と資本主義的蓄積段階の質的転化を重視しない点には，疑問をもつのである。これは，小農の分解メカニズムと資本蓄積構造を関連させてとらえることで果されるものであり（前掲拙稿「農民層分解」参照），小農標準化傾向もその一環として位置づけなければならないと考えるのである。

　小農範疇を媒介契機とする意義も，そこで果されると思われる。

第3章　明治期における地主経営の展開

はしがき

　本章は，われわれが共同で行っている「水稲単作農業に関する研究」のうち，歴史的過程の一部分を取り扱ったものである。すなわち，ここでは，典型的な水稲単作農村であり，またわれわれの共通の調査地である，宮城県遠田郡南郷村[＊]における地主経営の展開・さらにそれを通して地主制の形成・を具体的に跡づけることによって，いわゆる「水稲単作農業」の歴史的な展開過程を浮び上らせようとしたのである。

>　＊　調査地南郷村は，昭和29年7月1日より町制を施行し現在は南郷町となっている。しかし，本章の対象とする時期においては村であり，諸種の資料もすべて南郷村となっておるので，わずらわしさを避けるために南郷村の旧称を使用した。なお，この町制施行は町村合併によるものではなく単独での昇格であるから，南郷村という呼称は，単に慣行的なものにすぎないことを断っておく。
>〔編者注：明治町村制以来の南郷村は昭和の町村合併により1954年に村から単独で町に昇格して南郷町となり，平成の町村合併で2006年に小牛田町と合併して現在は美里町となっている。〕

　このために，地主経営の一事例として，同村大柳部落に居住する佐々木家を取り上げてみた。そして，その分析を，一応明治期―大正初期に限っている。特に，力点は明治末期の変質過程におかれている。この理由は，幕末期に形成されてくる地主が，地租改正以後急速に土地を集積しつつ，明治末期―大正初期を一つの転期として，いわゆる「寄生地主制」を完成すると考えられたことにある。こうした地主の転期は，勿論生産構造の差違によって時間的な差を持っているのであるが，この単作地帯では，明治末期に当ると思われる。すなわち，佐々木家についていえば，この時期に手作りを縮小・廃止し，差配制度を採り，小作関係帳簿を整備し，地主と小作人の組合を作り，醬油醸造業を止め

て，小作料と貸付金利に収入の大部分を依存する体制を完成している。また村及び部落においては，やはり同じ時期に，地主の主導の下に萱谷地の開田・耕地整理をほぼ完了し，排水を主とした土地改良が進行していた。さらに部落有財産（水田が主）統一に伴って，郷倉制度が崩れ，部落における支配秩序は，より端的な地主―小作関係に還元されつつ，それ自体としては単に村役場の末端機構となる傾向を示していた。本章は，こうした地主経営と村落支配構造との変化を具体的に追求しつつ，地主支配完成に至る基礎を捉えようとしたものである。

しかしながら，こうしたテーマが私の分担部分であるとはいえ，本章はその結論ではない。むしろ，現在，各研究分担者によって進められている個々の研究テーマを，一地主経営の中で構造的・具体的に位置づけてみるという，いわば総説的に，研究の手がかりを明確にするために書かれたものである。したがって，調査の方法・問題の捉え方は私なりの問題意識に依るが，その課題をここで直接解明しようとしたというよりも，各研究分担者の成果を俟ってはじめて結論に導かれるべきものである。従来，地主制に関する問題の解明は，ややもすれば個々の切り離された面を捉えてなされてきたが，ここでは共同研究に支えられて全構造を経営の中で捉え，さらに村落における支配関係をみることによって，個々の問題点の位置と関連を具体的に提出しようとした。一事例とはいいながら，その中には豊富な問題点が存在しているのである。そうした意味でも，この章は全体として私なりの問題提起となっている。

なおこの調査に当って協力して頂いた経済学部経済史ゼミナールの学生諸兄，および所蔵資料を快く借覧させて下さった佐々木健太郎氏に対して心から御礼を申上げたい。

I　調査地の概況

1　南郷村の概況

調査地である遠田郡南郷村は，宮城県北部に拡がる典型的な水稲単作地帯――いわゆる「大崎耕土」の東端に位置している。東及び南は，旭山系丘陵の

第3章　明治期における地主経営の展開

山麓を境界として桃生郡の諸村に接し，西は，鳴瀬川を隔てて志田郡鹿島台村に対し，北は，一望の水田をもって遠田郡涌谷町，不動堂村に続き，その境を江合川の排水路出来川が東流している。この地形からもわかる通り，江合川或いは鳴瀬川が氾濫すると，丘陵に遮られて数日間湛水状態が続き，一村三千町歩が一面の泥海と化すことも屢々あったという。村内は全く平坦で山地は一個所もなく，特に東半部は低地であるため排水が悪く，毎年のように冠水する常習災害地であって，南郷村を考えるときこの問題を無視することはできない。このため，治水工事特に排水路は藩政期を通じて開鑿され，それとともに，かつての氾濫遊水地「南郷谷地」の開田が進行した。こうした開田は，部分的には現在に至るまで続けられているが，その大部分は明治期をもって終了したといえる。水稲単作地帯としての自然的条件はこうした土地改良によっても与えられている。この新開田は，従来部落有の萱谷地であったものが多く，このため部落有の水田として部落民に小作させていたが，部落有財産統一によって村有田となり，面積220町・小作米約千六百石に及んだ。これは勿論農地解放によって自作地となっている。以下村の概況を各項目毎に示す。

(i) 土　地

村の地目別面積の推移は表1のごとくである。

表1　地目別面積の推移

年次＼地目	田	畑	宅　地	林　野
	町	町	町	町
明治41年	2,311.34	205.00	115.38	74.89
大正 3年	2,613.36	191.10	(?)	(?)
大正14年	2,819.49	198.75	(?)	(?)
昭和14年	2,829.24	165.19	116.20	57.48
昭和27年	2,826.9	136.0	127.5	23.2

表注：明治41年度「村治要覧」，大正3年，14年度は「事務報告」（村会議事録所収），昭和14年度は「南郷村誌」，昭和27年度は「村勢要覧」に拠る。

これから，昭和27年度分について百分比をとると，田90.8％，畑4.4％，宅地4.1％，原野0.7％となって，水田化率が著しく高いことがわかる。各年度

について，総計が必ずしも一致しないので，或いは測量の誤差があったとも思われるが，明治―大正期を通じて水田は増大し，畑と林野は減小する傾向にあるので，開田の様相をも窺うことができるだろう。

つぎにこうした土地がどのように所有されているかを示そう（表2）。

この表からわかるとおり，昭和14年度（戦前の段階をみるために取ったのであるが）についていえば，総農家戸数の65.6％が田を持たない。その代り，50町歩以上所有する大地主が村内に10戸を数えられている。これは全国有数の大地主地帯である宮城県においても例は少なく，本村における分解の激しさを物語っている。土地の集中状況はさらに1町歩以下を所有する農家が84.0％に及ぶことからもわかる。なお，これらの大地主については後述（I-2）する。

こうした土地所有状況の下に行われている農業経営が，どのようなものであるかをみるために，階層別・自小作別の農家戸数とその平均経営面積をみる（表3）。これも統計が乏しいため，僅かに戦前の昭和14年と，農地改革後の

表2　本村民土地所有面積別戸数（昭和14年）

	非所有	1反歩未満	1反歩以上	5反歩以上	1町歩以上	3町歩以上	6町歩以上	10町歩以上	50町歩以上	100町歩以上	総戸数
田	695戸	36	85	74	87	27	19	26	6	4	1,059
畑	694戸	128	153	45	28	4	5	2	―	―	1,059

表注：「南郷村誌」4頁，総戸数は「村誌」13頁に拠る。

表3　耕地経営面積別戸数

		総数	反 0～3	反 3～5	反 5～10	反 10～15	反 15～20	反 20～30	反 30～50	反 50～100	農家1戸平均耕作反別
昭和14年	総戸数	1,059	168		154	311		199	211	16	町 1.8
	自作戸数	104	44		20	8		11	18	3	1.1
	自小作戸数	286	5		11	47		74	137	12	3.0
	小作戸数	669	119		123	256		114	56	1	1.5
昭和25年	総戸数	1,223	62	85	190	161	213	337	174	1	1.8
	自作戸数	858	36	52	133	100	141	250	145	1	1.9
	自小作戸数	311	11	17	45	58	65	86	29	―	1.7
	小自作戸数	24	3	2	9	2	7	1			1.0
	小作戸数	30	12	14	3	1					0.4

表注：昭和14年度は「村誌」13頁，昭和25年度は「世界農業センサス総結果表」（村役場資料）に拠る。

昭和25年をとったに過ぎない。

　これを表1と較べてみて気づくことは，他村からの入作が，1088町歩に及んでいることである。これは主として，桃生郡北村，大塩村両村民が自村内で耕地不足のため，旭山丘陵地帯から本村に下って耕作しているのであって，主として村の東側境界附近に存在している。表3の平均経営面積をみると，農地改革後の昭和25年は，自作・自小作・小自作・小作の順となっており，前二者で戸数が集中しているのは2町〜3町歩の階層である。後二者の農家は1町歩以下に集り，水田だけでは生活し得ない水準になる。ともかく，現在村の主要なる経営―生産力的性格を示すとみられるのは，自作・自小作における2町〜3町歩の農家であるといえる。これに対して戦前昭和14年の様相は著しく異なっている。ここで戦前の各階層の内容を整理していえばつぎのようなものであろう。

　　自作層　2町歩を境として二つの層にわけられる。すなわち，2町歩以上（特に3町〜5町歩）においては手作地主あるいは自作上層農としての性格を持つとみられるが，ただ一ヶ年の数字ではこの層が発展するのか，分解するのか判然としない。しかし本村における手作小地主が，農地改革まで没落しないところからみて，この層の停滞が予想される。2町歩未満においては，5反未満が圧倒的に多く第2種兼業農家と思われる。
　　自小作層（小自作を含む）　分布のピークを3町〜5町歩に有し，経営性（単作地帯としての）の高いことを示している。この自小作層全体が平均3町歩の経営面積を持っていることは，この層が最も専業農家的色彩を有することを示す。しかし，3町〜5町歩の経営においても，このうち自作地1町1反歩，小作地2町7反歩となって，小作地が71％に達している。したがって比較的安定していた自作農の分解・小作化によって形成されてきたものとみられる。
　　小作層　この層の分布も1町〜2町歩に一つのピークを作っている。平均経営面積では自作層より大きいが，3町歩以上の経営戸数の比率は自作層に劣り，一般に零細性を示している。しかも総戸数は全農家の63％を占めて，土地所有の分布に対応している。

以上，数字の上から各層を区分してみたが，こうした階層分化を遂げる基礎条件は具体的に直接生産者たる農家の分析に俟たなければならない。

(ⅱ) 労働力

戸数及び人口の変遷は表4のとおりである。

表4　人口・戸数の変遷

年　月	戸　数	人　口		
		男	女	計
	戸	人	人	人
明治40年 7月	1,010	2,978	3,032	6,010
昭和11年12月	1,279	4,163	4,165	8,328
昭和25年10月	1,542	5,071	5,099	10,170

表注：明治40年は「村治概要」，昭和11年は「村勢一覧」，昭和25年は「村勢要覧」に拠る。

つぎに昭和16年の農業労働力調査を掲げる（表5）。

表5　農業労働力数（昭和16年）

行政区	世帯数	人員	労力程度	雇　人			耕地反別
				年　雇		臨時雇	
				男	女		
	戸	人	人分	人	人	人	町反
和多田沼	120	476	345.0	11	2	3,353	229.7.6
福ヶ袋	94	343	195.6	5	4	2,805	126.2.6
練　牛	146	577	348.2	23	4	5,070	283.2.1
大　柳	185	680	339.3	28	6	6,749	295.3.6
木間塚	144	446	195.6	13	1	4,320	198.0.8
二　郷	542	2,136	1,109.4	84	19	19,998	953.4.5
計	1,201	4,658	2,533.1	164	36	42,295	2086.1.2

表注：「村誌」16頁に拠る。なお，人員の欄は小学校6年生以上の人数である。臨時雇は延人数である。

表5では階層性が不明であるので，参考のために戦後の数字を掲げる。しかしこれでは臨時雇の数がつかめない（表6）。

第3章　明治期における地主経営の展開

表6　経営面積別常雇雇傭状況（昭和25年）

		総数	0～3反	3～5反	5～10反	10～15反	15～20反	20～30反	30～50反	50～100反	例外
総農家数		1,224	62	85	190	161	213	337	174	1	1
総世帯員数		8,836	231	417	993	1,058	1,603	2,852	1,658	17	7
常雇おく家		78	1		1	5	4	31	35	1	
住込	男	81	1		1	4	5	35	34	1	
	女	7	1			1	1		3	1	
	計	88	2		1	5	6	35	37	2	
かよい	男	3				1			2		
	女										
	計	3				1			2		
出稼のある家		53	4	5	4	10	9	13	8		

表注：「世界農業センサス」による。

(iii)　生産額

昭和14年の統計によってみれば表7のとおりである。

表7　年間生産物価格（昭和13年度）

生産物		数量	価格	生産物		数量	価格
	米	33,848 石	1,091,666 円	水産	漁獲物	—	1,295 円
	麦	1,608	24,288		計		1,295
	大豆	1,112	20,016		醬油	300 石	12,000
	食用農産物	—	7,040		藁工品	—	23,740
農産	園芸農産物	—	35,108		畳	700 畳	1,400
	工業農産物	—	75		印刷物	—	800
	桑葉	55,890 貫	11,178		菓子類	—	3,000
	繭	2,570	9,654	工産	竹製品	—	80
	果実	—	9,077		金属製品	—	25
	其の他	—	45		刃物類	—	30
	計		1,208,147		農具類		125
	産牛	27	2,295		指物類		700
	産豚	340	2,380		履物類		300
	緬羊	1	38		墓碑	35 基	340
畜産	産鶏	3,999	811		計		42,540
	産卵	562,696	11,254				
	牛乳	20 石	1,000	総計			1,270,412
	屠殺	163 貫	652				
	計		18,430				

表注：「村誌」22～24頁に拠る。なお「村誌」では米の産額に，他村民が耕作する1.022町歩からの産米20.440石を含むので，これを除外した。

これでみれば，総生産額中米は85.9％を占め，さらに米・麦・大豆・食用農産物を合算すれば，90.0％に達し，米作の圧倒的比重が理解できるであろう。これが本村の戦前の生産状況である。

農耕以外の主要生産物では，藁工品と養蚕が考えられるが，前者が冬季間の副業であることは他村と変りない。養蚕は，明治中期に普及したものとみられ，年々蚕業講習会を開き，さらに明治40年，41年には養蚕教師二名をおいて奨励につとめている。*」

 * 明治41年「村治概要」に拠る。なお当時飼育戸数159戸，掃立枚数410枚，収繭417石8升，価格15,315円04銭，桑園反別58町2127であった。

その後の生産額の変化は表8のとおりであって，大正期をピークとして減小の傾向を示している。

表8 収繭量の変遷

明治41年	大正3年	大正14年	昭和6年	昭和14年	昭和25年
417石	709石	6,642貫	4,996貫	2,580貫	197貫

表注：明治41年は「村治概要」，大正3，14，昭和6年は「事務報告」（村役場），昭和14，25年は「村勢一覧」に拠る。

2 大柳部落の概況

南郷村は明治22年市町村制施行以前に，六つの村から成っていた。それは北から，和多田沼・福ヶ袋・練牛・大柳・木間塚・二郷の各村である。このうち和多田沼は現涌谷町に含まれる馬場谷地村に属しており，以下の五ヶ村は藩政期より南郷五ヶ村と称されていた。この各部落は鳴瀬川に沿って南北に連る街村である。最も早く開けたのは木間塚であり，隣接する大柳は藩政期を通じて開田が進行し戸数も増加したと考えられる。古い記録がないため，藩政期の村の様相を知ることは全く不可能であるが，安永4年（1775）の「風土記御用書上」によれば，家数35軒（内名子1軒，水呑7軒）人数180人（内男100人，女80人）であった。明治41年には戸数142戸，人数769人（男396人，女373人）とそれぞれ四倍強となっている。これが専ら藩政期・明治期・を通じての開田に関連しているのであろうが，具体的様相に関しては明らかにし得ない。

明治22年4月南郷村に統一されてから後は、大柳区として存続し、いわゆる「部落秩序」を崩さなかったとみられる。しかし、この「部落」の性格を示すとみられる、明治27年の「大柳同志社規程」によれば、制度的には上から指導された「官製」の臭いが強い。この点は後に詳細に述べるが（本章Ⅲ-2）、ここでその概略を説明しておく。

同志社は共有地よりの収益を基本金として、①一致団結して公利民福を計ること。②自治独立の気象を養成すること。③農事の改良を計ること。④風俗の矯正を計ることが目的とされている（総則第1条）。役員は、総理1名・幹事1名・会計2名とし、地租金20円以上納める者から選挙する（第6・7条）。区の財産としての共有地は大部分が水田であって、規程第5章は11ヶ条に亘ってこれを定めている。すなわち、共有田は本区民に小作させ他区村民に小作させないこと（第29条）、以下、小作証書・小作料の決定・小作米納入期限・米の精製・俵の製方・減免制度・さらに耕耘植付を誤らないこと等々を指示している（第30～35条）。この小作米は販売されて基本金として積立てられるが、このほかに備荒倉があり、区民の籾を株数（各人の申込数による）に応じて積立てていた。なお共有田の面積は、明治40年3月部落有財産統一の際には、田36町9反5畝7歩、畑4畝13歩であり、このうち田17町9反4畝15歩は、大柳小学校の学校田となっていた。明治38年の大柳区の区有財産決算はつぎのようになっている。

```
                        円
歳 入   繰 越 金    11.261
        小作米代金   533.235
            計      544.496
歳 出   需 用 費     1.500
        諸   税    120.090
        負 債 利 子   9.163
            計      130.753    （明治39年「村会議事録」による）
```

つぎに大柳部落の農業構造を見るために表9を示そう。

表12　50町歩以上の地主（大正4，昭和17年）

大字	氏名	大正4年			昭和17年		
		田	畑	計	田	畑	計
		町	町	町	町	町	町
大柳	野田真一	312.4.1.26	24.8.4.01	337.2.5.27	334.1.3.03	22.4.8.25	356.6.1.28
二郷	伊藤　衛	199.3.2.24	10.1.7.19	209.5.0.13	259.6.1.23	7.1.5.09	266.7.7.02
練牛	鈴木立夫	70.2.4.01	13.2.0.28	83.4.4.29	210.2.7.04	8.4.0.15	218.6.7.19
大柳	佐々木健太郎	101.7.8.17	6.3.9.18	108.1.8.05	184.4.2.09	7.7.2.29	192.1.5.08
大柳	野田　仁	23.3.8.04	1.2.3.01	24.6.1.05	82.5.5.25	6.8.2.29	89.3.8.24
木間塚	上野　恭	69.6.5.07	6.9.8.05	76.6.3.12	75.9.9.00	4.6.8.17	80.6.7.17
砂山	安住耕蔵	61.3.5.27	6.7.3.25	68.0.9.22	60.5.1.13	3.3.0.20	63.8.2.03
福ヶ袋	松岡　邦	61.4.3.17	6.0.1.08	67.4.4.25	51.8.7.01	3.0.4.15	54.9.1.16
二郷	海上宗一郎	31.5.2.10	1.4.9.27	33.0.2.07	49.5.6.02	1.1.5.18	50.7.1.20

表注：大正4年は「村税割付」，昭和17年は「土地名寄帳」による。其の他の時点では村外の所有地が不明である。なお，氏名は昭和17年の氏名である。
　　　表2によれば昭和16年の50町歩以上土主は10戸となっているが，昭和17年の名寄帳では9戸であり，残りの1戸は不明である。

る場合，その集計をせずに個人名義で50町歩以上の者を調査している点である。だから，一地主経営として考察する際に全く意味をなさなくなる。これも野田家等は家族間の分割が少ないため，ほぼ実態を示しているが，佐々木家では著しい開きがあり，この当時推定では150町歩を所有している。適当な時点が選べないのであるが，昭和17年に50町歩以上となった地主を表示する（表12）。

　この大正4年と昭和17年を比較すれば，安住仁次郎・松岡達の両家を除いて土地集積が進行していることがわかる。野田真一家がさほど増大していないが，これは昭和初期に分家を出しており，この分家に与えた土地39町9反5畝25歩を考慮すれば，ほぼ60町ほど増えたことになるのである。

　こうした大地主の集中は水田単作地帯の一つの特質ともいえるが，これとともに中小地主もまた土地集積を進行させるのであって，この地主層の広範なる存在が南郷村の最も特徴的な問題となっている。ここでこれらの個々の地主について述べる余裕がないので，特に大柳部落における地主についてだけ簡単にふれておきたい。

（ii）　大柳部落の地主

　大柳部落に居住する地主は，50町歩以上において村内地主の3分の1を占め，

第3章　明治期における地主経営の展開

また表2と表9を比較すればわかるように，10町歩以上（50町未満）の層においても約5分の1を占め，農家戸数に比較して地主が多いといえる。すなわち土地所有における階層分化の深さは村内随一である。

　大柳最大かつ村内でも最大の地主である野田真一家は，県下でも前谷地村の斎藤善右衛門家（約1,400町歩）に次ぐものであった。野田家の成立は，真一氏六代の祖，太十郎が野田本家（健蔵家）から分かれた時にはじまる。その後真一氏の祖父浪治の代に至って漸く大を為したという。藩政期のことは全く不明であるが，農業の傍ら行商を行い，その金銭を貸付けて土地を集積したのである。幕末には涌谷藩の士格となっていた。野田家の土地集積が明らかになるのは明治12年からであって，当時すでに28町7反歩，20年に72町3反歩，23年に至って100町を越え，28年には，134町4反歩・その後しばらく不明であるが，大正元年には286町6反歩に達している。これからわかるように，一般に土地所有が急激に増大するのは，主として明治期であって，前の表12においても，鈴木・野田（仁）家・海上家を除けば，大正期以降の伸張は比較的緩慢である。野田家の一族は比較的多く，本家である野田健蔵家（昭和17年田畑計23町4反歩），分家としては野田仁家（89町4反歩）・野田信五郎家（35町6反歩）・野田基衛家（40町0反歩）が，地主として大柳に居住している。野田一族の地位は，前掲表9の20町以上の地主6名中佐々木家を除く5名を占めていることからも明らかである。真一氏の父斎治は二代目の南郷村長となっている。このように野田一族は大柳部落における支配層を形成しているのであるが，このなかに本章での対象たる佐々木家が他の軸として存在するのである。佐々木家についてはⅡ以下で扱うのでここでは述べないが野田家と異なって分家は全くなく，本家たる佐々木源三郎家も明治末期から急激に没落して全く土地を喪失するに至り，佐々木家のみが発展していくのである。

　　＊　野田真一家については，齊藤甲子男氏の論文「水稲単作地帯に於ける地主形成に関する研究」（未発表）の数字に拠った。なお，この数字が発表されたものとしては，須永重光氏「千町歩地主齊藤家の土地集積過程とその居村前谷地村の農地改革」（1952年農政調査会）4頁，7頁を参照されたい。

　こうした大地主の下に存在する中小地主はいかなるものであろうか。前掲表9に示される5町歩以上の土地所有者の動きをみよう（表13）。

表 13　大柳部落の中小地主

氏　名	大正元年			昭和 17 年		
	田	畑	計	田	畑	計
	町	町	町	町	町	町
野 田 基 衛	—	—	—	39.3.2.24	6.6.28	39.9.9.22
野 田 信五郎	—	—	—	34.5.9.10	9.7.11	35.5.6.21
野 田 健 蔵	22.8.9.17	1.7.2.12	24.6.1.29	21.6.8.15	1.6.8.15	23.3.6.00
荒 川 陽 一	12.8.8.20	5.5.27	13.4.4.17	11.7.3.16	1.1.2.29	12.8.6.15
木 村 盛	6.7.1.12	7.0.05	7.4.1.17	11.4.1.24	2.4.14	11.6.6.08
野 田 至 孝	4.2.0.21	4.3.01	4.6.3.22	5.9.5.12	6.6.16	6.6.1.28
土 生 安 真	5.3.9.02	3.6.20	5.7.5.22	5.3.1.24	3.6.15	5.6.8.09

表注：村役場所蔵「土地名寄帳」による。

　これによってみれば，新しく分家した上位の二戸を除いて，木村・野田（至孝）両家は所有を増加し，他の三戸は停滞的でやや減少していることに気づく。これは上層に展開していく大地主制の下で，中小地主が全般的に停滞的な状態に追い込まれていたことを示している。実はこの大正元年の直前の段階について，新潟県の地主地帯を分析した馬場昭氏は，「新潟では大地主の展開に伴い中小地主が没落し，宮城ではその後も両者が併行して展開する。」という説を出しておられるが，大柳では没落する傾向は認められないにしても，極めて停滞的である。しかしこの点は，村全体について特に明治 30 年代以降を中心に分析しなければならない点である。本稿では未だこのことを論ずるに至っていない。

II　明治期佐々木家の経営

1　佐々木家の成立事情

　後年大をなした佐々木家の成立はそう古いことではない。佐々木家は，今から 99 年前の安政 3 年（1856）12 月 20 日に分家し，初代治郎右衛門以来，大太郎，米治，そして当主健太郎氏まで四代を数えている。この間佐々木家は分家を一軒も出していない点で，野田家とは著しく対照的である。佐々木本家は，大柳部落の北端に近い「ナガネ」と呼ばれる旧家であって当主は勝雄氏となっている。「村誌」に拠れば，佐々木本家は，かつて遠田郡南方 27 ヶ村の大肝入を勤めた家柄であって，「大庄屋流（ナガレ）」が省略され且誤って「ナガネ」

第3章　明治期における地主経営の展開

となったという。現在，本家は零落してもはや昔日の有様を留めていないが，土地分与からみても分家を出した当時は有力な家であったことが窺える。この本家の経営についても，ここで是非触れるべきであるが資料が全くないため，それがどのようなものであったか明らかにすることができない。ただ分家当時の佐々木家の経営から推測する程度のものである。佐々木家が分家の際，治郎右衛門は妻帯しており，長子大太郎は嘉永6年(1853)に生誕しているから，その間家にあって経営に関与していたと思われる。

> * 土地分与の面はつぎに考察するが，本家がその当時富裕であったことは，二代目の大太郎氏が話していたということからも察せられる。大太郎氏は，幼少の頃本家に行くと，自分の家の生活より一段と豊かで羨しくかつくやしかったと語っていたという。佐々木家は分家とはいえ，すでに地主であって，その生活も他家より遥かに裕福であったが，本家は更に裕福だったのである。

分家の条件についても全体的な様相については不明である。しかし当時分与された土地を示しているとみられる安政4年(この年が分家して経営に入った最初の年)の「持高本地新田立附作子刈束調帳」に拠って以下のことがわかる。

すなわち，この年に佐々木家は大柳村に田高805文・刈束数843刈，木間塚村に田高2貫849文・刈束数2970刈を所有している。畑および宅地については全く不明であるが，後述のとおり借屋層の問題があるので，この点はなお調査を要する。この分与された田の刈束数を面積に換算すれば，大柳に約1町2反歩，木間塚に約4町2反歩，計5町4反歩と推定される。

> * この計算はつぎのような基礎による。この地方での聴きとりによれば，1反歩は50刈から80刈の間である。ところでこの「調帳」によれば，所有耕地の場所は古くから開かれた所であり，水害にも影響されず，現在も村で一番基準反収の高い上田に散在しているので(但し，一筆・160刈だけ新田がある。)一応の基準として70刈1反歩として計算した。この70刈に対する小作米は，本田においては7斗或いは6斗8升程度であって，良く知られるように藩政期の小作料＝貢租＋地主取分を，生産額の60%位として逆算すれば，反当生産量は1石1斗〜2斗となって南郷村としてはほぼ妥当な数字と考えられる。

佐々木家が分与された田が以上のようなものであるとき直ちに気づくことは，居村大柳よりも隣村木間塚の方に多く存在している事実である。この検討は，

さらに手作地・貸付地をみることによって具体的になろう。

　佐々木家は，その所有する田3812刈のうち手作地として600刈を経営していたに過ぎない。これは，大柳に200刈・約3反歩，木間塚に400刈・約6反歩あり，計約9反歩である。この自作地は三筆に分けて記されているが，大柳分は二筆各々100刈で，小字宮田と小字原田にある。宮田の土地までは屋敷から7，8町の距離であり，原田はむしろ現在木間塚分ではないかと思われるが約20町ある。木間塚分としては大坂渕の400刈が記されており，距離は25〜30町と考えられる。このように本来居村にあり，かつ屋敷に比較的近いと思われる手作地の位置が，大半他村に存在しているのである。しかも屋敷の近くは村内切っての上田地帯である。こうしたことから考えてみれば，佐々木家が分与された土地にはすでに小作人がついており，しかも手作りのために恣意的にこれを動かすことができなかったものと思われる。本家がすでに有数の地主であって，従前耕作していた小作農もろとも分与されたのであろう。勿論，佐々木家としてはこうした遠方の手作地に不便を感じていたに違いないし，まさにそのために，後年（24年後の明治14年）に至ってみれば，木間塚分の小作人が変化していないのに，大柳分の小作人は著しい交替をみせており，遠方の二筆の手作地は小作に出されて，手作地の交換集中が行われたとみることができるのである。本家の手作り経営がどんなものであったか知る由もないが，明治中期までに佐々木家の手作り経営が4町前後に拡大していったことと，当時大部分の地主が手作りを行ってきたことから考えて，佐々木家も単に貸付地から入る小作米のみでは生活し得ず，5，6町歩前後の地主にあっては手作り経営がその基底として要求されていたのである。したがって，佐々木家の手作地9反歩，貸付地4町5反という数字は，これが佐々木家の安定した経営というよりも，分家当初の与えられた条件とみるべきであって，これが大柳内の貸付地の移動をひき起す原因になったものであろう。

　当時の小作関係をみる前に，手作り経営における労働力にふれておこう。しかしながらこれを明らかにする記録は全くない。考え得ることは，後年の手作り経営が，奉公人（この地方で「長手間」と呼ばれる）と借屋からの屋賃・宅地代としての賦役で行われたことからみても，9反歩という少い面積であるにもかかわらず他人労働が入っていたと思われる。しかも，奉公人が屢々借屋から

出されている事実は，この従属家の佐々木家との関係の強さを思わせる（後述，Ⅱ-2）。問題は，分家の際に佐々木家がこの借屋——具体的には家と宅地の形で——を分与されたかどうかということである。答えはむしろ否定的である。この説明のためにまず当時の小作人——小作関係を表記しよう（表14）。なぜならば，本来的な借屋層は，家・宅地・田畑を一括して借りている（というよりは給付されていた）者であったからである。

表14 安政4年小作地の状況

耕地所在地		刈 数	推定面積	小作料	小作人氏名	
		刈	反	石斗升合		
大柳村	1 横まわり	10	0.1	.100	瀬田	万治
	2 赤井前	60	0.9	.600	（佐々木）	巳之助
	3 替地	25	0.3	.250	同	上
	4 柳まちい	30	0.4	.300	当麻	市右衛門
	5 同上	30	0.4	.300	?	由太郎
	6 治三郎前	6	—	.060	?	伝次
	7 同上	50	0.7	.500	?	庄七
	8 ?	40	0.6	.400	?	三之助
	9 杉崎	130	1.9	1.150	久保	与惣兵衛
	10 ?	90	1.3	.900	瀬田	万治
	11 高田	12	0.2	.120	佐々木	源三郎
	12 二又新田	160	2.3	.800	鈴木	仁右衛門
	小計	643	約9反	5.480	10人	
木間塚村	13 佐藤屋敷前	150	2.1	1.450	（村上）	幸右衛門
	14 同上	175	2.5	1.590	（武者）	倉吉
	15 同上	225	3.2	2.138	（村上）	幸右衛門
	16 同上	150	2.1	1.275	（三浦）	八重治
	17 同上	400	5.7	3.600	鎌田	平蔵
	18 佐藤屋敷	100	1.5	.950	（森野）	林治
	19 同上	200	2.9	1.900	（武者）	倉吉
	20 同上	200	2.9	1.900	（三浦）	八重治
	21 同上	200	2.9	1.800	（森野）	林治
	22 同上	100	1.4	.900	（大窪）	留太郎
	23 内谷地	150	2.1	1.150	野田	利吉
	24 同上	150	2.1	1.200	（長谷川）	長左衛門
	25 木間塚新田	70	1.0	.525	窪田	熊之助
	26 同上	300	4.0	2.000	三浦	与三郎
	小計	2.570	約3町6反	22.378	10人	
	合計	3.213	約4町5反	27.858	20人	

表注：「安政4年立附作子調帳」より作製。なお，括弧内の姓は明治14年のもの。

これでみれば，大柳に存する小作人は極めて零細な土地しか借りていないことがわかる。この程度の依存度で果して佐々木家の借屋という地位に立てたかどうか疑問である。それよりも，佐々木本家を通して佐々木家に従属する――その手作り経営に参加するという面が強かった筈である。土地だけは明確に本家と分離し得ても，そこにある小作人或いは借屋は，決して本家と分離し得ない状態にあったといえよう。経営における労働力のこのような状態――より具体的にいえば佐々木家の労働力把握の仕方――は，とりも直さず，佐々木家自身が本家から未分離の状態にあったといえる。それゆえ，本家が停滞・没落していく慶応・明治期から，佐々木家は本家の土地と共に借屋層をも完全に把握して，4, 5町歩の手作り経営を実現させ，土地集積に向うのである。

　　* 佐々木本家の没落は，決して急激なものではなかった。分家を出した当時を考えれば，分家以上の田畑所有と考えられるし，それが木間塚にも多量に存したことから，かなり大きな（10町歩以上?）地主であったであろう。本家の所有高の変遷は実は全く不明であって，漸く大正元年より判明するが，その年は田3町6反2畝13歩，畑1町6反6畝7歩，宅地1,076坪であって，自作富農層的である。しかし「水害や不作のため」（と表現されている）に大正末期には，全く土地を失い，逆に分家の小作人となっている。（例えば昭和3年には，佐々木家から約1町5反歩，小作米12石分を借地している。）この本家と分家との交代過程が，今までの調査では甚しく不備であるので，今後特に調査されるべき点となっている。

ここで問題は，佐々木家が本家の没落にもかかわらずその土地・借屋を引き取り得た物的基礎の吟味である。この最も基本的な要因として，私は佐々木家の商品経済への接触を考える。商品経済の具体的な内容規定をなし得ないこの場所では，貨幣経済と表現しておいても良い。この「貨幣経済」は外ならぬ貸付地経営＝小作米販売と酒造業によって強化され，金穀貸付→土地集積によって誘導・拡大されている。そのために，ここで分家当時の貸付地経営を扱わねばならないが，2以下において考察することにする。

2　手作地経営の消長

1の終りで貸付地経営の意義に触れながらも，その分析を後廻しにしてきたのであるが，ここでなお，もう少し手作経営の変遷を追わなければならない。それは，前に述べたように佐々木家が当初より小地主として成立していながら，

その後20年の間に手作地を4倍弱に拡大した現象を検討したいからである。

　まず，明治初年の佐々木家の土地所有については，そのまま数字として把握できる資料がないので，明治14年の「立附作子簿」で貸付地を算出し，きき取りから手作地を知るという大雑把なつかみ方しか出来なかった。これによれば，手作地田3町歩前後，畑1町歩（桑園を除く），貸付地は田11町歩，畑1町7反歩とみられるから，所有地総計は16町7反歩に達する。

　手作地については，田において3倍強の拡大であるが，この経営についてまず労働力の面をみる。

　聴きとりによれば，明治30年代ごろ，当時佐々木家に入っていた奉公人は，男3人乃至4人，女中3人である。32年には，鍬頭として高橋軍治他に小田島市松　安部小次郎がいた。この3人はいずれも佐々木家の借屋と呼ばれる家から出ている。男子奉公人についていえば，借金の代償として働くという「質物奉公人」的形態は少く，年極めの給金を貰っている。しかし，これは一人前になった男の場合であって，一人前になるまで（これは年令で決めるというより働き能力に依って決ったという。普通18才〜21才である。）は，時々小遣い銭として貰うだけで働かせて貰うという意識が強い。前記の阿部氏は，「借屋の次三男で手があいておれば奉公するのが普通だった。」といっておる。こうした形は女子の場合になお甚しく，嫁入り前の見習いとして給金よりも仕着せ・小遣いだけの者の方が多いという。二，三年女中として，主に家事（農事は菜園程度で，特に人手の不足する田植え・稲刈りに補助的な仕事をするだけである。）に従事し，家に戻ってから嫁にいった者が多く，佐々木家で支度して嫁入りさせたことはむしろ例外に属する。女の場合，「奉公するものと決っていたようだ。」という感じ方を持っているのである。男子が一人前になると，単なる奉公人一般ではなく「長手間」として給金の額が決定される。明治36年には年25円であり，鍬頭は40円位だったという。このうち，小遣い銭として或いは実家の必要で前借りすることができ，その分は暮（旧暦）に精算している。給金が決ると今まで支給されていた衣類・肌着なども，一，二の作業衣を除いて自費となり，盆にゆかた生地を二反位貰うだけとなる。実家に対しては，「働きように依って」魚等が与えられ，ほまち田（この村では「作りがらみ」という。）は，佐々木家では大正中期になってから一反歩位与えられるようになっ

ている。

つぎにこうした奉公人を供給している借屋の側をみよう。佐々木家の借屋と呼ばれるものは，明治40年に親戚1戸を含んで19戸を数え，大正6年には27戸（親戚2戸），農地改革直前には35戸に達している（表15）。これらの借屋は同じく借屋と呼ばれながら，佐々木家の経営に関しては，その参加の仕方に差異がある。それは表15に見られるとおり，屋賃・宅地代の支払形態の差違として表われている。借屋がちょうど岩手のいわゆる「名子制度」の名子と同じように賦役を出すのは，主として明治初期までに借屋となった者に限られ，20年代頃から借屋となったものには，米納が表われ，40年以降は全く米納か金納である。そのため佐々木家に賦役を出していたのは，30年代にあっても

表15　借屋層の地代支払形態

氏名	明治40年小作料			昭和3年小作料		
	屋賃宅地代	田	畑	宅地代	田	畑
	石	石	石	石	石	石
佐々木　忠治	1.600	15.870	620	1.200	13.446	921
林　　吉之助	1.000	4.410	—	1.030	2.750	—
大窪　利三郎	3.000	12.860	1.050	1.240	12.970	—
瀬田　百　松	300	8.615	250	300	8.615	—
清野　栄之助	1.600	45.535	1.160	1.600	26.650	1.367
村上　松　蔵	金納	4.940	400	金納	18.065	400
高橋　軍　治	1.600	7.320	—	1.300	15.780	390
木村　四郎太	1.500	1.000	—	?	9.975	—
佐藤　七兵衛	2.000	10.630	1.000	1.600	14.825	554
佐藤　久三郎	700	4.590	—	700	10.920	500
加藤　幸　作	700	300	—	—	—	—
三浦　大　治	700	7.760	1.050	700	7.080	1.030
佐々木　勇之助	36人	—	1.049	36人	7.500	386
繁泉　景次郎	36人	2.000	—	1.700	10.890	—
角田　三　郎	36人	11.240	600	36人	18.665	1.496
野田　松　蔵	?	4.250	—	600	1.170	480
菅井　文　吾	24人	—	700	24人	13.875	569
三浦　幸右衛門	36人	—	—	1.400	17.535	—
横山　亀　治	24人	—	—	24人	6.123	—

表注：明治40年「小作立附台帳」および昭和3年「小作料収納」に拠る。なお，三浦幸右衛門家は明治40年に小作地があると思われるのにこの台帳に出ない。

僅かに6戸に限られ，前記40年の19戸中残余の13戸は米納となっている。これは主として佐々木家の手作経営の必要労働によって限界を持っていたものとみられるのである。宅地代はその広狭によって，月2人または3人と決められる。仮に6戸から平均年30人の賦役（月2.5人として）が出されるとすれば210人となり，これに年奉公の3～4人，佐々木家の者および女中による手伝いを含めて考えれば，手作地4町歩の所要労働1000人～1200人は充足されたと思われる。勿論，田植・稲刈には，宅地代米納の借屋も「手伝い」に来て，多少の賃銀を貰っていたというから借屋層以外の人を傭う必要はなかったという。宅地代としての賦役は月何人と決められるが，各月に割当てられるものではなく，年間を通じて随時出されているのである。

　このように佐々木家の手作経営は全く借屋層に依存しているのであるが，その性格について論じておこう。

　佐々木家自体についていえば，その借屋層の成立は比較的新らしいといわなければならない。後にみるように（Ⅱ-4）明治10年代にすでに宅地の買入れが10件にのぼり，借屋層の形成は明治初期にあるように思われる。しかもこの宅地の売買が必ずしも田畑の売渡しを伴わず，また一括して売られる場合にも，田畑の面積は一，二例を除いては1町歩を越えることがない。また上記の表13についてみても田畑の小作において必ずしも佐々木家のみに従属し切った家ばかりとは限っていない。にもかかわらず，何事をおいても「手伝い」にゆき，奉公人を出し，或いは賦役を出しているという強い，（観方によっては古い）従属性は何に基くのであろうか。勿論，借屋層は同時に主なる小作人であるが，普通の小作人以上に従属性が強いのは，本来的な「借屋」の性格を佐々木家の場合擬制的に適用しているように思われる。すなわち，本来江戸時代以来の従属家として，宅地を与えられ，家を建てて貰っていた「借屋」が，新興佐々木家の場合には宅地を「買う」という関係であるにもかかわらず，外形だけは継承されて来たのであろう。この際注意すべきことは，本家に従属していたであろう借屋の存在である。初期佐々木家の経営が，本家を通してこの層の労働を必要としたであろうとは前に述べたが，今や自ら宅地を買ってそこに新らしく借屋を設定することになったのである。これは専ら手作り経営の拡大によるもので，佐々木家が本家を通して従前把握していた借屋と同一の形式に追

い込まれることになった。したがって佐々木家が，所要労働以上の労働力を把握したときは意識の上ではともかく，賦役という形は必要でなかったのである。例えば，本家の借屋であった武田清太郎家が大正初期に佐々木家の借屋として移って来たが，手作を縮小しつつあった佐々木家では，もはや本家で行っていたであろう賦役徴収を課せず，米納にしてしまうのである。借屋層の中に米・金納が生じて，小作料的色彩が強くなれば，この性格は奉公人にも反映して来る。女子の場合はともかく，男子にあっては「長手間」として手間稼ぎの意識が強く生ずる。「奉公に行かなければならなかった。」という観念も一部の特定な家或いは女中に限られてくる。奉公人も明治32年の3人の後は，清野栄之助・佐藤源四郎が数年ずつおり，大正6，7年以降は借屋から奉公に出る人はなくなっている。同時に給金も明治末期から高騰し，「米10俵の値段を年給とした」といわれ，大正初期には120円となるのである。給金の高騰は，手作を廃止してくる佐々木家よりも，大経営を営む富農層にみられたのではなかろうか。例えば大柳部落の土生安真家（大正4年に6町歩所有）では，長手間300人働き2人，250人働き1人，150人働き2人，計1150人の常傭いを置き，300人働きの者には140円を支給し，他にホマチ田を与えている（大正9年）。

　このような借屋層・奉公人の変化は，皮相的には佐々木家の手作りの消長に伴って引き起されている。しかし，外ならぬこの佐々木家の手作経営の消長が何に基くものであるかは，説明されていない。これは勿論，佐々木家側の考察のみでは不可能なことであろうが，ここで一応の説明を附しておきたい。但し，明治末期からの手作縮小は，本章の重要な論点でもあり，Ⅲにおいて具体的に述べるので，ここでは明治初期における手作地拡大の要因だけにふれることにする。

　佐々木家が幕末分家当時の手作地9反から田畑4町歩前後に拡大したのは，この家が新らしい分家であることによって現象したものである。逆にいえば，当時地主とみられた家も手作地の経営なくしては存立し得ないという一般的条件が存在したのである。新らしい分家が，その当初より貸付地経営という手作地経営と対立する要素を有しながら，その統一を旧来存在していた当時の地主経営と同一の条件の下で行わざるを得なかったことが問題となる。旧来の地主層にあっては，幕末明治初期にすでに数町歩の手作地を有し，それを拡大する

必要はなかった。佐々木家と相似た例を挙げれば，後年80町歩の地主となった木間塚の上野家は，元涌谷藩に仕え勘定方を勤める知行侍であったが，明治以後帰農し（同家所蔵「木間塚村帰農者共牟恐奉願候事」），明治期には田2町歩，畑8反歩を手作りし，その労働力は「家中」と呼ばれる1戸（現在の武者家），および宅地・家を借りる6戸の借屋から供給されていた。ただ上野家の場合，それ以後，借屋の移住に伴う交替（明治43年以降である）はあっても数は増えず，戦争末期まで賦役形態を崩していない。このように新らしく帰農した小地主経営も必然的に手作経営を必要としていたのである。それは安政4年に佐々木家に入った28石弱の小作米が不足だったということであるよりは，より積極的に，借屋層・奉公人を従属させ得る地主の手作経営の有利性に基いているといわなければならない。すなわち，当時馬2頭を農耕に使用し，それ以外に2頭ほどを立附け（これはいわゆる「利分け」の形態をとっていた。），購入肥料を最初に導入するという点に表われる生産力の高さは，このことが借屋・小作人層の生産力を引き上げる力となって作用したのである。地主経営に対する借屋・小作人の関係は単に賦役・小作料の貢納に求めるべきでなく，農業生産力展開の過程を通して支配されていったことを注意しなければならない。それゆえに，上述した大柳同志社がその目的に「農事の改良を計ること」を掲げていたのは，個々の農家が独立して遂行するものではなく，区の役員となり得るような地主（地主富農層を含めて）を中心として進行したのである。この「農事改良」の展開は，地主手作からはじまり明治35年の耕地整理を一つの画期として進行した。この「改良」が，個々の地主・小作人の範囲を超え，且，経営改良から土地改良に指向するにつれ，農民層（特に中農以上に限られていたが）の農業生産力が向上し，これが地主経営を変質せしめ，借屋・奉公人の支配関係をも変化させるのである。

　かかる見通しをより明確にするために，地主側からの要因として，諸営業並びに貸付地経営の内容の検討に入る。

3　諸営業

　佐々木家の農業以外の営業として考えられるものは，明治初期の酒造業およびその直後引継がれた醬油醸造業である。その他金穀貸付は資料としては明治

13年以降になるが，恐らくは藩政期から行われていたものと思われる。

(i) 醸造業

　実は，酒造業については全く資料が欠除し，その開始の年代・生産事情・販売事情など一切に明らかにし得ない。しかし，明治11年旧4月に「酒蔵建方御手伝申請帳」があるから，この当時にやっていたことはわかる。聴きとりによれば，この酒蔵が建てられる前に小規模ながらやっていたといわれる。一般に酒屋兼営の地主は極めて多く，収取した小作米をもって原料としているのであるから，佐々木家の場合も単に米穀販売のみならず，加工過程を自らの経営に取り入れることによって一層利潤を上げようとしたものであろう。利潤とはいいながら，それは勿論産業資本として把えることは出来ない。金穀貸付に向けられ，土地集積のテコとなっている前期的資本である。その販路においても主に村内・近村に限られたといわれる。しかしこれは各農家の自家酒造の廃止を意味しているのではない。藩政期の酒造鑑札から明治期の酒造税・造石税と，酒醸造の税制による束縛はあったが，これは専ら清酒に関するものであって，この地方にあっても佐々木家から購入する清酒の消費は，ごく限られた機会の少量のものであった。

　しかしながら，佐々木家の側からいえば，相次ぐ税制の改革によって高率となる酒造税，および町（主として涌谷或いは石巻）から入る酒との競争の間に立って，外部からの圧迫を受け，「税金が高いので止めた」と表現されるに至る。この場合，土地集積・小作料収取がより有利であるならば（これは米価の変遷も加わるのであるが）そのまま酒造を廃止するはずであるが，佐々木家が明治17年に酒造を廃して翌18年から直ちに醬油醸造に向っているのをみれば，こうした加工過程の把握・酒よりも一層村落と結びついている醬油の販売が，なお有利な条件に支えられていたことがわかる。このことも単に醬油販売の収益性として把えるだけではなく，村落内における「生産上の貨幣経済」の先頭に立つ地主として，「地主の農事改良」について前に考察したような側面があることを注意すべきであろう。そうした内容こそが地主の村落支配の機構を作り出すのである。

　一般論が先に出してしまったが，以下醬油醸造業の内容を説明したい。

明治18年の「醬油仕込帳」をみれば，この年の仕込みは二桶19石9斗9升4合である。こうして仕込んだものを毎月出して販売に廻すのであるが，この年の分を挙げれば，

　　　一醪　壱石八斗八升八合　　一月十六日出シ
　　　一醪　壱石八斗　　　　　　二月　三日出シ
　　　一醪　壱石八斗六升　　　　四月　十日出シ
　　　一醪　八斗七升四合　　　　五月廿九日出シ
　　　一醪　九斗四升　　　　　　六月十五日出シ
　　　一醪　九斗壱升五合　　　　七月　五日出シ
　　　一醪　壱石八斗　　　　　　八月　八日出シ
　　　一醪　壱石　　　　　　　　九月十八日出シ
　　　一醪　壱石八斗三合　　　　十一月十六日出シ
　　　一醪　壱石七斗八升七合　　十二月廿二日出シ
　（計醪　拾三石七斗六升七合）

　これがどのように販売されたかみるためには，22年の「醬油売上帳」があるが，これはほとんど1升・2升単位の小売であって大量に卸売するということは全くみられない。いわば村内だけで小売りするという零細な経営であった。販売数量・金額をみるために，表16を作ったが，これからもわかるように金額としても佐々木家の経営にとって格別影響を与えるものとは思われない。
　こうした金額上でほとんど問題にならない醬油販売は，しかしその量を増していったようである。仕込桶は5，6本に達し，約40石仕込みできたという。しかし毎年の販売量が必ずしも40石に達したわけでないことは，仕込みをやめてから一，二年は在庫の醬油を売っていたことからも想像される。
　佐々木家の醬油仕込みは遅くとも明治30年には廃止される。これで佐々木家の生産的兼業は姿を消し（後にふれるように桑葉の販売・杉苗の植林が大正期まで残るが），経営全体としては貸付地経営に全力を挙げる，いわゆる寄生地主としての体制を整えるのである。勿論つぎにみる金穀貸付は後年まで続き，土地集積の最も有力なテコとして作用するし，それ以外の貨幣は株券投資に向

表16 醬油蔵出販売石数（明治22年）

月　別	元受石数	販売 石　数	販売 金　額
			円 銭厘
1月	持越 3.550	1.850	9.25
2月	1.465	970	4.85
3月	—	1.055	5.275
4月	1.550	1.050	5.25
5月	1.535	1.090	5.45
6月	1.420	1.275	6.375
7月	—	1.060	5.30
8月	2.780	2.170	10.85
9月	1.385	1.090	5.45
10月	1.465	1.450	7.25
11月	1.390	1.510	7.55
12月	1.393	835	4.175
合　計	17.933	15.405	77.025

表注：「明治22年醬油売上帳」より作製。

けられるのである。

（ⅱ）　金穀貸付

　大地主に成長するほとんど大部分の地主は，土地集積の直接的な手段として金穀貸付を行っている。佐々木家の聴き取りにおいても，最初から土地・家屋敷を買ってくれというものは稀であって，何らかの形での貸付があるのが普通であったという。このことは，通例地主の持つ前期的資本・ここでは高利貸資本・的性格として把えられている。かかる金穀貸付に依らなければ土地を集積し得ないことが問題であると同時に，その裏側に，農民層が絶えざる借金をしなければならない状態と，一旦負債を持てば立直ることが至難であるような状態が考慮されなければならない。まさに，家畜一頭が倒れることによっても没落して行かざるを得ないような，農民の状態があったのである。金穀貸付はいかなる意味においてもこうした農民の状態なしには成立し得ない。

　さて，佐々木家の金穀貸付は，恐らく分家当初より行われていたのであろうが史料的には明治13年が初見である。ここでは，4の貸付地経営の考察と重ねる意味で明治14年をとる。この年，佐々木家が行った金穀貸付は，前年か

第 3 章　明治期における地主経営の展開　129

表 17　金穀貸付の集計（明治 14 年）

借受人				金　銭		米　穀	
実人数	件　数	内小作人	村外者	件　数	金　額	件　数	石　数
人	件	人	人	件	円	件	石
70	124	19	13	87	2,523.262	37	159.595

表注：明治 14 年「金穀貸付帳」より集計。小作人は後の表 18 と比較。村外者の数は明瞭なる者のみ。この他にも多少あるようであるが不明である。

らの繰越し分を加えて 124 件である。繰越が何件であるか，記載不明のものがあるので正確には把え難いが，約 30 件は存在する。この 124 件の貸付を受けた実人数は 70 名であって，後の南郷村外の者 12，3 人を含んでいる。これはつぎにみる貸付地が，明治 14 年には村内に限られていること，および土地集積が明治 15，6 年頃から村外に伸びることを考慮すれば，以前の村外貸付は村内とは異なった性質を持っており，この頃に至って漸く，村外に対してもいわゆる「金穀貸付」的性格をもつようになったものと思われる。それは後に触れる。

　表 17 をみれば，この金穀貸付の比重が大きいことがわかる。これは，金借受人を表示すれば良いのであるが件数が極めて多いので総計だけ掲げたのである。金銭の方は最低 50 銭から最高 350 円までであり，米穀の方は最低 5 斗・最高 16 石となっている。この合計金 2500 余円・米 150 石弱という数字は，当時の佐々木家としては異常に多いといわなければならない。この年の佐々木家の小作米は，83 石（宅地代分を除く）に過ぎない。これに手作地の収量を合算しても漸く 160 石程度である。またこの年の米価を平均 9 円 50 銭としても（後掲表 20），2500 円の金は米 260 石に相当する。ここに佐々木家の経済力の一端が窺われるであろう。

　つぎに一件当りの貸付額であるが金で 30 円・米で 4 石半である。しかしながらこうした平均は無意味である。なぜならば，この貸付のなかには異なった性格のものが混入しているのである。例えば，当時すでに大柳第一の地主であった野田家が 120 円を年利 2 割 5 分で借りているのである。この融資（とみて良いであろう）がどのように使われたか不明であるが，これが土地購入或いはさらに転貸されることは屢々みられるところである。100 円を越える貸付は単に窮乏のためとのみはいえないのである。こうした多額の貸付を受ける者のな

かには比較的他村他部落のものが多い。350円および210円の2口を借りた涌谷の浅野義兵衛・285円の広渕の木村八太夫・その他馬場谷地の三条野道之進(100円)，前谷地の菅原宇佐治(50円)等がある。これら大口の貸付は，他の貸付利率が3割乃至3割5分であるのに2割5分となっている。この差額で転貸が行われたのであろう。逆に小額の貸付けをみると，利子率の高いのが普通であるが，なかには利子のないものがある。例えば借屋である大窪利三郎は当座貸しとして3円～5円程度或いは米5斗を無利子で借り受ける。同じく借屋の有壁長治・菅井新之助等も無利子となっている。こうした中間に3割3分～3割5分という高利を払う層が入っているのである。抵当を明瞭に書き，抵当流れとなっているのもこの層に多い。例えば，長谷川義平治は米3石3割3分3厘で耕地を取られ，三浦吉四郎は前年からの繰越しの借金を含めて，56円70銭でやはり田が流れている。ところでこうした貸付のなかには，単純に個人が借りているのではないものがあることに注意したい。例えば松岡彦三郎が借りた金4円70銭のなかには松岡八弥分が含まれていることが明らかである。その他に明記されたものはないが，三浦善右衛門の米16石，石崎養吉の米15石等をはじめ，10石以上を1口として借りているものが多いが，これが果して単なる1戸で消費したものかどうか疑わしい。渡辺市郎太衛門(10石)・三浦吉四郎(14石9斗)三浦善右衛門(16石)等は，後の表18からわかるとおり僅かではあるが佐々木家との小作関係が出つつあるのである。こうした家が他に転貸(利潤を得るために)することは考えられず，恐らくはその一族(例，松岡家の如く)で消費するか，その作子関係のなかで用立てられたのである。この推測を確める手懸りは，やはり表18から与えられる。すなわち，上記の渡辺市郎右衛門の借地関係のなかには渡辺家にかくれて渡辺作子が含まれている。このことは対佐々木家の関係においては渡辺家だけが表面に立つにも拘わらず，渡辺家の一族・作子を含んだ一団が全体として佐々木家の支配下に入っていくことを示している。同じ関係は佐々木長八家とその作子伝次郎の場合にもある。佐々木長八・渡辺市郎右衛門は共にかなりの金穀貸付を受けており，貸付けに縛られて漸次一団となって小作関係に入ってくるのであろう。この点は，金穀貸付といういわば貨幣経済の浸透が，実は窮乏農家全体を把えているのではなく，なお本家格の層以上を巻込んだに過ぎず，これらを通して下部の

第3章　明治期における地主経営の展開

表18　明治14年小作人・小作料

村		氏　名	苗　代		田		畑		移　動
			枚数	小作料	刈数	小作料	面積	小作料	
							畝歩	石斗升合	
大柳村	1	佐々木　勇之丞	—	—	720	7.8.1.0	(9.00)	大豆　4.0.0	2.(手作)
	2	佐々木　倉　松	—	4.5.0	120	1.2.0.0	—	—	(9?)
	3	三　浦　嘉　蔵	4	1.0.5.0	125	1.3.7.5	1.00	0.4.0	(3)
	4	門　馬　幸　吉	9	—	100	1.2.8.5	7.00	金　30銭	(4)
	5	瀬　田　百　松	—	—	160	1.6.7.0	—	—	10
	6	三　浦　房　治	—	—	720	7.0.3.5	—	—	
	7	小笠原六郎兵衛	2	2.8.0	295	3.4.7.0	1.5.10	7.1.4	(8?)
	8	有　壁　長　治	4	2.5.0	—	—	—	—	
	9	三　浦　円　七	7	1.0.0.0	—	—	—	—	
	10	白　藤　亀　蔵	2	3.5.0	220	1.7.9.0	—	—	
	11	安　部　庄　吉	2	2.2.0	—	—	3.24	1.0.3	
	12	林　　吉之助	—	—	50	6.0.0	—	—	(7?)
	13	三　浦　八重治	—	—	5	5.0	—	—	
	14	佐々木　長　八	6	8.0.0	410	4.5.1.0	2.6.22	1.1.3.8	(1)
	15	(長八作子伝次郎)	—	—	320	2.9.7.0	—	—	
	16	佐　藤　久三郎	—	—	140	1.6.1.0	(2.2.00)	1.0.5.4	
	17	三　浦　吉四郎	—	—	230	2.3.8.0	—	—	
	18	木　村　市郎治	—	—	195	2.1.4.5	9.15	2.8.7	
	19	佐々木利右衛門	—	—	225	1.6.3.1	—	—	
	20	佐　藤　仁　助	—	—	—	—	(0.15)	0.2.5	
	21	(渡　辺　作　子)	—	—	—	—	(3.00)	1.5.0	
	22	渡辺市郎右衛門	—	—	—	—	(5.00)	2.5.0	
	23	三　浦　善右衛門	—	—	120	1.4.0.5	1.0.26	5.4.0	
	24	遠　山　雄　蔵	—	—	15	1.3.5	—	—	
		小　計	36	4.4.0.0	4.170	43.0.7.1	(1.2.3.00)	金　03銭 大豆 4.7.0.1	
練牛村	25	大　森　新太郎	—	—	50	5.5.0	—	—	
	26	長谷川喜右衛門	—	—	200	2.2.0.0	—	—	
	27	長谷川　茂平治	—	—	300	3.7.8.0	—	—	
	28	木　村　林之丞	—	—	80	8.8.0	—	—	
	29	武　田　留三郎	—	—	—	—	1.4.28	大豆　7.2.7	
	30	捨次郎	—	—	—	—	7.08	3.6.5	
	31	善　助	—	—	—	—	8.02	4.0.3	
	32	栄　吉	—	—	—	—	1.9.19	9.8.5	
		小　計	—	—	630	7.4.1.0	4.9.27	大豆 2.4.8.0	
木間塚村	33	村　上　幸右衛門	—	—	150	1.6.5.0	—	—	13.
	34	武　者　倉　吉	—	—	775	8.4.2.5	—	—	14.(17),19
	35	大　窪　善　吉	—	—	325	3.5.7.5	—	—	(15),22
	36	岡　島　鉄之助	—	—	350	3.8.5.0	—	—	(16),(20)
	37	盛　野　林　治	—	—	300	3.3.0.0	—	—	18,21
	38	野　田　松之助	—	—	150	1.3.5.0	—	—	23
	39	荒　川　喜兵衛	—	—	150	1.3.5.0	—	—	(24)
	40	野　田　卯　吉	—	—	370	3.4.0.0	—	—	(25),(26)
	41	福　村　忠　治	2	3.5.0	—	—	—	—	
	42	大　窪　利　吉	3	3.3.0	—	—	—	—	
		小　計	5	6.8.0	2.570	26.9.0.0	—	—	
		合　計	41	5.0.8.0	7.370	77.3.8.1	(1.7.3.00)	金　30銭 大豆 7.1.8.7	

表注：「明治14年立附作子人名簿」に拠る。畑面積の欄，括弧は，推定面積。移動の欄の数字は，表14の安政4年の耕地番号である。この番号の耕地を誰が作っているかを示したものであるが，括弧を付けたものは耕作者が代っていることを示す。(7?)，(8?)，(9?) の三筆は刈数だけが一致して，場所不明のため安政4年と同一の耕地かどうか不明である。

農家も，貨幣経済の影響を受けていることを示している。それゆえ，金穀貸付が逆にこうした小族団的結合を外部から破壊し，それを同じく小作関係として並列的に支配する傾向を有するともいえる。

　金穀貸付の基盤はこのように複雑であるが，金穀貸付それ自体の貨幣経済的性格は極めて明瞭である。この一例として，小作料額決定の仕方をみよう。まず安部小次郎氏の話しでは，「土地を買う時は大抵貸金があるので，この貸金類（元利計）の大小に応じて小作料が決った。だから，必ずしも土地の良否と一致しないことがあった。」という。後に差配となった当麻哲男氏は，「小作料を1石とり得るような田は，その10倍の10石分の価格で購入した」といって，ここでは貸付が隠れているが，安部氏の時点が明治30年代であるに対し，当麻氏の時点は大正末期からのことであるので，こうした差があったのであろう。ともかく貸付の場合の利子に対する考慮が極めて強くなっていることをみ得るのである。小作料はこの貸金の利子（といっても現象的には極めて高利であって，その蔭に地主側からの給付が入っているが）として決定されるという意識には達していたのである。

4　貸付地経営の展開

（ⅰ）明治前期の貸付地経営

　明治前期の事情をみるために，同家の明治14年「持高立附作子簿」を利用しよう。この年の貸付地は，大柳・木間塚・練牛の三ヶ村にわたっている。練牛は大柳の北に隣接する村（当時）である。貸付地の内訳は，苗代41枚（推定面積5反歩）・田7370刈（推定面積10町5反歩）・畑推定面積1町7反歩，計12町7反歩である。これを小作料でみると，苗代の分は米5石8升・田は米77石3斗8升1合，計米82石4斗6升1合と，畑の分として大豆7石1斗8升1合と金30銭となっており，この地方で屢々行われるように大豆を米に換算するために六掛にすると，水田の小作料は畑地のそれのほぼ二十分の一にしか達せず，貸付地経営の比重は専ら水田にあったことが明瞭である。しかしながら逆にまた畑地の一般的不足の故に，小作人側からいえば畑を借りる方が「より苦労が多かった」のである。こうした傾向は農地改革まで続き，地主保有地がほとんど苗代と畑であるという現象が起きている。当時の畑は現在ほど不足

はしていなかっただろうとはいいながら，その少なさの故に支配関係の強さもあり得たであろう。しかしこの関係は特に耕地整理後になって桑園とともに重要になると思われる。

さて上の数字を安政4年の田と比較してみると，刈数において2.3倍，小作米において2.8倍となり，刈数＝面積に比し小作米がより増大し反当小作料の上昇がみられる。この間に反当生産量が増大したことは重要であるが，刈数だけで比較しては，良田ばかり集積したことによっても反当小作料は上昇するのであるから，これを安政4年と同一の田についてその傾向をみよう。そのためにも，明治14年の小作関係の内容を表示した方が良いと思われる（表18）。

安政期の小作関係と比較してみるために，耕地移動の欄を作ったのであるが，これよりみれば大柳の小作者で安政期と同じ田を作っているのは僅かに二件（2および10）に過ぎない。他の分は移動し，しかも誰が耕作しているか判然としないものがある。さらにかつて手作地であった木間塚分400刈が一括して大柳の佐々木勇之丞に立附けられている。こうした移動よりみれば，耕作者不明となった土地が佐々木家の手作地に編入されたということも考え得る。総じて大柳分については耕作者の変化が甚しいといえる。もう一つ，安政期に比して1戸当りの貸付面積が増大していることをも見逃し得ない。安政期に10戸・平均64刈であったものが，苗代を除いて18戸，231刈平均となっており，本家に従属した家の佐々木家への傾斜を予想させるとともに，独立百姓の没落・分解（例．14番の佐々木長八家。同家は作子伝次郎を有していた。）が進行していたのである。木間塚についてみると，耕作者の移動したものはちょうど半分である。しかも，移動の状況は明瞭に把握され，佐々木家の土地集積は苗代5枚の他には全然行われず，刈数2570刈は安政期と全く同じである。そして小作人はむしろ2人減少して8人となっている。平均は321刈でむしろ小作地が少数の耕作者に集積されるようにみえる。安政から残っている耕作者5人中小作地を減少した唯一の例は，33番村上家が175刈を34番武者家に移したことである。この傾向は後年まで続き，明治40年には，これらの小作地がむしろ減少している。このときの小作人は僅か4人を数えるに過ぎない。

つぎに練牛であるが，これは安政期に全くなかった所である。翌15年には練牛地内の所有がさらに増加していることをみれば，佐々木家の土地集積は専

ら大柳と練牛を対象としているようにみえる。

　こうした移動を通して最も顕著に表われていることは，耕作者の移動と1戸当小作面積の増大である。前者のような現象が，大柳においては安政期の小作人10人中6,7人の離脱を出し，木間塚においても同様に10人中5人の離脱を伴っていることが問題である。これらの小作離脱者が上昇して土地を所有するに至ったのか，或いは経営を縮小し脱農化の過程をとっていたのかは，今後の研究によって補わなければならない。しかし上昇＝土地所有による自作化する道は真に考え難い。それが一，二の例であるならまだしも，過半数を占めるような場合には，全体として土地所有の分解が進行しているなかで起り得るとは思われないのである。したがってこれは経営の縮小か，他の地主の下で小作関係に入っていったか，ということになろう。例えば安政期の当麻家は完全に耕作を放棄して商人に変っているのである。一方でこうした経営縮小・脱農化の過程があると同時に，他方では1戸当り小作面積の増大がみられる。それも従来の自作地を売渡して小作地が増大するためばかりでなく，従来他人が経営していた小作地を借り受けて一見経営を拡大している者があることも見逃せない。例えば1番の佐々木勇之丞家は，安政期の手作地400刈と久保与惣兵衛の130刈を借り受けて約1町歩を小作しており，明治40年には旧手作地に当る場所を放棄して，なお1町6反歩位の小作地を耕作しているのである。また木間塚の武者家は，安政に375刈，明治14年に775刈，明治40年に1350刈と増大しているが，明治40年に耕作している土地もすべて安政4年以来佐々木家が所有し来ったもので，耕作者の変動を通して小作地を借り入れている。こうしたことは，いわば小作地を通して佐々木家に対する依存度を強めつつあるもので，従来それ自体が本家であり独立していた家や，他の家に従属していた家が，次第に佐々木家の支配下に組入れられ，小作関係を量的にも増大してきたものといえよう。しかもこの支配の拡大が単に小作人数の増大ということでなく，その中に脱農化するものを排除しつつ進行したことをみれば，佐々木家の貸付地経営をより安定させる傾向を持っていたといわなければならない。いわゆる小作者間の競争＝小作料の引上げはこの段階としては考えられないが，佐々木家の側に，より確実な貸付を行うといった経営性が，単に支配力を強めること以上に意識されはじめ，こうした傾向が手作経営における借屋・奉公人

表 19　小作料の変化（同一耕地）

村	田番号	刈数	安政4年小作料	明治14年小作料	上昇指数	明治14年小作人	明治40年小作料	上昇指数
大柳村	1	10	1.0.0	1.1.0	110	佐々木　長　八	—	—
	2	60	6.0.0	6.6.0	110	佐々木　雄之丞	—	—
	3	25	2.5.0	2.7.5	110	三　浦　嘉　蔵	—	—
	4	30	3.0.0	3.7.5	125	門　馬　幸　吉	—	—
	7 ?	50	5.0.0	5.5.0	110	林　吉之助	—	—
	8 ?	40	4.0.0	4.8.0	120	小笠原六郎兵衛	—	—
	9 ?	130	1.1.5.0	1.4.3.0	124	佐々木　雄之丞	—	—
	10	90	9.0.0	9.0.0	100	瀬　田　百　松	—	—
	小　計	435	4.2.0.0	4.7.8.0	114		—	—
木間塚村	13	150	1.4.5.0	1.6.5.0	114	村上　幸左衛門	2.2.5.0	136
	14	175	1.5.9.0	1.9.2.5	121	武　者　倉　吉	2.4.5.0	127
	15	225	2.1.3.8	2.4.7.5	116	大　窪　喜　吉	3.1.5.0	127
	16	150	1.2.7.5	1.6.5.0	129	岡　島　鉄之助	2.1.0.0	127
	17	400	3.6.0.0	4.3.0.0	119	武　者　倉　吉	5.6.0.0	130
	18	100	9.5.0	1.1.0.0	116	盛　野　林　治	1.4.0.0	127
	19	200	1.9.0.0	2.2.0.0	116	武　者　倉　吉	2.9.0.0	132
	20	200	1.9.0.0	2.2.0.0	116	岡　島　鉄之助	2.9.0.0	132
	21	200	1.8.0.0	2.2.0.0	122	盛　野　林　治	2.7.5.0	125
	22	100	9.0.0	1.1.0.0	122	大　窪　善　吉	1.4.0.0	127
	23	150	1.1.5.0	1.3.5.0	117	野　田　松之助	—	—
	24	150	1.2.0.0	1.3.5.0	112	荒　川　喜兵衛	—	—
	25	70	5.2.5	7.0.0	133	野　田　卯　吉	—	—
	26	300	2.0.0.0	2.7.0.0	135	野　田　卯　吉	—	—
	小　計	2.570	22.3.7.8	26.9.0.0	120		26.9.0.0	129
合　計		3.005	26.5.7.8	31.6.8.0	119			

表注：安政4年，明治14年は前記資料。明治40年は「田畑立附台帳」に拠る。なお明治40年の指数は明治14年を100とする。

の変質として現象させることにもなったのであろう。

　こうした佐々木家の貸付地の経営性をみるために，その基礎をなす小作料の変化を考えることにする（表19）。

　この表19によってみれば安政4年からの24年間に小作料は大柳で14%，木間塚で20%上昇している。しかし，木間塚がより上昇したといっても，その中には安政4年の新田（25．26の二筆）があったりして，刈数との比較では，大柳が100刈に対して1石1斗であり，木間塚では1石5斗弱，新田を除いて1石7升で，刈数が生産量を示しているとすればむしろ大柳の方がなお高率と

なっている。なお特定者について急増していることは，新田が熟田化したためとみられる野田卯吉の例を除いては，小作地を集積してくる前記の佐々木勇之丞・武者倉吉についてもみられず，安政期の小作料率の低かったものが，正規の水準まで引上げられたことに起因する方が多いのである。こうした全般的な小作料の上昇が，小作料率（生産量に対する）の引上げによるものか，或いは専ら反当生産量の上昇に伴うものか，この両者の関係を明らかにする資料が欠除していて不明である。しかし，幕末明治期の急激な生産力上昇を考えても，15％〜20％に達する小作料の増大は，小作料率そのものの高騰も含んでいたとみるべきであろう。後にみるように，明治中期以降の反当収量の増加は，稲作技術上極めて主要な肥料および土地改良を伴うので，或いは明治前期における以上の展開をするともいえる。それゆえ，明治初期までの小作料の高騰は単に生産力上昇以上の事があるように思えるのである。この点に関しては，地主の小作人に対する給付・保護関係の考察と併せて，明治初期の小作関係を明らかにする手懸りとして後に残さざるを得ない。

　なおついでながら，明治40年の小作料について跡づけ得る田についてのみ記したのがこの表19の右端の欄であって，明治14年から26年間に29％の上昇をみせている。この間に大柳では耕地整理が完了しているので，これに伴う生産力上昇のためより増大したと考えられるが，その点は面積表示が異なるために明確にはし得ない。ともかく安政4年から50年間に平均54％の反当小作料の上昇がみられるのである。これを後にみるように明治40年から農地改革までの40年間の上昇率20％前後と比較してみると幕末・明治期の上昇の激しさが窺えるであろう。

　つぎにこうして佐々木家に入って来た小作料がいかに処分されたかが問題となる。しかしこの点についても米の販売，或いは酒造経営の記録がないため明らかにし得ない。佐々木家の造石数はさほど大きいものではなかったので，八十数石に及ぶ小作米はかなりの部分が販売されたのであろう。明治中期（20年代）までの米商人は石巻にあり，時田・松川といった商店が取引先であった。初期には，佐々木家から石巻まで米を駄送（1駄3俵）しており，このため馬が極めて主要だったというから，佐々木家の馬も預託分を含めて5〜6頭になっていた。後に駄送は賃銀を払って雇うことになったが，それは農民ばかりで

なく，駄送稼ぎ或いは馬喰によって行われることが多いのである。明治20年になると，石巻の商人が米買入の予約をとって歩き（手附金1割以下適当な額），定められた日に「高瀬」と呼ばれる舟が鳴瀬川を遡り，大柳部落の岸につけて積込むようになっている。其の後涌谷町に米商人が集り，佐々木家も専ら涌谷に販売するようになっている。明治35, 6年には圧倒的に涌谷が多くなっている。この当時は，米商が馬車を持って受取りにきており，売買契約はその前に済んでいる（なおⅢ-1参照）。この頃は米穀検査がなく，米商が蔵の米をみただけで価格をつけていたといわれ，米質・俵装の点で宮城県米の深川相場が悪くなった頃，すなわち明治42, 3年から県の等級が定められ検査が行われた（この当時の等級が㊆・㊅である。一等・二等という区分は大正10年頃から行われるようになった）。

　所で当時の米価をみよう。他の家の資料であるが前掲久保家の「地所買入記簿」によれば表20のようである。なお，涌谷町百々善四郎氏の蒐集された変遷を附記しておく。

　これでみると明治14年は西南戦役後のインフレの影響を受けてであろうか，前後に例がないほど高騰している。この時の価格で計算することは聊か無理があるので前後3ヶ年の平均として8円をとれば，82石の米販売代金は650円に達する。さらに，明治20年頃についてみると入石数は正確でないが，明治14年からの6年間に田11町7反歩増加しているので，この小作料を反当7斗として大雑把に80石とみれば販売総量160石（この年には酒を造っていず，自給部分は手作地で間に合うとして。）であるから，金額は690円で，13, 4年頃に比し絶対額の上昇は考えるほど多くなっていない。しかし当時兼営していた醬油の販売額77円に比較すれば圧倒的な量を示しているといえよう。こういう小作米の販売が佐々木家の経営の基幹をなしているのである。

　つぎに畑の小作関係であるが，これは専ら大柳と練牛地内に限られる。この後，10年代の終りになって木間塚・福ヶ袋地内に畑が延びて行くようになる。しかも，その増加の率は田に比較すると甚だ緩慢である。この小作料は例外を除いて大豆であり，7石2斗程度である。これは自給部分，日常の食料・味噌原料・馬の飼料等を考えるとほとんど販売に向けられなかったのではないだろうか。その後10年代の後半からはじめた醬油醸造のために使用されることを

表20 米価の変遷（石当）

年	月	米価基準地	米価（久保）	米価（百々）	豊凶事情
			円　銭	円　銭	
明治8年	3月	石　巻	5.93	5.25	
8年	9月	涌　谷	5.00〜5.30		7月洪水
9年				3.65	
10年				6.46	
11年	?	石　巻	5.00	5.39	9月洪水
12年				7.18	4.7.11月洪水
13年	4月	石　巻	7.40〜8.20	9.86	
14年	2月	石　巻	9.00〜9.70	8.98	
15年	3月	石　巻	7.00	7.39	
15年	12月	石　巻	5.30〜5.50		
16年	1月	石　巻	4.80〜4.85	5.85	豊作
17年				4.65	
18年	2月	石　巻	5.50	5.92	豊作
19年	5月	石　巻	4.75	5.84	
20年	2月	石　巻	（地払4.25）4.45	以下東京深川相場 5.00	
21年	1月	石　巻	3.95	4.86	
21年	4月	石　巻	3.85		
22年				6.00	凶作
23年	1月		（被水米5.50）6.70	8.95	洪水
24年				7.04	
25年				7.24	
26年	1月	石　巻	5.80〜6.00	7.38	
27年				8.83	
28年				8.88	
29年	12月	石　巻	9.20	9.65	洪水
30年	3月	居　払	9.30	11.98	
31年	12月	居　払	8.00〜8.40	14.80	9月暴風洪水
32年				10.03	
33年				11.96	
34年	2月	居　払	10.00〜10.50	12.30	

考えれば大豆販売としての収益はないのである。金納である一筆は特殊な事情とみられ，その後明治40年に至るまで金納は全く現われず，この一例も消えている。但し，何時からはじめられたか判然としないが，明治30年代後半から盛んになった養蚕のための桑園貸付はすべて金納であって，この点よりみても直接商品として販売し得る作物を作っていない普通畑が，養蚕等の商業的農業を行う場合に比較して，金納化が遅れているといえよう。初期の納入は必ず

定められた通り大豆で行われているが（例えば明治14年「田畑立附貢米受取手控」），後には大豆の代りに米納が行われている。この点から，畑の作付が豆・麦から他の作物に転換したことも考えられる。大豆の生産が絶対的には上昇したとしても，戸数・人口の増加があり，他方で畑そのものの減少によって大豆納の困難が生じたのであろう。そしてこの水稲単作地帯では米の方が納め易かったともいえる。畑小作のこのような関係は逆にいえば，一般農家が米を販売する純然たる商品生産に入り切らずに，その基底として自給的な畑作の必要を捨てることができなかったのである。

最後に宅地についてであるが，これは資料が欠除しているので，前に借屋層の分析を行った以上につけ加えることができない。

つぎにこうした内容をもって進展した土地集積をみる。

(ii) 土地集積の進行

まずさきに見た安政4年の所有地から，明治21年までの土地集積を年別にみると表21のようになる。

こうした買入れが，先に考察した金穀貸付と表裏の関係をなしていることはいうまでもない。この表は「地券書換御願」によったので，現実の土地集積の

表21 明治十年代の土地集積

年次	田 件数	田 面積	畑 件数	畑 面積	宅地 件数	宅地 面積	荒地 件数	荒地 面積
明治9年	7	1.3.5.25	2	1.6.08	—	—	—	—
10	1	4.9.08	—	—	—	—	—	—
11	—	—	—	—	—	—	—	—
12	10	4.3.0.11	4	3.6.25	1	2.8.18	—	—
13	9	1.8.4.11	3	5.0.00	—	—	1	2.28
14	3	4.18	3	6.3.15	2	1.4.06	2	5.05
15	2	4.5.01	—	—	1	1.1.12	—	—
16	8	3.1.8.18	1	1.14	2	2.3.03	1	2.22
17	5	1.9.4.28	1	5.17	2	2.2.10	—	—
18	7	1.5.1.22	2	2.1.11	2	4.1.20	—	—
19	7	3.1.3.18	1	2.23	—	—	—	—
20	1	2.1.22	—	—	—	—	—	—
21	3	1.9.1.11	—	—	—	—	—	—
計	62	20.4.1.12	17	1.9.7.23	10	1.4.1.09	4	1.0.25

表注：佐々木家所蔵「地券書換願綴」による。

時期とややずれている。特に明治12年のように極めて移動が激しいのはその前年から引続いた水害の影響もあるだろうが，本来11年に買入れられたものが12年になって一括して書換えられたためと思われる。なぜならば，この地券書換の申請は，同じ年の分は同一月日となっているのである。それを考慮しても，10年代後半の移動の激しさが窺われる。特に著しいのは宅地の買入れが明治14年〜18年の間に集っていることで，他ならぬ借屋層の成立はこの期を一つのピークとするようである。それは同時に農民層の分解の深さを示すものであり，13年からはじまる全国的不況と，その直前に実施されている地租金納のために，惹き起された現象といえよう。この資料が地券書換であるため売買の理由・契約内容については全く記載がないので，この面から土地集積の性格を論ずることができないが，その小作関係が前に考察したようなものであることに留意すべきである。

さて明治14年までの小作地は専ら現南郷村（特に大柳・木間塚・練牛の三部落）に限られていた。それが明治16年になってはじめて村外・不動堂村に土地を所有するに至る。このときは二人から同時に買入れている。17, 8年には村内で福ヶ袋・和多田沼（旧馬場谷地村）に伸び，さらに不動堂でも伸びていく。これが20年代以降急激に展開して，遠田郡涌谷・不動堂，志田郡鹿島台に所有地が増加してくるのである。資料不足のため，適当な年次を選べないが佐々木家の土地所有面積を示しておこう（表22）。

III　地主体制の完成

IIの終りで述べたような地主経営の変化，すなわち生産力的性格の消滅過程および部落支配と小作人支配との制度的な分離は，特に明治40年（差配制度の確立）から大正6年（親睦貯金会の成立）までの10年間に急激に進行する。それでここでも，なお具体的にこの期間の変化を跡づけてみたい。したがってIIIでは，単に経営の面だけではなく，その支配構造の変化ということを念頭におきつつ，地主制成立の一画期として考えたいのである。そしてこの変化の意義について，最後にみることにする。それはともすれば見逃され勝ちであった「部落」の本質を明らかにすることでもある。

第3章 明治期における地主経営の展開 141

表22 明治40年土地所有状況

土地所在地		田	畑	宅 地
		町反畝歩	町反畝歩	坪
南郷村	大　　柳	51.4.3.08	4.6.1.11	10.200
	和多田沼	3.8.4.26	—	—
	福ヶ袋	3.9.00	—	—
	練　　牛	9.1.1.29	5.9.23	—
	木間塚	8.8.7.60	—	—
	二　　郷	6.9.17	—	—
	村内計	74.3.6.00	5.2.1.04	10.200
	不動堂村	8.0.9.12	—	—
	鹿島谷村	6.9.6.00	2.1.15	—
	涌谷町	8.6.7.00	—	—
	北　　村	4.6.7.16	—	—
	前谷地村	2.0.00	—	—
	村外計	28.5.9.28	2.1.15	—
	合　　計	102.9.5.28	5.4.2.19	10.200

表注：明治40年「土地台帳」による。

1　明治末期の経営の変化

(i)　外的諸条件

　この時期は，日本資本主義の完成期でもある。佐々木家の経営をみる前に当時の概況をみておこう。取り上げるべきことは色々あろうが，ここでは，耕地整理・部落有財産・養蚕業・諸銀行等に限る。

　イ　耕地整理　　明治32年3月に耕地整理法が公布され，本村では明治36年からはじまるこの事業は，全国的にみて非常に早く着手した宮城県においても草分けであるといわれる。それが一方で用排水に悩まされ続けた村であるという条件があるにせよ，地主経営が逢着していた必然的要求であって，この点，つぎにみる経営の変化から立ち戻って考察する必要がある。明治40年度までの耕地整理はつぎのようになっている（表23）。

　この結果，水田は1枚9畝27歩～1反12歩を基準とすることになり，おおよそ縦30間横10間になっている。この耕地整理は交換分合を伴わず整理に伴う多少の換地があった程度である。注意すべきことは前にも引用したように発起人となったのが大柳の野田家と佐々木家であって，その他の組合長もすべて

表23　耕地整理状況

年　度	地　区	整理後の面積	整理組合長氏名
		町反畝歩	
明治36年	大字大柳	75.3.8.10	野田齊治
37年	大字大柳	239.7.2.26	野田齊治
37年	大字二郷二間堀向	72.0.5.00	木村与惣治
38年	大字二郷蛇沼向	99.4.7.20	木村与惣治
38年	大字二郷治郎右衛門外二ヶ所	76.5.5.07	伊藤源左衛門
39年	大字二郷沖新堀向外三ヶ所	94.8.8.00	伊藤清六
39年	大字二郷喜平外二ヶ所	114.1.9.19	桜井庄之進
39年	大字練牛	309.0.4.03	木村清一
40年	大字木間塚	289.6.7.22	上野藤馬
40年	大字和多田沼，大字福ヶ袋	513.8.7.06	松岡修
40年	大字大柳梅木	2.6.2.16	野田齊治
合　計		1,837.4.8.09	

表注：明治41年「南郷村有財産統一顚末」附「村治概要」に拠る。

地主であったことである。こうした大規模な土地改良事業は，もはや一地主の農事改良を超えるものであることは当然で，従来経営改良の面（品種・肥料等の反当生産量上昇に資するものと，農具・家畜等の反当労働日に資するもの）に限られていたものが，この事業を契機として一経営を超える土地改良的性格を帯びてきたことが注意されなければならない。勿論この前からあった水利組合——村を三つに分ける和多田沼・上臼ヶ筒・臼ヶ筒の普通水利組合，明治水門水害予防組合，一市三郡聯合水利組合——に関しても地主の果した役割は同様であったとみられる。その場合も，用排水工事を押し進めるとともにそれによって上昇する農民の生産力を水利組合を通して支配し，この支配が逆に農民的生産力の展開を規制するといえよう。明治以降に急速に普及する「農事改良」の性格は上述のような地主的性格をもっているのである。

　なお，特に用排水工事と絡んで展開するものに，萱谷地の開田がある。これは勿論地主の積極的な着手或いは支持があったが，例えば隣接する練牛区の場合は，明治13, 4年に本戸（借屋以外のいわば自営農）だけで八つの組合を結び，これが地主の援助・補助金の下に開田を行った。そこには，独立自営農の経営の発展というよりは，練牛区としての統制が極めて強く働いていることを見得る。しかも，一方でこうして区として結束しつつ，他面，他部落からも労働力

第3章　明治期における地主経営の展開　143

を集めこれを借屋層として賦役労働を収奪して開田を進めているのである。こうしたことは，当時の本戸が地主層を中心とする区の支配機構のなかにあり且つ助力を受けてその区としての発展を担当しつつも，未だ地主の直接支配下に入っていず，それ自身としての展開の可能性があったと考えられる。明治初期のかかる動向も，30年代以降においては本戸が小作層に転落し，地主―小作関係の直接支配が完成すると考えられるのである。

　　＊　この1項で述べた耕地整理・土地改良は，この共同研究においては馬場昭氏の担当部分である。この土地改良の詳細は近く発表される同氏の報告に拠られたい。
　　　　この土地改良とからんで来るのであるが，明治前期の開田，特にそれを直接生産者の面から取りあげ，部落組織・部落有財産統一と関連させているのは菅野俊作氏である。これは，ちょうど本章で取り上げた地主経営の裏側となる下部構造から追求されているもので，その分析が著しく不備な本章としては，ぜひ考え併せなければならぬことである。この章全体についても，両氏からさまざまな資料や教示を頂いたことを附記しておく。

　ロ　養蚕業　　南郷における養蚕の盛期は，明治40年からといって良いであろうが，養蚕が逐次増大していったのは10年代からである。例えば前記の久保家の記録は，「然ルヲ八木ノ伯母ヨリ幾分カ桑畑ヲ望ムナレバ何程ナリトモ遜リ呉ヨトノ懇談故我モ又将来養蚕ノ盛業ナラン事ヲ察シタル故悉ク買入ルルノ志有ト雖伯母ノ申入難止……」（明治15年）ということを記している。これからも察せられるように養蚕業の普及はこの頃に出ていたのである。当時の宮城県の事情をみると，明治9年に三陸商社が製糸機械所を設立したのをはじめとして，翌10年には養蚕試験場がおかれ，明治20年には涌谷をはじめ，六工場が統計に出ている。生産額も18・19年から工場生産額が増大し，総量においても増加していた。この傾向は20年代に更に発展し，十四工場を数え（25年），28・29年と相次いで創立された片倉・郡是両製糸会社は次第に東北に延び，38年には片倉の仙台進出がみられるのである。

　　＊　以上県内の概要は，七十七銀行「七十七年史」第1篇による。詳細は同書を参照されたい。特に111～112頁に指摘されているこれらの工場と農家の家内工業との関聯や労働力の問題が，南郷でどのように展開したかは今後の調査に残されている。ききとりでは，自給的な製糸・機織は存在しているが，販売のための製糸については不明

であって，あったとしてもかなり早く消滅しているようである。

養蚕は，佐々木家の場合，自給的な色彩しかもっていない。むしろ，問題とすべきなのはこのような養蚕業の展開に伴う桑葉販売・桑園貸付であって，この点はのちに考察しよう。

ハ 諸銀行　　日清戦後の好況は諸物価の騰貴を伴って現われたが，まもなく不況に転じ，日本銀行の相次ぐ金利引下げがあって，明治33年には深刻な銀行恐慌が起った。こうした不況のなかで全国的に府県農工銀行設立が企てられ，宮城県でも翌年仙台に宮城県農工銀行が設立するに至った。さらに，日露戦後の不況期にやはり東北地方の振興を目的に地方金融機関が続々と企てられたが，なかんずく南郷村に関係が深いのは明治43年に創立された東北実業銀行であって，遠田郡涌谷町に設置された。この創立に当っては，本村でも二郷の安住仁次郎・伊藤源左衛門が参加し取締役に就任している。佐々木家はこうした銀行に役員として加わることはなかったが，株主として参加していくのである。

これらの銀行が，不況期の地方経済（仙台以外の）を救済するために設立されたとはいいながら，その内容は極めて地主的な色彩が強かったといわなければならない。それは，日清戦後の好況期に企図された諸地方銀行が多く設立をみるに至らなかったのに対して，41・42と低落した米価の圧迫を受けた大地主層が，40年を画期としてほぼ安定した土地集積の上に立ちつつ，安全弁として，さらに進んで土地集積のテコとして，銀行設立に至ったものであろう。本来前期的資本に対立し，産業資本の要請として作られる銀行が，この場合には地主の要請として登場するのである。それは勿論それなりに，封建的土地所有関係を止揚し，近代的分解を押し進めはするが，地方銀行としてはあくまでも地主的色彩を捨て切れないのである。こうした性格は，国立銀行として仙台でスタートした七十七銀行の場合にもみられることであって，昭和6年七十七銀行涌谷支店大柳出張所設置に関しても，村内第一の地主野田家の誘置によるものといわれているのである。

 ＊　ここもまた上掲「七十七年史」に拠るところが多い。従来閑却された地方銀行と地主の問題について，同書の教えるところは極めて大きいといわなければならない。なお，大柳出張所の設置については，菅原安吉氏「南郷村誌」735頁に拠った。

(ii) 手作経営の廃止

　明治32, 3年頃佐々木家の手作地は，やや縮小される。すなわち，田24枚（2町4反歩）・畑2反歩・桑園5反歩である。このうち田はさらに減少して，明治44, 5年には20枚となっている。こうした一貫した手作地縮小のなかで，馬は家に1頭，預託2頭というように減少し，奉公人も男子4人から3人となり，大正5, 6年には2人，大正7年からは1人となっている。女中は農業に従事することがなかったせいで，昭和10年頃まで一貫して3人が原則だった。こうした奉公人が次第に「長手間取り」という性格を帯びるようになり，また借屋層出身の者が減少することは前に指摘したとおりである。借屋層からの賦役等もそれにつれて減少し，特に宅地代として出す以外の手伝いは明瞭に賃銀形態をとるとともに量においても減少したのである。二郷の伊藤源左衛門家の例であるが，明治40年頃には秋の稲刈りから，脱穀・精米の過程までの間，岩手県（南部領）から出稼ぎが入るようになった。こうした出稼ぎが奉公人や賦役に代ることは南郷村としては決して例が多いものではないが，奉公人自体が村外の者になる傾向は愈々強くなったのである。南部からの出稼ぎは，大正2, 3年に精米が立臼式になって従来の三倍の仕事ができるようになると，自然に消滅してしまったという。足踏脱穀機が入ったのもこの頃といわれ，石油発動機は大正10年にはじめて入ることになる。馬耕は耕地整理によって一般化するのであるが「村誌」によれば明治35年に赤井部落に入ったものが最初となっている。こうした農具・農法が全て地主の手作経営の中に一旦入り，それが使用労働力を減少しつつ奉公人・借屋層の変質に導いていくのであって，最初に手作地縮小があるのではない。こうした農具については必ずしもこの普及の速度は早くないが，技術上の問題からみて極めて普及の早いのは肥料である。これについては吉田寛一氏の研究が進められているが，反当生産量を高めることとその細分利用の可能によって，一般農家の生産力を著しく上昇させた。化学肥料は，30年代には全くみられず，大正中期まで購入肥料として一番多いのは大豆粕である。こうした大豆粕も佐々木家が仙台肥料株式会社より一括購入して，主な借屋に分けた（勿論代金はとるが，現金というよりは貸付或いは現物支給）という。大正期に入ると，苗代に消毒用として石灰窒素が入り，過燐酸石灰が肥料として入りはじめるが，化学肥料が最も多くなってくるのは大

正中期以降で，硫安が比較的遅い。佐々木家とその借屋層との肥料共同購入に関しては後に述べる（Ⅲ-2）。

こうした農業技術の普及に伴って佐々木家の手作りが縮小していくのであるが，それは大正6年に至ってほとんど廃止に近い状態になる。すなわち，この年，佐々木家は「親睦貯金会」の名称の下に，主なる借屋（農業に従事しない商人等を除く）26戸を組織して，その基本財として水田1町2反歩を貸し与え，会員の共同耕作に依って小作料以外の生産米を積立てさせたのである。この時に，残りの6反歩も小作に出し，佐々木家は僅か2反歩の田を耕作するに過ぎなくなったのである。この親睦会については次に詳述するが，これは次第に切り離されていく借屋層への支配力を維持し，借屋の生産力的展開を支援するとともにそのことによってその結実を吸い取るものであった。同時にこれは今まで顕現化されずに行われていた小作層の救済を他の目的としている。後に改称されるように「共栄組合」という意識は最初から強かったのである。しかし，こうした組合が従来佐々木家の手作経営の主幹部分を形作っていた26戸の借屋層に限られたことは，この基本財たる1町2反歩の水田がなお手作地の延長的性格を有し，この面を通して技術が浸透していくのである。かかる体制に組入れられた借屋層の賦役は，たとえ農耕の面に投入されなくとも他の面（最も量的に多いのは植林である）に向けられて，決して不生産的なものになってはいない。この賦役が次第に消滅し，佐々木家がもういかなる意味でも生産者としての内容を失っていくのは大正末期まで待たなければならない。

さて，大正6年の大幅な縮小は事実上手作経営の廃絶とみられるが，大正9年に至ると残りの2反歩も小作に出し，水田に関する限り全く手作地がなくなるのである。

畑は従来は，豆・麦類が圧倒的に多かったが，2反歩に縮小してからは，菜園的色彩が強く豆がかなり残っただけである。これも醤油醸造業と密接に関連することであって，麦・豆が減少したのは当然であろう。

その他の自給的生産について簡単に述べておく。まず養蚕であるが，桑園が川べりに5反歩ほどあったので，養蚕・製糸から自家用の布まで織っている。布団地なども大正初期まではほとんど購入しなかったという。機織りは出入りの主婦等の手伝いもあったが，佐々木家の先代の夫人もやっていたという。こ

第3章　明治期における地主経営の展開　147

れが大正に入ると全く跡を絶ち，桑畑は桑葉販売と貸付に向けられた。また藍の栽培も行っており，自分で染めていたといわれる。こうした自給生産的側面は大正初期を画期として急速に減退し，貨幣経済の面が強く出るに至ったのである。

（ⅲ）　貸付地経営の伸張

　貸付地経営上まず述べなければならないのは，明治40年に「差配」がおかれたことである。但しこの差配はすでによく知られている庄内の本間家或いは新潟の千町歩地主にみられるものと異なり，ただ一人の差配が全小作人を扱うものであった。この差配となった当麻市郎は，藩政期すでに姓を有し，この地方に多い土着士卒でなかったかと推定される。佐々木家との関係は安政4年に，当麻市右衛門として30刈の小作をしていた（表14参照）。しかし明治14年には前に述べたように小作地を返還して離農し，小商いをやるようになっている。明治中期以降の村会議事録の報告には物品販売業として当麻家の納税状況が出ているが，村内でも中位程度の額であった。佐々木家の金穀貸付帳を拾うと当麻輔の名が屡々表われるが，これは商取引上の金融であったとみられ，小作人ではないが極めて密接な関係が予想される。さらに全くプライベートな関係であるが，佐々木家二代の大太郎の弟大五郎と当麻市郎とは，非常に親しい友達であった（大五郎氏の「日記」による。）。当麻市郎が事務能力に秀れ，「鍬の持ち方も知らない人だった」といわれるような商人出身でありながら，こうした佐々木家との数代に亘る関係をみれば，これを手放しで近代的な「支配人」といい得ないことは明瞭である。しかもまた逆に，この差配が地主の藩屏として村落の有力者を組み入れたり，鍬頭が単に昇格したりしたものではなく，一般農民層の動きとともにそれなりに変化しつつあった佐々木家の経営に適応し，特に貸付地経営に全力を挙げる体制を作っただけの新しさも持っていたのである。それは嘗つての差配制度が屡々村内の有力者を把握することによってその支配力を地主経営に組み入れ，不在地主としての村落支配を愈々強固にしたものとは異なる面があったといえる。当麻家は決して部落の有力者ではなかったし，商いも苦しい状態であったといわれる。当麻家が差配となった決定的な理由は，佐々木家の表現によれば，「今まで世話をみてやった」ということと，

「頭が良く才能のある人だった」という二点にある。これは佐々木家の支配力が次第に個々の小作人を把え，中間に存在するヒエラルキーを排除する傾向に基いているといわなければならない。ヒエラルキーを排除するということは，しかしこの時点で終るのではない。特にそれは他村の場合に良く表われる。例えば明治40年に不動堂村の及川喜惣右衛門は佐々木家に38石4斗9升の小作料を納めているが，4町歩の土地は及川喜惣右衛門だけが小作したものではないと思われる。これは44年に至ると及川喜惣右衛門（29石弱）及川俟平（7石強）及川源彌（3石）という様に分解し，大正7年に至れば及川姓を名乗るもの5人になる。これは喜惣右衛門分がほぼ14石ずつに分かれるので分家して二分されたと考えられるが，このように及川喜惣右衛門名義でその一族（この場合には）を把握していたものが次第に分化して，直接耕作者を対象とするようになってくるのである。佐々木家の差配はちょうどこうした支配関係の単一化に伴って，佐々木家の権威を代行し，事務を執るものとして登場したのである。

差配の設置に伴って佐々木家の諸帳簿類は完備して来るようにみえる。「土地台帳」「田畑立附台帳」「小作料収納簿」等が体裁を新たにして存在する。勿論それ以前にもこの種のものがあったことは事実であるが，横帳から罫紙に変り，それが保存されて来ることは，貸付地経営の比重を窺わせるに足る。「人足使覚帳」は依然として横帳形式であり，しかも偶然的に保存されたとみえて，僅かに大正7年度分1冊しか存在しないのである。

明治40年の小作人の一覧表を掲げることは煩雑に過ぎるので，各部落各村別に集計したものを表示する（表24）。

これと明治14年（表16）を比較すれば，この間の小作地・小作人の増大とともに，他村に拡大してゆく様相が窺えよう。この後も土地・小作人が増大するのは，村内では大柳・練牛・他村では鹿島台村木間塚（南郷村木間塚とは別）である。大柳では40年の33人から，44年42人，大正3年52人，そして昭和3年には62人に達するのである。

前に，明治14年から明治40年までの小作料の上昇について述べたが，耕地整理が完了した明治40年後の小作料の変化についてみたい。このため例によって一筆毎の表を作った。各家或いは特殊事情による高下をはっきりさせるた

表24　明治40年小作料収入

小作人所在地		人数	苗代小作料	田小作料	畑小作料
		人	石	石	石
南郷村	大　　柳	33	米　19.390	295.494	大豆　11.133
	練　　牛	20	1.000	52.830	9.605
	福ヶ袋	1	―	3.900	金　30円
	和多田沼	4	―	11.630	―
	木間塚	4	―	29.280	―
	小　　計	62	20.390	393.134	20.738　金30円
	不動堂前	8	―	54.963	―
	鹿島台村	12	―	51.034	1.300
	涌谷町	16	―	77.596	―
	北　　村	6	2.800	36.520	―
	前谷地村	1	―	2.000	―
村外計		43	2.800	222.113	1.300
合　　計		105	米　23.190	米　615.247	大豆22.038　金30円

表注：明治40年「田畑立附台帳」に拠る。なお面積は枚数，刈数，反歩等いろいろな形で表示されているため誤差が大きくなるので省略した。

めに，数軒の家をとりその囲名毎に表わしてみた（表25）。

　この表でみれば，明治末期の耕地整理完了後大正7年まで小作料の上昇がみられず，7年9年と相続いて上昇するという現象を示している。しかも表の注のとおり，苗代の反当小作料は5割乃至8割位高いのであるが，苗代は上昇せず田のみが上っている。この小作料の増額は，明治初期にみられたように定率であがるのではなく，定額（すなわち原則的には田1枚≒1反歩につき5升）で行われているのである。上田・下田の区別なく5升ずつ上昇しているのである。こうした田の良否＝反当収量の差違に関係なく引き上げられるということは，悪田を借受けているものに対する小作料率の相対的引上げとして考えられよう。これが現実に悪田所有者（表25では主として借屋に多い）に対する圧迫となったかどうかはなお疑問であろう。渡辺家の如く，自作上層農からの転落とみられるものは，従来自分が所有した土地が良い故もあるが，佐々木家の援助なくして成立し得ない借屋層は，不利な条件でもそれを借りざるを得なかった。その層が直接的に圧迫されることはなかったのではなかろうか。この推測は，この小作料引き上げが土地の良否に余り関係しない増収部分の収奪になったと考

表 25 小作料の上昇

小作人氏名	貸付地			一枚当小作料（ほぼ反当小作料）				
	地種	囲名	枚数	明治40年	大正3年	大正7年	大正9年	昭和3年
渡辺弥五郎	田	外宮田	4	0.85	0.85	0.90	0.95	0.95
	田	赤井前	4	0.95	0.765	0.82	0.87	0.87
経営大	田	武平	2	0.68	—	—	—	—
後に区長	苗代		(7)	(1.56)	(1.56)	(1.56)	(1.56)	(1.56)
現町会議員	田	外宮田	11	—	0.726	0.77	0.82	0.82
	田	要害	2	—	—	0.90	0.95	0.95
高橋軍治	田	高田	2	0.80	0.80	0.85	0.90	0.90
	田	中境	2	0.60	0.60	0.65	0.75	0.75
	田	中ノ間	7	0.60	0.60	0.65	0.75	0.75
借家	田	高田	3	—	—	0.85	—	—
明治期奉公鍬頭	宅地			(1.60)	(1.30)	(1.30)	(1.30)	(1.30)
	苗代	（移動激しきため比較不能）						
	田	赤井前	5	0.80	—	—	—	—
	田	外宮田	5	—	0.80	—	—	—
	苗代		(1)	—	(0.07)	(0.07)	(0.07)	(0.07)
小田島市松	田	中ノ間	6	—	0.65	0.70	0.75	0.75
	苗代		(2)	—	(0.50)	(0.50)	(0.50)	—
借家	田	中境	5	—	—	0.735	0.804	0.804
大正初期迄奉公	田	外宮田	1	—	—	0.85	—	—
	田	高田	4	—	—	0.90	0.90	0.90
	田	中境	1	—	—	0.755	0.80	0.80
	苗代		(3)	—	—	—	(0.36)	(0.36)
下山桜治	田	?	2	0.75	0.765	0.775	0.820	
	田	?	4	0.85	0.85	0.90	0.95	
	田	?	2	0.85	0.85	0.90	0.95	?
鹿島台村	田	?	3	0.83	0.81	0.82	0.86	
一切不明	田	?	2	—	0.80	0.85	0.90	
	田	?	1	—	—	0.70	0.74	

表注：各年度「田畑立附台帳」に拠る。小作料の上昇は大正7年，大正9年にみられる。この次ぎに上るのは昭和4年である。苗代の小作料は一枚当りでなく全額を示す。これは反当ほぼ1石2斗〜1石5斗となる。

えさせる。特に耕地整理を終って土地の条件がかなり整えられている結果，上田・下田の差によって増収する量がさほど違わなかったのではなかろうか。これは，大正期の生産力的発展が，耕作用具の面で行われるよりも，土地改良と肥料に拠っていたことからも考えられることである。こうした反当生産量の向上こそが，実は最も地主的な「農事改良」であってみれば，小作料の引き上げ

もこの反当生産量の向上に立脚した増収部分の吸収と考えてよいであろう。しかも現実には，この増収部分の増大に小作料の上昇は追いついていないのであって，それ以上に相対的には小作料率は下降する様相を示している。

　この間の事情はききとりによっても窺われる点であって，この二度の連続した引上げが凶作のなかったこと，排水施設の完備，および肥料使用によるもので，明治40年から大正9年までに反当1俵は増収出来たといわれている。

　つぎに上表の小田島市松の場合にもみられることであるが，奉公人に対する借地について一言ふれておきたい。大正元年に十二年間にわたる奉公（中途二年兵役）を止めた阿部小次郎は，暇を貰った際に1町歩（苗代込み）の小作地を借り受けた。その後借入地を増やして2町歩の経営となるが，このように奉公を止めたときに耕地を「立附けて貰った」のはこれが最後である。それ以前は多かれ少なかれこうしたことが行われたが，阿部氏のあとの奉公人は「手間取り」の性格を極めて強くしている。なお阿部氏はこのとき佐々木家に奉公していた人を嫁に迎え，家・宅地を借りて分家させて貰ったが，自分の生家では余り面倒をみてくれず，いわば佐々木家からの奉公人分家といった形でその後の関係も深い。しかし，まもなく大正10年に阿部家は家を買って改築し「借屋抜け」を行っている。こうした阿部家の性格は，手作経営終末期にみられる最後の古いタイプと，いち早く借屋抜けした新らしいタイプとを，佐々木家の経営の変化の中で示しているのである。こうした傾向は他の借屋層についてもいえる。宅地代が賦役から米納に変る例は表21でもわかるが，大正7年に至れば宅地代として現実の賦役を10日以上出すものは僅かに4人しかいない。その不足分は，金銭の貸付の形となり，金銭で決済される。一例として比較的多く賦役を出している角田三郎をみよう（表26）。

　この場合は，宅地代36人が基準とされ，この不足11人が1日20銭という低い賃銀で計算されているため，角田三郎に有利である。現に8月の阿久戸山の下刈りには70銭払っている。この逆の例は小田島市松で，宅地代12円が基準とされ，賦役6人単価50銭計3円が差引かれて残金9円という計算になっており，角田三郎より一層賦役的色彩が崩れ，むしろ賃取りの性格が強いのは注目すべきである。

　このことをみれば，借屋がすでに旧来の借屋と異なった性格を持ちつつある

表26　角田三郎家の賦役および借屋賃決済（大正7年）

月　日	作業種別	月　日	作業種別
3月6日	阿久戸山　竹から切り	8月23日	阿久戸山下刈　70銭支払
3月8日	同上	8月24日	同上
3月26日	北村山　杉植継	8月25日	菜種蒔き
3月28日	同上	8月30日	踏舘山下刈
3月29日	同上	9月16日	阿久戸山立木すかし
4月5日	桑畑掘り	9月17日	同上
4月6日	同上	9月18日	同上
4月7日	同上	9月18日	小豆・大豆とり　はるの来る
4月15日	杉植	9月23日	菜間引
4月17日	同上	9月26日	竹籠こしらえ
6月30日	桑畑掘り	9月27日	同上
8月16日	大根播き	9月28日	同上
8月18日	塀の泥かたづけ	9月29日	同上
8月22日	阿久戸山下刈　70銭支払	10月4日	稲刈り
決済方法	借屋賃　36人　人足　25人　差引不足　11人		
	一人一日　20銭　不足分　2円20銭　借屋賃に入る		

表注：大正7年「人足便宜帳」による。なお，人足25人は，8月22日〜24日の3日分は既に支払い済のため省いてある。支払い分が70銭，不足分が20銭という差の大きさに注意。

ことがわかる。それは手作経営に結集される賦役農民ではなく，漸次小作農民と同様の地位に変化しつつある。しかし，こうした賦役農民層の解体・上昇をさらにもう一度結集するものとして親睦貯金会が成立してくるのであって，経営形態の変化に伴って，農民層の内容の変化があるにも拘わらず，地主支配機構はまだ単純に地主―小作関係一本だけには還元されないのである。ここでわれわれは，この支配機構を再編する基礎を問題としなければならないであろう。その前に，佐々木家の諸営業の変化について述べておく。

(iv)　その他の営業

イ　米穀販売　　前に佐々木家の米穀販売が，石巻から涌谷の商人へと変ったことを述べたが，大正期に入ると完全に涌谷だけになり，しかも商人には蔵前渡しの形がとられている。大正7年度産米についていえば総計30,534円であって，野田・植村・久高・黒勝の4商店との取引が大きく，その他に庄司・木下・砂善といった商人も表われる。販売量は約825石であり，米価は7年

11月の36円から，8年7月の42円まで騰貴して米騒動前夜の様相を示して，前年度産米が20円から25円までであったのに比べると，ほぼ二倍になり極めて高い。前年度では取引商人が不明であり，且つ11月に販売した分が脱落しているが，12月以降では18,297円の金額となっている。ともかくこうした2万～3万円の米販売収入は後にみるいかなる営業よりも圧倒的に大きい比率を占めているのである。

　ロ　醬油醸造の廃止　　これについてはほとんど述べることがない。醬油は明治30年には醸造を止めており，あとは先に造った分を小売りしているだけだった。しかし，醸造を止めたときの貯蔵石数は約40石であって，その後4,5年は販販したという。勿論，中止後の販売も以前に比較すれば遥かに少く，商人が他町村から仕入れる分が増大していることと照応して，20年代の15,6石からみれば半分以下となってくるのである。

　ハ　造林　　佐々木家の土地集積の対象として，山林が集められるようになったのは，大正初期からである。この集積の歩みについてはほとんど調査が行われていないのであるが，箆嶽村・北村・鹿島台村・松山町に散在して約35町歩所有している。この中，箆嶽山に含まれている約4町歩は，元大柳区有の小柴山であって佐々木家が買得したのであるが，現在は20名の者が草刈場として借用している。これについては2で述べる。残余の31町歩前後はすべて山林で，買得したときは全部が雑木山であった。この山林に対して佐々木家は大正3年頃から造林をはじめる。植林したのは大部分が杉で，落葉松は試験的に行った程度という。この植林は大正12，3年頃には完了したらしく，約20町歩が針葉樹林となった。残りの土地は，杉立に不適だといわれ，雑木が残っている。その後山林の集積はほとんどないので，造林も大正期10年間位だけにみられることである（但し下刈だけは昭和期に入る）。

　ところで問題はこの植林・下刈等の労働である。このため大正7年の「人足使覚帳」を利用する。表27からみれば，総計159人の人足中63人が造林関係に投下されていることがわかろう。この11名の者はほとんど借屋であるが，宅地代を賦役で出しているとみられるのは，数量的にいえば上位4人だけである。他は日雇として入ったものであって，そのため宅地代と差引きになることもあるが，賃銀は賃銀として貰い，宅地代は別に納めるのも部分的ながら出て

表27　作業別雇傭労働（大正7年）

氏　名	出役人数	造林	桑畑	田	畑	脱殻精米	柴薪仕事	家事	不明
	人								
佐　藤　源四郎	41	17	3	4	4	6	2	5	―
斎　藤　徳三郎	28	4	6	4	5	―	2	6	1
角　田　三　郎	28	15	4	1	4	―	4	―	―
佐　藤　喜　七	17	10	2	―	1	1	3	―	―
瀬　田　源兵衛	9	6	―	―	1	―	―	―	2
小田島　市　松	8	2	2	1	1	―	2	―	―
佐々木　美佐治	3	6	―	―	―	―	―	―	2
高　橋　軍　治	6	―	―	―	―	―	―	6	―
大久保　伝次郎	6	2	1	―	1	2	―	―	―
安　部　小次郎	5	1	2	―	―	1	1	―	―
横　山　亀　治	3	―	1	1	―	―	―	1	―
計	159人	63	21	11	17	10	14	18	5
百分比	100%	39.6	13.2	6.9	10.7	6.3	8.8	11.3	3.2

表注：大正7年「人足使覚帳」に拠る。

いるのである。これをみてもわかるように，手作縮小後（この当時は田畑各2反歩）は，借屋層から入る労働は専ら造林・桑園・家事に向けられていたといえる。特に前二者だけで53％に達していることは，佐々木家の生産が新らしい面に伸張していることを示す。しかし，借屋層からの人足のとり方が金額で精算するようになったとはいえ，借屋層以外からは出ていないところに旧来の関係が崩れ切ってしまわないことが表われている（親睦会の結成とも絡む問題）。

　二　桑畑の経営　　まず大正7，8年の「桑葉立附及売払帳」をみる（表28）。
　面積表示がないので貸付反別もわからないが，桑畑が金納であることは著しい特徴である。これは勿論養蚕が，秀れて貨幣経済的な生産であることに基いている。一方佐々木家は桑畑を仕立てて桑葉を販売するが，繭或いは生糸を販売することは全くない。この桑畑のために大正7年に21人の労働が投下されたことは先にみた通りである。佐々木家が田畑の手作りを縮少して，自給部分にも不足するようになりながらも，桑畑の手作りを継続しているのである。
　大正期の佐々木家の生産というべきものは，前の造林とこの桑畑だけといって良い。桑畑1反歩から250貫の桑が揉れるとして，この金額は約50円であるから，米で小作料をとるよりも収入は上廻ることになる。こうした経営も，一般農家の養蚕の発達に支えられて，佐々木家がとった方法であった。表28

第3章 明治期における地主経営の展開

表28 桑畑立附・桑葉売払

氏　名	大正7年		大正8年	
	桑畑立附	桑葉売払	桑畑立附	桑葉売払
	円　銭	円　銭	円　銭	円　銭
佐々木　新次郎	18.00	15.00	18.00	―
佐々木　孝　治	21.00	10.00	37.20	―
野　田　あやめ	8.40	7.20	―	―
下　山　豊　見	14.40	―	14.40	―
達　崎　虎　治	41.00	―	20.00	25.20
松　田　助　吉	―	50.00	―	―
相　沢　清五郎	14.00	8.00	16.80	8.00
佐々木　源三郎	60.00	20.00	60.00	97.11
当　麻　市　郎	40.00	20.20	40.00	10.30
佐々木　み　す	―	―	―	10.20
木　村　長　八	―	―	―	10.50
畑　中　由三郎	―	―	―	140.98
高　橋　栄　司	―	―	17.50	―
屋　代　温二郎	―	―	―	70.00
小　　　計	216.80	134.30	223.90	372.29
合　　　計	351.10		596.19	

表注：大正7年の「桑畑立附帳」に拠る。

をみれば，桑葉を購入するものが，借屋層でもなく，また主要な小作人でもないことに気づく。こうした養蚕を担当する農家は，いわば佐々木家の水田支配の機構からはみ出していた層である。これが桑園を通して小作関係に入るのであるから，いわば佐々木家の支配圏の一層の拡大といわなければならない。桑畑・普通畑における小作関係には多かれ少なかれこうした性格が表われている。それが金納であることもそれらの農家の発展性を示すものであって，地主支配の対応形態はさまざまな形で表われるのである。

　ホ　株投資　この面は現在までのところほとんど把握し得ない。僅かに大正9年の持株数がわかるだけで，配当がどの程度であったかもわからない。ともかく，表29によって米穀販売によって得た貨幣が積極的に株への投資として表われつつあったことは窺い得るであろう。

　ここで小作料の問題は，明瞭に金利との関係を持つに至る。土地改良費・地租・小作人に対する給付・不作による被害等々が考慮されて，土地投資と株投資との関聯が生ずるであろう。この点は今後の調査に譲らざるを得ない。

表29　大正9年株所有状況

会　社　名	株　数		払込金額
東 北 実 業 銀 行	旧	170　株	8.500　円
同　　　　　　上	新	270	3.375
大 崎 水 電 株 式 会 社	旧	30	1.500
同　　　　　　上	新	180	7.400
鳴 瀬 水 電 株 式 会 社	新	50	1.875
東 洋 醸 造 株 式 会 社		50	1.200
旭 紡 績 株 式 会 社		10	125
小 牛 田 肥 料 株 式 会 社		30	640
仙 台 肥 料 株 式 会 社		15	375
キ リ ン ビ ー ル 株 式 会 社		20	2.200
日 本 発 送 電 株 式 会 社		20	1.000
宮 城 農 工 銀 行	旧	21	?
同　　　　　　上	新	8	?

表注：大正9年「萬覚帳」株券覚の項に拠る。

2　地主支配構造の変質

(ⅰ)　部落の構造

　明治中期における地主支配の構造については，借屋・小作関係等を通して多少触れてきたが，これを村落の構造との関連でみておきたい。この場合まず手懸りとなるのは明治27年の大柳同志社の規程である。勿論こうした規約はそのまま実態を示しているとはいえないが，問題が特に支配関係にあるのでこうした接近の方も可能であろう。なおこの支配関係の基礎をなす具体的な村落構造については，中村吉治教授の下で研究が進められておる。

　この大柳同志社が大柳区と一致していることはⅠでも触れたのであるが，この規程は明治期の「部落」の性格を端的に表現していると思われる。この規程について注目すべき点は，①極めて制度的に整った形式をとり，従来の議定書様式とは甚しく異なること。②それにも拘わらず，第24条，第61条[*]にみられるような議定書的意識が強く残っていること。③役員選挙において，地租20円以上（田4～5町歩以上）という土地所有者的支配を明らかにしていること。④農事改良の意慾が一貫して表われていること。⑤農民保護・救済の意識が強いこと。等が挙げられる。

　　＊　「第二十四条　前条ノ如ク評議会ニ於テ評決シタル事件ニ付社員ハ不服ヲ申立ツル

第3章 明治期における地主経営の展開

コトヲ得ス」

一般農民が発言出来る会議は総集会だけであるが、これは年一回に「執行ノ諸件ヲ報告スルモノ」とされており、議決・執行機関たる評議会がすべてを運営しているのである。

「第六十一条　事件ノ公私ヲ問ハス其筋ニ具情或ハ訴願セントスル者ハ評議会ノ賛同ヲ求ムヘシ」

この二ヶ条が旧来の秩序の積極的維持であるとはいえ、それが成文化されている点をむしろ評価しなければならないであろう。これは①の特徴とも関連した問題であるが、部落役員と村役人との差違は、こうした制度的に整えなければならなかった理由と同様に、村落の基礎構造の漸次的変化によるのである。このことは続いて述べることにする。

一貫して農業生産の自立的遂行に接近してくる農家の生産力は、藩政期の村を益々制度的な・内容的には支配機構の単位としての性格を強めさせるのであるが、それとともに従来の小族団的結合の契機は次第に分解していた。佐々木家が分家当初は本家の持つ組織の一員であり、同時にまたその組織を利用しつつ発展したであろうことはすでに述べたが、この発展が、すなわち単に特定の佐々木家ではなく、佐々木家の展開を行わせた諸条件が、逆に本家中心の小族団的組織を崩し、これを継承しつつ新たにより広範な、より稀薄な関係で再編していったのである。これは結果的には私的土地所有の進行によって惹起されている。村落内部の支配関係も、一方の側における農民層の上昇・自立化があり、他方の側に新たに明確な支配階級としての地主の形成をみて大きく変化していくのである。こうした過程は絶えず進行しているのであるが、なお共同体的諸規制に制約されて完全には自立化し得ず、先にみたように地主経営もまた従属農民に対する直接的支配と保護なくしては、すなわち単に小作料収納関係だけでは成り立ち得ないものであった。こうした極めて過渡的な段階において、上昇する農民的生産力を把握するための機構として明治期の「部落制度」が形作られるのである。それはもはや個々の共同体的契機を通してのみ支配するのではなく、規制それ自体によって支配するという要素を多分に有する。それゆえ「部落規約」のなかには、往々にして旧来の慣行を無視するものさえ表われる。その最も重要と思われる点は、屢々見出されるように部落秩序における数量的な平等性である。この一見合理的な・フラットな共同体を思わせる規制は、

内容的にいえば甚だしい不合理をもっていることが多い。しかも部落の支配者・支配層はこうした部落制度の頂点に立ちつつ，部落的規模を越えて支配するに至るのである。

　こうした部落制度は，いわば私的所有の展開・労働の自立化に対応するものとして形成されたにも拘わらず，結合の中心には屢々共有財産がおかれる。これもかつての村落構造においてはむしろ利用組織が強調されたのに比較すれば，著しい差違である。しかも部落が共有という意識で結合しながら，この共有財産の私有化は絶えず進行する。これは勿論最初は利用の集中・私的占有の形で表われるのであるが，やがて公然・非公然と私有化するに至る。この私有化が形を変えて，少数者の独占（それが間接的とはいえ）に転化するのが，部落有財産統一にみられる過程である。

　当然のことながら，同志社の規程は，共有財産について詳細に定めてある。この財産は前にも述べたように田約37町歩，畑4畝歩が主なるものであったが，これ以外にも箆嶽山に4町歩の田があった。この田は，藩政期には大柳村民が利用していた萱谷地であって，旧来の萱刈りの慣行が，次第に開田されるにつれて小作料収益を主とするようになったものである。ここでもわれわれは部落支配の地主的性格を見出すことができる。それは萱刈場の消滅が如何なる代価で償われたかという点である。萱は大柳でも屋根葺きに使用し，これが消滅することは各農家にとっては大きな打撃であったが，共有の萱谷地の代りに地主の所有する萱谷地の利用がみられるようになる。佐々木家の場合には名鰭沼の岸に約5町歩の菅谷地があり，これを刈って借屋にしてある家の修理と，販売に向けられていた。この萱刈りも借屋の労働によるが，なかには草生のまま売り払うことにもあった。共有菅谷地の消滅はこうして土地所有者＝地主によって補われるのであるが，そのためにまた新たなる地主支配の契機を作り出すのである。もともとこうした萱谷地が地租改正・官私区分当時から，すべて地主のものであったとはいえない。むしろ開田の際に部分的に私有化することが多いのである。この例としてさきほど述べた箆嶽山の例がある。

　萱谷地が消滅しつつ開田が進行したことのなかにはもう一つ重要な面がある。それは，端的には零細農家を「部落」の小作人とし，部落制度のなかで被支配階級が形成されつつあったことである。従来，いわば部落よりもより細分化さ

れた形で小同族団の一員として従属し，その本家・親方的階層を通じてのみ村落の被支配階級として表われていた家が，直接的に部落の被支配階級として立ち現われるのである。部落が上述のごとく極めて地主的支配の色彩が強いとき，これは地主層に対する小作人層という支配関係が強まって，個別的小族団的支配は次第に影を薄くする傾向にあるといえる。この典型的な例は練牛区の開田進行中に，新たに農民が移入されてこれが借屋層を形成し，本戸の組織する講と，借屋の講とが明確に別個に組織されたことに見出し得る。借屋層は部落のなかで個々に本家・家主から支配されるとともに，諸権利の面でも部落制度によって支配されるのである。こうした部落秩序・支配関係は，個々の農家の自立性の展開のために，もはや特定の家関係・従来の小族団的支配関係のみを以てしては，上昇しつつある農家を完全には把握し得なくなっていることに基いている。

　したがってこうした部落秩序は，自立化・私有化の展開と，それにも拘わらず共同体的に組織されねばならぬ生産力段階とのなかにあって，自らが上昇し地主体制を完成しようとする支配層によって作られた矛盾の統一である。本来，何よりも先きに「制度」として部落を変質させる契機を有したのは，他ならぬ大地主に上昇していくこれらの支配層であった。これらの大地主は部落的規模の支配から，村的規模の支配へと移り，さらに村を越えて自らの地主—小作関係を基幹として，農民層一般に対する支配体制を完成する。このとき部落の新たなる役員として登場するのは，小地主・自作上層農或いは小作関係にあっても富農的色彩を強く持つ農家であって，これらは地主のエージェントとして，部落的な独自な支配関係に立つ，というよりは，地主の村支配機構の末端部分として組み入れられていくのである。

　大柳同志社は，当にこのような過程を辿るといえよう。それがともかくも極めて制度化された機構を有し，共有地の収益を配分し，或いはそれを備荒貯蓄することを第一の目的としている（規程第一条）ことは，独自的な部落制度が存立していたことを示している。そうして土地改良・郷倉制度の消滅（明治37年）・部落有財産統一（明治41年）の過程を通じ，ちょうど佐々木家の大きな経営変化の過程と同じ時期に，部落制度もまた，もはやかつてのような独自的機能を喪失していくのである。とくに共有地の村有化は部落制度に決定的な打

撃を与えている。この後は，村と地主が強く浮び出ることになったのである。
　ここで一言南郷村における部落有財産統一の特質にふれておきたい。それは，共有地が他の村にみられるような山林原野ではなく，水田であったことに基くのであるが，通常の部落有財産統一が形式的には完成しても，内容は依然として旧来の部落的利用慣行を強く残しているのに較べて，南郷村では実質的にも村有財産となってしまった点である。この差違は南郷村では萱谷地の開田の時期に，すでにいわゆる「部落財産」としての自給的利用慣行が否定されていたことから生ずる。部落有財産統一の方針に窺われる「旧来の粗放・収奪的利用を改め，林野資源の育成に努める」ことは，この開田によって一応終了していたといえる。このことがすでに行われていたために，南郷村における部落有財産の統一は，自給的利用慣行との間にさしたる問題の激化をみずに進められたのであった。統一前の部落がすでにこのようなものであったことは，南郷村における部落の特質・特定の発展段階を示しているのである。

　（ii）　地主・小作人組合
　大柳区が明治末年に郷倉制度を止め，部落有耕地を喪失して，部落としての独自的な機能・支配構造を弱くする過程のなかで，地主―小作関係の上にも制度的な変化が生じていた。それは佐々木家の場合でいえば，まず借屋層を中心として「親睦貯金会」が作られたことである。この借屋層が佐々木家の経営の変化に伴って，次第に直接的隷属の影を薄くしていることは前に述べた通りであるが，同時に新らしく借屋となった者（家・宅地を売って）は特に佐々木家に対する従属以外にも他の地主に隷属するような支配関係の錯綜のなかにあった。こうした錯綜しつつある支配従属関係を，佐々木家に対する一本の従属体制に再編成する目的で登場するのがこの親睦会である。この親睦会を通じて各借屋に対する支配の網を強固にするのである。このことは，単に農家を自己の支配の下に従属させることだけでなく，農家，ここでは特に借屋層が自立的に生産を遂行することができなかったところに基礎がある。したがってこの親睦会は，まずもって借屋層の共同組織として現われるのである。そしてその組織は旧大柳部落と極めて類似している。決定的に異なるのは，この会の頂点に立つのが地主としての佐々木家ただ一人であって，会員は佐々木家の借屋・小作

関係に入っているものだけという点である。つまり地主─小作関係がその骨格をなしているのである。

親睦貯金会の設立は大正6年であるが当時の記録がないため、昭和11年に「大柳共栄農家組合」と改称したときの定款を引用しよう。

定　款（抄録）

第一条　本組合ハ農家経済振興併ニ納税精神ヲ修養スルト共ニ左ノ事業ヲ実行スルコトヲ目的トス
　（一）　組合員ニ産業上必要ナル資金ヲ貸付シ及積立金増殖ヲ図ル事
　（二）　組合員ノ委託ヲ受ケ其ノ生産シタル物品ノ共同販売ヲナス事
　（三）　肥料及日用品ノ共同購入ヲナス事
　（四）　共同耕作ヲナス事
　（五）　備荒貯蓄ヲナス事
　（六）　納税義務ノ精神ヲ修養シ期間内ニ完納セシムル事
第四条　本組合員ハ満弐拾才以上ノ男女ニシテ大柳区ニ住居ヲ有シ独立ノ生計ヲ営ミ且ツ佐々木健太郎殿ノ田畑ヲ耕作シ借地ニヨリ賃貸料ヲ納付スル小作人ニシテ品行方正一致協力親睦ヲ旨トスル同志者二十七名ヲ以テ組織ス
第七条　本組合ノ事業ヲ遂行スル為左ノ役員ヲ置ク
　（一）　顧　　問　一名　（二）　組　合　長　一名　（三）　会　計　部　一名
　（四）　耕作部長　一名　（五）　購販売部長　一名　（六）　納税部長　一名
　（七）　組　　長　三名　（八）　書　　記　一名
第九条　購販売部長ハ左ノ事務ヲ担当ス
　（一）　肥料及日用品ノ購入並ニ販売事務
　（二）　肥料及作付賃金其他日用品入資金貸付ニ関スル調査併ニ精算
　（三）　右貸付金回収ニ付円滑迅速ヲ図ル様督励スル事
第拾条　耕作部長ハ共同耕作田地ノ耕転ヨリ挽籾決済マデ監督シ其ノ他収支決算ヲ整理報告スルモノトス

（当麻哲男氏所蔵記録）

以下第七章第三十六条まで詳細なる定款となっているのである。これは昭和

11年に改正されたものとはいえ、ほとんどそれ以前のものと変っていない。定款にある会員数27名も大正6年以来1名増加しただけである。この設立の事情を述べると、大正6年当時の借屋・借地・小作の三条件をもつ26名がまず組織された。このとき従来の佐々木家の手作り地の内1町2反歩を借り受け、これを共同耕作地としてこの収益で他の事業をも行うことにしていた。こうした点も部落が共有田の小作料に依存したことと極めて似ているといえる。こうして成立した親睦会は、佐々木家を顧問として一応会員とは区別し、形式的には借屋層のみの組合となっているが、この組織が佐々木家側の要求で作られたことは、この創立提案者が差配当麻市郎であったことからもわかる。その後も当麻氏は会の運営を指導し、佐々木家の代弁をしていたのである。

　会が事業として掲げた六項目のうち、(一)・(四)の項目は会の資金では購い切れず、その都度佐々木家から借金している。したがってこの定款にある目的だけからいえば、直接生産者的性格が強いにも拘わらず、その内容は全く地主に依存している関係にあったのである。参考のために昭和3年における会計をみると、

```
             昭和三年度収支決算調    田一町三反歩
 現物収入   米    三十二石四斗    四等・五等・等外
           米      三石四斗      細米・砕米
           糀      一石六斗
           藁      二千三百束
 現物支出   米     十三石一斗    昭和六年度田一町三反歩苗代三枚ノ小作米
                                トシテ佐々木顧問殿ヘ八石(四等米ノミ)
────────────────────────────────────────
 差引残米   米     十九石三斗
 現金収入   一金三百五十一円九十二銭    米・藁・糀販売代金
    支出   一金百二十一円十四銭
 差引残金   一金二百三十円七十八銭
     内   一金二百二十八円六拾銭    動力部ニ貸付金
```

差引残金　　　　　　　二円十八銭

(同年「会計簿」当麻氏所蔵記録)

　こうした組合は，佐々木家だけではなく，野田家についても結成されたといわれる。それが果した役割は，営農金融・備荒貯蓄・納税・共同販売を自らの手でやったことにはなかった。むしろこうしたすべての面で佐々木家からの融資が大きく働いていたのである。定款に繰返し表現されているように，肥料の共同購入は親睦会にとって極めて重要であった。特に親睦会が結成された大正6年頃から大豆粕・魚粕の購入が盛んに行われ，同時に金肥が急速に増大しつつあったことを考えれば，借屋層に対する金肥の導入はこの組合を通じ，しかも明確に佐々木家の立替えの下に行われたのである。こうした傾向は佐々木家が手作経営を行っているときにはみられないもので，そのときはもっと直接的に個々の借屋に対する恩恵乃至保護の形で導入されていたものであった。それが借屋層の組合として行われることの蔭には，借屋層の独立性の強まりと共に，これを弛緩させずに組合として一括支配し得るようになった地主制の強さがあるのである。
　この親睦会は借屋層に限定されながらも，すでに，借屋でなければならないという必然性は存在しなかったとみてよい。それはこれらの会員のなかから，家屋敷を買取って借屋抜けするものが一，二出ていながら，その者は依然加入を続けていることに表われる。ここで資格上問題なのはむしろ27戸という制約であって，借屋，特にそれを宅地賦役労働と直接に結びつけることは困難である。こうした点で，一般小作人に近い性質を持ちつつも，結果的には賃取りの形にせよ佐々木家の雇傭労働（奉公人を除く）の基幹はこの層にあるのである。こうした会の性格は必然的に他の小作層をも同質な形態に追い込んでくる。この親睦会が存在しながら，昭和3年には「共栄会」（親睦会が改称した「共栄組合」とは別個のもの）が組織され，他町村に散在する小作人をも含め，地主佐々木家と全小作人との組合が作られ，主として備荒貯蓄・基金積立がはじまる。この段階に至って，地主制は全小作人を一応単純な地主―小作関係として把握し得ることになったのである。それは勿論一小作人が一地主に従属するも

のではないが，地主―小作関係に基くよりすっきりした支配といえるであろう。実はこの「共栄会」の成立の前に，大正14年に小作争議が起るのであるが，この点の調査は不充分なので今後補いたい。ここではこの小作争議と絡み合って「共栄会」が成立するということを指摘する以上に述べ得ない。
〔編者注：安孫子はのちに本書第4章193頁で大正14年の小作争議発生時期を昭和4年と訂正している。〕

（ⅲ）　其の他の面における地主支配

　以上佐々木家の支配機構が，漸次土地貸付―小作料収納の関係を基本とし，この上に立つさまざまな規制をもって小作層を組織してくる形を考察したのであるが，直接的にはそうした形態をとらないにしても，その基本的関係はその他の支配の面にも表われていた。

　前に述べた萱刈場の利用をみよう。萱谷地の消滅が自給的共同利用の否定であることは前述の通りであるが，この利用排除に依って窮迫する一般農民は，萱を買入れるか或いは萱谷地を貰い受けるかしなければならなかった。佐々木家は名鰭沼岸に5町歩の萱谷地をもっていたのであるが，これがどのように利用されたかをみよう。大正8年の「萬覚帳」によれば，萱は生立のまま半分を他人（但し，一年に一人乃至二人だけ）に売却している。萱の収量は年によって異なるが，29.500把乃至32.400把という数字が出ている。この半量を決めるのは刈った上で二等分しており，佐々木家からと買人からと人足が出て刈っている。佐々木家から出ているのは，清野・小田島・角田・戸羽・横山・三浦・繁泉といった借屋の人に限られ，一把2銭の賃刈りである。宅地代を賦役で出している者はこの割で相殺される。買人は，大柳・二郷寺の村内もあるが前谷地村といった村外の者も出てくるのである。萱の価格は一万把で40円乃至60円となっている。佐々木家で刈った萱は1把4厘の割で馬車屋に運搬させるのである。この萱は主として借屋の屋根葺き替えに使用される。この時の労働は，屋根葺職人を一，二人傭う外，下廻り人足として借屋層から出される。これは勿論賃銀を支払うが，宅地代を賦役で出す小田島・角田等は「肴付」であり，それ以外の清野・三浦・繁泉・高橋・高松等は「自弁」と記されている。奉公人である小幡徳四郎もこれに参加するのである。

このように佐々木家の萱地の利用は，半分が佐々木家の持家の修理に使用され，それは借屋層が賃銀を貰って労力を出している。勿論その家に住んでいる戸羽謙吾は労力は奉仕するが，萱刈り等において他との差別は全くない。戸羽家の近隣からの手伝いも若干あるのが原則であるがこれも極く少数といわれ，佐々木家の記録に表われない。このことは近隣の手伝いが家主である佐々木家に対するものでなく，専ら戸羽家に対するものになっていることを示している。だから佐々木家は何等考慮していないのであろう。残り半分は原則として一人の人に売却されていく。このなかには小作人もいるが，そうでない者も出ている。家の大きさにもよるが，ほぼ半量の15,000把の萱は二軒乃至三軒の葺き替えに充分であるから，買った者はさらにこれを買却するか又は分家その他に給付するかしていると思われる。

したがってその萱はもはや自給的色彩を薄くし，共同利用的要素は極めて乏しい。そこには私的所有に基く利用収益が貫徹されようとしている。それを阻んでいるのは地主―借屋の関係であって労働力は賃労働になりつつも，借屋層以外から借給されていないのである。こうした面が次第に稀薄になることは繰返し述べたが，借屋層は大正末期からは増加せずむしろ減少する。現に佐々木氏夫人が「借屋が増えることは私の負担が増えるばかりだから，家を買い取りたい人には買わせ，絶家した所には新らしく入れず，また勿論家屋敷を抵当でとることもしなくなった。」といっている。借屋層が地主の負担（たとえ普請だけに限る一面的な言葉であるとしても）となりつつあることは，手作経営を廃し・造林を完了し・奉公人さえ減らした佐々木家にとって，借屋層がもはや積極的な意義を有しなくなったことを意味する。それは，地主直接経営を展開させず貸付地経営をより有利にした諸条件に基くのであろう。この諸条件をここで詳述する余裕はないが，この手懸りは，農業生産力が，したがって地主的技術導入・土地改良が，反当生産量を高め直接に小作料の増大を計ったことと関連して与えられるであろう。

借屋層の変質は，ついにこの萱谷地をも変化させる。大正末期からこの萱谷地は，前谷地村の者が入って開田してくるのである。こうして僅かに残った萱谷地も否定され，ますます水田地主としての性格を強める。この後屋根は次第に板・瓦に変ってくるが，このなかにも佐々木家の経済力の安定を見ないわけ

にはいかない。

　こうした萱谷地の変遷と一見全く逆にみえるのが箟嶽山の採草地である。これはかつて大柳区有の山林であったといわれるが、現涌谷町を越えて箟嶽村内に区有林野ができた理由は不明である。恐らく藩政期の数ヶ村入会か国有林払下げによると思われるが調査不備である。この区有地が、部落有財産統一の頃、郷蔵の経費のために買却されて佐々木家の所有地になったのである。この買得当時は草刈場であって、佐々木家は他の山林と同様に杉を植栽する予定であったが、傾斜・土質の関係で放置している間に小柴が立ち、しかも遠隔地のこととて管理もならず屡々盗伐されていたという。その後昭和初年、草刈場を失っていた農民はこの状態をみて、旧来の通りの草刈場として借用を願い出たのである。これは12人・6人・2人よりなる三つの組に分かれて利用することになった。しかも大柳の者は12人の組の中に4人加入しているだけで、他の者はすべて他部落又は他村民である。1戸平均2反歩であるが台帳面積は1反歩であり、この借地料ははじめから金納で現在200円である。各組は持株制になっており脱落のあとを2人分刈っているものも出ている。この借地人は小作層であっても比較的経営面積は大きく、現在諸役員となっている者が多いのである（例えば12名の代表者長谷川耕策は農業共済組合長である）。これは農地改革によっても解放されなかった。その理由は柴木の鬱蔽度に依るといわれる。

　この草刈場の利用状況は、経営的な林業がついに自給的な採草地を否定出来なかったことを示している。しかしながら、それは元の部落共有的利用とは多少異なっている。まず成員は元大柳区民が極めて少ない。しかも経営において秀れているものが多い。このように一度共有を否定することによって、その私的支配関係のなかに再編成するときは小農・貧農を脱落させ（この層こそが最も採草地に恵まれないのであるが）、小作上層農を中心として貸付けることになったのである。これが個々の借地人と地主の関係に分解せず、共同借地として持株制を残し、その中でまた利用権の集中が進んでいる点に矮小化された部落的組織が再現しているが、この関係もちょうど旧大柳同志社に対する親睦会のごとくで、その内容の差は明瞭である。

　このように地主—小作関係を基軸として、各所に部落的な小組織を再現させつつあるわけであるが、このとき部落はどういう状態であろうか。

部落役員は大正期から，区長・技術員・組長・会計がおかれるようになる。区の財産は現金（預金を含む。有価証券なし）と公会堂位しか残っていない。この管理は区長の責任であって，公会堂の修理のために村の委託をうけて区民に「せきさらい」をさせることもある。村の委託としては道路・橋梁の管理が大きい。勿論村役場からの連絡員的性格は濃厚であり，現在は部落では区長と呼ぶが，役場では「大柳駐在員」と呼んでいるのである。終戦時まで区長は村議会の推薦であって，この点は技術員も同様である。技術員は，土木工事個所を区長に報告し，工事の監督を兼ねる。特に水利組合の末端機構として「大江」（幹線水路）の部落内を流れる部分及びそれから分水した末端水系は，すべて技術員の管理に入るのである。苗代作り・田植え時等の用配水の規定もすべて技術員が水利組合と協力して行う。部落と部落との配水規定は組合が行うのである。組長は元の農家実行組合で大柳部落の農家百七十戸が十一組に分かれており，組内で決めるが，当時は選挙によることはなかったという。終戦時までは区費としての定められた徴集はなく，総会その他の会合にはその都度集めるのが慣わしであったという。

　このように区の内容は役場・水利組合の末端機構となっており，地主の掌中にあった役場・村会・水利組合等の下に完全に繰込まれたものであった。幕末における行政的村（検地村落）が，すでに「単一の」村落共同体としての色彩を稀薄にしていたのと同様に，大正期の区は明治期の「部落」のような独自的な機能を失いつつあったのである。したがって大地主の部落に対する関心は著しく減退し，長らく区長であった土生安真氏（自作富農）の言によれば「地主の出席率は悪かった」そうである。この部落組織のなかには，もはや嘗つての地主的色彩はほとんどないといって良い。地主の支配機構は村段階或いはそれ以上に拡大しているのである。

あとがき

　最初の予定では，ここに一節を設けて上に追求した地主制完成の意義について論及するつもりであったが，すでに予定の紙数を遥かに超えているので，ここでは一応本章なりの問題点を要約するにとどめる。

前述したように，本章では，特に明治40年～大正6年の10年間に進行する地主経営の変化を，地主の生産力的性格の消滅および村落支配機構の変化の二点で追求した。当初，この地主層が有していた村落内部における生産力的発展の主導権が，漸次地主より離れていった根拠については，一般農民層の分析を怠っているため必ずしも明確には把握されていないが，地主の側よりみれば，土地改良・肥料導入・或いは品種改良にみられる土地生産性の上昇に向っていたことが問題となろう。それは部分的には労働生産性の向上を伴い，農器具の導入を可能にしたとはいえ主要なる部分は，労働のより一層の投入を惹き起しつつ，端的に反当生産量の上昇を目的としていた。一方ではこうした土地改良を主軸として労働過程における農民の組織を漸次掘り崩し，その代りに新たなる地主的支配組織（例えば水利組合）のなかに再編成し，農民相互の紐帯・部落的支配構造を地主―小作関係一本にしぼってくる動きをみせているのである。しかしこれは勿論，この画期に至ってはじめて現象するものではなく，藩政期においても，領主とその分け前を争いつつ地主が登場した瞬間からその性格のなかに含まれていた面である。それはただ，極めて独立性の弱い直接隷属農民（借屋・小作）に対し，その生産力を高めるためのパイプの役割りを果し，自ら経営の先頭に立っていたために，一時的に隠蔽されていたものであった。そのことはまだ自らの基盤の弱さ，すなわち第一には，賃労働の雇傭によっては自己の経営が成立し得なかったこと，第二に農家（自作農を含めた）の自立性の弱かったこと，等に基いていた。それが単純な地主―小作関係を創り出し得ず，したがってその支配関係も，自己のまわりの借屋層を中核として，村落共同体的支配関係により一層喰い込んでいたのである。貸付地をも含めて経営の拡大はこうした基盤の上に行われていた。換言すれば，封建的共同体のヒエラルキーの頂点に立つことによって自らの支配を拡大・強化し，拡大することによって旧来の支配機構を変質させたのである。

　こうした地主経営の展開は，反当生産量の上昇と，農民層の労働過程の漸次的自立化とともに，支配構造の面で著しい変化を生じてきた。勿論こうした生産力的展開に幾つかの画期的な動きがみられることは上述の通りであるが，それ以上に支配構造の変化は明確に把握し得る。明治40年以降10年間の変化は，こうした変化を明瞭に示しているのである。それは，共同体的諸関係を中心と

し，これを極めて制度的に統一した「部落」支配の独自的機能を否定し，村支配の末端機構に再編し，同時により単純化された地主―小作支配関係を分離してきた。勿論この「単純化」或いは「すっきりした」というような表現は相対的なものであって，手放しで土地所有者と借地農家という関係にまで還元されたといえないことは当然である。それにも拘わらず，地主を中心とし，一般農民層を含んだ生産力的展開（この内容は前述の通り）が，より明瞭な土地所有の分解として現われ，現実に農村支配構造を変質せしめた点を評価しなければならない。それは単に，村落共同体の「ゆるみ」として無段階に規定さるべきものではなく，ここからつぎの階級闘争形態たる小作争議の現実的な基盤が見通されるものと思われるのである。こうした大正中期以降の展開については，地主経営に関する次期のテーマとして考えていきたいと思う。

　なお最後に，明治以降の地主経営の展開を考える際に脱落してはならず，しかし本章では完全に脱けてしまった資本主義の発展との関連の問題がある。これは特に流通過程の問題，および労働力の問題と関係するが，この点についても今後の共同研究に譲らざるを得なかった。

第4章　大正期における地主経営の構造
――水稲単作農業に関する研究・南郷町調査報告(4)――

I　問題の所在――地主制と農業生産力

　本章は，すでに発表されている諸論稿とともに，われわれの「水稲単作農業に関する共同研究」の一部分をなしている*。わたくしは，ここでも本書第3章に引き続いて，他の共同研究者の成果に支えられながら，具体的な地主経営の展開を跡づけることによって，水稲単作農業の歴史的な発展過程を明らかにすることにつとめた。その主要なる関心は，以下に述べるように，明治末期を起点とする地主体制の完成，そしてその展開を，農業生産構造の面から規定づけようとする点にある。その調査の対象としては，やはり宮城県遠田郡南郷町の地主佐々木家を選んだ。

　　＊　現在までに発表された共同研究の報告はつぎのとおりである。たがいに関連を持っ
　　　ているから参照されたい。
　　　　安孫子麟「明治期における地主経営の展開」(「東北大農研彙報」6巻4号)(本書第3章)
　　　　馬場　昭「水稲単作地帯における農業生産の展開過程」(同上　7巻2号)
　　　　吉田寛一「水稲単作農業生産力の発展と農民層の分解」(同上　7巻4号)

　周知のように，全国統計は，明治30年代以降，総耕地に対する小作地面積の比率が，まったく停滞（45％前後）していることを示している。しかし，すでに馬場昭氏によって明らかにされたように[1]，宮城県の単作地帯・養蚕地帯・山間および漁村地帯の，農業構造の三つの地帯的類型についてみれば，われわれの対象とする単作地帯は，一貫してその比率を増大させている（例。遠田郡明治33年43.3％→昭和4年72.5％）。これに対して，この地帯の米反当収量は，大正初期まで急増し以後極めて緩慢な上昇・いわば停滞を示す（基準2石）。この傾向は，調査村南郷においても同一であった。それは生産力の面からいえば，一貫して反当生産量の上昇を追求した「明治期的農業」の完成といえよう。

第4章 大正期における地主経営の構造　171

地主についてみれば，この明治期の反当生産量上昇とまさに重複しつつ土地所有を拡大し，単作地帯特有の大地主群（50町歩以上所有）の形成をほぼ完了し，以後中小地主の土地集積を停滞せしめて，大地主のみ所有地を拡大するのである。[*]

> [*]　この土地所有の分解の深度を，佐々木家の居住する大柳区で示そう。
> 昭和17年。185戸の農家戸数のうち，土地所有者37戸（僅か20%の土地所有者）。50町歩以上3戸（それぞれ，367町歩，192町歩，89町歩を所有），20～50町歩3戸，10～20町歩2戸，5～10町歩2戸。すなわち，5町歩以上の所有者10戸，土地所有者の27%を占める。なお，本書第3章I参照。

　ところで，上にみた反当生産量の上昇—土地集積という併行的展開が，跛行的になる大正初期の転期において，地主経営はどう変化したであろうか。

　前章の力点はここにおかれたが，そこではこの変化を，生産者的性格の消滅と地主的支配体制の完成との，二点から実証的に追求した。すなわち，現象的にいえば，前者は，手作および諸営業の廃止・貸付地経営の伸張と安定化方策・小作米販売収入の圧倒的優位等の点にみられ，後者は，耕地整理の地主的遂行・従属借屋の再編把握・地主小作関係（支配）の強化等の点にみられた。このいわば形態的な変化を，前章では「地主体制の完成」という言葉で表現したのであるが，それはとくに，そのような形態的変化の過程で，農村内部の支配関係が，明治期的な「部落」の独自的機態の弱化とともに，それを村の行政諸機構の末端機関として再編しつつ，地主小作関係（支配）・〔再生産構造においても，行政面においても〕にしぼられて，より「すっきり」した形をとる点に着目したためであった。

　この「地主制の完成（あるいは確立）」という言葉は，その内容も，また時期も，必ずしも各論者によって一致していないのであるが，前章でもまた明確な規定をせずに問題をあとに残してきた。本章の課題は，いわばこの吟味からはじまる。すなわち，この「完成」と呼ばれる時期以後において，単作農業構造が，どのような展開をみせるかということの実態を追求することから，この段階の規定に立ち戻りたいのである。ところでこの時期を，「地主制」の画期とみることには，現在ほとんど問題がないようである。それは，さまざまな面から考察されているのであるが，たとえば，故栗原百寿氏は，この確立期を全

国的視野から明治30年代ととらえ，これを量的な面でいえば，明治40年代に至れば土地所有が停滞することを挙げられ，質的な面では，手作地主から寄生地主への転化を指摘される。しかし南郷の場合，大地主層が一貫して土地所有を伸張している現象は，この地帯の地主経営が，全国的な動きに対して，甚しく遅れていたことを示すのであろうか。この点は甚だ疑問となる。栗原氏が質的な面として挙げられた，手作地主→寄生地主という展開は，具体的に何を指しているのかといえば，「地主的小営業ないし零細マニュファクチュア」の広範な没落・産業資本の確立過程との密接な対応を論拠としておられる。言葉を変えていえば，ともかくも地主が有した二つの性格，半封建土地所有者と地主＝ブルジョアジーとの二面の分離であった。こうした見解はわたくし自身前章の基礎にもっていたのであり，それゆえに，大正初期の地主制を，「生産力的性格の消滅」という無段階的用語であるが，そう規定しようとした。しかしながら，ひとしく，半封建的土地所有者の面をとらえても，手作地主→寄生地主という転化が，それ自体として，「質的な規定」といえるだろうかという疑問が残るのである。別な角度からいえば，大正期の停滞的といわれる地主制のもとで，なぜ小作争議という内的矛盾が発現したのかということである。それは，小作争議に関する研究が明らかにし，また大正期以降中農平準傾向が指摘されるように，農民層の上昇を考えなければならない。こうした，端的にいえば，中農の生産力の向上を地主がいかにして把握し，またいかに農民層と対抗したか，が問題なのである。具体的に南郷村においては，大正期・昭和初期を通じて，なお大地主の土地集積が進行している。一方における自小作層の経営的展開〔3～5町歩階層に戸数分布のピークを作る〕と，この土地集積進行の具体的メカニズムが問題なのである。

　このように，わたくしは問題を農業構造自体にみいだし，ここから地主制の完成・崩壊を明らかにしようと考えたのである。完成は，すでに崩壊に導く矛盾を内包している。その論理は決して別々ではない。南郷村では完成の初期には，むしろ併行的に上昇する地主と農民層が，その自生的展開のなかで，どう矛盾に転化するかということである。

　このためにまず土地所有者としての規定的な面で，農業生産力とどう関連するかという問題から入ることにした。これに対する農民層の生産力展開の考察

は，ここに同時に収載された，吉田寛一氏の報告をみていただきたい。なお，共同討論の上に立ちながらも，細部では，わたくしなりの把え方があることをお断りしておく。

II 大正期地主経営の分析

上に述べた問題を考察するにあたり，一応機械的ではあるが，地主の側と農民層とくに小作層の側との，両面から実態をみていきたい。本来，この両者は統一されて現象するのであるから，個々にわけて考え得るものではないが，ここでは一応，地主経営の面から，いわば静態的に大正期の地主制の実態を把え，小作層の面からは，かかる地主層のもとで，農業構造がどのような方向に推転するかという，いわば発展的な実態をみたい。このことは，Iで述べたように，土地所有者として，それなりの形態に落着いた地主の経営構造からは，変革がでてこないと思うからである。

1 貸付地経営——地主経営の形態的考察

この期（明治末期〜大正初期），佐々木家の主要なる経営は，もっぱら貸付地に限られる。このほかに，金利（貸付による）収入が見逃し得ず，一方に株投資が現われる。生産面では，造林〔大正12年完了。20町歩〕と桑園経営〔桑葉販売。約1町歩〕があっただけである。[3]

（i） 大正期の土地集積

佐々木家の土地所有は，明治40年に100町歩に達し，大正期を通じて一貫して増大し，昭和期には180町歩に至る。いま考察する時期の両端として，明治40年と昭和3年の土地所有と小作料額を表示する（表1，表2）。

これによってわかるように，約20年間に小作料収入は，ほぼ2倍に達しているのである。つまり，土地集積の増加率よりも，小作料収入の増加率の方が大きいのである。この土地集積の激しい進行は，前稿において考察した，佐々木家成立以降の土地所有の進展に対比してみれば，より明瞭となる。[4] すなわち，佐々木家の成立時，安政4年（1857）には5町4反歩（推定），明治14年

表1　佐々木家明治40年土地所有および貸付状況

		小作人数	田面積	田小作料	畑面積	畑小作料
			町反畝歩	石	町反畝歩	石
南郷村	大　　柳	33	51. 4. 3. 08	295.494	4. 6. 1. 11	大豆　11.133
	和多田沼	4	3. 8. 4. 26	11.630	—	—
	福ヶ袋	1	3. 9. 00	3.900	—	金　30円00
	練　　牛	20	9. 1. 1. 29	53.830	5. 9. 23	大豆　9.605
	木間塚	4	8. 8. 7. 20	29.280	—	—
	二　　郷	—	6. 9. 17	—	—	—
	村内計	62	74. 3. 6. 00	393.134	5. 2. 1. 04	大豆　20.738 金　　30.00
	不動堂村	8	8. 0. 9. 12	54.963	—	—
	鹿島台村	12	6. 9. 6. 00	51.034	2. 1. 15	大豆　1.300
	涌谷町	16	8. 6. 7. 00	77.596	—	—
	北　村	6	4. 6. 7. 16	36.520	—	—
	前谷地村	1	2. 0. 00	2.000	—	—
	村外計	43	28. 5. 9. 28	224.913	2. 1. 15	1.300
	合　計	105	102. 9. 5. 28	638.437	5. 4. 2. 19	大豆　22.038 金　　30円

表注：土地所有面積は，同年「土地台帳」(佐々木家)，小作料は，同年「田畑立附台帳」による。後者の面積表示は，枚数，刈数，反歩等いろいろな形であるため，換算し得ない。なお，「土地台帳」は，土地所在の属地的なものであり，「立附台帳」は小作人の属人的な表示となっているから，面積と小作料とが対応しているわけではない。このほかに，宅地(借屋)の貸付があるが，これはここでは省略する（第3章参照）。

表2　佐々木家昭和3年貸付状況

		小作人数	田面積	田小作料	畑面積	畑小作料
		人		石		石
南郷村	大　　柳	67		590.523		22.642
	和多田沼	4		5.610		—
	福ヶ袋	1		3.800		2.550
	練　　牛	34		210.164		—
	木間塚	5		35.339		—
	二　　郷	1		8.860		—
	村内計	112	推定　127町	854.296	推定　　7町	25.192
	涌谷町	13		68.612		—
	不動堂村	11		56.815		—
	鹿島台村	42		169.576		3.420
	北　村	3		11.720		—
	前谷地村	2		18.250		—
	村外計	71	推定　48町	324.973	推定　4反	3.420
	合　計	183	推定　175町	1.179.269	推定　7町4反	28.612

表注：同年「小作料収納簿」による。

(1881) に 16 町 7 反歩（推定），明治 40 年（1907）に 108 町 4 反歩，昭和 3 年（1928）に 185 町 4 反歩，昭和 17 年（1942）に 192 町 2 反歩となり，最初の 24 年間に 3 倍・11 町 3 反歩を増加，明治期の 26 年間に 91 町 7 反歩，大正期を挟む 21 年間に 74 町歩，昭和期の 14 年間には停滞して 9 町 8 反歩しか増加していない。すなわち，もっとも集積の著しい，明治期と大正期の，1 年の平均増加面積は，前者で 3 町 5 反歩，後者で 3 町 6 反歩となり，大正期に入っても全国的な地主的土地所有の停滞とは異なり，まったく増大のテンポをおとしていないのである。

　こうした傾向は，この村の他の地主についてどうであろうか。この時期にすべての地主が土地集積をするのかといえば，必ずしもそうではない。前章にみたように，昭和期に 50 町歩以上の地主 9 戸でいえば，大正 4 年から昭和 17 年までに，上位の 5 戸は 60 町歩乃至 135 町歩の増大をみせるが，80 町歩以下の 4 戸では，1 戸を除き（17 町歩増加）ほかは停滞・やや減少の傾向をみせているのである。ここから，大地主の優位が窺われるが，このことをさらに階層的にみよう。これを佐々木家の居住する大柳区についてみると，表 3 のようになる。すなわち，最大（本村としても。県下第 2 位）の野田家は，この間に分家（信五郎家と基衛家）を出しているから，これを合算すれば，95 町歩増大してい

表 3　大柳部落居住地主の土地集積

	大正元年			昭和 17 年		
	田	畑	計	田	畑	計
	町	町	町			
野田　真一	312.4.2.26	24.8.4.01	337.2.5.27	334.1.3.03	22.4.8.25	356.6.1.28
分家　野田　基衛	—	—	—	39.3.2.24	6.6.28	39.9.9.22
野田信五郎	—	—	—	34.5.9.10	9.7.11	35.5.6.21
佐々木　健太郎	101.7.8.17	6.3.9.18	108.1.8.05	184.4.2.09	7.7.2.29	192.1.5.08
野田　仁	23.3.8.04	1.2.3.01	24.6.1.05	82.5.5.25	6.8.2.29	89.3.8.24
野田　健蔵	22.8.9.17	1.7.2.12	24.6.1.29	21.6.8.15	1.6.8.15	23.3.6.00
荒川　陽一	12.8.8.20	5.5.27	13.4.4.17	11.7.3.16	1.1.2.29	12.8.6.15
木村　盛	6.7.1.12	7.0.05	7.4.1.17	11.4.1.24	2.4.14	11.6.6.28
野田　至孝	4.2.0.21	4.3.01	4.6.3.22	5.9.5.12	6.6.16	6.6.1.28
土生　安真	5.3.9.02	3.6.20	5.7.5.22	5.3.1.24	3.6.15	5.6.8.09

表注：南郷村役場所蔵「土地名寄帳」による。ただし，50 町以上の 3 名の大正元年の数字は，「村税割付」の基準による。

る。これに続く佐々木家・野田仁家も急激に増加をみせている（野田仁家は，大正13年に61町歩）。これに対して，中小地主は一般に停滞的であって，木村家の4町歩増加がめだつ程度である。

　ここで注意しなければならないのは，土地集積の大地主的進行と小作地率との関係である。さきに，本村では小作地率が一貫して上昇すると述べたが，それは，全国的に停滞をみせる大正初期以降も上昇を続けるという意味であった。本村の統計でみれば，大正2年63.4％，昭和4年81.6％，昭和16年78.7％となり，昭和期に入ってからは，全国統計と同じく減少の傾向を示しているのである。したがって，昭和期の大地主的土地集積は，それが直接に中小地主の土地を兼併した場合はもちろん，耕作農民の自作地を購入して増大した場合にあっても，中小地主所有地の減少を伴って（後者の場合は必然的・直接的に関連するとは限らない。），進行したものである。昭和期のかかる基調は，本章での考察の外におかれるとはいえ，地主経営の内包する方向として，大正期の分析にあっても見通されていなければならない点である。

（ⅱ）　小作料収入の増大

　佐々木家の収入の主要部分を占める小作料は，上にみた土地所有に伴い当然増加したのであるが，もう一つの点，すなわち，大正初期に頭打ちの傾向をみせる反当生産量と関連してどう変化したであろうか。

　耕地整理後〔南郷村では，明治35年起点。明治41年に，1,837町歩，大正2年に，2,524町歩を終了〕，新たに定められた小作料額は，その後約10年間は据置かれたままであった。そうして，村としての平均反当収量が1石7斗〜1石8斗の水準に到達し，昭和中期まで停滞的な様相を示している最中の，大正7年および9年の両度にわたって，ほぼ反当5升ずつの小作料引きあげがみられるのである。さきの表1および表2によってみれば，この間に総貸付地の平均反当小作料は，6斗3升から7斗までしか上昇していない。しかし，同一水田についてみれば，5升ずつ二度計1斗の上昇があるので，これは漸次，収量の低い田が集積されたとも考えられるが，この小作料額の決定の仕方はあとに述べよう。

　さて，こうした小作料額の引き上げを伴いつつ，佐々木家の小作料収入が，どのように増大したかを表4に示す。

表4　水田小作米収入の推移

年度	明治40年	明治44年	大正3年	大正6年	大正7年	大正8年	大正9年	大正13年	昭和3年
田小作料	石 638.437	734.237	759.386	845.386	925.468	946.957	1,058.822	1,096.306	1,179.269
増加額	4ヶ年 95.800		6ヶ年 111.149		7ヶ年 213.436−135.000＝78.436				4ヶ年 82.963
1年平均	石 23.750		石 18.523		石 11.205				石 20.741

表注：各年度「田畑立附帳」による。

　この表をみれば，大正7年と9年の小作料引き上げが，いかなる割合を占めたかがわかるであろう。この引き上げによって増収となった量は，正確には不明であるが，それぞれ，6.5石7.0石程度とみられるから，その残余が土地集積によるものとなる。こうして表4に，各数年間毎に，土地集積に伴う小作料の増加の1年平均額をつけたのであるが，これによってみれば，小作料の引き上げは，比較的土地集積の少い時期に行われたことが察知し得る。さきに，明治40年〜昭和3年の時期をとって，通例に反して佐々木家等の大地主は，この間にも土地を集積すると述べたのであるが，この20年間を仔細にみれば，大正中期には，そのテンポが半分に落ちていることがみられるのである。さきにふれた問題，すなわち，反当収量の停滞期にみられる小作料の増徴という関係は，この土地集積の進行とも関連があるように思われる。

　問題はこうである。耕地整理終了を一つの画期として，反当収量は「明治期的農法」としての最後の上昇をみせる〔南郷村で，平年作・豊作とみられる年の平均反収をみると，明治36年＝1.2石，明治41年＝1.4石，明治42年＝1.5石，大正3年＝1.7石，大正4年＝1.7石，大正6年＝1.8石，以後まったく停滞[8]〕。この停滞は大正3，4年にはじまるのであるが，明治40年〜大正3年の反収3斗の増加に対して，小作料の引き上げが7年まで延期されるという現象がおきているのである。それは単に，地主側の，反当収量増大に対する対応の遅さという要因だけには求められないように思われる。むしろ佐々木家では，前章で詳しくみたように[9]，農業構造の新らしい段階に対応して，明治40年から数年間に経営組織の著しい変動があり，その終了後はじめて，小作料引き上げが日程にのぼっているのである。この点について前章では，この小作料の引き上げが，明治

中期までにみられたような定率引き上げでなく，1枚（ほぼ1反歩）当り5升という形で，上田・下田の差を考えずに定額で行われた点に着目して，つぎのように書いた。[10]

　「耕地整理を終って土地の条件がかなり整えられている結果，上田・下田の差によって増収する量がさほど違わなかったのではないだろうか。〔むしろ，この期にみられる反当収量の上昇は，上田についての上昇というよりは，排水等が完備された下田の上昇こそが主たる内容と考えられる。〕これは，大正〔初〕期の生産力的発展が，耕作用具の面で行われるよりも，土地改良と肥料に拠っていたことからも考えられることである。こうした反当生産量の向上こそが，実は最も地主的な「農事改良」であってみれば，小作料の引き上げもこの反当生産量の向上に立脚した増収部分の吸収と考えてよいであろう。しかも現実には，この増収部分の増大に小作料の上昇は追いついていないのであって，それ以上に相対的には小作料率は下降する様相を示している。」

　この指摘は，小作料引き上げを理解するための前提である。しかし，これだけでは決して充分ではない。それは，つぎの点を考慮しなければならない。この小作料引き上げは，小作料率（固定的な反当生産量に対する）の引き上げでないのであるから，まずそれは，小作農民層の増収部分（反当収量の上昇）の安定化が必要であった。南郷村の水稲作付面積とその反当収量の推移は，大正初期までは，年によって極めて大きな振幅を示している。とくに反当収量は，気候的災害のほかに，常習水害地であるため一層甚だしいフレをみせている。こうした災害・不作の絶えざる，しかも激しい反覆は，当然，小作料徴収にあって減免慣行を伴っていた。佐々木家については，明治期では成文がないが，大正期使用した「小作定約証」には，その第三項として，

　「気候不順ノ為メ，稲作七分以内ノ不熟作ニ及候節ハ，鎌入前其年九月参
　　拾日迄ニ御検査相請ケ，相当ノ御手当米相願可申候」

と記されている。さらに，明治27年に定められた，大柳同志社〔＝部落。のちに大柳区と称す。〕の「規程」によれば，

　「小作者（部落有水田の）ニシテ，水旱等ノ障害ニ遇フトキハ其実況ヲ視察
　　シ，評議会ノ決議ヲ経テ，貢米ノ幾分ヲ減スヘシ」

とされていた。こうした減免慣行は，とくに明治38年，43年，大正2年等の

収穫皆無に近い（村平均反収2斗）ような事態においては，地主にも大きな打撃を与えたのである。

* 佐々木家の例としては充分把握されていないが，たとえば，共同研究者今井・馬場両氏によって調査された，南郷村二郷部落の地主安住仁次郎家（昭和17年，63町8反歩所有）の明治以降の，小作料実収高の振幅は，極めて顕著であり，かつ頻度が高い。これはとくに常習災害地的色彩の強い地区である故もあるが，この不安定さの克服こそ，地主の最大の課題であった。

一方，佐々木家について前章でみたように，この段階の地主経営は，その差配制度においても，また株投資（なかんずく，銀行への投資とその結びつき）等においても，このような不安定な貸付地経営＝小作料収入を容認し得るような段階ではなかったのである。すなわち，佐々木家あるいはその差配であった当麻市郎氏からの聴きとりによれば，「土地を買う場合には，その土地から納める小作米の，10倍の米の値段で買った。」といわれている。したがって，地価に対する小作料率はほぼ10％となる。斎藤万吉氏の調査によれば，明治41年に，東北地方15ヶ村平均の水田市価に対する小作料率は，8.8％であり，これから租税公課を差引いた地主所得率は6.0％となっている。〔念のために。同年関西地方17ヶ村の平均は，小作料率5.5％地主所得率4.1％，この低さは，もっぱら地価の高騰に依る。東北地方の2倍。〕これは，利子率の限界に近いものである。したがって，南郷村の地主所得率は，租税公課を差引いて7～8％とみられるから，これに減免する小作料を考慮にいれれば（水稲反当収量の著しい振幅に注意），これは容易に利子率を下廻る可能性をもっていた。しかも，単に収入の面だけではなく，有形無形の農民（小作人）救済を行わざるを得ない地主にとっては，一層低い利廻りとなったのである。このことは，地主をして，安定した小作米収入＝安定した反収＝安定した小作経営を要求させるものであった。明治期を一貫してみられる，地主的指導による，さまざまな技術改良＝水稲品種・肥料・深耕等々は，これら小作層の反当生産量を引き上げはしたが，その可能な，平常の水準に固定＝安定化することは，必ずしも充分ではなかった。それゆえ，本村における耕地整理の早期的遂行は，その最終段階として排水路を完成することによって，本村の最も多い災害原因である治水を図り，稲作生産の安定化を企図したのである。このような反当収量の上昇とその安定化が一

応果され，そのとき小作層がこの負担に耐え得る経営水準に達するという段階で，はじめて小作料の引き上げが，客観的に可能な条件を作り出したといえよう。その直接的例証ではないが，さきにみた大正期を通じての土地集積過程において，大正6年〜大正13年は，もっとも土地集積が少なく，その前段階の明治44年〜大正6年は，漸次土地移動が減少傾向を示していた。こうした土地移動の減少＝土地所有のともかくの安定は，経営→生活の安定期であったことを推測せしめるであろう。地主が示すこうした企図については，なお，あとで詳しく考察する。

　こうした小作料収入の変動は，貸付地経営を主とする地主経営の，いわば内部的な要因として作用した。直接的には，これが，地主の小作農に対する最大の関心事であり，地主として果さざるを得ない役割の要請となっていたのである。ここでは，もっぱら，地主の土地所有者的側面について考察したのであって，こうした小作料収入と他産業経営・投資等と，直接比較することはできなかったのであるが，全国的には，地主の土地所有停滞・先進地帯における地主の土地売却による転進がみられるこの大正期に，単作地帯において，なお，土地集積の展開があったのは，この地帯の総体的な稲作生産力が上昇していたことを意味する。しかも，大正初期以降，一時的にも土地移動の減少がみられることは，「第一期（明治期）を没落することなくすごした自作農民の多くは，商品生産の新らしい条件に多かれ少なかれヨリ適応性をそなえてきており，第一期にみられるほどのはげしい土地放棄はもうしなくなっていた」(13)結果であるとしても，小作料収入は，まさにその直接生産者の経営安定に伴って上昇したのである。ここに，単作地帯における地主の農業生産力に対する関係の仕方，生産力上昇の指向した形態的な現象をみることができる。

　　（ⅲ）　小作米の販売

　ところで，地主経営について，上述の小作料収入の動向を，いわば「内部的変動の形態」を規定したのであるが，これに対して，小作料の価値実現過程をなす販売は，地主経営のいわば「外部的要因の形態」を示している。ここでもっとも注意さるべきものは，米価の変動である。〔もちろん，これと関連する地価の変動がある。その考察では，小作料・米価に，いかに依存し，いかに背離する

表5　小作米販売の推移

年　度	大正6年	大正7年	大正8年	大正15年	昭和2年	昭和3年	昭和4年	昭和5年	昭和6年
石　数	石 845	825	906	1,109	1,190	1,155	1,252	1,109	1,298
金　額	円 18,697	30,534	31,813	39,230	36,478	30,248	32,166	19,737	25,250
平均米価	円 22.1	37.1	35.1	35.3	30.6	26.2	25.6	17.8	19.8
全国米価	円 31.8	46.0	44.6	35.5	30.9	29.0	26.9	16.3	27.2

表注：大正6，7年度は「金銭出納簿」，他は「米穀販売帳」による。なお，年度は産米年度を示す。したがって，販売は，大部分翌年度に行われる。全国米価は，当該欄の翌年度を示してある。百々善四郎氏の深川相場による。

かが重要。〕

　この点を，まず現象としてみられる佐々木家の実態について考察しよう。拠るべき資料が断片的であって，充分な考察をするに足らないのであるが，表5によって，この販売の数量と金額を示す。

　これによってみれば，統計は大正初期の米価停滞から，米騒動にかけて急騰し，したがって地主の収入も急激に増大している。昭和農業恐慌期の影響は極めて深刻であって，第一次大戦後の不況から立ち直った大正末年に比し，大正15年度産米と昭和5年度産米の販売石数は同額でありながら，その金額においては，まさに半減してしまっている。小作米量の絶対的な上昇にもかかわらず，収益としては絶対額が減小していくのである。阪本楠彦氏の計算された実質米価は，(14)昭和2年（大正15年度産米の販売時期）から昭和7年（同上）までに，これも51％に落ちている。このことから考えてみるならば，この金額の絶対的減少は，そのまま，物価水準に比し相対的・実質的にも減少したものとなる。*

　　*　この計算で疑問な点は，阪本氏がその算出を試みるにあたって，卸売物価指数を，大正9年以後昭和中期まで同じにとっておられる点である。この間の変化の有無についての吟味をせず，便宜的に阪本氏の計算に依拠したことは，氏に対しても大変非礼なことであろう。それは手元にある資料の不足と成稿を急いだためであって，そういうわたくしの態度をお詫びしておきたい。
　　　ここで，物価指数が上昇しているならば，佐々木家の実質的収入は大正末に比し半分以下となり，物価が低落しているならば，実質収入は半減まではしないことになるのは当然である。

地主経営が，こうした米価の変動から規制される面は，決してこの時期に至って現象するのではなく，すでに従来指摘されたとおり，明治以降のさまざまな米価変動・景気の段階において，その経営に影響してきたのであるが，これがとくにこの段階で問題となるのは，一方で明治30年代を画期とする産業資本の確立，それに伴う信用体系の完成と利子率の支配があり，他方に，地主の土地所有者的機能の制覇＝ブルジョア経済的側面の消滅からくる地代収入依存度の増大があるために，地主経済の推転方向の問題を包含しつつ，鋭く提起されてきたからにほかならない。こうしたいわば，地主それ自体としては解決し得ない日本経済との関連は，他の共同研究者によって果されるであろう。それは従来から述べられているように，日本資本主義の農業政策として端的に表われ，その過程のなかで，地主と資本主義乃至国家との政治的な結合と矛盾を示しつつ展開し，他方，小作争議に代表される直接生産者の動向に突上げられるのである。ここでは一応こうした問題を捨象し，ともかく地主経営，とくにその形態的表現である貸付地経営のおかれている位置を，具体的に示したに止まる。そして，それは，以下の地主の農民層の関連においても，その推転方向をみるにあたっても，絶えず念頭におかなければならない点である。

　ところで，この小作米販売のもつ意味は，上述のような，いわば外部からの米価問題から把えるだけでは不充分である。それは，ほかならぬ地主の「半封建」的土地所有という規定からも窺えるように，農民層との関連においても考察しなければならない。そこにはさまざまな関係の契機が存在するのであるが，そのいくつかの主要な点を，佐々木家の実態についてみておこう。それなしには，具体的な単作農業の構造が，有機的には把えられなくなるのである。

　この考察に先立って，まず地主の小作米販売を細部に立入ってみよう。ということは，もっと微視的に，米価の年間移動に対応して，小作米の販売がどのように行われるかということである。もし地主経営の収益を決定するものが，小作米販売という価値実現過程にだけおかれるならば，地主は利子率を考慮しつつ，その米価の可能なだけ高い時点で販売するであろう。それがもはや労働過程を離れて商品として，地主の手元にある小作米の，もっとも有利な価値実現であるからである。ところで，米価の年間移動をみよう。阪本氏が依拠された資料によれば，「比較的正常な価格運動を示した」(15)大正14年では，1月が最

低で約 12 円 20 銭，それから最高の 8 月約 18 円 20 銭（7 月に約 17 円 80 銭）まで 50% 近くの高騰をみせている。この間に年間米価水準自体が上昇しているので，この年度の当初の米価と終りの米価とを同一水準に置いて上昇率（約 17%）を考慮に入れれば，8 月は 15 円 60 銭，したがって実質的移動は，28% 上昇となる。こうした高騰が利子率を上廻ることは当然であって，地主としては，この高騰時期に市場に出すことがもっとも有利となる。ところで，佐々木家についてもそうであるが，実はこの間の保管経費を差引いてみなければならない。残念ながら，この経費，とくに自己倉庫のない場合の倉敷料が具体的にはわからない。それにしても，この 28% という上昇率は，それを上廻っていたであろう。したがって，地主の販売米は，全国的にみても，12 月，1 月の 1500～1800 万石を最高とはしても，その後も月当 1000 万石の線を維持し，7 月，8 月には，その前後に比し 100 万石強を増加するのである。

さて，ここで佐々木家の実態をみよう。これを各年度毎に表示すれば，表 6 および表 7 のようになる。

ここにみられるように，年によって偏位はあるが，平均して 6 月が最高であり，それがやや遅れた月に移動する傾向を示している。そうした米価上昇とのズレというものは，佐々木家の経営の他の事情に由来していると思われる。も

表 6　月別小作米販売状況

	大正6年	大正7	大正8	大正15	昭和2	昭和3	昭和4	昭和5	昭和6	計
11月	—	65	4	—	14	—	—	—	—	83
12	54	100	104	50	50	100	—	28	13	499
1	200	—	—	120	—	67	10	—	79	476
2	100	—	100	120	100	70	50	20	49	609
3	50	150	200	50	100	163	114	150	—	977
4	50	300	50	114	364	164	—	190	210	1,442
5	100	50	64	110	200	315	906	70	64	1,879
6	50	100	245	265	237	127	172	296	164	1,656
7	231	60	100	280	125	154	—	354	60	1,364
8	—	—	14	—	—	—	—	—	277	291
9	10	—	25	—	—	—	—	—	—	35
10	—	—	—	—	—	—	—	—	383	383
計	845	825	906	1,109	1,190	1,160	1,252	1,108	1,299	9,694

表注：大正 6 年 7 年は「金銭出納簿」。他は「米穀販売台帳」。

表7　月毎累計小作米販売比率

年\月	大正6	大正7	大正8	大正15	昭和2	昭和3	昭和4	昭和5	昭和6
11月	0%	8%	0%	0%	1%	0%	0%	0%	0%
12	6	20	12	5	5	9	0	3	1
1	30	20	12	16	5	15	1	3	7
2	42	20	23	27	13	21	5	5	11
3	48	38	45	31	21	35	14	18	11
4	54	74	51	41	52	49	14	35	27
5	66	80	58	51	69	76	86	41	32
6	72	92	85	75	89	87	100	68	45
7	99	100	96	100	100	100		100	50
8	99		97						71
9	100		100						71
10									100

表注：表6と同じ。表6より加工。

　ちろん，これは生計費に充てるべき必要も含まれているのであろうが，この点をもう少し詳細に検討しよう。その手懸りとしては，大正中期に存在する，限られた年度とはいえ，「金銭出納簿」をみることによって，この販売代金の動きがおおよそ察知できよう。

　この「金銭出納簿」は，大正7年～大正9年までであり，その全般的な考察は，あと（次号発表予定のうち）に譲るが，いまここで大正8年度を例として，その注目すべき点を指摘しよう。それをみて第一に目立つことは，貸付金記載の頻度である。これを月別に表示すれば，表8のとおりである。ここからわかることは，まず第一に貸付額は，前の表5と比較すればわかるように，小作米販売額の6割に達している。この貸付額をみれば，当時の地主の高利貸資本家的色彩が窺われるであろう。実は，この帳簿では，利子と元金とを区別していないために，大正3年度の断片的な貸付契約（借用証文）をみると，当時もっとも普通の利子率は月2分（短期少額。1年以内）乃至年1割5分（高額。比較的長期）という例が多いのである。こうした貸付にみられる，少額短期の高利，高額長期の低利は，これら高額借受者の側に，すでに銀行利子率との比較が考慮されていると思われるのである。こうした点は，つぎに改めて考慮するが，ともかくこの貸付額の大きさは，地主の小作料販売に影響せずにはおかない。さきにみたように，この頃の佐々木家の主要なる販売時期は，6，7月をもっ

第4章　大正期における地主経営の構造

表8　月毎金銭貸付状況（大正8年）

月別 収支	貸付金		回収金	
	件　数	金　額	件　数	金　額
1月	5	2,170.00	26	728.50
2	5	2,243.00	5	207.39
3	9	613.00	2	209.94
4	8	2,432.00	5	327.30
5	9	686.00	1	102.55
6	22	1,497.00	6	407.28
7	6	260.00	5	2,492.88
8	10	1,855.00	0	0
9	10	1,985.00	3	2,082.90
10	10	2,129.00	2	43.25
11	5	720.00	6	2,317.85
12	9	2,120.00	18	4,517.87
計	108	18,892.00	79	13,437.71

表注：大正8年度「金銭出納簿」による。

て終るのであるが、この年の6，7月までの貸付と回収との累計額をみると、6月までに貸付9,823円，回収1,983円で，貸付額が7,840円上廻っている。当時の佐々木家の現金収入といっては，米販売代金と，元金を含むとはいえ貸付金の回収が主で，その他はまことに微々たるものであるから〔帳簿上で年間の現金収入に対比してみると，米販売金と貸付金回収の計は83％となっている〕，この差額を補塡するものは，米の販売以外にはあり得ないのである。もちろん，借金の需要が年の前半に集中するということには，総額からいえば必然性は少ないであろう。しかし，その場合でも毎年，貸付額が回収を上廻る〔大正8年では上表のとおり，5455円〕という事情の下では，地主は絶えず，その要求を満たすための手持金を必要とした。さらに極めて少額であるとはいえ，一般農民層が借りるのは，田植え期直前をピークとして，端境期までに多い。こうした農民層に対する絶えざる貸付けは，農民の生活あるいは経営資金として，地主が行わざるを得ないものであった。この年1000円以上の高額借受件数は7件11,000円であるが，それらが，野田軍之進，宮崎太蔵といった本村の地主層であってみれば，これらのものをとおして，また農民貸付が行われたのであろう〔さきの利率の差，年1割5分と2割4分の較差に注意〕。こうしたことのためにも，小作米販売による現金収入が，必ずしも，もっとも米価の有利なとき

を選べない一つの条件，そしてそれは，利率からいえばより有利でさえあったのかもしれないのである。この農民に対する貸付は，上にみたように絶えず利子生み資本として投下され続ける（ある意味では，地主の意志と無関係に，農民の返済不可能によって）形をとっているが，このことは，やがて土地購入となって金銭面（したがって帳簿）に現われずに相殺されるものであったろう。しかし単に利子だけを実現した場合でも，その役割はそれだけに考えてはならない。この貸付けが，実は直接，農民救済・生活あるいは経営資金として，ほかならぬ小作地経営の安定化に資するものであったことが，注意されるべきである。この例は，佐々木家の肥料購入の面にもある。これは大豆粕あるいは石灰窒素を，佐々木家が購入して，これを貸付けて，秋に大部分は金銭で，一部は現物（米）で返させているものである。この肥料購入資金（大豆粕貨車1車単位で購入）も，ほかならぬ小作米の販売以外からは支出し得ないのであって，春の大きな支出となっている。

　こうした面に，小作米販売代金が循環するのであって，端的にいえば，いずれも農民経営の安定化という点に関連をもってくるのである。ここにおいて，さきに述べた，いわば内的な現物小作米収取の機構と，いわば外的な小作米販売＝米価の問題とが，結合して考えられることになる。ここで改めて，上にみてきた，金銭の貸付の内容をもう少し詳しくみておこう。これが結局は，土地集積に結果するものであるからである。

(iv) 金銭貸付の性格

　表8にみられたところを，金額の大きさによって整理し直すとつぎのようになる（表9）。すなわち，この貸付においては，1000円以上の大口貸付と，100円以下の零細なものにわけることができよう。その金額からいえば，500円以上は，貸付8件11,500円，回収12件9,276円であり，それ以下の層は，貸付100件7,342円（1件平均73円），回収83件4,162円（1件平均

表9　金銭貸付額による件数

	貸付件数	回収件数
0円～　　50円	69件	45件
50　～　100	13	16
100　～　200	7	22
200　～　500	11	0
500　～1,000	1	4
1,000　以上	7	8

表注：大正8年度「金銭出納簿」による。

55円）となっている。こうした零細貸付は，ほとんどが大柳区あるいは周辺部落の者であって，しかも佐々木家の小作人であるものが多いのである。この傾向は，とくに50円以下の零細な場合に一層明らかである。前章でみた明治期の場合は，件数124，実人員70人，内小作人は19人であったが，大正期には小作人が大多数を占める。これはもちろん，明治10年代には佐々木家の土地集積が進まず，小作人も42人という状態であり，むしろこの小作層以外の金穀貸付によって，土地集積も，小作層の拡延も進行したのであろう。そこでは，やはり零細な貸付が年3割～3割5分の利子であり，大口は2割5分となって，大正のこの時期に比し，それぞれ1割ほど高いのである。

　ところで，こうした貸付け（借受け）がいかなる理由によったかは，まったく不明である。しかし地主あるいは本家層の貸付けが，多分に恩恵をもって行われたことは常識である〔この点の意義およびその家関係の実態は，わたくしも参加している別の共同研究「封建村落の基礎構造」・煙山村調査に詳しい〕。大正期にいたれば，恩恵よりも，その利子取得が前面に押し出されるのであろうが，この「金銭出納簿」に現われたところから察すると無利子で，しかもほとんど現金返済のないものが存在する。これは，零細になればなるほどその傾向を強めている。こうした点は，やはり，地主の保護・育成的機能として把握されるのである。しかも，それは単に生活資金であったというよりも，経営資金的な色彩が，かなり強いと思われる。この点は，表8で窺えるように貸付けが，3月から次第に増加し，4月にピークを示すことは，農家の経営資金にあてられたものが多いことを思わせるのである。しかも，年末（新旧両方の）に返済が多いのは当然であるが，6月，10月にも，やや多いのは，養蚕による繭販売収入があり，それがひきあてられたことを示す。こうした関係は，この貸付けが，農民層の単なる窮乏化だけに基くものではないことを示しているのである。そして，この時期には，村としても，農民の積立金による融資を行っているから，自作層等は，その方から借りるのであったろう。「南郷村史」によれば，これは他村からも借りにきていたといわれるのである。こうした性格が稀薄となるのは，端境期にみられる借金の増加である。そこには（8～10月）それぞれ各月1～2件の1000～1500円の貸付けが入っているが，困窮民の零細な借金も増加している。これは，その大部分が生活資金的色彩をもっていると思われる。

こうした零細金銭貸付けにあらわれる二つの傾向，すなわち，経営面を育成するように働く面と，生活救済とは，その高利によって農民層を分解させるように作用しながらも〔具体的に零細貸付けにおける，貸付額と返済額との差3,180円は，次第に土地売買に転化。あるいは労働・現物返済の場合でも従属度の強化＝カバーラ化〕，その分解をしてプロレタリア化の道ではなく，地主経営に包摂していく傾向（農民にとって忌わしい「夜逃げ」の回避）を持ったのである。

ここでさきにもふれた肥料の現物貸付け→現金返済についてみよう。これは，佐々木家の帳簿では，単なる金銭貸付けと区別して記載している。すなわち，大正8年度では，大豆粕を893円購入，石灰窒素198円購入となっている。これが翌年には急増して，大豆1455円，石灰窒素443円となっている。この他，大正8年でいえば，鰯粕が82円ほどあるが，これはたいした額ではない。この購入肥料は，大柳および練牛（隣部落）の者だけに貸付けられ，それ以外に直接現金で販売されている（表10）。

この貸付け分の返済は，金銭面だけであって，現物面は不明であるが，ききとりでは現物（米）の返済は稀で例外とされている。この数字が，すべての関係を現わしているとするならば，これが7～8ヶ月間貸付けたものとしては，その利率は決して高くない。むしろ，石灰窒素に表われた数字は意外に低いのである。なお，これも聴きとりであるが，肥料代金は，優先的に支払われた（返済された）というから，未納分はなかったとみてよい。こうした肥料の導入・貸付けも，対象は小作人が主で，販売は佐々木家の小作人以外に向けられるのが原則であったようである。こうした役割りのなかには，それ自体商人的な色彩を帯びるが，自分の小作層を対象とする点に，単純なる商人でない面がある。その数量（金額）からいっても，決して全小作人にわたるほどではなく，

表10　肥料購入とその貸付

	購　入	販売または貸付		差引収益
大豆粕	893.00円	販　売 貸　付　大　柳 　　　　練　牛 計	86.15円 901.67 46.03 1,033.85	140.85
石灰窒素	198.00	貸　付	207.90	9.90
計	1,091.00		1,241.75	150.75

表注：大正8年度「金銭出納簿」による。

むしろ自己資金をもって買い得ない層に対する融資的色彩が強いのである。この傾向は、のちに詳しくみる、佐々木家の地主小作協調組合として先駆的に結成された、借屋層の「共栄組合」のなかには、まことに明瞭にみいだされる〔借屋層および共栄組合については、とりあえず、本書第3章参照〕。そこでは26～27戸の組合員が、佐々木家から肥料代を共同融資して貰い、暮に返済していた。昭和期に入れば、村の産業組合が肥料を取り扱いはじめ、次第に佐々木家からの借入は少くなる。昭和11年には、これら23戸で2,659円72銭の肥料を購入しているのであるが、産業組合のこうした展開のためには、直接生産者、なかんずく自作富農・小作上層の経営的展開が一段階を画さなければならない。ここでは地主的貸付けもまた、その段階では変容せざるを得ないということを見通しておくにとどめよう。

　貸付けに表われた地主の性格は、上にみたように、ともかくも小作層の経営を考慮していた。経営資金とくに肥料導入にみられる生産力向上または維持という関心は、とりもなおさず、小作米取得の意図であった。それは額の増大をも結果するのであるが、それ以上に経営の安定化による小作米収納の安定化であるといわなければならない。こうした点に地主の農業生産力に対する関係の仕方、その維持とある部面における主導とがあったのである。

　(v)　貸付地経営の展開方向

　以上、貸付地経営を幾つかの点において、形態的に考察してきたのであるが、それならば、こうした現象的・形態的な貸付地経営の動向が、究極的にはいかなる方向を目指していたかを指摘しておこう。

　明治末期～大正初期における地主制の変容＝完成は、一見、生産者的性格を払拭して、農業生産力と切り離されたかのごとくみえたのであるが、上に述べてきた諸点からいえば、南郷村においては、生産力のどのような発展であれ、まだ地主と直接生産者層が併行的に上昇し得る面をもっていた。これが大正初期の条件をなしていた。それは、くりかえし述べたように、小作経営の安定化という地主の意図に現われるものである。ここでは、すなわち安定化だけを狙う段階では、生産力の向上が、たとえ反当収量をあげることに結果したにせよ、労働の生産性を高めたにせよ、地主としては有利となったのである。もちろん、

かかる状態が永続するのではない。経営が安定し，地主の意図したものが形成されるにつれて，ほかならぬその小作層の上昇が，地主の，いまや唯一の規定となった土地所有者（「半封建的」）としての性格と，激しく対立するのである。問題は，この過程がいかに進行したかにあるのであって，その過程までに至る地主の役割をここでみておこうというのである。すなわち，この問題は，地主的土地所有関係という生産関係を，所与のものとして考え，獲得された農業生産力水準の完全なる実現という意図のもと，地主がどう振舞ったかということである。

まず，もっとも直接的な「小作定約証」をみよう。

小 作 定 約 証

小 作 地 表 示

右地所今般貴殿ヨリ小作相願候ニ付小作手続左ニ定約致置候
一，小作ハ総テ県令規定ニ依ル四等米以上ノ精撰米ヲ以テ其年拾壱月廿日限貴殿御指示ノ場所ヘ駄送皆済可致候万一期日入石延滞致候節ハ更ニ元石壱石ニ付壱ケ月参升之利子ヲ加ヘ入石可致候
一，小作地耕耘培養其他農事改良上ニ必要ナル一切ノ手続ハ出精相励ミ其実績ヲ顕シ可申候
一，気候不順為稲作七分以内ノ不熟作ニ及候節ハ鎌入前其年九月参拾日迄ニ御検査相請ケ相当ノ御手当米相願可申候
但シ不手入ノ為不熟作ヲ来シル時ハ御手当等決行願ハサルヘシ
一，不作ヲ口実トシナシ不相当ノ割引又ハ御手当米強テ相願候歟又ハ御指示ニ背キ貴殿ヲ損害スヘキ恐アリト御認定ノ時ハ直チニ地主七分小作人参分ノ稲刈分ケヲ以テ御取立可被下候而シテ右ニ関スル一切ノ費用ハ小作人ニ於テ負担致候
一，小作中ハ用悪水路及作場道路ハ勿論小作地ノ畦畔土手壊レ等ノ修繕ニ属スル一切ノ費用ハ小作人ニ於テ負担可致候
一，雷電愛国等総テ晩稲品種ハ決シテ植付不申候右ノ土地御売払相成候時ハ何時ニテモ御戻可仕候
一，本定約ニ違背ノ廉有時ハ無論其他貴殿ノ御都合ヲ以テ小作地取上ケ申

  入アル時ハ何時ニテモ苦情差支等無之速ニ御戻シ可致候
 右之通定約致候儀相違無之候依テ為後日引受保証人連印ノ上小作証如件
   大正 年 月 日
                   小作者
                   引受保証人（二名）
佐々木健太郎殿

注：傍点引用者

 傍点を附して注意したように，この証書には，一貫して農事改良の要求が表われている。とくに具体的に，晩稲品種の名（雷電・愛国）を挙げている点は注意されよう。馬場氏の調査によれば，すでに明治40年代に晩稲作付の減少がみられ，漸次中稲へ移行していたという。このことも，災害に対するとくに大きな考慮があり，多収品種（愛国）であるよりも，災害を回避する意図を強く示しているのである。

 米質改良（米の等級検査）については，すでに地主制との関連で種々論じられているが，佐々木家の場合も例外ではない。米穀検査は，宮城県米の品質が落ちて，深川相場が立たなかったこともあったといわれる明治42年頃から，県令ではじめられた（㋿・㋾）。その後より精密となって1等から5等までの等級が定められるのは，大正中期である。この小作証書では，5等米は不適とされているが，現実には，年によって差があるが，5等米も多少入っている。しかし大正期でいえば，その95％以上が4等米以上である（例。大正15年度には5等米なし）。

 なお，ここで減免慣行が「御手当米」という表現であることは，注意される。しかも，「割引」とは区別して使用している。ここに地主の恩恵的意識が表われており，その本質は，経営収支の問題ではなく，農民救済と観念されているのである。

 現実に農民救済と関連して表われる農事改良に耕地整理事業があったわけであるが，この小規模な事例は，佐々木家にもあった。すなわち，昭和初期の恐慌に際して，佐々木家では小作人に日当と馬車賃を払って，水田客土を大量に行った。この場合日当とはいっても，小作人側からの労力奉仕的意味を含んで，

「地主小作で助け合って行った」といわれているのである。

また時点は下るが，昭和7年，佐々木家の借屋および関係の深い小作人だけで結成された，動力組合をみると，実際は使用しないとみられる佐々木家が，43株中の7株を持って，資金面での援助をしているのである。この動力組合が，大正末から昭和初期にかけて，台頭する自作富農層・なかには小作上層の主導のもとに作られた，自作農的組合＝産業組合・副業組合・信用組合等々と異なって，純然たる佐々木家の小作人だけで作られただけに，地主の主要なる関心がわかろう。

こうした，さまざまな面での，地主の生産力との関連の仕方は，小作経営の確立となってきた。もちろん，このことは，明治末期に手作り地を放棄したときから，すでに小作経営のみに足をおくことができる段階には達していたのである。

こうした小作経営確立のなかで，注意すべき方向は，小作地経営の拡大（経営地の集積）であった。この点は，第3章にも指摘したことであり，借受地を増やすことによって，自己経営地を拡大する方向が一般的である。これは，生産力の上昇に伴う，経営面での分解であって，この地方に，耕やすべき土地を失って，余剰労働力＝本質的には潜在的過剰人口を析出するのである。この傾向は昭和中期になるが表11によって窺える。すなわち，第3章で指摘したよ

表11 耕地経営面積別戸数

		総数	反 0〜3	反 3〜5	反 5〜10	反 10〜15	反 15〜20	反 20〜30	反 30〜50	反 50〜100	農家1戸平均耕作反別
昭和14年	総戸数	1,059	168		154	311		199	211	16	町 1.8
	自作戸数	104	44		20	8		11	18	3	1.1
	自小作戸数	286	5		11	47		74	137	12	3.0
	小作戸数	669	119		123	256		114	56	1	1.5
昭和25年	総戸数	1,223	62	85	190	161	213	337	174	1	1.8
	自作戸数	858	36	52	133	100	141	250	145	1	1.9
	自小作戸数	311	11	17	45	58	65	86	29	—	1.7
	小自作戸数	24	3	2	9	2	7	1	—	—	1.0
	小作戸数	30	12	14	3	1		—	—	—	0.4

表注：昭和14年度は「村誌」13頁，昭和25年度は「世界農業センサス総結果表」（村役場資料）に拠る。

うに[19]，昭和14年には，

> 「自作層　2町歩を境として二つの層にわけられる。すなわち，2町歩以上（特に3町〜5町歩）においては手作地主あるいは自作上層農としての性格を持つ。……2町歩未満においては，5反未満が圧倒的に多く第2種兼業農と思われる。
>
> 自小作層　分布のピークを3町〜5町歩に有し，経営性の高いことを示している。この自小作層全体が平均3町歩の経営面積を持っている。しかし，3町〜5町歩の経営においても，このうち自作地1町1反歩，小作地2町7反歩（小作地71％）となっている。」

のであるから，小作上層農家の展開は著しいといわなければならない。それゆえ，佐々木氏も，「土地を貸付けるときは，その人が小作料を払える人かどうかが問題となる。経営面積の大きい人は安全だった。」といわれるのは，まったく当然のことで，実際に佐々木家の貸付地は，そのように変動したのである。ここで，佐々木家の貸付地の状態，各小作人の小作地面積が，どう変化したかを追求すべきであるが，これは単に，佐々木家からの借入地だけが問題となるのではなく，自作地部分，他の地主からの小作地の問題ともからむので，Ⅱの農民層の分析をする場合に，第一に考察することとしてここでは述べない。

こうした小作地経営拡大は，一方で小作争議（昭和4年。前稿は誤り〔編者注：本書第3章163頁の大正14年としていたこと〕）の基盤を作り，他方，永小作権の設定・事実上の又小作の萌芽となって表われるのである。この永小作権の設定は，土地売買にあたって，小作する者（土地の売り手ではない。新たな耕作者）が，土地代金の一部（通常5分の1乃至6分の1）を支払って，その地主に対する永小作権を設定するという形で行われる。佐々木氏夫人によれば，「この方法だと，自分が所有者になるよりも，数倍の土地を耕作できたことが理由だ」といわれている。ここでふたたび，小作料率の低下傾向＝資本制地代への突き上げ傾向が想起されるのである。これらの分析も，Ⅱにおいて考察する。

以下の稿は，「東北大学農学研究所彙報」7巻4号（1956）に発表した報告[20]の後半をなしている。前半の部分では，地主経営のうち貸付地経営の意義，とくに小作料収取の問題を考察したのであるが，ここではそれにひき続いて，地

主経営の総収支を検討しながら、そのような経営内容を持つ地主と小作農民の発展との関連を明らかにしたい。

2 地主の経済構造——地主経営の実態

大正期における地主佐々木家の主要なる収入は、すでに本章で示したように小作米収入であった。

わたくしは、第3章(21)において、この水稲単作地帯の地主が、土地所有→小作料収取という面だけに追い込まれる過程を考察し、本章では、大正期以降昭和恐慌期に至る間の小作料収入について、地主がいかにして小作米の増大を図り、またいかにして小作米を販売してきたかということを明らかにした。そうした過程のなかで、小作米収納の絶対的増大（1 土地集積、2 小作料引上げ）があるにもかかわらず、大正中期以降の米価の漸次的な低落傾向によって販売金額はむしろ減小する傾向さえみせていた。この状態は、すくなくとも地主経営にとっては一つの危機的現象であって、各地主によってさまざまな形態はあろうが、この克服への方向がみられるのである。

ここで考察するのは、こうした小作料収入だけに依存せざるを得なくなった地主経営の全構造である。これを明らかにすることによって、前稿では指摘だけに止めた地主の危機に対する対応形態が明確にされるとおもう。もちろんそれは、大正期における日本資本主義のさまざまな問題——農産物価格・信用体系・農業政策・投資等々——と関連する。しかしそれらを全般的に論ずることは困難であるので、地主経営の側面からだけみていくことにする。

（i）　大正中期の貨幣収支

表5（本書181頁）を再掲しよう（表12）。大正中期以降、佐々木家の小作米販売金類は、ほぼ3万円台を基準としている。こうした3万円を超える小作米

表12　小作米販売の推移

年　度	大正6年	大正7年	大正8年	大正15年	昭和2年	昭和3年	昭和4年	昭和5年	昭和6年
石　数	845石	825	906	1,109	1,190	1,155	1,252	1,109	1,298
金　額	18,697円	30,534	31,813	39,230	36,478	30,248	32,166	19,737	25,250

表注：大正6，7年度は「金銭出納簿」、他の年度は「米穀販売帳」による。なお、年度は産米年度を示す。したがって、現実の販売は大部分が翌年度に行われる。

収入が、佐々木家の収入のなかでどういう位置を占めているか、またその支出がいかなる面に対して行われているか、をみるために年間の収入を検討する。

このために資料としては、同家の大正6年から9年に至る「金銭出納簿」を利用しよう。この「出納簿」は、必ずしも現金に限っているのではなく、現金と普通預金の両者の出納を示しているようである。したがって、厳密な形での佐々木家の決算を明らかにすることはできないが、その収支および新たなる資産の増加だけは明らかにし得る。そのなかでも、土地集積については、貸付金との相殺が隠蔽されてしまうが、これは他の土地集積の推移表によって補っていく外はない。

まず、大正7年度（1月1日〜12月31日）と大正8年度（同上）の収支計算表を掲げよう。〔大正6年度および大正9年度は、いずれも一部の月の記載を欠いているので、計算は不可能である。〕

表13と表14とを比較すれば、わかるように、大正8年度は、7年度に比べて、収入で55％、支出で100％の増大を示している。そうした収支の増大は、主として、収入の面では小作米販売・貸付金回収・借入金・株券売の増大に依り、支出の面では貸付金・株投資・土地購入の増大に依るものである。わずかに二ヶ年度の比較でこれを傾向的に断定することは危険であるが、こうした傾向は他の点からも推測し得ることであるので、なお詳しくこの内容を検討しよう。この収支表中の主な項目について、各年度内での比率を算出すれば、表15のとおりである。すなわちいずれの年度においても、米穀の販売は50％を超えており、貸付金・借入金がそのまま収入とは見做されないことを考えれば、収入における米穀販売の比重はさらに大きくなるのである。いま一応貸付金回収のうち利子部分を2割と計算して〔現実の平均年利率はこれほど高くないが、元金の返済なしに利子部分だけ支払う場合があるので、やや高めに一応2割としたのである〕、貸付金の元金・借入金・立替金・株券売等を除外して収入を考え、各年度の比率を計算してみると表16のようになる。すなわち大正7年度における米穀販売は84％および大正8年度においても78％となっている。各年度の販売収入のなかには偶発的な販売物、例えば、家畜・土石・自転車・土砂・苗木等を含んでいるので、そうしたことも考慮に入れれば、地主にとっての収入は、米と金利以外にはないといっても良いであろう。ここには、単作地帯に

表13 大正7年度佐々木家貨幣収支

貨幣収入			貨幣支出		
	貸付金	12,529.99		貸付金	9,244.00
	借入金	1,250.00		借入金	7,172.00
	立替金	205.00		立替金	313.80
	(小　計)	円 (13,984.99)		(小　計)	円 (16,729.80)
販売収入	米　穀	21,880.69	資産購入	株投資	2,015.00
	大　豆	273.60		土地購入	2,430.00
	木　材	107.12		機器費	21.90
	薪	117.60		苗　木	48.10
	萱	95.00		(小　計)	円 (4,515.00)
	桑	114.10	経営支出	工事費	270.00
	馬	75.00		賃　銀	180.29
	苗木	9.65		補助・慰労費	251.00
	木炭	3.00		その他	20.21
	土砂	59.16		(小　計)	円 (721.50)
	糠	3.38	家計支出	税金	3,957.82
	(小　計)	円 (22,738.30)		保険金	465.60
財産収入	配当金	250.30		学費	1,954.00
	小作料	284.37		家計費	2,659.66
	屋賃	143.10		(小　計)	円 (4,613.66)
	(小　計)	円 (677.77)			
その他		5.55			
合　計		円 37,406.61	合　計		円 31,003.38

表注:「大正7年度金銭出納簿」による。

おける地主のこの時期における経営状況が明確に描き出されているのである。

つぎに，両年度における支出についてまず共通にみられる点をみよう。支出の面については，収入の面にみられるような特定費目の圧倒的な優位性は認められない。しかし，ここで最大の比率を占めているのは，貸付金として，新たに貸付けられた貨幣である。それに対応して，借入金の返済がとくに大正7年度には非常に大きいのである。こうした高利資本の絶えざる貸付と，さらに資金回転のために，かなりの借入金を廻している状態は，諸営業からはまったく手を引いているようにみえる地主が，実は米穀販売によって得られた貨幣を基礎として，なお高利貸資本の性格を発揮していることを示すものである。とこ

表14 大正8年度佐々木家貨幣収支

貨幣収入			貨幣支出		
	貸　付　金	14,853.83		貸　付　金	18,918.00
	借　入　金	4,000.00		借　入　金	5,906.93
	立　替　金	68.38		立　替　金	320.80
（小　計）		円 (18,922.21)	（小　計）		円 (25,145.73)
販売収入	米　　　穀	31,077.66	資産購入	株　投　資	10,056.50
	大　　　豆	258.00		土　地　購　入	8,299.65
	木　　　材	1,893.57		機　具　費	30.00
	薪	18.05		苗　　木	241.00
	萱	65.00		豚	8.00
	桑	466.00	（小　計）		円 (18,635.15)
	糠	2.00	経営支出	工　事　費	234.85
	豚	6.00		賃　　　銀	356.81
	土　　　石	60.00		米	1,471.45
	自　転　車	55.00		肥　　　料	1,030.00
	肥　　　料	1,155.60		補助・慰労費	679.18
（小　計）		円 (35,056.88)		そ　の　他	133.83
財産収入	配　当　金	984.69	（小　計）		円 (3,906.12)
	小　作　料	439.21	家計支出	税　　　金	6,015.86
	屋　　　賃	252.65		保　険　金	590.65
（小　計）		円 (1,676.55)		学　　　費	3,890.84
	株　売　却	2,250.00		家　計　費	3,686.98
	そ　の　他	136.59	（小　計）		円 (7,577.82)
合　　　計		円 58,042.23	合　　　計		円 61,871.33

表注：「大正8年度金銭出納簿」による。

ろで土地集積の点をみよう。ここに表わされた土地購入費は，いわば貸付け的性格を有せず，まったく新らしく土地購入に投下された金額を示している。したがって，返済不能となって，貸付金と相殺された土地は不明である。この土地購入費は，両年度を通じて意外に少い金額である。この10％前後の土地投資は，単に高利貸的機能に依る土地集積の優位を示すものではない。この点は重要であるから後に詳細に述べるが，例えば，佐々木家の差配当麻哲男氏も，「大正の中頃から昭和になると，借金のかたに土地をとられる人は少く，その

表15 貨幣収支費目別割合（大正7,8年度）

貨幣収入			貨幣支出		
費目	大正7年度	大正8年度	費目	大正7年度	大正8年度
貸付金	33.5%	25.6	貸付金	29.8	30.6
借入金	3.3	6.9	借入金	23.1	9.6
立替金	0.7	0.1	立替金	1.0	0.5
販売収入	60.7	60.4	資産購入	14.6	30.1
（米）	(58.6)	(53.5)	（株）	(6.5)	(16.2)
財産収入	1.8	2.9	（土地）	(7.8)	(13.4)
株売却	—	3.9	経営支出	2.3	6.3
その他	0	0.2	税金	12.8	9.7
			保険金	1.5	1.0
			家計支出	14.9	12.2
計	100	100	計	100	100

表注：表13，表14より算出。

表16 貨幣収入補正割合（大正7,8年度）

年度	大正7年		大正8年	
費目	金額	比率	金額	比率
	円		円	
貸付利子	2,506.00	9.7%	2,970.77	7.5%
販売収入	22,738.30	87.7	35,056.88	88.0
（米）	(21,880.69)	(84.4)	(31,077.66)	(77.8)
財産収入	677.77	2.6	1,676.55	4.2
その他	5.55	0	136.59	0.3
計	25,927.62	100	39,840.79	100

表注：金額欄は，表13，表14より作製。貸付利子は表13，表14の貸付金の20%をとった。

借金を返すために土地は別な人に売ることが多かった。」といわれる。つまり，高利貸的機能と土地集積機能は，一応別々の農民を対象としていた。もちろん，別々というのは階層が違ったり，地域が異なるという意味ではない。農民の側からいえば，金を借りる地主と，土地を売る地主とが別になり得たということである。ここには，従前のような地主―小作関係が，直接的・人格的結合をより稀薄にしている状態が窺われる。明治末期の状態は資料不足で明らかでないが，こうした最初から土地購入として投下された貨幣は，より少なかったであろうと思われる。こうした農民層の地主支配からの自立化傾向は，本章で考察した土地売買の相対的安定期を作り出した要因と無関係ではない。いま考察し

ている両年度を含む大正6年から同13年にいたる7ヶ年の平均は，その前後の各数ヶ年平均に比べて，ほぼ2分の1の土地集積しか行われていないのである（佐々木家の事例）。したがって土地購入費が，佐々木家においてもこの年度に低下せざるを得ない条件をもっていたのである。

　こうした，土地購入費が貸付金の26% 乃至44% しかないという状態に関連して，株に対する投資が漸次増加していることが注意される。土地購入費と株投資とはいずれの年度でもほぼ同額であって，土地所有者たる地主が，単純に土地集積だけを伸ばし得ない状態を示しているのである。すでに指摘されたごとく，本村における小作地率は昭和初期まで一貫して上昇し，昭和4年に81.6% におよび，この点で全国的傾向と異なっていた。しかも，大地主の土地集積はこれと平行して増大し，5町歩乃至30町歩所有の中小地主層は早くも大正中期以降所有面積を減小する傾向があった。しかし，大正期においても飛躍的に土地所有を伸ばした佐々木家でさえも，土地購入に向けられた額は株投資の額とほぼ同等であって，単作地帯の地主の性格を単純に小作料取得者としてのみ考えることはできないのである。さきに述べたとおり，貸付けに依る土地集積が数字的に把握し得ないのであるが，そこで述べた理由および表13に窺われるように，新たな貸付けよりも貸付金の回収の方が多いという点（もちろん，これは前年度以前からの貸付けが回収された分を含むのであるが）からみて，農民の借金返済もかなりの程度実現し得たのであろう。ともかく，経営の内部に隠蔽された地主の貨幣投下傾向は，大正期以降昭和恐慌期までの分析に看過し得ないものである。

　ところで，僅か二ヶ年度であるが，大正7年と8年ではいくつかの重要な差違がある。この両年度の米穀販売収入の間にはほぼ1万円の差があるが，販売石数には大きな違いはない。会計年度を1月1日からとったために，本書第4章で掲げた小作米石数および同販売石数（いずれも産米年度基準）とは異なっているが，表12のように大正6年度産米（大部分大正7年に販売）の販売は，845石・18,697円，大正7年度産米は，825石・30,534円であって，いずれにしても販売石数の差はなく，問題は米価によってこれだけの差が生じたことになる。これは米騒動期の特異な米価でもあろうが，この地方の米価は全国的な米価の変動に較べれば緩慢な動きなのである（表17）。ここに米価変動が地主

表17　米価の変動

年　度	大正7年	大正8年	大正9年	昭和2年	昭和3年	昭和4年	昭和5年	昭和6年
	円							
南郷村相場	22.1	37.1	35.1	35.3	30.6	26.2	25.6	17.8
深川相場	31.8	46.0	44.6	35.5	30.9	29.0	26.9	16.3

表注：南郷村の相場とは，佐々木家の年間米販売の平均価格である。したがって年度は必ずしも当該欄に入らないものもある。しかし大正6年産米は，大部分大正7年に販売されるのでこれを大正7年と表わした。深川相場は百々善四郎氏による。

経営に及ぼす影響をみるのであるが，それならば，こうして大きく変動する貨幣収入は主としてどの面に向けられたかを，もう一度整理して考察しておこう。

この点は前にも表14について触れたところであるが，大きく増加したのは，貸付金・株投資・土地購入であり，支出の面では当然税金も多額になっている。このうち前の三費目についてみると，貨幣収入総額が，20,636円弱増大しているのに対し，貸付金は9,674円，株投資は8,041円，土地購入は5,870円の増加となり，各費目の総額もこの増加分の順位と同様である。このように収入の増加分は大部分が新たな利子生み資本として転化しているのであり，そこには従来からの高利貸的前期資本の色彩と対抗しつつ，株投資が大きく現われているのである。

以下この点をもう少し分析しよう。

(ii)　地主的貨幣資本の性格と機能

表15からみれば，この両年度における貸付金・株投資・土地購入の三費目の合計は総貨幣支出のうち，それぞれ44％，60％を占めている。その他の資産購入や経営支出がほとんど問題にならぬぐらい低いところからみても，この三費目が佐々木家の再生産の基礎であったといえよう。

ところで，こうした傾向を明治期の状態と比較してみよう。第3章にも引用したことであるが，地主的土地集積の最大のテコとなっていた金穀貸付は，手作米80石・小作米83石の米作収入しかなかった年においてさえ，貸付金2,523円〔その年の米価で換算して60石の金額〕貸付米160石に達していた〔明治14年〕(25)。これはもちろん一年間だけの投下額ではなく，数ヶ年分が加算され

ていようが，余り古いものは抵当たる土地によって精算されているので極端に長期にわたるものはないと思われる。いずれにしても，佐々木家が販売または貸付け得る米石数130石前後より，多いか同額ぐらいのものが新たに貸付けられたと思われるのである。こうした明治期における金穀貸付の圧倒的な比重は，大正期にはすでに失われてきているのである。すなわち，米穀販売収入に対する貸付金の割合は，大正7年で42%，大正8年で61%となっており，明治期とは大きな変化をみせているのである。

　利廻りの点からいえば，明治期における小口貸付が年3割乃至3割5分，大口貸付が2割5分乃至3割であるのに対して，この両年度では，小口が年2割乃至2割4分，大口で1割4分乃至1割5分と下ってきている。この程度であっても株投資よりはなお有利と思われるが，この時点の一般的好況を考えれば一概に断定はできない。当時，佐々木家が東北実業銀行から借入れる場合には，日歩2銭6厘であり，他に貸付けた場合には，日歩3銭8厘乃至4銭という記録が多い。このことは日歩の差が佐々木家が借入れを行いながら，貸付け投資を行った根拠であるが，赤字になりながらも（大正8年）株投資が急増している点は注目すべきことである。つぎに土地投資についてみよう。大正期の小作料額決定について差配当麻氏は，「その田からとり得る小作料の10倍の金額で土地を買った」といっている。米価に変動がないとすれば，これは年1割の利益となるのである。こうした計算は明治期にはみられなかった点で，明治30年代について，安部小次郎氏が，「小作料は借金がどれだけあるかによって決ったために，土地の良否には必ずしも関係しないこともあった。」といっているのと対照的である。前にも述べたように，小作経営の安定化こそがこの期の地主の最大の関心事であってみれば，土地生産力に応ずる小作料の決定，それによる地価決定は当然である。これはすでに地租改正時にとられた方法であるのに，現実のこの地帯での土地売買では，むしろ借金の利子部分としてまず小作料が考えられていたといえよう。大正期に至って，小作料が地価を決定するようになったとともに，それは貸付け利子より低くなったことが注意されるのである。こうした変化がさきにも指摘したように，必ずしも金を借りている地主に土地を売らなくても良いようになったことと関連しているのである。

　こうして，金利の点からいえば最も有利である貸付金が，増大していない根

拠としては，つぎの二点が考えられよう。第一は地主自体が巨大になって供給し得る金額が，農民の必要量を超えていること。第二は，農民自体がさほど借金の必要を持たなくなっていること。これは土地移動の緩慢さとも対応して考えられる。第一の点についていえば，150町歩に及ぶ土地所有者である佐々木家では，もはやその近隣の農民に対する貨幣投下のみでは，その地盤が狭くなり過ぎているのである。明治初期ではほぼ年間米150石分の金穀貸付を行ったのに対して，大正のこの時期では，大正7年420石分，大正8年で510石分の貸付けを行うまでに伸張しているが，この間貸付地面積は15倍，小作人数は5倍に増加しているのに比べれば，借金する金額は一戸当りで相対的に激減しているといえよう。ともかく高利貸的吸着地盤はまだかなり大きいとはいえ，大地主にとってはすでに限界を持っているものであった。つぎに第二点の農民側の要因であるが，明治期のほとんど暴力的に貨幣経済のなかに投げ出された時期からみれば，米作の安定とともに米価の高い好況期にあっては，こうした貨幣経済による分解も急激には進展せず，同時に外部的なものとはいえ資本主義経済から規定された信用関係が，なお前期的な色彩を含むとはいえ，地主の貸付けより低利の貸付けを行うに至っているので，この方から金融を受けるものも増加してきていたのである。現に南郷村における明治末・大正初期の凶作のときには自作上層農家は，大部分が東北実業銀行・宮城農工銀行から借入れていた（元区長土生安真氏談）。もちろん，こうした地方金融機関が地主制と密接に結びついていたことは周知のとおりであるが，ともかく，直接地主の高利に頼らず，金融機関を利用し得るところまで資本主義経済は進展していたのである。

　このように，地主の土地集積のテコをなしていた金穀貸付の意義が変るにつれて，新たな貨幣投下面として登場したのが，株投資である。株投資に関する累年の傾向は資料の制約から判明していないが，大正9年8月における株所有の状況を示そう（表18）。これに依ってみればその総払込金額はほぼ一ヶ年の米販売額と同等であって，かなり急速に投下されたものであることがわかる。すなわち佐々木家における株投資は，東北実業銀行のごとく，南郷村の地主（二郷の安住仁次郎家・伊藤源左衛門家）が設立の中心であり，その縁故から株(27)を所有したものを除けば，そう古い年代ではない。東北実業銀行の場合にして

第4章　大正期における地主経営の構造

も,大正8年に4,600円,9年1月に2,400円払込んでいるのであるから,ほぼこの時期から投資がはじまったとみて良いのである。聴きとりにおいても,株を買うようになったのは大正期からといわれている。ところでこの時期は,もちろん前述のように貸付けの対象に限界のあった年でもあるが,同時に地主側からみても収入に余裕のできた時期であろう。それは大正2年の大凶作・大正4年のやや不良の年以降,南郷村における米作生産は極めて安定してきた[28]。とくに明治43年・大正2年の大凶作(村平均反当1斗?)は,地主にとっても農民救済の点もあり,多大の痛手であった。これが,稲作経営の安定化とともに,本章で詳細に論じたように地主収入の安定化となり,投資の余裕を生ずることになったのである。かくて大正中期における地主経営中での株投資の大きな比重も,こうした経営の安定化に随伴して起った現象なのである。そうしてこの小作経営の安定化が株投資に結果した必然的なプロセスは,貸付金の個所でみたような事情によるものであった。

表18　大正9年株所有

会社名	株数	払込金額
東北実業銀行 旧	170株	8,500円
東北実業銀行 新	270	3,375
宮城農工銀行 旧	21	1,150
宮城農工銀行 新	8	360
大崎水電株式会社 旧	30	1,500
大崎水電株式会社 新	180	7,400
鳴瀬水電株式会社	50	1,875
東北拓植株式会社	120	1,250
東北亜炭株式会社	?	1,000
小牛田肥料株式会社	30	640
仙台肥料株式会社	15	375
東洋醸造株式会社	50	1,200
旭紡績株式会社	10	125
キリンビール株式会社	20	2,200
日本発送電株式会社	20	1,000
計		31,950

表注:大正9年「萬覚帳」による。なお,二社(東北拓植・東北亜炭)は「金銭出納帳」により,大正9年に明らかに所有しているものとして附加した。この他に七十七銀行があるが金額は不明である。

　ただこの表18からみても,その投資は全産業部門を自由に選んで行われたものでなく,むしろ大部分が極めて地方的な企業であることが注意されなければならない。このことは投資が安定なものであったかどうかという点でわれわれを不安にする。地方における各産業,なかんずく後に独占的大資本に直接集中され再編されていった地方小銀行・地方電気会社,それから独占資本との競争によって解体した肥料会等社が多い点をみれば,本格的独占の完成する前段階であるこの時期には,これらの地方的企業がなお重要な役割を果したと思わ

れる。それは単に地主と地方企業との人的なつながりだけでなく，本質的に地主とこれらのブルジョアとの質的な関連を示すものであろう。

〔補注〕　地主と地方産業との関連については，まだここで充分に取扱うことができない。しかし，1956年度土地制度史学会での報告でも山形県村山地方について明らかにしたように，私は本来的「地主制」=具体的には地租改正以降明治40年代まで（村山地方）においては，地主のブルジョア的側面が強調され，地主自身がブルジョアジーとなるコースも稀にみられると考えている。このときもちろん土地所有者的性格を消滅するのではなく，地主=半封建的土地所有者であると同時に，小産業資本家として営業の面に進出しているのである。農業の面における資本制生産の展開は，日本においては極めて稀である。こうした点の論証はまた別に論稿を必要とするのでここでは展開し得ないが，こうした面と佐々木家の地方産業への投資とは無関係ではあり得ない。

　ここでの問題は，佐々木家が蓄蔵貨幣を資本として投資し得るような地方産業の存在である。これらの産業は東北実業銀行の設立に典型的に現われているように，多くは地主の主導の下に創設されており，そうした産業と地主は決して単なる株主としての関係だけではない。この点を実例で述べると佐々木家は東北実業銀行・宮城農工銀行から資金を借入れて運用に充てており，仙台肥料株式会社からは，大豆粕や化学肥料を購入してこれを小作人に貸付けているのである。[29]佐々木家のごとく小作料収取者となっている地主の場合にもこうした関連はかなり密接なのである。すなわち，ここでも地主経済は直接に資本制経済を利用し，それに附随しているのである。

　佐々木家の所有する株には以上のような特徴があるのであるが，そのなかにも，旭紡績・キリンビール・日本発送電・東洋醸造といった単に地方的といえない会社が含まれている。

　こうした方向への地主の貨幣投下は，その後むしろ増大するのである。この点は，もちろん地主の投資が株主といういわば積極的な参加から，次第に単なる金利取得者的な立場に変っていくことを示している。このような地主の株投資の意義は，土地投資にも高利貸付にも基盤を狭ばめられてきた余剰貨幣の投資といえよう。そこには積極的な産業への関心が次第に薄れているのである。しかし，ここでなお注意すべきことは，この段階では少額とはいえ借入金が存在していることである。株投資の有利と借入金利との比較を直接行うことは無意味であるにしても，借入を行いつつ投資している点に，この段階での積極的

な投資意欲をみることができる。そうした点でも，初期の地方企業への投資の意義がわかるであろう。

　以上のことと関連して借入金について説明しておこう。この両年度における新たな借入金はいずれも，東北実業銀行より借入れたものであって，7年は特定な支出を前提としていないが8年には10月2000円，11月2000円と，ちょうど販売すべき米のない時期に借りており，これは明らかに株金払込あるいは他への大口貸付けを前提としている。12月には貸付金の回収があり，また米穀の販売も可能となるので，借入金の返済が行われている。前稿でも米穀販売と貸付けの時期との関連を考察したが，借入金もまたこうした資金回転の季節的な断層を埋めるものとして行われているのである。両年度で比較してみれば，借入金の返済は7年の方が多く，8年はむしろ少ないのである。それは，7年の返済が1月を最高として，年間の返済金7,172円のうち，3月までに5,888円，5月には全額返済しているのであるから，6年までの借入金の大きさを窺い得るであろう。これは大正5年・6年の南郷村におけるそれまでの最高の反収を挙げていることと無縁ではない。それは逆に大正2年・4年の凶作とも無縁ではないであろう。いわば地主経済は，もはやかつてのごとき大凶作に見舞われることのなくなった大正5年以降安定し，同時に安定した（生産額の面で）農民経営を基礎として，大正7年度と大正9年度の小作料引上げを行ったことを，このことからも認め得るであろう。大正8年にはむしろ，貸付けなり投資なりの要求があって，7年より借入金額が大となり，貸付金・株投資もそれに伴い増大したのである。

（ⅲ）　経営支出と家計支出の地位

　以上，支出金額の多額なるものをみたのであるが，それは，貸付金・株投資・土地購入・返済金であった。それならば，他の費目はどうであったか，その説明を加えておこう。

　まず，経営支出とみられる各費目（表13および表14参照）では，ほとんどが少額である。賃銀は大部分が植林事業の人夫賃であることは前の報告で述べたとおりである。佐々木家がこの大正7年・8年の時期には，水田2反歩・畑3反歩・桑園1反歩の手作りをしているに過ぎないことを考えれば，農業労働

力は奉公人（男）1人・女中2〜3人・借屋の賦役によって充分であったといえるのである。それゆえ，日傭を雇うことは大正6年頃からはじまり大正11年に終る造林が最大のもので，このほか家事等に対する少数の日傭があった程度である。ここでも，手作経営を廃止した地主経営のありさまが窺われよう。

　この他には，材料費・工事費・運送費・肥料購入等があるが，このうち肥料購入は，前稿で詳しく述べたように[31]，小作農家へ販売または貸付を行うものが主で，必ずしも全部を手作経営に投下したのではない。むしろ，繰返し述べるとおり，この時期の地主の最大意図である小作農家の生産力向上→小作農家経営の安定→小作収入の安定を狙う一つの意図で，一面では貸付利潤を獲得しながら，他面では積極的に自作層にも先駈けて肥料を導入していたのである。この点についてはさらに後で大柳共栄組合と併せて考察するが，こうした肥料購入と並んで補助費・慰労費がある。この補助費の内容は，主なる借屋・小作人に対する経営または生活面での補助であって，慰労費はそれの多分に賃銀的色彩を帯びたものである。こうした補助が特定の小作層に対して行われているのは，明治期からの従属性の強い小作農家の存在を示しているのであるが，そのことはまた大正期における地主支配の構造への手懸りともなる。この補助費・慰労費は金額からいえば少額であるが，この給付を受けた農家からいえば，かなり大きな意味をもっていた。なかでも一番多額に受けていたのは差配の当麻家であって，学資にも及んでいる。この差配に対する補助には一面では報酬的な意味があり，他面では，旧来の支配機構における人格的なつながりを示す。こうした単なる俸給（貨幣または現物の一定量）だけには依らない直接的・人格的な性格の差配制度をみると，佐々木家の，一見他の地主の村落制度に基礎をおく差配制度と異なった，マネージャー的色彩の差配制度のなかにも，前近代的な要素があるといえよう。

　つぎに税金の多さが注意される。さきに計算した表16の収入と比較してみると，大正7年には15％，大正8年でも15％である。この税金の内訳は判然としないが，大部分が土地所有を基準としていることはいうまでもなく，それはほとんど小作料収入を基準として賦課されたものといえよう。ただこの収入の15％，米の販売額に対しては20％内外に達する税金が，佐々木家の経営に対してどういう制約となっていたかは，いまだ明らかにすることができない。

最後に家計支出であるが，学費が極めて多額になるのでこれを別にした。これは佐々木家の次男の東京遊学費であり，とくに大正8年には洋行（パリ留学）したため一層増大したのである。家計費もまたそれにつれて増大している部面があるのである。家計費としたもののなかでも経営支出的なものがあろうが，それは充分区別することができない。このなかには単なる生計費だけでなく，一切の交際費・奉公給金・寄附金・医療費（これはかなり多い）等を含んでいる。それは米その他の物価から比較すれば，この家計費はそう多額なものではない。しかしそれにしてもこれは他の農家に比較すれば極めて大きいものであっただろう。大雑把な表現をすればこれは米100石分に当るのであり，それは5町歩からの生産量よりやや多いのである。ここでも一般農家の異常な生活水準の低さをみれば，相対的には高いのであるが，月200円乃至300円の家計費は，俸給生活者と比較してこれだけの財産の割には多いとはいえない。自給部分に頼っているとはいえ，ともかくここでの節約が株なり貸付金に廻っているのである。

　以上，大正中期の「金銭出納簿」を手懸りとして，地主経営のさまざまな面を考察したのであるが，前各章との関連においてこれを要約しておこう。
　明治末期―大正初期を転期として，地主経営は従来の諸営業を止め，手作経営をほとんど廃止し，形態的には貸付地経営に依存し，小作料収取・販売を主な収入とする「半封建的土地所有者」となり終ったようにみえた。しかし，現実の再生産機構をみると，この土地所有者的性格→土地集積というコースはむしろ経営の基本的な方向ではなく，第一には貸付金，第二には株投資という貨幣投下が多かった。土地購入はもちろんかなりの額に達しているが，米価高値という有利な条件の下ではむしろ土地集中が進まず，大正末―昭和初期の低米価期に土地集中が進んだ。このことは，従来災害なり不時の事故によって経営の破綻を来していた農家が，景気の変動によって影響を受けることが大となったこと，すなわち資本制貨幣経済に一層強く把握されるようになったことを示している。こうした基盤の上で，土地投資と株投資の利廻りが，米価や税金等を考慮しつつ比較されていたのであろう。
　大正初期に「土地所有者」的側面に追い込まれた地主は，本章で分析したよ

うに，小作経営の安定化を図りながらも，その実現面たる米穀販売の面で米価の影響を受けて，早くも「土地所有者」としての収入より以上に有利な局面へ進んだのである。地主経営は，ここからふたたび土地所有者以外の性格を持ちはじめる。それが，資本主義的経済に追従する形で株投資に現われるのである。これは主として米価との関連によるものと思われる。しかし，全国的にみてこうした傾向は，大土地所有者の減小・小作地率の低下に現われているのであるが，南郷村においては，土地所有の集積は依然として進行し，昭和10年に至って小作地率は低下しはじめるのである。こうした全国的傾向との多少のずれが，大正期のこの単作地帯の地主経済を明らかにする上で重要であろう。すなわちここでは，一概に土地所有の不利という事態は，決定的なものとなっていないのである。しかし，土地所有面だけでの発展は制約を受け，株投資が併行して行われているのである。この傾向は昭和恐慌期以降土地集積の停滞と変り，戦時経済を経て農地改革に至るのである。

3 大正期の地主的支配と農家経営

　以上，1，2を通じて，貸付地経営と貨幣収支を考察して，その再生産機構を明らかにしたのであるが，そのような経営内容をもった地主の農業面における支配構造をとりあげよう。それは当然小作農民側の経営状態をみなければならない。いわば地主経済をそこまで追い込んだ内部的な要因としての小作経営が問題なのである。その一般的な考察は吉田寛一氏の報告によって示されたが[32]，ここでは佐々木家の具体的な事例によって述べておく。

（i） 小作経営と地主の貸付地方策

　佐々木家の小作関係をみるとき，その小作農民は村内のものが圧倒的に多いことが注意される。そのなかでも居住する大柳部落が最も多いのである。これには幾つかの与えられた条作（例えば，村内の水田2,800町歩という他村にみられぬ大面積）もあろうが，すぐあとでみるように，佐々木家の支配・経営機構の核となるのがやはり大柳部落の特定の27戸ほどの家であることからも，単に自然的条作といい得ないのである。まず，この関係を表19によって示そう。大正期を挟む明治40年と昭和3年を比較すれば，この間の土地集積は，村内

第 4 章　大正期における地主経営の構造　209

表19　貸付地経営の展開

	明治40年			昭和3年		
	小作人数	田小作料	一人当小作料	小作人数	田小作料	一人当小作料
	人	石斗	石斗	人	石斗	石斗
（大柳区）	(33)	(295.5)	(8.8)	(67)	(590.5)	(8.8)
村　　内	62	393.1	6.3	112	854.3	7.6
村　　外	43	224.9	5.2	71	325.0	4.6
計	105	618.0	5.9	183	1,179.3	6.5

表注：「明治40年田畑立附台帳」及び「昭和3年小作料収納簿」による。

農家に対する貸付地を著しく増大しており，村外では人数こそ増してもその貸付地（＝小作料）はさほど増えていないのである。〔この貸付地の所在が村内であるか村外であるかということとは一応別である。〕

　それとともに，一小作農家当りの小作米は，この間に反当1斗の引上げがあったにもかかわらず，村外の場合には5石2斗から4石6斗と減小しているので，明らかに一戸当貸付地面積が小さくなっていることを示す。これに反して村内では6石3斗から7石6斗と上昇し，平均12～13％の小作料引上げを考慮しても，なお5～6斗増している。そうして注意すべきことは，これを面積に換算すれば，一戸当り9反歩の小作地（佐々木家からの）を借りているということである。この傾向は大柳の農家についていえば，一戸当り8石8斗となって1町1反歩ほどの面積に当る。

　一般に，地主形成の初期には，最初は村内の土地を集積し，巨大になるにつれて村外へ土地集積を伸ばす傾向を持っている。それは佐々木家についてみても明治初期から40年に至るまではそうした型の発展がみられた。しかし，大正期に至ると再びその様相が変化し，むしろ村内に重点がおかれるのである。同時にその村内小作農家の増加は一農家当りの貸付地の増大という形をとっている。ここで小作農家が従来経営していた自作地部分を，売却せざるを得ないという様相が窺えるのであるが，そうしたことだけでなく小作農民の経営面積がどう変化していたかがより重要な問題であろう。こうした点で，本章の主題であった地主経営のための小作経営の安定化をみたいのである。のちに特定の家について考察するが，佐々木家の小作農家の平均経営面積は次第に増大するのである。これは，前稿の最後に引用したように，「土地を貸付けるときは，[33]

その人が小作料を払える人かどうかが問題となる。大きな経営の人は安全だった。」といわれているとおり，零細な経営には余り貸付けず，小作上層農家を把握する動きをみせるのである。とくに，佐々木家と関係の深い家は，佐々木家から小作地を借りることによって次第に経営面積を大きくしているのである。それは，すでに吉田氏も指摘されたとおり「奉公人分家は成立が古く経営が大きく，血縁分家は零細経営でその成立は比較的新らしいことが認められた。」ということにも関連する。これを説明すれば，従来地主と密接な従属関係を有し，奉公人分家あるいは借屋の形式で成立した小作農家は，次第にその経営面積を大きくしてきたのである。血縁分家という言葉は必ずしも適当でなく少し説明を要するが，一般農家からとくに地主に頼ることなく分家した農家は零細経営が多いのである。ということは，それ以前では一般農家が分家させ得るということは困難であって，零細経営でも生活し得る条件が整ったときに，こうした分家がかなり多く成立してきたのである。こうした現象の陰に，数字的には確め得ないが，自作大経営が激しく分解していったという事実がある。ここでいう大経営とは4町歩以上のものをいう。経営面積では古いところがわからないが，5町歩程度の所有ではほとんど自作地であるので3～5町歩所有の階層をみると，明治40年から昭和5年までに56戸から27戸へと減小している。ききとりによっても大経営は減小するのである。これらの大経営は家族労働力のほかに奉公人あるいは分家の労働力を基幹としている。それが次第に各農家の自立性が強くなるにつれて，経営面積を縮小するのである。村全体の平均では一戸当りの経営面積は，耕地整理前の明治32年1町8反4畝歩，整理直後の明治40年2町3反7畝歩，大正6年2町8反7畝歩，昭和5年2町5反3畝歩という傾向を示し，大正期にはむしろ増大し昭和期にはやや減小する〔詳細は吉田氏の報告参照〕。それとともに経営面積の階層分化は縮小し，いわば中農平準化的傾向を示している。これに伴い兼業農家が昭和恐慌期以降増大し，兼業零細経営（1町歩以下）と専業中層経営（2町歩以上）の二階層に大別されるようになるのである。

　このような傾向の下で，佐々木家の一戸当り貸付地面積の増大がみられるのであって，明治期における従属性の強い小作零細経営は，次第に自立性の強い小作上層経営へと変り，こうした小作農家の経営的な上昇強化が大正期の地主

＝土地所有者としての経営を支えることになったのである。小作農家の身分的な従属関係がまったくなくなったのではないが，小作農家に要求されるのはむしろ経営性となってきたのである。

(ii) 地主―小作人協調組合の成立

ここで第3章と重複する点があるのであるが，佐々木家の地主経営で見過し得ない地主小作人協調組合について述べておく。

この協調組合は，大正6年すなわち佐々木家の貸付地経営体制がほぼ完成したとき，借屋層を中心として26名で，「大柳親睦貯金会」として成立したのである。第3章では，その意義をつぎのように書いた[37]。

「大柳区が明治末年に郷倉制度を止め，部落有耕地を喪失して，部落としての独自的な機能・支配構造を弱くする過程のなかで，地主―小作関係の上にも制度的な変化が生じていた。……借屋層が佐々木家の経営の変化に伴って，次第に直接的隷属の影を薄くしていることは前に述べた通りである。……こうした錯綜しつつある支配従属関係を，佐々木家に対する一本の従属体制に再編成する目的で登場するのがこの親睦会である。……（そこには）借屋層の独立性の強まりと共に，これを弛緩させずに組合として一括支配し得るようになった地主制の強さがある。……この親睦会は借屋層に限定されながらも，すでに，借屋でなければならないという必然性は存在しなかった。……」

そこでの考察は断片的であるので，ここでは一層詳しくその内容をみておこう。

この親睦貯金会のメンバーには，2～3名の出入りがあってその加入脱退がときどき行われていたようである。加入の条作として，昭和11年「大柳共栄農家組合」と改称した際の規約によれば，「本組合員ハ満弐拾才以上ノ男女ニシテ大柳区ニ住居ヲ有シ独立ノ生計ヲ営ミ且ツ佐々木健太郎殿ノ田畑ヲ耕作シ借地ニヨリテ賃借料ヲ納付スル小作人ニシテ品行方正一致協力親睦ヲ旨トスル同志者二十七名ヲ以テ組織ス」といわれている。しかしこの27名が大正6年以来続いた人々でないことは表20によってわかる。

昭和11年度は小作台帳をみていないために，各人の小作料負担額がわから

表20　大柳親睦貯金会員名

大正6年		昭和6年		昭和11年
氏　名	小作料	氏　名	小作料	氏　名
	石		石	
清野　栄之助	0.699	同　　左	21.190	同　　左
清野　捨十郎	23.040	同　　左	30.470	―
小田島　市松	12.100	同　　左	20.288	同　　左
佐々木　新治郎	20.050	同　　左	34.646	同　　左
佐々木　千治郎	（大正10年より）	同　　左	7.050	同　　左
角田　三郎	10.920	同　　左	18.665	同　　左
佐藤　源四郎	0.614	同　　左	11.620	同　　左
三浦　大治	0.311	同　　左	11.488	同　　左
佐藤　七兵衛	14.988	同　　左	16.425	同　　左
早坂　丈助	15.360	同　　左	15.478	同　　左
加藤　奉作	14.114	転　　出	―	―
安部　小次郎	10.310	同　　左	17.265	同　　左
斉藤　玉吉	2.555	同　　左	17.825	同　　左
三浦　幸右衛門	13.355	同　　左	18.935	同　　左
大久保　伝次郎	7.670	同　　左	14.210	同　　左
繁泉　栄治郎	9.780	同　　左	13.590	同　　左
繁泉　耽	1.800	同　　左	15.675	―
村上　松蔵	12.555	同　　左	18.065	同　　左
瀬田　源兵衛	7.925	同　　左	8.914	同　　左
大反　長四郎	1.728	同　　左	7.495	同　　左
相沢　清五郎	7.050	同　　左	5.800	同　　左
菅井　文吉	3.200	同　　左	8.725	同　　左
横山　亀治	800	同　　左	7.943	同　　左
野田　民蔵	830	同　　左	1.950	同　　左
安住　文弥	3.850	同　　左	3.780	―
当麻　市朗	400	同　　左	16.700	同　　左
		武田　清之助	2.200	同　　左
		高松　正雄	5.790	同　　左
		林　惣八	1.850	同　　左
				佐々木　雄志
				木村　徳也
26名		28名		27名

表注：大正6年の氏名はききとり，昭和6年は「貯金会会計簿」昭和11年は「決算調」による。小作料はそれぞれの年の佐々木家「小作米収納簿」による。

ないが，氏名の判明する大正6年と昭和6年を比較してみれば，いずれもその額を増大している。さらに，前掲表19と比較してみれば，これらの組合員は大多数が平均を上廻っており，この点からしてもこのグループが佐々木家の貸

付地経営の中核的な存在であったといい得るであろう。すなわち，昭和3年の大柳区の小作農家が負担した小作米は67人で590石5斗であるに対して，これらの28人は，374石を占めているのである。佐々木家の全小作米収入についてみると，人数で15%の組合員は，小作米で32%を占めているのである。こうしてみれば，佐々木家の貸付地経営のなかでのこの組合の量的比重を知り得るであろう。

　この組合の目的・機能は，昭和11年に改正された定款によれば，
　　(1)　組合員ニ産業上必要ナル資金ヲ貸付シ積立金増殖ヲ図ル事
　　(2)　組合員ノ委託ヲ受ケ其ノ生産シタル物品ノ共同販売ヲナス事
　　(3)　肥料及日用品ノ共同購入ヲナス事
　　(4)　共同耕作ヲナス事
　　(5)　備荒貯蓄ヲナス事
　　(6)　納税義務ノ精神ヲ修養シ期間内ニ完納セシムル事
の6項目である。これらはこの定款改正以前から行われていたもので，大正末―昭和初期の活動状況はつぎのようであった。

　この組合の財政的基礎をなしているのは，大正6年佐々木家が自らの手作地のうちから提供した1町2反歩（その後1反歩追加）の共同耕作地であって，それを26人の組合員に経営させ，この米販売金がそれに充てられた。昭和3年でみれば

　　　現物収入　米　　32石4斗　　4等，5等，等外米計
　　　　　　　　米　　 3石4斗　　細米，砕米
　　　　　　　　糀　　 1石6斗
　　　　　　　　藁　　2,300束
　　　現物支出　米　　13石1斗　　佐々木家へ1町3反歩の小作料
　　　差引残米　米　　19石3斗
　　　販売収入　金　　351円921銭　米，藁，糀販売

であった。この他に組合員の拠出する1人50銭の組合費，佐々木家よりの祝儀等があり，それらで日常の維持費を購っていたのである。この共同耕作地は

多分に試験田的要素もあったといわれている。

　組合員の共同販売がいかなる面で行われたのかは明確でないが，これからの組合員の米の販売は共同でないにしても同一の商人に売っていることが多い。これは主として村内であるが，なかには佐々木家の取引商人に販売することもあったという。

　肥料および日用品の共同購入という点では，この組合はかなり大きな機能をもっていた。これは前稿にも佐々木家の肥料貸付の項で述べたのであるが，資金を主に佐々木家から借りているのである。初期には，むしろ佐々木家が購入して組合員に貸付けていたのが，昭和期に入ると組合が自主的に購入をはじめるようになり，その際組合の貯金で不足な額を佐々木家から借りるという形をとっている。時点はやや下るが，昭和11年度（それ以前では個人別が判明しない）では，肥料借入金は総額2659円79銭に達し，その内訳は表21のようになっていた。この表21から他の農家の肥料使用状況をも窺うことができるであろう。

　肥料以外の物品についてみると，つぎのようなものが現われている（昭和6年）。
　　ゴム靴35足，木炭40俵，小豆1石4斗4升，塩鮭35貫640匁，すじこ25貫300匁，砂糖22貫100匁，大豆6石8斗，麦11石2斗，麹7500斤

　これらの物品購入はすべて，親睦貯金会または佐々木家からの借入となって，年度末に各個人が精算しているのである。したがってこうした共同購入はその品目においてまだ少いとはいえ，後年の協同組合・購売組合にみられる機能を持っていた。逆にこうした組織の存在が，南郷村における産業組合・信用組合の発展を遅らせたのであり，それらが設立されても事実上活動していなかったり，またはそれらの産業組合運動が著しく自作農的な色彩を帯びざるを得なくしていたのであろう。佐々木家からいえば，こうした組合に資金面で援助し利子をとると同時に，肥料その他によってこれらの組合員の経営や生活を助成していたのであり，それによって小作経営を強化していたといえよう。

　この外，備荒貯蓄・納税積立等を行っていたのであるが，これは組合が一括して積立している部分と各人の申合せ的な部分とがあった。ここには，かつての部落的規模で行われた郷倉制度や補助貸付が受け継がれていることをみ得るであろう。

表21　肥料購入金額

	硫安	石灰	燐酸	硫加	骨粉	塩加	魚粕	大豆粕	計
	円	円	円	円	円	円	円	円	円
大友　長四郎	18.80	8.32	5.20	5.48					37.80
相沢　清五郎	14.10	31.20	10.40	10.96					63.56
佐々木　雄志	18.80	20.80	13.00	10.96					66.66
小田島　仁	47.00	83.20	26.00	21.92	8.80				186.92
佐々木　訥郎	42.30	62.40	26.00			22.44			153.14
村上　義男	37.60		40.30	16.44					94.34
瀬田　兼治	23.50	29.12	11.70				9.90		74.22
菅井　文吉	23.50	27.04	7.80						58.34
木村　徳也	4.70	14.56	7.80						27.06
角田　留三郎	47.00	33.28	19.50	10.96					110.74
佐藤　久雄	51.70	58.24	16.90	10.96					137.80
佐藤　喜七	42.30	49.92	14.30	5.48					112.00
斉藤　市朗	47.00	24.96	13.00	10.96				16.40	112.32
三浦　大太郎	37.60	49.72	15.60	13.70	4.40				121.22
高松　正男	37.60	49.72	14.30						101.82
早坂　国男	70.50	52.00	26.00	10.96					159.46
清野　正	61.10	79.04	23.40	21.92					185.46
林　惣八	9.40	6.24	3.90						19.54
武田　清之助	47.00	14.56	13.00	2.74					77.30
三浦　長男	47.00	45.76	16.90	5.48					115.14
野田　民蔵	61.10	41.60	19.50						122.20
横山　一	28.20	37.44	10.40						76.04
佐々木　千治郎	32.90	39.52	13.00						85.42
大久保　留吉	32.90	41.60	16.90						91.40
阿部　小次郎	32.00	31.20	19.50	10.96				16.24	110.80
繁泉　勝雄	47.00	66.56	20.80	24.66					159.02

表注：昭和11年度「積立金個人別調」による。

　大柳親睦貯金会の機能は以上のような面で行われていたのであるが，これが昭和11年に改編されメンバーも二三変更されて，その後戦争中まで継続するのである。

　こうした組合が活動の目的として明示していなかったにせよ，基本的には地主と小作者との協調組合的役割を果していたのは否定し得ないことである。佐々木家についていえば，この大柳親睦貯金会は僅か27～8名のメンバーであったが，その後昭和3～4年にわたる小作争議を経験するや，佐々木家の全小作人をもって「共栄会」が組織された。この小作争議は，佐々木家の遠い姻

戚にあたる不動堂の及川家を中心として起ったものであり，それは及川喜平（小作米14石987），及川亀一郎（14石123），及川靖一（7石976），及川輝治（3石867），佐々木亀七郎（3石373）の5家である。原因は昭和3年度の小作米の減免を要求したことにはじまるのであるが，争議は長期化し，訴訟にまで至ったが，示談の結果小作料の永久引下げということになったのである。この争議に限らず，一般にこの単作地帯の争議は小作農民側は全小作人中の一部少数のものによって行われ，これが農民組合を中心とする諸団体の支持の下に進められたのである。佐々木家の場合も姻戚である及川一族だけに限られていた点に，小作争議とはいいながら小作層全体の地主制との対立があったわけではない。この点は農民運動としてとりあげるべき問題であるが，ここではまだ詳述し得ない。こうした小作争議を契機として佐々木家は「共栄会」を設けたのである。これは佐々木家の差配当麻哲郎氏の言葉によれば，「小作の営農資金や不作の救済の資金として積立を行ったもので，地主が総小作米の5分，小作人も同額を積立たもの」であった。佐々木家では，昭和4年に反当5升（反当小作料8斗5升～9斗）の引上を行ったのであるが，それをそのまま積立てることとし，同時に小作人も小作料1石当り5升の積立を行ったのである。これは小作料引上げに対する小作農民側の強い反対もあったので，引上げ分は営農資金として積立てることで話しがついたのである。この共栄会の会長には後で大柳区長となる渡辺大丸氏が就任している。渡辺氏も古くは有力な自作農であったが，明治末期より佐々木家の小作となり，当時は18石5斗の小作料を負っていた。渡辺家は昭和期には小作地が多いながら大面積の経営で，後に区長となるほどの実力を持った家であった。こうして佐々木家の地主小作人組合は全小作人を含んで完成されたのである。

　さらにこうした地主小作関係を主とした契機として設立されたものに，大柳動力組合がある。石油発動機を原動機とするものはすでに大正中期に，上の親睦貯金会のなかに動力部として存在していたが，さらに電動機の動力組合は昭和7年につぎのメンバーで設立されたのである（表22）。ここには親睦貯金会のメンバーにはない家が6戸入っている。しかし荒川等家，佐々木堯平家を除けば，他の4名は佐々木家のかなり有力な小作人であり，佐々木堯平家は佐々木家と親戚関係に当る家である。こうみれば，この動力組合もまた，佐々木家

を中心として一段と経営水準を高めようとする動きに外ならない。これが，この動力組合の本質であった。以上，親睦貯金会，共栄会，動力組合等について，佐々木家を中心とする小作人の組織についてみたのであるが，こうした組織は他の地主についても存在した。例えば同じ大柳居住の本村最大の地主野田真一家にもあったといわれる。

表22　大柳動力組合員名

氏名	株数	備考	氏名	株数	備考
佐々木健太郎	6		佐藤　喜七	1	
当麻　市郎	3		早坂　国夫	1	
相沢　清五郎	2		斉藤　市郎	1	
荒川　　等	2	非	清野　　正	1	
佐々木堯平	2	非	三浦　大太郎	1	
佐々木訥郎	2		佐々木千治郎	1	
高橋　源吉	2	非	三浦　長男	1	
武田　清之助	2		本間　武雄	1	非
当麻　哲雄	1	非	繁泉　栄次郎	1	
瀬田　兼治	1		三浦　泰助	1	非
村上　松蔵	1		野田　民蔵	1	
小田島　仁	1		安部　小治郎	1	
角田　留三郎	1		渡辺　大丸	1	非
佐藤　久男	1		大久保源九郎	1	
高松　正男	1		佐々木　繁志	1	

表注：「大柳動力組合関係綴」による。非とあるのは，大柳親睦貯金会員に非ざるものを示す。当麻哲雄は当麻市郎の長男であり，一家から二人参加している。

　こうした組合は，その根柢に協調組合としての性格を有するのであるが，それ以外に注意すべきこととして，地主中心の産業組合，信用組合的機能を有したこと，そうした機能に補われて経営の向上を図る色彩が強いこと，部落が財政的基盤を失って以後の恩恵的な農民救済の機能をもっていたこと等が挙げられよう。これらのことは小作層の経営的上昇に大きく寄与していたのである。さらにこの傾向は，大正中期，とくに昭和初期以降に顕著であるが自作上層・自小作上層を中心とする一連の自作農的産業組合運動を伴っていた。換言すれば，むしろ自作上層における新たな経営的発展が，地主のかかる組織を作ることに大きく影響を及ぼしていたのである。菅野俊作氏の調査によれば，大柳では大正6，7年以降前述の渡辺大丸氏・渡辺勝躬氏を中心として農業奨励組合・農事研究会・共励組合といった組合活動が変化を持ちながら続けられ，練牛の赤井では，大正13年斎藤一郎氏・宮崎大蔵氏を中心として赤井副業組合・同栄会がつくられ，木間塚では大正中期から昭和初期にかけて，只野戸久治氏・武者省之助氏によって農事共励会がつくられた。こうした一連の発展は，昭和3年に至りまず斎藤一郎氏を中心とした南郷村自作農組合の結成となり，さらに翌4年には，渡辺勝躬・只野戸久治・斎藤一郎・小畑研一を中心とした

産業組合の再編となり、実質的な活動をはじめる。南郷村農会もまたそれ以前の有名無実な存在から、同じく昭和4年再出発するという過程を辿るのである。その後軌道に乗った農会は会長を村長と別にして、昭和10年に佐々木健太郎氏が会長として独立した。産業組合はこの昭和4年木間塚の地主上野恭氏の組合長就任によってやはり再建が行われるのである。[38]これらの産業組合にしても信用組合にしても、昭和初期までの活動は全く停滞しており、この段階に至って大きな発展をみせるのである。これは一方に国の農業政策が大きく働いているとはいいながら、この時期に漸く全村的な組織を持ち、上層農家を基盤とし地主を中心に活動しはじめるのである。佐々木家の親睦貯金会や自作層の農業奨励組合・農事共励会・同栄会等は、その前段階の活動であったといえよう。

（iii） 農家経営の上昇——大正期地主制の基盤

以上のような組織に組込まれていた小作層の経営の展開は、当初一節を設けて考察する予定であったが、紙数の関係でここで簡単に述べておこう。

大柳区居住の農家は、比較的新らしく成立したものが多い。それは移住・分家等によって戸数が急増しているのである。判明するだけの年代をとってみると、表23のようである。

これでみればわかるとおり、明治11年から41年までの増加が極めて著しいことがわかろう。なお念のため、大柳区70戸の個別調査によって得た数字を掲げよう（表24）。

これでみれば内部での分家は古い程少く最近は急増している。これに反して移住者は古い時期に多く、新らしい時期で減小し戦後の帰農でやや多いのである。こうしてみると、表24では表23に比べて著しく偏った家が調査対象となったともいえるが、全般的に家としての成立は新らしいものが多いといわざるを得ないのである。こうした新らしく成立した家が、当初より経営面積が大きいということは考えられず、次第に経営面積を拡大して

表23　大柳区戸数の推移

年度	安永4年	明治11年	明治41年	大正13年	昭和16年
戸数	35	85	142	161	185

表注：安永4年（1775）は「風土記御用書上」明治11年は役場「戸籍簿」明治41年以降は「村勢要覧」の類より作製。

きたといえよう。こうした事例をとくに佐々木家に縁故の深い親睦貯金会に属した人々についてみよう。この調査はまだ完了していないために，数名について述べるにすぎない。〔1枚≒1反。なお括弧内は佐々木家よりの小作地の枚数。〕

表24　大柳部落における家の成立

	移住	分家	計
成立後初代	9戸	13戸	22
〃　二代目	11	7	18
〃　三代目	3	2	5
〃　四代以上	?	?	25

表注：抽出ききとり調査による。但し当主の基準を戸主（筆頭者）として扱われているものにおいたため，農業経営は，その子が担当している家が数戸ある。厳密には経営担当者を当主とすべきであるが，一応ききとりのまま掲げる。

角田三郎家—明治38年松島町より移住。二代目。借屋。
　　経営面積　明治38年11枚（11）—明治45年18枚（11）—大正3年20枚（13）—大正13年27枚（20）—現在27枚〔もとは自作地なく村有地7枚小作。〕

佐藤七兵衛家—旧家。借屋。
　　経営面積　明治40年17枚（11）—明治43年21枚（11）—大正3年25枚（15）—現在25枚〔もと自作なく，野田真一（2）・野田仁（2）・荒川陽一（6）より小作。〕

大友長四郎家—明治42年増田町より移住。二代目，借屋。日傭手間取が主。
　　経営面積　明治44年2枚（2）—大正13年4枚（4）—昭和2年8枚（8）—昭和6年16枚（10）—昭和15年20枚（10）—現在16枚〔もと自作地なく村有地より6枚小作。〕

清野正家—前表の栄之助家。明治中期槻木より移住三代目。借屋。
　　経営面積　明治期不明—大正7年15枚（8）—大正13年36枚（18）—昭和3年45枚（31）—昭和15年47枚（31）—昭和19年30枚（25）—現在30枚〔もと自作地なく，佐々木堯平より5枚小作。〕

佐藤源四郎家—分家二代目。借屋。
　　経営面積　明治40年12枚（6）—大正8年22枚（7）—昭和3年20（11）—現在20枚〔もと自作地なく，荒川陽一（2）・野田素子（4）より小作。〕

佐々木千次郎家—大正10年　分家初代。

経営面積　大正10年8枚（3）—昭和6年16枚（7）—昭和15年24枚（19）—現在25枚〔もと自作地なく、本家佐々木堯平より5枚小作。これは未解放。〕

　以上，ほんの数例であるが，佐々木家の借屋として新らしく成立してきた家が，自己の経営面積を拡大するとともに，佐々木家からの小作地をも増大させ，経営として安定した現在の上・中層農家となってきた様相を窺えるであろう。しかもそのほとんどが，単に佐々木家だけを地主とするのではなく，他にも数名の地主よりの小作地を経営しているのである。そうした経営の安定化が，さきにもみたように佐々木家の貸付地経営の中核となってきたのである。前に奉公人分家は成立が古く経営が大きいと指摘したが，借屋という奉公にも比すべき特定な関係を有する農家の成立は，佐々木家によって支援されつつその経営を拡大していたのである。

　こうした傾向は単に佐々木家にいわば強い従属性をもつ借屋層においてのみみいだされるのではなく，むしろ地主手作経営の解体や自作大経営の解体，とくに明治末期においては新開墾に基づく，土地の増大に伴い，中堅的階層において一般にみられたものである。それはなによりも明治末期から大正全期にわたる一戸当りの経営面積の増大として表われている。一方，自作上層・自小作上層の地主的諸関係に制約されない，前述のような組合活動の広範な展開もまたそれを示すであろう。

　大正期の地主経営が基盤として利用したものは，かかる直接生産者層の経営的展開であって，それは先にみたごとく反当生産量の増大を骨子として，安定的な経営規模の確立（2町〜3町歩）へと向った動きであった。しかもそうした小作層の生産力向上に対して，地主の小作料取分は反当収量の上昇に追いつかず相対的に減小する傾向があったことは前にも述べた。このような状態で小作層は次第に特定な一地主への従属から脱却して，数地主の小作人となり，永小作権の設定あるいは小作権の事実上の形成として，「内立て」・「又小作」が，かなり広範に成立するのである。地主的支配の弛緩は，上昇する小作層によって一層小作料負担の過重なることを意識させ（恩恵的関係が薄れ，階級的利害が露わとなる），ここに小作争議の基盤が生じたのである。

第4章　大正期における地主経営の構造

　こうした下からの小作料率引下げが反当生産量の増大によって相対的に，あるいは争議によって絶対的に行われる段階で，全国的な地主的土地集積の停滞がみられ，他への転進が図られるのである。南郷村においては，大正期にもなお土地集積が進行するとはいいながら，佐々木家の再生産構造で明らかにしたように，もはや土地集積―貸付地経営だけが地主経済の内容ではなくなり，株投資その他へ向わざるを得なくなっていたのであり，この傾向は昭和期に入って全国的な地主的土地所有の減小と一致するに至ったのである。

　〔付記〕　本稿は前稿でのプランに示されたように，このあとに農業生産力と小作層の経営分析が続く予定であったが，これは別稿において考察することとし，ここでは割愛した。しかし，必要な限りは本文中で論じたので，論旨には支障はない。

参考文献
（1）　馬場昭「水稲単作地帯における農業生産の展開過程」『東北大農研彙報』7，98頁以下参照，1956年。
（2）　栗原百寿『現代日本農業論』中央公論社，32-40頁，1951年。
（3）　安孫子麟「明治期における地主経営の展開」『東北大農研彙報』6，263-266頁，1954年。(本書第3章)
（4）　安孫子麟，同上論文，233，236，246-247，254頁。
（5）　安孫子麟，同上論文，233頁。
（6）　馬場昭，前掲論文，109頁。〔編者注：該当なし〕
（7）　安孫子麟，前掲論文，260-261頁。
（8）　馬場昭，前掲論文，108頁。
（9）　安孫子麟，前掲論文，Ⅲ節参照。
（10）　安孫子麟，前掲論文，261頁。
（11）　安孫子麟，前掲論文，259，265頁。
（12）　阪本楠彦『日本農業の経済法則』東京大学出版会，143頁，1956年より重引。
（13）　阪本楠彦，同上書，144頁。
（14）　阪本楠彦，同上書，136頁。
（15）　阪本楠彦，同上書，92頁。
（16）　中村吉治『村落構造の史的分析―岩手県煙山村』第2章参照，御茶の水書房，1956年。
（17）　菅原安吉『南郷村誌』256頁，1941年。
（18）　安孫子麟，前掲論文，269-271頁。

(19) 安孫子麟，前掲論文，228頁。
(20) 安孫子麟「大正期における地主経営の構造」上『東北大農研彙報』7，315-333頁，1956年。（本書第4章）
(21) 安孫子麟「明治期における地主経営の展開」『東北大農研彙報』6，225-276頁，1954年。（本書第3章）
(22) 安孫子麟，前掲「構造」320頁。
(23) 吉田寛一「水稲単作農業の生産力の発展と農民層の分解」『東北大農研彙報』7，299頁，1956年。
(24) 安孫子麟，前掲「構造」320頁。
(25) 安孫子麟，前掲「展開」245頁。
(26) 安孫子麟，同上，245頁。
(27) 七十七銀行『七十七年史』563-571頁，1953年。
(28) 馬場昭「水稲単作地帯における農業生産の展開過程」『東北大農研彙報』7，120-122頁，1956年。
(29) 安孫子麟，前掲「構造」329頁。
(30) 安孫子麟，前掲「展開」264頁。
(31) 安孫子麟，前掲「構造」329頁。
(32) 吉田寛一，前掲論文，279-314頁。
(33) 安孫子麟，前掲「構造」333頁。
(34) 吉田寛一，前掲論文，311頁。
(35) 吉田寛一，同上，300頁。
(36) 吉田寛一，同上，287頁。
(37) 安孫子麟，前掲「展開」269-271頁。
(38) 菅原安吉，前掲『南郷村誌』719-734頁。
(39) 安孫子麟，前掲「構造」333頁。

第5章 水稲単作地帯における地主制の矛盾と中小地主の動向
―― 水稲単作農業に関する研究・南郷町調査報告(6) ――

はしがき

　わたしは，すでに発表した三つの前稿（本書第3章，4章）において，水稲単作地帯に特有な大地主制の分析を意図して，宮城県遠田郡南郷町大字大柳に居住する佐々木家（200町歩所有）の経営を，明治初期から昭和初期にいたる期間を対象として考察してきた。そこでは，主として単作地帯における大地主の経営の展開と，その停滞についてみてきたのであるが，本章ではその具体的分析に基いて，地主制一般の停滞・矛盾の基本的法則を整理し，その上で，この基本的コースを外れる地主の，経営ならびに性格を見当づけておこうと思う。

　本章の最初の意図は，明治末期以降の農民層の農業生産構造を一層明らかにするために，またしばしば問題とされる村落構造の変質過程を解明するために，単にいままで分析してきた大地主の経営だけではなく，中小地主がどのような経営を続けてきたかということを考察しようとしたのである。しかし，こうした小地主の農業経営あるいは村落支配における役割を明確にするためには，何よりも地主制展開（「完成」「矛盾」「停滞」等の）の基本的コースを明らかにする必要があった。そうした課題は，すでに前三稿の意図でもあったが，われわれ自身の整理の不充分さのゆえに，必ずしも明確ではなかった。それゆえ，ここで水稲単作地帯における地主制一般の展開過程を整理しておきたいのである。

　そうした意図の下に，本章のIとして要約される地主制の展開過程は，対象としては，水稲単作地帯における地主制の矛盾の問題を主として扱っている。その裏付けとなる具体的資料は，前三稿で考察したものに基いている。ここで，水稲単作地帯を中心としてそうした展開法則的なものを導き出したのは，それが単に従来からの研究対象であったばかりでなく，この地帯の地主制が，とく

に大地主が，農地改革に至るまで，他の農業生産構造を持つ地帯に比較して，より強固に残存していた点からみて，このなかに日本の地主制のより本質的な形態を明確に見出し得ると思うからである。近畿を代表とするいわゆる「先進地帯」では，大正初期以降大地主は明瞭に衰退し，小地主が農地改革まで残存するという過程を辿るが，東北地方の水稲単作地帯では，大地主はやや停滞をみせるが表面的な土地所有の上では安定的であり，むしろ小地主が没落しないまでも不安定な状態をみせている。それゆえ，大地主と小地主という対比だけを問題とするならば，近畿の方がより明確となるだろうが，日本農業を支配するという意味での地主制は，大地主が残る地帯によりはっきり見出し得る。もちろん，地主制それ自身の典型は何かということは，また別である。そうした特定な農業生産構造と，その地帯の具体的な地主制との関連は，さまざまな形態を示すであろうが，そのなかから基本的法則をみようというわけである。

つぎにⅡでとりあげた「中小地主」の問題であるが，しかし中小地主といっても，ここで考察されるのは，量的な点だけではない。実は中小地主という言葉の持つ意味は，単に土地所有の量的差違を示すだけであって，それも，農業生産構造の差によって，一律に何町歩から何町歩までといえないことは当然である。たとえば，輪作の発展している畑作商品生産地帯と，水稲単作地帯，あるいは自給的穀作地帯とでは，それぞれの地主経済の差で，小地主という量的な規定もまた自ら異なるものである。そうした極めて無概念なものをことさらとりあげたのは，その量的な差が，実は経営の質的な差として反映する限りで考察する必要があったからである。この量的な差が，前のⅠで述べる基本的コースと質的な差を示すに至らないならば，それは問題とならない。しかし，現象的にみると，大地主と小地主とは経営構造の質的な差があることが多いので，「中小地主」というような便宜的な表現をしたのである。わたしは，こうした差をまったく別個のものと考えるのではなく，基本的な法則性では同一でありながら，地主制の矛盾が表面化してきた際に，はじめてその対応形態の差として現われる，あるいは問題となり得ると考える。

矛盾の表面化以前は，大小という量的な差は，本質的な質的な違いとして問題にする必要はない。それは単に量的な差として考えることが，地主制の基本的な扱い方だと思うのである。しかし，矛盾表面化以降は，かなりはっきりと

対応形態の差を示す。それは地主制の基本的コースから外れるという形においてである。もちろん，個々の大地主にもあるが，それは小地主の場合に比べて低い率を示すように思う。こうした対応形態の差がとくに問題となるのは，農民運動＝小作争議に際してのこれらの地主の位置である。実は，直接的には農民運動史の側面から，この問題を解明する必要を感じてきたのである。以上の理由で，中小地主という誤解を招き易い言葉を使ったのである。

　なお本章の対象とする時点は，明治末期以降であって，明治末期とは，多くの論者によって「地主制の完成期」といわれる時点である（正確な年代は人により少し差違がある）。つまりこの期以降，地主制の矛盾が次第に表現化するとわたしは考えるのであるが，こうした地主制の諸段階について少し述べておきたい。

　わたし自身この時点を「地主制の完成」と書いたことがあるが（この地帯では明治40年），この言葉の厳密な内容は必ずしも明らかにしていなかった。すなわち，いまわたしにとって大きな問題は，幕末から農地改革までの地主制の諸段階を，どう規定するかということである。その一つの試みはすでに報告したことがあるが（1956年　土地制度史学会大会の報告），それは本章でも完全に果し得る課題ではなく，現在別稿を準備している。しかし，明治末期について結論的にいえば，それは「日本的」な地主体制（内容的には後進資本主義下の農業における地主体制）が完成した時期であって，こうした「特殊日本的」地主制は，ブルジョア的発展の所産とみなされる絶対主義下の「世界史的」な地主制が，資本主義経済によって精算されることなく，むしろ後進資本主義の特質として妥協的に，その社会体制に取り入れられたものと考えている。とすれば，この画期は，地主制の諸段階（形成・確立・完成・停滞・衰退等々）として，従来一列に把えられていたものに，もっとも大きな区分を与えるものである。もちろん，それは一夜にして変るものではないから，その前後において変質の過程は存在する。そしてまた，先進地帯と後進地帯では，この転身の遅速の差があることも当然である。

　わたしは，ここに大きな画期をおき，その前後（質的にかなり異なる地主制）について，それぞれ細区分を行うべきだと思っている。この後の時期が，本章の対象となるものであって，資本主義体制内に妥協的に組込まれたというまさ

にそのことに,「地主制の矛盾」が内包され,そうして「比較的安定期」(大正7年米騒動まで) を経て,「地主制の危機期」,そしてそれへの対応といった過程が辿られるのである。こうした解釈には問題があろうが,それは本章の問題ではない。しかし,別稿で論ずる前に,以下補論としてもう少し説明しておこう。

〔補論〕 地主制の発展段階規定の視点について

　戦後の地主制研究は著しいものがあるが,しかし現在発表されつつある諸成果は,論争的な対立となって解決し難いようにみえる。こうした研究状態に反省を与える発言が最近現われつつある。例えば,それは,古島敏雄氏が「地主制の形成」(明治史研究叢書) の「解説」で指摘されたもの,あるいは,大石嘉一郎氏の「農民層分解の論理と形態」(『商学論集』26巻3号) の問題意識である (他にもあることと思うが,ここで触れないことをお詫びしておく)。古島氏(1)は,戦後の研究が「幕藩領主下において地主・小作関係が端緒的に形成せられてくる過程に集中した」点を挙げられ,大正,昭和期については「個別具体性を明らかにする分析の形では進められず,従来の知見の再評価に止まった」としておられる。こうした明治以降の地主制の研究は,地主制そのものの展開を追求せず,資本主義確立の面から地主制の性格規定だけを行うことになっていたといわれるのである。そのために,現実の研究をみても,幕末期の個別研究と明治以降のいわば統計的分析に基く研究とは,これが同じ日本の地主制研究かと疑うほどのギャップを生じていたのである。われわれ自身もこうした点から,明治・大正期の地主の個別分析を行ってきたが (前三稿がそれに当る),それは幕末期の分析と地帯が別であったため必ずしも筋が通らず,いずれ統一しなければならなかった。こうした明治・大正期の個別研究としては,(2)守田志郎氏・塩沢君夫氏・星埜惇氏あるいはわれわれの煙山村の分析等数少ないものであった。

　また大石氏(3)は,「戦前の研究は日本資本主義の類型的規定において問題とされ,戦後は世界史的な発展段階において問題とされている」と述べられ,「類型論的と段階論的との二つの規定を統一することによってはじめて,日本の地主制を充分把握し得るであろう」とされている。わたしも大石氏の意見に賛成する。もっとはっきりいえば,古島氏もいわれるように(4),歴史家の研究と農業経済学者の研究の視点がつながらないのである。しかも地主制は,幕末から農地改革まで続いている。古島氏も大石氏も,こうした点について反省を提出されたのであろう。こうした点は研究の上ばかりでなく「寄生地主」という言葉の内容までが,人によって異なるという混乱をつくりだした。地主制の段階を整理するのはこうした意味からにほかならない。ところで大石氏は「この二つの規定は,分析方法の論理段階が異なっていることは明らかである。段階論的規定は世界史的な発展法則＝段階に関する規定で

あり，より一般的抽象的規定である。類型論的規定は，より一般的抽象的規定としての発展段階が確定されたあとの，その日本の場合の構造的規定として，より具体的個別的規定である。だからわれわれは，まず一般的抽象的規定としての段階規定を確定したあとに，その上に個別的具体的規定としての類型的規定を附加することによってはじめて，多様な規定性の統一体としての日本の地主制を具体的論理的に把握することができる」といわれて，そのためには「まず何よりも小農民経営の分解，すなわちいわゆる「農民層分解」の段階的ならびに類型的形態の規定が必要となってくるであろう」という点から分析を進められる。

ここで引用した限りでは，実は大石氏のいわれる「二つの規定」の統一の意味がわからないかもしれない。大石氏はさらに進んで「農民層分解の形態は，直接的には農業そのものにおける生産諸力，その経営様式の発展段階を基礎規定とし，その基礎規定に作用を及ぼす資本主義の発展段階論的規定を媒介的契機とし，具体的にはその両規定の統一としての各国資本主義の類型論によって統一体に規定される」といわれる。そして以下，主として先にあげた「段階論的規定」をさらに峻別した「基礎規定」と「媒介的契機」とから，農民層の分解を考察される。ここまでくれば，わたしが考えていることとはかなり違った方向へきていることがわかる。

わたしが，かなり乱暴にわけた農業経済学者と歴史学者との研究の差違は，大石氏がいわれる「各国資本主義の類型論」に基く地主制把握と，「近代化の過程の段階論」に基く把握との間の，論理段階も時点も異なるという点に求められると思うのである。本文中で，絶対主義下の世界史的法則をもつ地主制といったのは後者の内容を指し，日本的後進資本主義下の農業問題としての地主制といったのは前者の内容を指している。こうしてみれば，日本地主制の解明には一つの分析論理ではなく，二つの論理，すなわち過渡期の扱い方と後進資本主義下の農業問題の扱い方との二つを，段階をわけて適用しなければならなくなる。もちろん，地主制は，幕末から農業改革まで続くのであるから，そこには共通の基礎が絶えず考慮されなければいけない。いわばこの「差別性」と「共通性」の二面が，具体的分析にあたっては必要なのである。

こうした点は，大石氏が，資本主義（資本主義だけでないといわれるかもしれないが）の全機構的発展段階に視点をおく農民層分解の規定を扱った際，小営業乃至初期マニュ段階では地主小作関係への分解が基本的であり，このような分解は，初期的＝過渡的形態にすぎず，商品経済の一層の発展で消滅するのが正常な型であるといっておられるのが，わたしのいう世界史的な地主制の規定に照応するのである。そして，大石氏が，重商主義以降の段階では寄生地主を作り出す農民層分解を認めず，正常なのは両極分解であると結論されたにもかかわらず，日本では厳として地主制が存続し，まだそのような分解がみられたという事実に照応するのが，わたしのいう後進資本主義下の地主制の問題である。

日本における地主制の規定については，実はかなり基本的な対立がある。それは直接には上に述べた「地主制の二段階」の混同から起るものであって，たとえばその「確立」ということの内容についてみても，栗原百寿氏は古島氏がその時期を地租改正におかれたのを批判しつつ，つぎのようにいわれる。
　「寄生地主制が構造的に確立されたといいうるためには，日本資本主義の早期金融資本的な発展そのものに対応して，一方では地主手作の地主経営的発展の道が決定的に閉塞されるとともに，他方では寄生地主制が名目的に解放されたばかりの農民的分割地所有の急激な潰滅にもとづいて急速に拡大しつつ，同時に深刻な潜在的農村過剰人口を作りだして，日本資本主義のために相対的過剰人口の供給源となり，資本主義的蓄積そのものの不可欠の基盤としての意義を与えられることが必要であった。すなわち，わが国の寄生地主制は，明治初年代でも十年代でもなくて，実に二十年代から三十年代にかけて，自作農的な分割地所有の一応の安定化と対応して，確立されたのである」[(8)]
　こうした把握は，たとえば西洋経済史学で明らかにされつつあるイギリスの地主を説明することができない。それを単に「確立しない過渡期」と呼ぶことになるであろうが，それならば吉岡氏が提起されたように，こうした過渡的な地主制が，なぜ世界史的に共通に登場するかということになる。栗原氏がいわれるのは，いわば後進資本主義国としてこの日本において，商品経済の発展にもかかわらず消滅しなかった，特殊具体的な地主制である。大石氏の言葉をくり返すまでもなく，消滅するのが正常なのである。こうした地主制理解が出るのは，実は，地主制の規定を土地所有という面だけで段階的に切るからではないだろうか。もちろん，地主の本質は土地所有関係にある。しかし，近代化の，つまり資本制への移行の段階規定は，土地所有ではできない。それは経営形態＝商品生産の構造から規定されるのである。地主制はそこからのみ規定され得る。そこにとくに近代化の過渡的範疇としての，地主＝マニュファクチュア（大塚久雄氏）あるいは地主＝ブルジョアジー（服部之総氏）という内容がでてきているのである。大塚氏がいわれるとおり，「ブルジョア的利害と共同体的利害」のなかで動揺するのが，世界史的な地主制である。ブルジョア的利害追求の道を閉ざされ，土地所有者乃至高利貸資本としての性格を持って，資本主義機構に組みこまれた地主制は，もはや過渡的というより，あきらかに特殊具体的な資本主義の構造として把握しなければならないだろう。この点で，藤田五郎氏が指定され，塩沢君夫・川浦康次両氏によって進められた「豪農」範疇について[(10)]も，豪農から地主へ転化したときは，他ならぬ日本資本主義的地主制であって，その前段階たる豪農にこそ，世界史的な地主の性格を見得るのではないだろうか。ここでも用語の統一が痛感されるのである。
　わたしの視点はほぼ以上のようであって，詳しくは別稿に譲るが，なお本章との関連で，日本における後段階の地主制の論理について指摘しておこう。具体的には

第5章 水稲単作地帯における地主制の矛盾と中小地主の動向　229

本論がそれを示している。この段階の地主制について資本主義に規定されたという内容を与えたのであるが、それは最初に引用した古島氏の言葉にもいわれたように、従来は資本主義側からの分析論理が、直接に地主制を説明していた。しかし、資本主義が直接に規定するのは、むしろ農業生産一般であって、一義的に地主制に関連したのではない。したがって、われわれは、地主制を農業生産の内部から考察しなければならない。そこでは、小農の経営構造が問題となり、地主制の矛盾についてはとくに、前段階から止揚されずに変質した地主制の下にある小作農の経営が問題となる。明治中期以降の地主制規定では、いままでこうした視点が極めて少なかったのである。このような内部構造全体が、資本主義的法則と関連し合うのである。したがって、地主制は資本主義機構の視点から直接明らかにもし得ず、また、共同体関係から把握することもできない。これはまた前段階の地主制についてもいい得ることである。そこでも小ブルジョア的関係とともに、前期的資本乃至共同体関係が具体的に把えられなければいけない。以上、長々と説明したことは、日本の地主制の段階規定、したがってその意義を明らかにするための視点であったが、要約すれば前段階では、世界史的段階論の論理のなかで特殊日本的な類型規定を与えられるべきであり、後段階は、特殊日本的な資本主義機構の下での農業問題としての論理で規定さるべきものである。この二つの論理のディメンションは明らかに異なるのである。そうしてこの地主制連続の基礎にあるものを、日本における近代化→資本主義の展開という類型把握の基礎において考えるべきであろう。

I　地主制の矛盾の基本構造

1　問題の所在と分析の視点

　前述のとおり、地主体制の矛盾が表面化するのは、この水稲単作地帯においては、明治40年から大正6年にいたる、地主経済構造の変換期を経た後のことであり、前各章で事例とした南郷町の佐々木家では、大正7年乃至大正9年の反当小作料の引上げ期をもって、一つの画期とし得るであろう。ところで、この矛盾の現象は、端的には、全国的な小作地率の停滞、大地主（50町以上）の減少として把握されているが、この現象の原因たる矛盾の内容については、各論者によって表現が異なっている。新潟の単作地帯の個別的具体的分析から、明治、大正期の地主制について画期的な解明をされた守田志郎氏とその共同研究者諸氏は、とくに作徳米取立法の変化に基き、地主が米穀販売の面で資本主

義経済と対立する面を強調し，他方，農民各層も資本主義経済の展開とともに，組織化された農民運動を展開するに至る点を挙げておられる。すなわち，基本的には「大正期における米価をめぐる対立は，現物地代として収奪した全剰余価値実現への地主的努力に対する産業資本側のあくなき相対的剰余価値への欲求……両者のこの構造上の矛盾として，派生的な矛盾を伴ってのっぴきならないものとなっていく」とされる。同様に，栗原百寿氏も「この時期の米価問題や小作問題の台頭ということは，地主制の体制的ならびに構造的矛盾がようやく内在的にあらわれるに至ったもので，その内在的な発展にもとづいて，かえって地主制の補強が行われ，地主制はいよいよ爛熟するに至るのである。(明治40年より大正7年まで——引用者注)」とされた。栗原氏は，これを「地主制の停滞期」とされ，大正7年＝米騒動を画期とする「分解期」(山田盛太郎氏も同様)とは峻別されるのである。この「分解期」では，小作争議の高揚が要因であるとされている。このように，両氏ともとくに米価問題を中心とする地主経済と資本家的経済との矛盾を指摘しておられ，これとともに生ずる地主制と農民的小商品生産との矛盾に基く農民運動が，直接的に地主的土地所有否定の動きとなるとされるのである(栗原氏の農民運動の把握はこれと異なる)。

　ところで，この二点はともに容認されているところであるが，この二点の関連はどうであろうか。この前の点については栗原氏は「かえって地主制の補強が行われる」とし，さらに，資本家と地主と労働者と農民との間で，四つ巴に対立した矛盾は，農民運動の展開とともに，資本家＋地主，労働者＋農民の二つの陣営へと整理されるとして，とくに農民運動＝小作争議の展開を極めて重視されるのである。こうした立論は井上晴丸氏においても同様であって「地租問題にせよ，米価問題にせよ，ことは直接的に地主のふところにひびく問題に直面しつつ，彼等は根本的にいって，資本とのより一層緊密な協力を遂げていった。彼らの直面しているより重要で根本的問題は，小作争議の猖獗であった。彼らが衝突しているのは資本とでなく農民とであった」といっておられる。それゆえ，先に指摘した二点の関連は，むしろ小作争議運動の側からの考察が基本におかれるべきであろう。いいかえると，これは栗原氏も指摘されるように，地主制の構成要素である零細小作農民経営(山田盛太郎氏の規定)から，新らしい農民的小商品生産へと移行することが基礎となっている点が問題なのであ

第5章　水稲単作地帯における地主制の矛盾と中小地主の動向　　231

る。われわれはこうした過程を，農民層の自立化として，具体的に宮城県の単作地帯について実証してきた(17)。もっとも，栗原氏が，具体的には農民的小商品生産にどのような内容を与えられたか，必ずしも明確でない点があるが，われわれが自立化として問題としたのは，主としてつぎのごとき事情によるのである。

　それは，この点もしばしば指摘され，日本農業危機論の端緒となっているところの，大正期における農業生産力の停滞現象が一方の側にあり，他方栗原氏とともにわれわれも宮城県の農民運動史として明らかにしたように，小作争議は最も零細な貧農層が主体ではなく，経営を拡大しつつある中層農（単作地帯では2〜3町経営）が主導している事実，および争議が一般的には地主の人格的支配が稀薄となりつつある地帯に起るという二点から考えなければならない。それゆえ，とくに停滞現象が明確となる水稲生産においては，生産力上昇に基く農民富裕化をもって，単純に栗原氏のいわゆるこの期の「農民的小商品生産」の内容とすることはできないのである。わたし自身も「経営的展開＝小作層の上昇」という言葉を用いたが，その内容は，決して単純に富裕化を意味するものではなかった。

　ところで，この農民層の自立化という言葉は，それ自体としてはまったく歴史的でないものである。それは封建農民についても，一定度の自立化が必要だったのであり，また地主制が形成されるときにも問題となる。自立化とは商品経済の展開という言葉と同様に，それ自体では段階をもたない。しかし，ここで明治末期についていっているのは，栗原氏のいわれる「小商品生産者」への道を可能とするような過程であって，画期ではない。だから部分的に，そうした「小商品生産者」が存在しても良いし，またしているであろう。しかし，体制としてはまだそういえないのである。この段階での自立化過程は「小商品生産」を見通して用いられているのである。そこでは，人格的な・前近代的な地主支配から自立化が問題であり，依然として高率小作料ではあれ，次第にその率を低下させつつ，その土地貸借関係をより近代的な方向へ押しやった傾向を指すのである。もちろん，このことは農民層，とくに上層農（自小作ともに）の手元における商品生産的展開に裏付けられる。この展開は外ならぬ生産力上昇，具体的には反収の上昇と安定を基礎とした地主経営の安定＝地主制の完成

とともに進行したものであった。その過程のなかで，旧来の共同体的諸関係は一層解体されてくるのである。地主的土地所有・地主的支配が，共同体的諸関係（それはもはや封建社会のそれに比し一層解体し再編成されている）を基礎とし，人格的隷属関係を持つものとする立場からも，大正初期からの農民層の自立化の動きは，地主制にとって極めて大きなエポックを作る理由といえるのである。このような農民層の自立化に対して，古島敏雄氏が明確に指摘されたように「明治期の地主は生産的機能も果していた[18]」という点は，まさに地主がより明瞭に共同体の首長たる地位にあったことを示すものであり，わたしも最初の稿で，この具体的な分析を行ったのである。農民層の自立化とともに地主はかかる機能を失ったのであるが，この農民層の自立化が，直ちに小作農が争議に組織されたこととはつながらない。この点でわれわれは，守田氏が検見制から定免制へ移行した点を重視したことに同意するものである。2以下でこの点を述べることになるが，農民層の自立化は，地主をしてますます小作米販売者たる性格を強めさせ，他方で地代率を引下げ土地投資を不利にしていったのである。こうした面は，農民運動の組織化を進めたことと相俟って，農民層自立化の持つ重要な意義であった。かくて，われわれは，この農民層自立化の傾向をもって，地主制の矛盾を形成する最も基本的な内的要因と考える。より根本的には，資本主義体制の内部に，かかる地主制が否定されずに構造的に維持された点こそ問題であるが，それは日本資本主義の問題として解明さるべきであって，その下では上述の点に内的要因を考えるのである。米価問題その他をとおして，地主が産業資本の利害と相対立することも，それは日本資本主義の究極構造がもつ特質であるが，矛盾として激化するためには，内部でのかかる要因が必要であり，それは土地所有関係＝小作料収奪の変化をもたらす内的要因と規定さるべき点であるのである。

　ところで，地主的土地所有の不利＝地代率の低下については，阪本楠彦氏が詳細に考察しておられる。阪本氏も，「米価がしだいに低く安定せしめられ……同時に高揚する小作農民の斗争が，寄生地主的土地所有の安定性を年とともに強くゆさぶってくるとき，寄生地主的土地所有が新らしい時代に即応した存在形態を求めて変貌してゆかねばならなくなったのは当然である[19]」と述べて，地主的土地所有の安定性を吟味するために，地価と米価の変化を分析された。[20]

そうして，いわゆる「地主制の完成期」とされる明治30年より大正8年までの期間では「地価は，小作料利廻りより算出される地主採算価格以上に遊離する」という現象を，主として関西地方にみられ，全国的にも地価と米価が平行して変動する点から，それ以前に比し土地所有からの投機的利益が減少したといわれるのである。この理由として，第一に農民的小商品生産の発展を挙げ，その結果一部地主の土地売却を指摘するのである。さらに大正8年以降の地価の変動は近代的硬直性をもち，かつ利廻は一般利子率を遥かに下廻るという現象を示す。この高地価を維持したのは，農民の商品生産の一層の発展に基づくものであって，「小作料の計算をしてみるものは耕地を買入れず，『現に土地を買わんと欲するものは大地主に非ず金持の輩にも非ず，実は自作兼小作人の輩』であった」[21]といわれるのである。東北地方ではこうした現象が必ずしも顕著ではないが，時点がやや遅れるとはいえ，小作争議が一方で地主と対決を迫っている事情を考えれば，地主的土地所有は極めて不利なものとなったことがわかる。われわれは東北の単作地帯について，大地主が昭和中期まで減少しない理由を，地代収取と一般利子率との関連でみたのであるが，それは阪本氏と同様に，農民層の経営内容がその基準となっていた。ところで，ふたたび同じ指摘を繰返すのであるが，耕作農民が一般利子率を越える高さで土地購入を行うことの背後には，その経営が，まだ完全に資本家的採算に基いていないことを示すもので，ここに「農民的小商品生産」の限界を明確にしておかなければならない。その経営が一部雇傭労働に頼るとしても，なお基幹は家族内の自給的労働であり，雇傭する他人労働もまた，完全に「零細経営地を持つ農業労働者」となり切らない側面を持つことが問題なのである。地主との隷属関係を稀薄にし，恩恵―奉仕の関係が薄れ，小作料を単なる死重と感じつつある自立小作農は，その蓄積された剰余部分で自作化しようとしたであろうし，また自作農も利廻りを無視して，年々の収益を増大するために土地購入へ向ったのである。そこでも，単に土地獲得＝自作化だけが唯一のコースではなく，小作地を借入れて経営を拡大する方向がみられたことは，わたしも指摘したとおりである[22]。しかし，この小作地借入れによる経営拡大・雇傭労働力による経営が，展開しないのは，やはり小作料＝死重部分の大きさに規定された。経営を拡大しながらも，それは依然として家族労働が中心となっていたのである。この地代

部分の相対的低下（とくに昭和中期以降）が，農民経営をよりブルジョア的内容にちかづけるのである。農民層の水稲生産がかかるものである以上，その商品生産者としての限界は自ら明らかであろう。そうした限界は，しかし，単に農民層だけからくるのではなく，日本資本主義の特質から制約される面を持つことはいうまでもない。これはとくに主穀たる水稲生産についてより明確なる点である。

こうした地価高騰の現象は，さらに地主の土地売逃げによって促進されることも明らかにされている。この合法化・国家的援助が自作農創設政策であったことはいうまでもない。これに対し，小作争議の高揚地帯といわれる香川・新潟では，しばしば指摘されるごとく，農民の力によって地価の引下げが行われたのである（結果的とはいえ）。一度かかる段階を通過したあとの低地価は（たとえ利廻りが良くなったとしても。しかし現実には一般利子率より低い），もはや地主的土地所有の安定的な基礎を提供しないものである。とすれば，この段階における土地所有関係は，形式的には地主的土地所有ではあっても，もはやその内容は農民経営に規定された土地所有関係に変りはじめているのである。地主的土地所有は，明確に分解しはじめたといえよう。小作争議の意義は決して農民の経営的展開による地価引上げと矛盾はしないのである。

以上，諸先学の成果に導かれつつ，われわれの研究視点を明確にしてきたのであるが，これを要約すれば，明治末期以降の農民層の商品生産的展開→自立化＝地主小作関係の変質を基盤として，それにひき起される地主経営と農民経営の矛盾，地主経済と資本主義経済との対立関係，地主の対応形態を水稲単作地帯について構造的に明らかにしようとするものである。それは，明治・大正期における地主体制の諸段階を解明した数多くの研究のなかで，守田氏等の業績以外にはみられない，個別具体的な地主経営の分析に基いて行われるものである。以上の視点は，すでに前各稿の基礎におかれていたものであるが，われわれ自身の整理の不充分さと，また前稿まではもっぱら具体的な現象の把握に努めた点もあって，必ずしも明確にはなっていなかったと思う。2以下において，いままでの成果に基いて，その基本的構造を述べる。

〔注〕　ここで用語を統一しておこう。上述のことからわかると思うが
　　「農民的小商品生産」は，小農経営の発展段階を規定する言葉として，「事実上の

第5章　水稲単作地帯における地主制の矛盾と中小地主の動向　235

小資本」の形成を内容とする。そこでは上述のような資本制生産へは至らない限界（とくにv部分とm部分の無差別という発展段階の低さ）を持っていながら，地主的土地所有を不利ならしめるほどの，商品生産追求が基本的性格であり，少数ながら（家族労働に比較して）雇傭労働を加えている。こうした「小資本」的性格は，他ならぬ地主自身が「一般農民層の商品生産」（この内容はつぎに述べる）を基礎として持っていたものであり，地主はそれを明治中期以降において失ってきたものである。それが，この段階では小作上層をも含めてかかる展望をもつものとして，「農民的」と規定した。それゆえ「小商品生産」の前段階としては，「単純商品生産」という言葉を用いるが本章では使用しない。

　「農民（的）の商品生産」または「商品生産者としての農民」とは，発展段階を示す言葉ではない。それは生産の形態を示すだけで，いわば封建末期から現在まで，こうした形態は存在する。しかし，農業資本家的生産とは区別し，むしろ農民の「自給的生産」と対置する言葉である。したがって，その発展とは，単に量的な過程の表現で，質的に区別するときは「単純商品生産」，「小商品生産」等を用いる。

　「農民層の自立化」。これも前に述べたように，段階を示すものではなく経営形態（広義の）の発展を示す。このように曖昧な言葉を用いたのは，ここでとくに「地主的支配」との関係をいいたかったからで，用語は混乱し易いが，地主的支配との関係を表わす適当な言葉がなかったので，こういう表現をした。しかも「自立化」というように，完全なる自立を直ちに示しているのではない。そしてこの過程は，当然「農民の商品生産」の展開によりもたらされる。

　以上の三つの用語は，わたしなりの規定で無理な点もあろうし他の方々とも異なるところがあろうが，一応このように定めておく。

2　農民経営の展開と地代率の低下

　最初に，農民層の生産力的上昇に基く地主経済の変化をみておこう。この点は，従来「地主制の完成」とされている時期である。この具体的な事実は，第3章「展開」のⅡに詳しいので，ここでは，この完成が，同時にいかなる構造で矛盾を内包していたか（この点は拙稿「展開」のⅠ-1参照）ということを整理しておこう。

　ところで，この完成期の要因としては，単に農民側の生産力的上昇だけを考えるわけにはいかない。それは，多くの人が指摘している資本主義経済との関係であって，地主的な小営業乃至マニュファクチュアが，確立過程の資本主義経済のなかで没落し，地主的土地所有者的側面に押しこめられる点である。これがここでは一応前提とされて，その土地所有の面だけをとりあげて考察する

のであって，単に農民側の条件だけを考えているわけではないのである。もちろん，この地主の土地所有者的側面についてみても，資本主義経済との関係はあり，まさにその関係を通して地主制の矛盾が激化するので，この点は以下に充分考察したい。

以上をわたくしの段階規定でいえば，地主がブルジョア的側面を奪われた，「日本的地主制」＝地主的土地所有からくる矛盾の検討である。

（i）小農生産力の上昇と安定

幕末から明治期を通じて，地主的農事改良を中心として，生産力的展開の主導的地位に立っていた地主は，明治30年代頃から急速にそうした性格を失い，その後耕地整理法の制定とこれに続く一連の地主的な土地改良事業（耕地整理と用排水事業が主たる内容）を最後として，一般に地代収取者たる側面に閉じこもってしまう。それは大土地所有の地主について明瞭であるように，手作り経営の廃止という現象を伴っていた。このような現象が何に基いて起ったかという点は，ここでの直接的な目的ではないが，地主経済の変化をみる際には重要な点となる。こうした現象の指摘をしておいて，地主の農事改良・土地改良のこの時期における役割から考えていこう。

> ＊ 地主が手作地を廃止して，ほとんど全部の耕地を貸付地とするという変化は，従来からしばしば指摘されてきた点である。それは単にこの時期の問題としてだけでなく，古島敏雄氏によって定式化され(26)そして古島氏自身によってその意義を否定された(27)現象は，江戸中期にもあった。しかし，当面問題としたいのは，とくに栗原氏によって強調された「地主制確立期」における質的内容として与えられた「手作地→寄生地主」という変化である。もちろんわたしは，この強調を直ちに否定するわけではなく，栗原氏が，「質的確立」と呼ばれるほどに，重大な意義を与えた根拠を，わたしなりに明らかにしておきたい。そこでは，栗原氏とやや意見が異なるように思うのである。
>
> 　栗原氏は，この変化を二つの段階にわけて考えておられる(28)。第一段階は，明治10年代から30年にかけて進行したもので，地主が小営業乃至零細マニュファクチュアの経営をはじめ，その過程で手作経営を縮小乃至放棄していったものである。第二段階は，明治30年以降，産業資本の確立過程に対応して，地主的小営業が広範に没落して，特殊的に日本的な寄生地主制として確立したものである。実はここまで栗原氏の論旨を紹介すれば「はしがき」の注で述べたことと関連して，わたしのいいたいことがわかるであろう。

第5章　水稲単作地帯における地主制の矛盾と中小地主の動向　237

　栗原氏が，この段階の問題として積極的に主張されるべきだったのは，むしろ第二段階の内容たる地主的小営業乃至マニュの解体の意義であって，その小営業乃至マニュの解体にもかかわらず，地主的土地所有者としては強固に残った点こそ，まさに「特殊日本的」といえるのである。この点が基本的であって，その過程の中で地主手作経営もともに消滅するが，それは資本主義の確立と必ずしも直接に対応するものばかりでなく，資本主義的経済にまきこまれて展開した農民経営との対抗を通して惹起されたものである。それはとくに山田盛太郎氏も指摘される労働力の面で明瞭に表われるのである。そう考えれば，手作経営の消滅ということだけでは「日本的地主制の確立」（栗原氏）という画期の内容としては，あまりにも消極的であるといわなければならない。
　ただ注意すべきことは，わたしのいう地主のブルジョア的性格（マニュ兼営に示される）が「手作地主」という範疇の属性とされているならば，栗原氏のいわれることと一致してくるが，「手作地主」という言葉にそれだけの内容を与えることは無理であり，あまりにも誤まられやすい用語法といえよう。わたしは「手作地主」という言葉は，範疇としては使わない。

　さて，如上の地主的な農事改良と土地改良は，厳密にいえば，その意図においても，現実に果した役割においても，必ずしも同一の意義をもっているのではないが，それは等しく，地主の小作料収入を増大させるものであったのは事実である。もちろん，小作料収入ばかりでなく手作り地における収入をも増大させたのであるが，基本的には小作料収入の増大となって表われたのである。
　＊　それはしばしば指摘されているように，この農業技術の性格にも基いている。多肥集約経営といわれる「明治農法」は，労働力確保の面で地主手作りを制約することになったのである。しかも，この農法によって上昇する反当生産量は，労働力の面でも小作農をますます小作地経営にしがみつかせることになった。こうした地主の持つ生産力的展開は，単に地主個人のためのものではない。それは，古くは，封建社会における小族団（この内容は血縁ではない。詳しくは中村吉治氏の規定を参照）の首長のもつ性格であって，従属家をも含めた全体のための技術である。この地主の場合であっても，なお小作人をも含めた地主経済の要求として，こうした農業技術導入が要求されていたのである。少くとも，小作人が生産力を高めることは地主にとって望ましいことであり，また必要なことだった。それは，小作料収取の点だけでなく，保護の面についてもそうである。そして，他ならぬこうした小作人の上昇が，遂に地主から自立する傾向を促進したのである。こうした技術が，小作層をますます商品生産者的性格に近づけ，この過程で前述の地主手作地が消滅していったのである。

土地改良は，必ずしも「土地生産性」だけを高めるのではなかったが，馬場昭氏も明らかにされたとおり品種，肥料の改良の基礎となったものであって，しかもそれ以上に，手作経営を放棄した地主が，小作料収入の安定化を意図した改良事業であったのである。

　この地主的農事改良は，主に反当収量の増大＝小作料額の増大を意味し，地主的土地改良は反当収量の上昇・安定＝小作料収入の安定と，小作地の拡大＝新たな小作料収入とを意味した。歴史的にはもちろん前者の性格が先行しており，宮城県の単作地帯においても，明治初期より明治末期にかけて，反当収量は著しい上昇を示している。しかし，以下の点は，現在まで新潟（守田氏，馬場氏）と宮城についてとくに明らかにされている，単作地帯的な特質であるといえるが，決して安定した水準を保っているものではなかった。一般に明治期の水稲反収は，年による変動が著しく，このため，各地主の小作料実収高は極めて大きな振幅を描いて，上下していたのである。すなわち，小作料額はいわゆる最高小作料を示すものであって，それは検見による減免慣行を伴っていたことは，くり返し指摘されているとおりである。地主経済にとって，こうした実収小作料額の不安定性が，重大なる制約となっていたはいうまでもない。

　わたしは，第4章においても指摘したように，具体的な南郷町における地主の，明治末期における大きな問題として，この生産力の安定化の問題があったと考える。こうした反収の不安定さがなくて，生産力を上昇させ得た地帯は，この問題を抜きにして直ちに，地主の小作料収入の上昇・安定があったのである。

　こうした方向が，今や土地所有者的側面だけに圧迫されてきた地主のとるべき，もっとも端的な方向だったのである。地主は，この段階に至れば，まず小作料収入の増大を計ることが問題だった。もう一つの方向は，こうして取得した小作米をいかに有利に販売するかという，価値実現の過程であった。こうした二つの基本的方向のうち，上述の生産力上昇のもつ位置を明らかにするために，つぎのような構造を考えたい。

1．小作料収入の増大
　ⅰ）反当小作料の増大
　　a）反当収量の増大──反当小作料の引上げ

b）　反当収量の安定――契約小作料の完納
　　ⅱ）　新たな小作料収入――土地集積の進行
　2．小作米の有利な販売
　　ⅰ）　米質の向上
　　　a）　米穀検査制度――農民負担の過重
　　　b）　小作契約の改訂――小作農負担の過重
　　ⅱ）　米価の吊り上げ
　　　a）　地主の組織的活動――地主団体の再編
　　ⅲ）　投機的販売――とくに販売時期

　以上のような諸点が，土地所有者としての地主経営の構造であった。こうした並列的に記した構造は，もちろん，別々に動いたのではない。基礎に小作料収取という関係があり，これをとおして，以上の動きを示すとき，農民・商人・産業資本との間にさまざまな対立と妥協が生じてくるのである。このなかで，反当生産量の上昇と安定は，もっとも基礎的な過程をなしているのである。地主によって主導された生産力の展開は，かかる性質しか持ち得なかった。そしてそのような性格であったとはいえ，この生産力展開は，小作農および自作層の経営をも商品生産者たる「小農」として自立させることによって，地主―小作関係（基本的生産関係）に矛盾を生ぜしめたのであった。以下，この点を分析しよう。

（ⅱ）　地代の固定化――契約小作への移行
　宮城県に水稲の反当収量を地帯別に分析した結果では，[34]明治末期から大正5年頃までの反収の急増とその安定が特徴づけられている。このことと直接に関連づけられることは，実納小作料が契約小作料とほとんど一致してきたという現象である。これは，単に特定地主の分析に拠るだけでなく，宮城県全体についてもいえることであり，これを一応，南郷町の存在する大崎耕土（宮城県のもっとも典型的な単作地帯）の，遠田，志田両郡について表示すれば表1のとおりである。この現象は，とくに大正元年と大正10年の対比において著しく，昭和5年ではやや異なっている。しかし，宮城県における小作争議が，大正末

から現われ昭和10年前後まで多かった事実を考慮すれば（表2），単に不作のための減免ばかりではないことが窺い得る。

表1 契約小作料と実納小作料

郡別	年次	契約小作料	以前5ヶ年間平均実納小作料	以前5ヶ年間平均収穫高
		石	石	石
遠田郡	大正元年	0.750	0.675	1.500
	〃 10	0.800	0.800	1.870
	昭和5	0.867	0.843	2.051
志田郡	大正元年	0.800	0.600	1.050
	〃 10	1.000	1.000	2.000
	昭和5	0.922	0.911	2.038

注：「宮城県小作慣行調査」による（県庁所蔵）。

表2 宮城県の小作争議件数

郡別 \ 年度	昭和3年1月～6年6月	昭和8年1月～10年5月	小作地率 大正14年	小作地率 昭和4年
	件	件	%	%
登米	27	16	57.1	60.0
桃生	21	16	62.6	65.0
遠田	18	20	63.0	72.5
志田	13	8	51.1	67.4
栗原	10	34	47.5	55.2
加美	7	15	32.7	35.7
刈田	6	8	50.2	49.3
伊具	5	23	50.4	52.2
亘理	5	3	51.6	54.3
柴田	3	0	58.3	51.4
宮城	3	22	41.6	52.5
黒川	2	5	41.7	50.5
名取	0	2	42.3	47.0
玉造	0	4	37.1	42.2
牡鹿	0	1	41.9	50.2
本吉	0	2	32.3	27.8
計	120	179		

注：1．件数は，佐藤正氏の調査による。（河北新報および宮城県特高課資料）
　　2．小作地率は，宮城県統計書。なお，馬場昭氏「水稲単作地帯における農業生産の展開過程」参照のこと。

こうした実納小作料と契約小作料の一致は，収量の安定と，そして検見制＝減免慣行から契約制＝定免制へという移行によるものである。本来減免慣行をもつ小作料額は，一見契約されたもののようではあっても，実質は最高小作料として，むしろその額全部を納めることは稀なものである。そこでは，小作農を保護しなければ地主経営それ自身が成り立たないという，直接生産者の弱さがあった。もっと積極的にいえば，小作人もひっくるめた地主経営の弱さ＝生産力水準の低さがあったのである。しかし，反収の上昇と安定は，こうした保護の必要性を稀薄にしていったのである。

具体的に南郷町の各地主において，減免慣行が事実上消滅した時点を画することは困難である。

第 5 章　水稲単作地帯における地主制の矛盾と中小地主の動向　241

それは，検見制が定免制へと明確に変化した例は少いからである。むしろそうした表面上の変化が現われるのは，意識の問題でもあって，意識に反映する事実は，かなり先行したと考えるのが妥当である。したがって，ここでは契約小作料と実納小作料の一致の点と，最高小作料という性格の消滅を考えれば，事実上の契約定免制が形成されたといい得るであろう。前の点はすでに示したとおりであるが，後者の点は，まず反当収量と小作料額との上昇をみれば良いであろう。具体的に，佐々木家の事例でいえば，同一耕地（安政期の全耕地）の小作料の上昇は，安政 4 年から明治 14 年までの 24 年間に，19％ 上昇し，明治 14 年から同 40 年まで 26 年間に，実に 29％ 上昇している。試みに安政 4 年から明治 40 年までをとると，54％ の上昇ぶりである。こうした小作料の引上げ率は，反当収量の増大率を上廻るものであったことは，種々の資料の示すところである。つまりここでは，絶えず最高小作料の維持・それへの引上げがあったといわざるを得ない。これは減免慣行を基礎としなければ，なし得ないものであった。そうした点は，この検見制度のやり方の規定の存在からも明らかである。ところが耕地整理がほぼ一段落ついた明治 40 年から，治水工事が終って反当収量が安定した大正 4～5 年までに，水準としてほぼ反当 3 斗乃至 4 斗の上昇がみられるのに対して（その後も緩慢ながら上昇が続く。詳細は馬場氏の論文参照）小作料は，明治 40 年から大正 6 年までまったく固定され，ようやく大正 7 年度に反当 5 升（土地の良否に無関係）大正 9 年度に 5 升（同）あがるだけで，その後は，昭和 4 年度からやはり 5 升引上げられただけである。とくにこの昭和 4 年の引上げは後にも述べるが，この家の小作争議とも関連して，特殊なものであった。こうした明治 40 年以降昭和初期までについてみれば，反当収量の増大分 3 斗から，小作料引上げ分 1 斗（2 回）を差引いて，2 斗が小作人の手元に残ったのである。しかも，反当収量が安定するのが（上昇はそれ以前）大正 3 年度からであって，小作料引上げはそれより 4 年も遅れた点が注目される。これは最高小作料の性格がなくなり，検見制度の事実上の消滅と関連して地代の固定化傾向という性格が強くなってきていることを示す。ここから，契約制の下における地代引上げが，農民の抵抗を受けるようになるということが見通されるのである。それゆえ，前述のような小作料実収高が契約額と一致し，地主取分は，従来の小作料率を下廻って，それ以後地代率低下傾向

が判然と現われるに至ったのである。

* この時期の反収の増加は土地改良事業が大きく響いていたため，すべての田が一様な率で増大したのではなく，従来の優等地に比較して，劣等地の方が急激な上昇をしたことに基いている。この劣等地とは概して常習水害地であって，排水工事がもっとも影響していた。ところで小作料は上下の別なく，一律に反当5升の増額となっているのである。しかしこのことから，直ちに劣等地耕作農民の方が，取分の増加する割合が高かったとはいえない。むしろ，いままでは最高小作料という性格から，劣等地こそ減免慣行が多かったのであって，減免慣行が定免制へと移行し，一律に5升引上げられては，やはり劣等地の方が不利となったであろう。

 ところでそうしたことも含めて，一律5升引上げということが，新たな最高額の決定という意図をもって行われたものであっても，それは明瞭に小作料率を下廻るものであって，より完納し易いものであったことは，生産力の上昇をみればわかる。ここに事実上の定免制が作られてくるのである。なお前稿参照。

すでに上でふれたように，一般に定免制への移行は，同時に小作料額固定化傾向を作り出した。実はこの背後にある農民層の経営的自立，そうして商品経済的性格の強化とともに，市場への安定的接触の要求が強まっていることが基礎となったのである。こうして，地主経済の第一の要求であるところの（前項の図式参照），反当小作料の引上げによる小作料収入の増大という指向は，著しく困難となりつつあったのである。ここに，前述のような反収増大に対する小作料引上げの遅れや，その額の低さが現われた。しかも，昭和4年の引上げは，一部に小作争議をひき起しつつ，地主はこれと妥協的に，地主―小作人協調組合を作り（この性格も大正初期のものとは異なっている）(39)，地主は不作に備えて引上げ分に近い貯穀をするという形をとって行われたものであった。こうした地主の引上げの困難さは，明瞭に小作人の取分率増大となって現われ，このことからも，小作人の経営拡大の要求がみられ，それが現実に進行したのである(40)。また小作経営が，その前段階に比し，著しく安定したことは，他方で地主的土地集積の展開を緩慢にしたのである。

こうした反当生産量の増大と安定・小作料率の低落傾向がもたらした，農民層，なかでも小作層の経営について分析する必要がある。

（ⅲ） 小作経営の安定と自立化

　この点の考察は，すでに共同研究者吉田寛一氏・馬場昭氏によって発表されているが，わたしもまた両氏の分析を基礎として，それに前稿までの考察を加えて，以下に要約しよう。

　この時期における農業技術の展開は，星埜惇氏によって定式化された[41]周知のコースを辿っていた。われわれは，技術展開の具体的認識では星埜氏に多大の教示をうけながら，しかし，そのことのもたらした農民経営の変化については，やや見解を異にしている。それは，Ⅰ全体の課題であるが，ここではまず技術導入の過程を見よう。馬場氏は，星埜氏と同様の定式を南郷町において実証された。それによれば[42]，明治末期以降大正中期までの稲作技術はつぎのような形をとって発展した。すなわち，この時期のもっとも基礎的な改良は，治水・耕地整理事業であって，これはまず作付地の拡大＝常習災害地の解消と開田をもたらし，質的には乾田化へと進んだ。こうした土地条件の整備は，馬耕技術の一般的普及を可能にし，深耕による肥料増投の条件を作り出した。当時は，開田の結果堆厩肥源は少くなり，いきおい購入肥料（大豆粕が主。化学肥料は石灰窒素と過燐酸石灰が僅かに入る）に頼らざるを得ず，この面でも農民層の貨幣経済化が進んだ。しかし，全農民が直接購入したのではなく，地主が一括して購入しこれを小作人に売っている（秋まで貸付け）形も広範に存在した[43]。ともかく多肥農業の性格はますます強く，この施肥技術の上に，耐肥・多収品種が導入され，明治末・大正初の大水害後は新品種とくに「亀の尾」が普及して，晩稲多収品種たる「在来愛国」にとって代ったのである[44]。これは地主によっても支持され，小作契約の際，愛国等の晩稲品種作付は禁止されるに至るのである。こうした技術水準に支えられて，上述の反収増大がもたらされ，地主経済を強大にしたといえよう。

　この技術導入に伴い，吉田氏の分析によれば[45]，南郷町では一戸当の収穫米は，明治36～40年（38年の凶作は除く）の平均25石から，大正4年～7年の平均50石へと，まさに倍加しているのである。もちろん，小作人の取分が直ちに倍加したとはいえない。生産諸手段への投下額も増大し，小作料も引上げられはしているが，前述のとおり小作料はこの増大分をくみつくすことができなかったのである。もちろん，かかる「平均数字」をもって，直ちに小作人取分の

増加を云々することはできないが，いまは全般的な資料をもっていない。しかしながら，明治30年代後半より大正初期までは，3町以上10町までの土地所有者が急激に減小する時期であり（表3），この層が自作乃至地主手作大経営であったのであるから，いわば富農的自作大経営は少くなっていたといえる。そうして，同表で大正4年の3町~10町が55戸に対し，当時の農家数904戸という数字と，一戸当り作付面積2町8反9畝という数字とを考えると，ここには疑いもなく，自小作乃至小作大経営（3~4町以上層）がかなりあったといえる[47]。こうした自小作乃至小作層に，前述の一戸当収穫米の増大の結果が獲得されていたのであろう。そこに実現した農民取分の余剰部分は，商品として販売され，この層を中核として商品経済に立脚する自立化が進行したのである。

そしてまたこうした「自立化」は，単に小作上層に与えられただけでなく，名子的従属農家である「借屋」層をも変質させた。すなわち，前稿で明らかにしたとおり[48]，明治末期以降家屋敷を手放した者，あるいは宅地を借りて分家したものは，もはや賦役地代を負うことはなく，明治中期以前の借屋で賦役を出していたもの（年24日乃至36日）も，次第に米または貨幣によって支払うようになってきた。この転換は賦役36人の場合米1石5斗程度に算定された。また，大正中期以降にいたれば，家屋敷を買取って「借屋抜け」するものも現われた。

さらに，これも南郷町全体についてであるが，馬場氏によれば[49]，明治39年を画期として養蚕（掃立量）が急速に伸び，掃立量では大正10年を，収繭量では大正7年前後をピークとしているのであって，こうした面でも農民の商品生産者的性格は強くなり，わたしの分析では[50]，地主は製品たる繭あるいは生糸を販売することなく，むしろ桑葉を農民に販売している。この販売は，小作人たると否とを問わず行われ，農民はかくてます

表3　南郷町土地所有者の変遷

面積(反) 年度	0~5	5~10	10~20	20~30	30~50	50~100	100~500	500~1000	1000以上	計
明治33年	308戸	84	147		51	37	32	4	2	672
大正4					24	31	39	4	3	
昭和5					27	30	30	4	4	
〃17	207	79	78	33	36	27	23	5	4	491

注：明治33年は「宮城県生産調査」，大正4年は「村会議事録」，昭和5年は「村勧業綴」，昭和17年は「名寄帳」（村外所有をも含む）による。

ます商品経済に入っていき,地主と貨幣を通して関係するという形が強くなってきたのである。こうした関係は,やはり地主の持つ性格に基いて,地主に支配される要因をも含むが,それはもはや水田を通しての支配より,従属的色彩は遥かに薄れていたのである。

さて,農民経営が以上のような方向へ進んでいたとき,土地所有の分解はどうであろうか。残念ながら,自小作地別面積の統計は,南郷町では極めて不備であって,当面の問題たる明治末から大正中期にかけての資料を欠いている。わずかに大正2年には,田の小作地率64.2％,畑の小作地率59.8％であったことがわかる。そこで一事例であるが,前稿では佐々木家の土地集積をみた。そこでは,反当収量が安定し,また米価も比較的高かった大正6年～13年の土地集積は,その前後の数年間に比較して,一年当平均集積面積では,半分しかなかった。逆にいえば農民経済はこの時期に安定したのである。とくに明治末期の分解は著しく,これは明治38年,43年,大正2年の反収2斗という大災害の故もあったであろうが,土地集積は急速に進んだのである。また大正13年以降は,不況の影響がようやく深刻となった状態を示して,ここでも分解は急速であった。

このように,一般に東北地方は大正中期以降も,大地主的土地集積が進むという通説があるが,進むには違いないが,細かくみれば如上のような時期区分が明瞭にみられるのであって,関西を中心に大地主が停滞的になるという時期には,東北でも土地集積のテンポが半減しているのであって,決して相反したものとはいえない。ところで前掲の表3でもわかるとおり,明治33年から大正4年までの時期は,3町～10町層の分解(上下へ)と10町以上層の増大として特徴づけられており,大正4年から昭和5年では,3町～10町層の安定と10町～50町層の動揺として特徴づける。この10町～50町層の動揺の時期は後述するが,農民経営の安定期に(とくに3町～5町層の漸増),地主層が動揺している傾向は,地主経済と農民経済との対抗をはっきり示すものとして注目されよう。

もう一歩,地主的土地集積のメカニズムに入って考察しよう。明治期の土地集積の梃子となっていたのは,地主のもつ前期資本的機能であったことは周知のとおりであるが,この金穀貸付をみると,まず一年間の件数は明治期の方が

多く，利子も，小口貸付で3割乃至3割5分，大口で2割5分で，しかもほとんど年利で示されているのに対し，大正7年〜8年では小口1割8分乃至2割4分，大口1割2分乃至1割5分で，この小口貸付は大部分が，月利率（従って月1分5厘乃至2分）また日歩で示されている。貸付額別で件数をみると50円以下の農民向けの零細な貸付が65％を占め，こうした農民は，月決め乃至日限で借りるのが多くなったのである。この貸付が土地買取りに進む場合に，明治期（ききとりは30年前後について）では，貸付額に応じてまず小作料額を定め，土地の良否・面積は厳密には意識していないため，土地によっては極めて高い小作料率であることもあり，また低いこともあった。このような事情では，まだ厳密な土地市場ではあり得ず，土地そのものを買取るというより，金利部分を小作料で実現するものであり，したがって小作料負担は，当該耕地の生産額に依拠するよりも，農民の経営総体に課せられる性格をもった。そこでは，土地は農民経営総体と離れて価値形態をとるとは厳密にいえないのである。これに対して，大正初期からの土地購入は，金穀貸付を前提とすることがかなり少なくなっていた。それがあった場合でも，土地を売ってその金で借入金を返すという形態をとり，単に質流れといった色彩ではなくなっている。だから地主が明瞭にいっているように，「その土地から取り得る小作料額の10倍の価格で買取るのが原則」となってくるのである。つまり米価の変動がなければ，年1割の利子率である。ここで注意すべきことは第一に，利子率が意識されてきていること，第二に，一筆毎の土地が，農家経営と切り離されて，投資の対象にされていることである。厳密にはこうした内容に接近しなければ，近代的土地所有としての内容を持ち得ず，明治初年の永代売解禁あるいは地租改正をもって，直ちに近代的土地所有関係がこの地帯でも実質的に成立したとはいい得ないであろう。少くとも東北の単作地帯においては，明治末期にこの内容がでるのであり，関西では恐らく明治20年前後に一般化するものと思われるのである。ここでは聊か早計であるが，明治20年（先進地）乃至40年（後進地）と規定した地主制の変質＝後進国資本主義機構下の特殊的地主制への転化は，単にブルジョア的側面を奪われて土地所有者的側面に陥入れられたのでなく，その土地所有の内容においても，こうした変化があり，そのことがまた地主経済をして諸営業から放逐するような，資本制的商品経済の進展の結果だったろ

うと思うのである。このことは，I-4でみる「農民的地価」の形成へと，直ちに連る基盤を作り上げたものといえよう。

さて，以上の諸点を総合して考えれば，この期の地主経済の指向を示した前掲図式の，「1.-ii新たな小作料収入——土地集積の進行」という道もまた農民経営と鋭く対立し，地主的発展を阻むものであったといえる。かくて地主経済は，農民経営に遮ぎられて，小作料収入の増大という，もっとも基本的コースで行き悩むのである。

〔補論〕 わたしは，第4章において，大正初期以降の反当生産量の動きを「停滞」と呼んだ。この「停滞」という現象は，何を意味するかをもう少し検討しておかなければならない。つまり，生産力の停滞として表現されるものは，本来ならば生産関係に制約されて生産力が発展しないという内容を持つのであるが，ここではどうであろうか。

まず具体的には反当り生産力の上昇が緩慢になった現象の根拠であるが，いわゆる「明治農法」の意図である反当り生産量の増大→労働集約の結果，治水・耕地整理の一段落とともに，その急速な上昇テンポを落したのである。しかし，この期の農民経営はいわば安定期にあり，経営という点からみれば，この期から発展の見通しが生ずるものであって，この前段階，すなわち，明治40年から大正3年頃までの期間にこそ，農民が，地主的生産力追求の中にあって，まさにそれを踏まえつつ自立化してきたのである。

共同研究者佐藤正氏の分析によれば（近く発表予定の同氏の論考を参照されたい）金肥多投・新品種導入（とくに陸羽132号）にもかかわらず，反当り収量が明確に停滞すると考えられるのは，大正13年以降であって，大正3年から10年までは，漸進的安定期（赤島昌夫氏）(55)といえるようである。金肥の増大は表4のように大正8年を画期として上昇するが，この時期は堆厩肥もまた増大してお

表4　宮城県における購入肥料使用

	購入肥料消費金額	
大正元年	86.0万円	
2	94.0	
3	87.0	
4	79.0	
5	71.0	
6	119.0	
7	194.0	
8	334.0	
9	有機質肥料	無機質肥料
10	222万円	35万円
11	270	65
12	254	75
13	283	81
14	299	88
15	278	118
昭和2	273	122
3	281	143
4	198	164
5	183	156

注：斎藤報恩会「宮城の肥料に関する調査」より引用。

り，金肥だけの導入が，むしろ乾田地帯では，技術的にみてもいい結果をもたらさないということを明らかにしており，そのため，南郷町でも堆肥製造が大正初期に急増し，大正4年450戸，5年546戸，6年はほぼ全戸が作ったのである。ところが，耕地整理の結果の単作化は堆厩肥源を消滅させ，そこへ金肥技術の未熟もあって反収の増大はむしろ阻まれたのである。だが，大正13年という時期は資本主義経済からみれば，不景気慢性化の段階であって，単に技術的な問題だけでなく，農民経営と資本制経済との関連が技術にどう響いたかが問題であろう。

3 米穀販売と地主経済の限界（資本主義経済下における）

(i) 米穀検査の地主的性格

地主経済において，その取得した小作料の価値実現過程をなす小作米の販売は，根本的に米価の問題であるが，米価をみる前に，販売されるべき小作米の検討からはじめる。

地主経済の「図式」でわかるように，小作米を有利に販売するためには，小作米の品質向上と米価吊上げと投機的販売が考えられる。この品質向上の点がここでの問題である。宮城県産米が，品質不良のため深川市場から排除されようとしたのは，とくに明治37年前後からであった。この地帯では，とくに水害・排水不良からくる米質不良が重要な問題となり，そこへ中稲品種が導入され，味が落ちたともいわれている。これに対する対策としては，明治40年から県令に基く米質等級検査が実施されるに至った。この当時の規格が㊥とか㊦等の記号で表わされたものである。こうした米質検査をめぐっての地主と農民との対立はつぎのような形で激化した。

まず検査制度の施行それ自体が小作農のみならず，農民一般へのかなりの負担となった。米質向上は品種その他により解決されるべき点をも持つが，土地条件（土壌乃至排水）や気候条件にも左右され，単に農民の精農的労働集約によってのみ解決されるものではなかった。したがって，この強行は，農民層にとって直接に負担の増大となったのである。しかし，もっとも多額の米を市場に提供する単作地帯の地主は，米質向上に基く米価引上げを意図して，検査制度と別個に小作米品評会等を開催して，その経費を負担しつつも検査制度を強化していった。剰余部分をかなり大量に販売する自作上層にとっては，品質向上の負担を伴いながらも，等級が上ることによる単価上昇の利益を得ることが

できた。それゆえ，この検査制度をもっとも負担と感じるに至ったのは，ほかならぬ小作層であった。小作層も，単に検査制度ができたから直接圧迫されるのではない。それは何よりも，地主側の圧力から小作契約の上に現われてはじめて実現する。すでに前稿で指摘したとおり，(57)「小作米ハ全テ県令規定ノ四等米以上ノ精撰米」と契約証に記されるのである（この等級区分は明治末期のものが大正期に入って改正された規準）。そうして現実に，大正6年乃至昭和初期では，四等米以上が95％を超えており，大正末年には100％台を維持しているのである。このために払った小作農の負担は極めて大きく，このため検査制度が確立される明治末年には，これを目標とした農民闘争がみられる。なお，この点を鋭く追求された守田志郎氏(58)は，これを「地主の最終的努力」とされて，新潟県についての詳細な分析を行っており，新潟県の農民闘争の第一段階を規定するものと評価しておられるのである。守田氏のいわれる「最終的」ということは，わたしなりにいえば，検査制度それ自身は決して地主経済発展の最終段階に行われるものではないが，検査制度が地主―小作関係に反映してきた段階（大正初期）で，2に述べたような小作料収入増大の道が困難となり，いよいよ米質の問題が地主の最大関心事となってきたことと照応する。そこではまだ，米価の変動は豊凶に左右されるという性格を有しており，資本主義経済の慢性的不況→恐慌に支配されるという資本主義経済との対立関係（そして従属関係）を激化させるには至っていないのである。すなわち，検査制度は，以上のような三段階全部を通じて行われておるのであるが，農民闘争はとくに第二段階に入って，地主がここにのみ努力の手がかりを見るとき，すなわち地主が農民へその負担の転嫁を明確にするとき，激化するに至るのであった。

　こうした米質向上の意図は，地主の持つ商品経済的性格から当然出てくるものであり，土地所有者として獲得する小作料部分の価値を質的に増大させるものであった。そこには，明治30年を転期として日本全体が，米の輸出国から輸入国へ変換するという，産業資本的経済の進展を基礎とするところの，米のかなり有利な販売事情＝投機性の存在があった。しかも，なお日本資本主義経済が，米価をもその支配下に把握する（したがって地主と対立する）という事態は充分に進んでいない段階であったのである。この段階で作られた米穀検査制度は，農民経営の一層の商品生産者的性格の確立とともに，むしろ農民層（自

作ならびに小作上層が主体)にとっても，良質米を作るという目的それ自体はさほどの桎梏とはならなくなるに至るのであって，その時点は小作農が明瞭に小商品生産者としての規定を受け得る，大正8年乃至10年頃であろう。しかし，そのことは直ちに米穀検査制度が，地主対小作の対抗を解消したことではない。大正8年9年を画期とする，資本主義経済と地主経済との対抗関係は，米価を低下させつつ地主と農民とをともに圧迫した。この過程で，良質米を獲得する争いは，地主と農民の間でむしろ深化していった。現実には，小作人が良質米をとる方途は困難であったから，表面的には，負担補償の要求が掲げられるに至るのであろう。かくて，検査制度について守田氏が明快に指摘された「地主小作関係にとって，本来外部的条件であるものが，外からの影響といった形ではなくむしろ内的要素に転化した(59)」という性格は，ますます地主対農民の対抗を強めることになるのであった。その基礎は，農民の商品生産者としての成長にあったのである。

(ⅱ) 投機性の消滅と米価低落

いままで，断片的な指摘を二三してきたところであるが，米価の変動が，基本的には何に基いていたかをまず理解しておかなければならないだろう。しかし，それを全部解明することは困難であるので，ここでは基本的な理解を述べておこう。とはいっても，ここでの整理は大部分先学に導かれていることを断っておく。

南郷町の明治期の事例をもってみても，災害・不作の年は米価が高いという現象を見得るのであるが，少くとも大正初期までの米価の決定には，全国的な豊凶が大きく影響していたと思われる。この点について栗原百寿氏は「既往十ケ年間(明治38年以降―安孫子)に於ける米価は米作の豊凶と関聯して増減高低せるを見るべし」という引用(60)をして，いまだ経済恐慌の一環としての農業恐慌ではありえなかったとされている。そして，日露戦争後の米価問題を「農業危機」とする説を批判されている。われわれの見解においても，前述のごとく，この10年間(明治38年以降)をもって，農業の停滞あるいは危機とは規定し得ないものであった。しかし一方米価問題は現実には大きな問題であった。この時期における米価問題は，実は二つの点から規定されたと思われる。第一は，

第 5 章　水稲単作地帯における地主制の矛盾と中小地主の動向　251

栗原氏も主張される豊凶による事情があった。この点は，一つには生産力の不安定があり，同時にここでは地主体制と資本主義経済がまだ深刻に関連し，対立するには至っていない事情があった。それゆえ，米価も経済恐慌とはまったく無縁に変動したのであることは栗原氏の指摘のとおりである。しかし，第二の事情は少しく異なる。それは，明治 30 年を転期とする米穀の輸出入額の逆転である。これは，その背後にいわば工業人口の増大，農産物の増大に比しての相対的増大があったのである。この米の絶対的不足（輸入に頼ることで解決）は，なお前期的資本の性格を強く残していた米穀商人・地主（兼営も多い）にとっては，前期的投機性の基礎を提供することになったのである。この投機性について，阪本楠彦氏は⁽⁶¹⁾，「米の投機的取引が大きな利益をもたらしうるような社会的環境とは，農民的小生産の確立していない社会的環境にほかならない」として「投機の繁栄」を考察しておられる。このように，産業資本の展開が基盤を提供しながら，その「社会的環境」が農民的小商品生産の未確立，したがって地主の前期資本的性格というようなものであったため，米穀投機の前期性が現われたものといえよう。こうしてみれば，上述の第一の要因（豊凶）は，このような投機性を助長する契機であったにすぎないといえる。

　ところで大正中期は，阪本氏が全国的傾向を分析し⁽⁶²⁾，「地方財閥」＝地主＝米穀商人を基本的主体とされて，大正 4 年〜13 年に投機的取引が最大となることを示しておられるが，実は単純にこうはいえない面がある。すなわち問題は，大正中期の米穀取引の「繁栄」が地主によって行われたかどうかの点である。もっとはっきりいえば，この投機と地主的土地所有の関係である。これは地帯によって，その農業生産構造の差によって，多少異なるものがある。地主のもつ商人資本的性格からいえば，この投機面は継承されるに違いないが，地主的土地所有者という性格からは，この投機性の追求がどこまで行われたか，の手懸りを南郷町でみよう。

　第一の点は，大正 6 年以降の地主佐々木家の月別の米穀販売量の検討であって⁽⁶³⁾，ここでは各年の販売額は 6 月が最高で，それについで 5 月・4 月・7 月・3 月という形を示している。すなわち，最も有利である 7・8 月は，あまり売っているとはいえない。その根拠を前稿では米穀販売額（大正 8 年 31.077 円）とほぼ匹敵する株投資（同年 10.056 円）＋貸付金（同年 18.918 円）の動きと関係

があることをみた。すなわち，米穀販売の投機性を阻害した（投機性がないわけでない）という事情は，貨幣を株投資や貸付へと向けるために，必ずしも米価の高い時に販売し得なかったことである。投機性を抑えるこの事情をもう少しみるために，米価をみよう。この南郷での米価の動きと東京深川の米価とを対比すれば，大正7年以降は，南郷町の米価の方が変動が遥かに少い。このことは，東京の相場がより投機的であることを示している。すなわち，大正中期以降は，投機の主体は主に商業資本に移行しているのではないか。または地主のより商業資本の側面にあるのであって，南郷町の佐々木家のごとき，その性格が薄くより土地所有者的性格が強い地主では次第に投機的販売が少くなっていると思われる。この状態を作り出したものは，ほかならぬ資本主義経済の，地主＝半封建的土地所有者＝小作料収取者＝米穀販売者に対する圧迫，端的には低米価問題である。もちろん，それは米穀の地主の投機的販売を，まったく行わせ得なくしたのではないし，商人の投機的取引に至っては，昭和恐慌期に至ってやや減ずる程度であった。

ところで，地主の米価維持の運動については，すでに多くの論考もあり，またわたしの手に負えるものでもないので，簡単に触れよう。南郷町佐々木家では，大正8年の高値をピークとして低落する米価のために，実質収入は販売米穀量の増大にもかかわらず減少するのである。さらに大正末年に米価は一旦立直るが，ここから昭和恐慌期へかけての低落は，販売金額を半減させるに至ったのである。こうした米価低落が，地主経済に与えた影響が極めて大きかったことは容易に想像し得る。地主経営が米価変動から規制されることは，これ以前からあったが，この問題がここでとくに鋭く問題とされるのは，この米価の決定の仕方（低米価政策）に関わる。すなわち，産業資本の不況の解消が農業に転嫁され，地主経済の周囲には信用体系の完成に基く利子率の規制が生じ，他方農民的小商品生産が，地代収入に依存する地主経済の推転方向の問題を包含しつつ，展開していたのである。ここに地主が帝国農会を中心として，米価維持運動を組織的に行う理由があった。しかしながら，2でみたような，小作料率の低下傾向＝小作人取分の相対的増大傾向は，地主の地位を低めつつあり，ここに地主が産業資本に対立しながらも，従属妥協していく基盤を作っていた。こうして宮城県における小作争議が，昭和4年を新たな起点として激化し，減

第5章　水稲単作地帯における地主制の矛盾と中小地主の動向　253

石運動を主とするに至るのは、その商品生産者としての性格から、この低米価政策の圧力を直接受けるに至った小作層の貧窮化に基くという見通しが与えられる。こうした宮城県の農民運動の分析は、主として共同研究者佐藤氏の報告に俟たなければならないが、ほぼ上のような見通しが導かれるようである。

そうしたことを明らかにする意味でも、ここで地主的土地所有の変化の吟味、すなわち、小作関係の変化を考察する必要がある。

4　地主的土地所有の否定化傾向

3の終りで、地主的土地所有の変化を問題とすると書いたことは、当然つぎのことを前提としている。それは、明治40年（この水稲単作地帯では）前後を画期として、地主がより土地所有者的側面＝半封建的な小作料収取者たる性格に近づいていた事実である。したがって、この期の地主経済の基調は、繰返し指摘したように「小作料収取の増大」と「米穀の有利な販売」という形態をとっていた。すなわち、近代的な表現をとれば、土地投資に対する利廻り（実現された地代部分の）が問題となりつつあったのである。この背後に産業資本によって創り出された利子率の支配が考えられる。すなわち、産業投資にしても、信用関係にしても、資本主義経済として確立された水準を示しつつあった（現実にはすでに独占過程が進行するのであるが）。こうしたなかで、2、3で考察した二つの側からの地主経済への圧迫が、地主的土地所有、すなわち具体的には小作関係にどう影響を与えたかを、ここで検討しようというのである。

（i）　地主的土地投資の有利性の消滅

わたしが分析した佐々木家では、大正中期（とくに9年）以降、株投資が目立って多くなっていた。この点を第4章では、小作経営の展開に基く金穀貸付・土地購入の基盤の狭少化を、直接の原因として指摘しておいた。つまり、この指摘は極めて消極的に、農民的生産の発展＝安定化に根拠を求めたのであるが、大正10年ごろからの米価低落傾向は、米価に対する地価の均衡を変え、土地購入の利廻りを積極的に不利にしていく傾向を創り出したのである。こうした点を吟味しておこう。

前述のごとく佐々木家の米穀販売金額は、小作米量としては増大しながら、

米価低落のために絶対額としても減少していった。時点がやや離れるが、大正9年（8年度産米の販売）には、販売石数906石で31,813円のものが、昭和5年には、1,109石で19,737円となっていた。米価は、大正8，9年のピークから、同10年には暴落して14年、15年にやや回復し、その後は漸次低落して昭和恐慌期の深刻さを示している。この過程をみただけでも、地主経済が、いままでのような高率小作料水準の上にだけ安住することを許されなくなっていたことがわかろう。すなわち、この期の地価の決定の仕方、「小作料額の10倍の価格」という方法でいけば、米価が騰貴するほどその利廻りが大きく、米価が低落すれば、利廻りは当然減少する。ところでこの大正期の米価は、不況期に低落したとはいっても、明治期の米価に比較すれば、遥かに高いものであったのだから、明治期・大正7，8年以前に購入した分については、最初の購入額からみれば必ずしも不利とはなっていない。むしろこれが問題となるのは、米価が傾向的に低落しつつある段階での、新たな土地購入＝投資である。こういう見通しのもとでは、地主の土地集積は抑えられ、他のより有利な面へ貨幣投下を行う条件が出てくる。しかしながら、こうした事情が直ちに地主的土地集積をまったく排除することにはならない。客観的にはそうした事情が存在しても、個々の地主がどれほど利子率の計算を考慮しているかということが、現実の土地集積を説明する。それは個々の地主経済が、どれだけ資本主義経済の中に入り得ていたかということである。それゆえ、この点はその地帯の農業生産の構造如何に関わる。佐々木家でこの点が明確な形をとってきたのは、一応、株投資が飛躍的に増大する大正8〜9年と把握してきた。

　ここで、佐々木家においてもみられ、また全般的な傾向でもあった、土地購入と金穀貸付の分離傾向をみておこう。佐々木家の大正中期の貸付金をみると、大正7年では、貸付額9,244円に対して、回収額12,530円となっており、8年では、貸付額18,918円、回収14,854円である。ここでは（この両年度以外はこの時期について不明）、貸付金がかなり回収されているということが窺える。もう少し詳しくみるために、大正8年について整理した表5をみよう。比較的零細で農家が経営上または生活上の必要で借りたと思われる200円以下のものでみると、貸付件数89件であり、回収は83件となっている。すなわち、前年度以前の分が回収に入っているとはいえ、零細貸付をうける農家でさえも、土地

をとられることなく，借金を返済しているのが多いことがわかる。このことからもわかるように，この地帯では明治期の土地集積ではまだ基本的な形をとっていた「抵当流れ」としての土地喪失は，激減したといえる。すなわち，ききとりにおいても「金が返せなくなると，土地は第三者に売却し，その金で地主に返済した」といわれているのである。すなわち，地主に売れば廉いということ，他により高い土地の買手があったということ，が窺われるのである。これも，地主の土地投資を不利にしていく事情であった。「借りた金だけ返せば良い」というのは，従来の人格的な出入り関係を明らかに崩すものであった。そうしてそれはまた，金穀貸付自体を幅狭くすることであった。なによりも最初から，小作料は地価の10分1と定められるのが一応の規準であり，貸付では1割2分乃至2割4分の利率であるから，地主からみれば貸付の方が遥かに有利であった。確実に元利共回収されればである。しかし，こうした貸付は，他方銀行利子にも押されていた。明治中期以降に地方に発生した小銀行は，当初は地主相互間の金融の便宜を計ったものであったが，大正期には，自作上層は銀行に接しており，同時にまた，村内においても信用組合的（自作・小作上層を中心とする）な組織が広がりつつあった（後述のように，ここでも，信用組合は明治期的な「部落貸付」という性格を変えていた）。佐々木家についてみても，明治前期では金穀貸付が，米収入の2倍半であったのに対し，この時期では5～6割である。しかも，米価で割って換算すると，その石数は明治前期420石に対し，大正8年で550石程度であるに過ぎない。しかも，利率は1割強下っているのである。こうしてみるならば，有利である金穀貸付についてみても，農民経営が自立し安定しているこの時期では，むしろ対象となるべき農民が少なかったといえよう。ここに，土地投資の利廻りが下がった時期には，金穀貸付もまた伸び悩むということが明らかになるのである。

表5　佐々木家の貸付および回収件数
（大正8年）

金額	貸付件数	回収件数
0～50　円	69件	45件
50～100	13	16
100～200	7	22
200～500	11	0
500～1000	1	4
1000～3000	7	8
計	108	95

注：同家の「金銭出納簿」により一年間の貸付および返金の件数を示す。なおこの返済は必ずしも同一年度の貸付金ではない。

さて、以上は、消極的な形で地主の土地投資、その基礎となった金穀貸付を抑制する事情をみたのであるが、より積極的に、地主的土地所有を否定するような要因を検討しよう。それは内容的にいえば、農民的土地所有への移行である。

阪本氏は、この論拠を前述のごとく、米価と地価との比率の変動から、地主の土地集積を利廻の大きさに求めておられる。(69) ところで、現実にかかる計算が意識されてくるのは、地主制の変質期、しばしば「完成期」と呼ばれる明治末期以降のことである。もちろん、個々の地主についてみれば、それは早くから意識されている。しばしば引用される、宮城県前谷地村（南郷町の隣村）に居住した千町歩地主斎藤善右衛門氏は明治25年の「地所管理心得書」(70)の一節に、小作料騰貴の原因として、

　一　穀物運搬ノ便即チ道路鉄道水道ノ開通
　一　穀物其他農産物価格ノ騰貴
　一　耕地ノ改良即チ潅漑水ノ工事並ニ耕作ノ改良
　一　小作所得ガ他ノ労役賃金ニ比シ所得多キ時
　一　農家ノ戸口繁殖
　一　時代ノ進歩ニツレ農村生活費用増加ノ為メ小作地ヲ求メテ其不足ヲ補充セントスルモノ増加シタル時

を挙げている。逆にいえばこのような事情の一つが起ったとき、小作料を引上げなければ、地主が不利になることを示している。ここでは地主の人格的・族団的・恩恵的支配の意識が薄れ地主として追求し得る最大限まで収奪しようという本質が窺われる。こうしたものが、地主的土地所有の本質であって、とくに三、四、六項に要約できる地代収取の増大要求は、小作経営の安定化に伴い、その内部にまで立入って、剰余部分を奪うことが明瞭にされている。地主がこういう基盤に立つや、地価と米価の関係は否応なしに意識されざるを得ない。こうした段階に一般的に地主が到達したのが、明治末期の変質過程においてであった。

第4章において、わたしは阪本氏の考察に依拠して(71)、この時期での南郷町における地価に対する地主所得率は、8％程度とみた。これは、斎藤万吉氏が調査された関西で4.1％、東北で6.0％という率より、かなり高いものであって、

第5章　水稲単作地帯における地主制の矛盾と中小地主の動向

この点からみても，この単作地帯の地主制が比較的安定していたといえるであろう。しかし，わたしの8％という数字は，購入時における規準であって，米価が低落傾向に入れば，当然地主にとっては不利になるものである。これはすでにみたとおりである。ここでは米価とともに，もう一つの要因である地価についてみる必要がある。

　明治末期で関西に現われていた傾向，すなわち，地価騰貴という現象は，それ以降次第に全国的な傾向となりつつあった。この点は阪本氏の研究に詳しい。しかもこの傾向は，地租が，その率を低めれば低めるほど上昇することは当然で，農産物の価格が上がれば，当然それによって拍車をかけられた。ところで，こうした利子率を下廻る地価が形成されるのは，農民の土地購入によるものであって，一方で小作料額が契約によって固定的となるという2で考察した基礎があり，他方で，これが極めて重要であるが，農民経営によってはまだ一般的利潤率が問題とならず，生活のための利潤部分の絶対的増加＝家族労働力の犠牲が，なおも追求されていたのである。そこにさらに，自作層という観念上の魅力もつけ加わった。もちろん，自作農となって，従来の地主取分と小作人取分を併せ獲得し得れば，利廻りも多いには違いないが，土地購入によってもたらされる小作料部分の取得という点だけで考えれば，これは極めて低い利廻りといわざるを得ないのである。それにもかかわらず，農民が土地購入するのは，剰余部分のわずかな増加が要求されるという，生活と経営とが明確に分離しない状態からくるものであった。小商品生産とは規定しながら，農民経営全般については，まだそのような状態であったのである。

　さて南郷町においてはどうであったろうか。南郷では地価についての充分な資料を調べるに至っていない。しかし，小池基之氏によれば，南郷の売買価格は廉かったといわれている。[72] 小池氏は，ここで水害を挙げておられるが，これは大正以降でいえば，そう大きな原因とはならない。むしろ，根本的には，低米価政策に基く，資本主義経済と水稲単作地帯の基本的関係が問題である。すなわち，低米価政策の下では，自作農となってもそれほど有利な経営とはなり得ないのである。そこへもってきて，水稲生産の技術は，耕地整理を明治末期に終了したこの地方では，ますます金肥多投・労働集約へと向い，生産費が上昇する傾向にあり，畑作におけるような輪作式の展開や，作物種類による利潤

追求がなし得ず，停滞的な状態にあったことも原因である。それゆえ，単作地帯は農地改革まで地主制が残存する傾向を見せるのである。こうしてみれば，全経営・全生活が，資本の低米価政策の重圧下にある単作地帯では，こうした農民的土地所有を作り出す，すなわち地主的土児所有の基盤となり得ないような地価を作りだすことが困難だったのである。

しかし，それならば，地主―小作関係，すなわち，地主的土地所有が変化しなかったのかといえば，そうではなかった。自作地増大という形は，昭和恐慌期――とくに自作農創設政策がとられるまで，目立ったものではなかったが，小作慣行の面ではかなりの変化を示すのである。この地帯の地主制の矛盾は，地主経済を不利にする上述の諸事情にあらわれ，小作関係の変化として把握されるのである。

(ii) 小作権強化と農民組織の展開

具体的な佐々木家の事例では，その購入する地価がまだ不明なのであるが，ここでは小作関係の変化をみておこう。この点は，Ⅱ-3の「大正期の地主的支配と農家経営」で分析したところであるが，前稿でもまだ論旨に不明確なところがあったので，ここでもう一度要約しておこう。

(a) 小作関係　小作経営の上昇ということを端的にみるために，わたしはつぎのような点を挙げた。第一は，時点はやや下るが，昭和14年（これ以前に自小作別階層別戸数の統計がない）では自小作層の経営面積が平均3町であり，戸数分布のピークは，3町乃至5町であって，この層が平均3町8反（うち小作地2町7反，71%）となっていることを指摘しておいた（表6）。これは小作経営が零細経営と単純に割切ってしまえないものを含んでいる。全戸数のうち3～5町経営農家は，ちょうど20%に達し，経営面積の多い単作地帯でも著しい特徴となっている。このような大経営は，一般に明治期には余り多くなく（表7），しかもそれは主に自作層または地主の経営であって，いわば，本家的・地主的支配によって，労働力を集めていた経営であった。これは明治末期から分解をはじめて，多くの自作上層が，自小作農となるかまたは経営を縮小していった。これに対して，その後は，自小作上層がこの3町以上の経営の主体をなして増大し，自小作層の経営力の強さを窺い得るものである。こう

した基礎の上に，地主は「土地を貸付けるときは，大きな経営者の方が安全」といっているのである。ここでは，減免慣行がなくなり，契約小作料全額についての収得が問題となっている。すなわち，より契約的な小作関係が作られつつあった。これを反映して，佐々木家の小作人一人

表6　経営面積別自作別戸数（昭和14年）

	総数	0〜5反	5〜10反	10〜20反	20〜30反	30〜50反	50反以上	平均反別
自作戸数	104	44	20	8	11	18	3	1.1町
自小作戸数	286	5	11	47	74	137	12	3.0
小作戸数	669	119	123	256	114	56	1	1.5
計	1,059	168	154	311	199	211	16	1.8

注：「南郷村誌」13頁による。

表7　単作地帯（郡別）の大経営戸数

規模	3〜5町経営			5町以上経営		
年度 郡名	明治42年	大正5年	昭和16年	明治42年	大正5年	昭和16年
志田郡	548戸	887戸	672戸	199戸	205戸	193戸
遠田郡	621	745	1,009	275	230	187
登米郡	622	680	1,090	161	141	129
桃生郡	447	603	1,005	160	104	121
計	2,238	2,915	3,776	795	680	630

注：1．加藤・渡辺・馬場「宮城仙北平野における稲作大経営の成立基盤とその展開」128頁による。
　　2．昭和16年度は，上原信博氏「宮城県仙北地帯における地主構成と大農経営の性格」8頁による。

当の小作料は，村内小作人についてみると明治40年から昭和3年までに，6石3斗から7石6斗と上昇しており，佐々木家からだけで平均9反歩の土地を借りている。また大柳部落の小作人についてみると，平均1町1反を借りているのである。このように地主の土地は極端な分散ではなく，かなり集中的に大きな面積が，各小作人に貸付けられているのである。この具体的な事例を数名の小作人について調べた結果，小作農の経営面積もかなり拡大していることがわかった(75)。この点を第4章では，むしろ「大正期地主制の基盤」と表現したが，これは誤りで，基盤ではなく，結果であった。地主はそれに対応したにすぎない。それゆえ，矛盾は，ここから激化するのである。

　こうした契約的小作関係への移行，小作経営の拡大の下で，新たな傾向が生じている。それは，小作権の強化として現われるものであった。これは，大正末年からの小作争議の過程で，減石要求→土地取上げに反対するものとして，

「耕作権確立」が要求されたことにも関連するが，さらに別な面で，永小作権を買取る小作人も現われてきた⁽⁷⁶⁾。これは，小作人が土地価格の5分の1程度の金を払って，その地主に対して永小作権を設定するものであって，その理由は，地主の土地取上げよりも，「所有地として買取るよりも数倍の土地を耕作できるから」といわれているように，小作人が経営面積を拡大する際に，すなわち地主が新たな土地を買うときに，その土地代金の一部を小作人が負担するという形で行われることが多かった。これは小作料負担が，高いとはいいながら，もはやかつてのように「全剰余部分の形態」ではなく，より近代的な地代へ接近していることを示すものである。こうしたことが一般化すれば，永小作権のない土地価格はますます上昇することになり，地主の不利は明らかとなってくる。しかも，これは小作人の経営集積＝拡大という要求から，生じたものであった。

永小作権の設定とともに，「内立て」すなわち又小作も増大してきていた。小作権の売買という明瞭な形では，南郷町ではみることができないが，小作人は又小作人から，なにがしの小作料をとっているのである。この形態は宮城県によくみられる土地保管人⁽⁷⁷⁾（地主に従属して各自の村落を支配している差配。佐々木家の差配はこれと異なりより近代的なマネージャー的性格を持つ）の小作関係とはまったく異なるものである。昭和初年からは，この永小作権は登録されるようになっていた。

以上のように一般に小作権強化が，経営内部から出されているとき，他方では小作争議が，この耕作権確立という形で進行し，そこに，自作農創設政策がとられざるを得ない根拠もできてくるのであった。

（b）協調組合と産業組合　地主―小作人協調組合はその性格上二つの時期にわけ得る⁽⁷⁸⁾。一つは，明治末期に，地主手作が消滅し，身分的なつながりが薄れる段階で，小作人に対する支配と保護を目的とし，さらに流通面でこれを把握するために組織されるものであり，他はこのような協調組合が小作争議の激化の過程で，小作争議対策として，より恩恵的なものへと変るものである。

この協調組合は，一般に購販売・信用・備荒貯蓄・動力機共用等の事業を行っており，いわば，後の産業組合に極めて類似した機能をもっていた。しかし，これは原則として地主と小作人であり，稀に他からも加入することがあった。

こうした組織があれば，産業組合の発展は著しく阻害される。村農会にしても，村長が会長を兼任しており，独自の活躍はほとんどなかった。しかし，こうした村の経済機構を打ち破る運動は，大正中期を画期として起っている。共同研究者菅野俊作氏によって調査されているとおり（未発表），自作並びに自小作上層に属する人々によって，はじめは部落内の範囲であるが，大柳・練牛・木間塚・二郷等の部落に「農業奨励組合」・「農事研究会」・「共励組合」・「赤井副業組合」・「同業会」・「農事共励会」等々の組織ができていた。これらの先頭に立った人々は，地主ではなく富農的性格を有した人々で，佐々木家の主要なる小作人であった人も二三あるのである。こうした産業組合活動の萌芽的形態は，昭和恐慌に至るまで地主の参加をみていない。いわば，発展する農民経営を基礎として，地主的支配の外へ出る動きであったのである。地主とくに中小地主を主とする動きは，例えば大柳部落では極めて部落組織的な性格の強い，「無限責任大柳信用組合」とか「青年貯蓄会」があり，ここには野田健蔵・鎌倉庄兵衛・野田惣治・土生直七といった中小地主が役員となっており，前記の諸組合のリーダーとは著しく異なっている（この点後述）。

　すなわち，大正中期から昭和恐慌までにかけて，大地主・中小地主・自作小作上層という三者が，それぞれ別個な性格の組合を作っており，大地主は，地主―小作関係に基いて，自立化する小作人を抑えんとし，また，小作上層は農業経営の要求に基き，そして小地主層は，古い部落結合を利用してそれぞれの組織をもつようになった。地主―小作関係はこうした面でも著しく変貌したといわねばならない。そこでは，小作層が流通・信用の面でも地主的支配を排除せんとしていたのである。

　ところで，地主の協調組合組織は小作争議によって著しく変る。具体的には，佐々木家で昭和4年に結成された「共栄会」に現われているように，小作料引上げ→小作争議→共栄会の成立となって，ここではむしろ小作料引上げとの交換条件として，地主と小作人による積立制度が主たる内容となり，それ以前から組織されていた「共栄組合」（借屋層が主で小作人の一部により結成）のもつ諸機能――購販売・信用等の機能は，まったく失われてしまっていたのである。それはいってみれば，小作人を慰撫するような性格になり，その積立も営農資金とするというものであった。ここに，地主的支配の後退が窺える。しかも，

これも農民の要求により，その必要なしとして，昭和9年には積立分を小作人に分配して精算解散してしまっている。これは南郷町における産業組合の再編強化と無縁ではない。上述の自小作上層を主導とする諸組織は，昭和3年に「自作層組合」として，村一本にまとまり，さらに，同じメンバーによって（これらの人の氏名は前稿に詳しい），昭和4年産業組合の再編が行われた。上記の地主的な協調組合が行きづまりを感じてくるのは，こうした産業組合が，農民上層を主体として農民の要求に合致するように再編されてきたときである。その再編は，やがては独占資本の農村支配の機構として把握されるのであるが，農民経営の要求として創られた産業組合は，単純に収奪組織といえるものではなかった。それは旧来の地主―小作人の協調組織の基盤を掘り崩すものであった。ただこうした意味をもつ組合が，やはり地主のバックアップを必要としたことは，注意すべきであろう。といっても，すべての地主が産業組合をバックアップしたわけでない。

周知のごとく「反産」運動として，とくに米穀商人層を中心とする反対運動は，なお前期資本的性格を強く残していた地主をも同じ立場に立たせた。したがって南郷でも，産業組合に参加したのは例外的に一二の地主であり，それは低米価―恐慌期に，同様に圧迫されつつある地主と農民との協力であって，いわば地主の農民への妥協であった。しかしこうした地主は決して，多くはない。むしろ例外的であった。地主のバックアップを必要としたのは，その財力であった。地主経済はこういう形でも変質させられたのである。

（c）農民運動　すでに多くの論者によって研究され，そしてまた，われわれの共同研究の中でも大きなウエイトを占める農民運動の分析については，ここで充分述べるわけにはいかない。それはつぎの機会に行われるであろう。

ここでは，一応上に述べてきたことの締めくくりとして，農民運動の置かれるべき位置のみを指摘しておこう。具体的には南郷村では村内の争議はなく，他村の小作人が本村地主に対して小作料減額を要求したことがあるだけである。これは，前稿でもしばしば述べた，佐々木家に対して行われた昭和3年末から4年にかけての争議と，昭和2年から3年にかけて，志田郡松山町須摩家の小作人が，南郷町の地主鈴木家に対して立ち上った争議とである。鈴木家の争議はさまざまな契機を含んでいる。第一は，大正15年に鈴木家がこの土地を購

入した際,小作料2斗引上げたこと,第二に搬入倉庫が遠くなったこと,第三に農業倉庫が県条令で小作料補償金を交付したのに対し,鈴木家が不当としてこの補償金をとりあげたこと,第四に昭和2年イモチが発生して減収したことである。このため農民組合を組織して,450人のデモを行った。しかも,この事件の途中,松山町農会は小作料改定を行ったが,鈴木家は応ぜず,ついでに小作官の調停となり,小作料減額・搬入倉庫は近くにするという,小作側の要求が全面的に通ったのである。

このように南郷町の地主に対する小作争議は要求がとおっているのであるが,それは両度とも小作料の永久減額となっており,不況下にある深刻な農民経済の状態を示すものであった。この時期の農民闘争は,明治末期の米穀検査闘争[82]とは著しく状態が異なっているのである。すなわち,米検査は地主の要求でもあったが,昭和恐慌へ入る段階では,地主自身も圧迫されその負担を農民に転嫁することが,具体的には小作料引上げとして現われていた。それは,地主制全体が資本家と妥協して,農民と取り前を争うものであった。こうした地主の新たな圧迫がなくとも,小作人は不況下の小作料負担に苦しんでいた。地主から独立しておればおるほど「自己の責任」で経営する小作層は苦しかった。そこに大正末年から昭和初期にかけての小作争議の基盤があった。佐藤正氏の分析では,宮城県の農民運動は,幾つかの段階にわけられている（未発表）。したがって,南郷町における小作争議は,地主の反動および官憲の弾圧がきびしくなる昭和4年以降とは,異なるものがあった。しかし,宮城県における本格的小作争議展開の初発形態は,南郷町における二件の争議によって示されていると思う。このことは,終局的に地主経済を不利なものに追込むことになった。地主経済は,独占資本と妥協・従属しつつその基盤を失いつつあったのである。それゆえ,小作争議の本質を単に地主制に対する抵抗ではなく,より積極的に独占段階における農業生産としての抵抗であると指摘される説は正しいといえる。

もちろん,具体的な小作争議の研究が示すとおり,それは明確に階級闘争でありながら,その組織は部落的であったり,人間関係に頼っていたりして,必ずしも階級的観点からだけで組織されたものとはいえない面があるが,それは,個別的事情の差違によるものであって,基本的には資本家と妥協した地主制,

そして今や自己の損失を農民に転嫁する地主制に対する闘争であったといい得るであろう。こうした農民運動の諸過程はまた別に報告される。

5 独占資本下の地主制の対応諸形態

ここで，以上分析してきたような状況におかれた地主制の対応形態にふれておこう。この地主制の矛盾展開の諸段階は，宮城県の水稲単作地帯について，ほぼつぎのように区分し得るであろう。

明治40年～大正3年。「明治農法」＝地主の経営的生産力追求はこの期をもって終る。地主が日本資本主義の下で，半封建的土地所有者として固定化する時期である。ここでは，反当生産量が上昇・安定し，小作経営の安定・自立化とともに，契約小作＝定免制が事実上形成され，小作料の固定化傾向が出てくる。しかし，米穀検査の強行もあって，地主経営は安定かつ拡大する様相を示している。

大正3年～大正8年。農民経営の上昇（経営拡大と商品生産的性格の強化）は，地主の土地集積を停滞せしめる。反収の漸進的上昇は，明瞭に小作料率の傾向的低落を示し，小作料引上げはそれに追いつけず，地主の土地投資を消極的に制限する。地主の高利貸的貸付は，土地集積と切り離され，利子率は資本主義経済機構の整備とともに低落し，明確に土地市場が完成する。しかし，この土地市場は，資本制生産のための生産手段たる土地を形成していず，地主制的土地所有を否定するほどには成長していない。これは農民的商品生産の限界に規定されている。米価は上昇するが投機性は減少する。

大正8年～13年。米価は低落の傾向にあり，しかも農民経営は比較的安定で，小作化する傾向は少い。米価低落にもかかわらず，農民が死重部分たる小作料を排除し経営拡大を計るため地価は一般に上昇し，地主の土地投資の利廻りは低落する。小作料率の低下は，この時期では地価から規定され，地主的土地所有の基盤とならないような地価が形成される。かくて地主は一般に株投資へと急速な転換を示す。関西ではこの期には明瞭に地主の土地放棄（売り逃げ）が現われる。一方農民経営は，金肥使用の著しい増大に示されるように，貨幣経済にますます深く入りこみ，こうした資本主義的諸関係は，地主の投機的米穀販売の意義を低下させる。地主制はまったく停滞する。

大正13年～昭和4年。慢性的不況の下で米価はますます低落し，農民経営も窮乏化を辿る。一方地主の土地集積も再びテンポを早めるが，もはや，それは地主経済にとって「もっとも有利な」投資ではなくなっている。それゆえ，一般にはこの期に地主の土地放棄が現われるが，単作地帯ではそれが明瞭ではない。他方，米価低落に伴う農民窮乏は，小作料引上げ（低米価政策の圧力の農民への転嫁）に反対する小作争議を発生させる。かくて地主制の矛盾はその頂点に達する。

以上が，本章で扱った範囲の地主制の矛盾の構造であり，また展開であって，地主制の対応形態は，いわばこの後の時期の地主の動向となってくる。それは時期的にいえば，昭和4年から戦時体制下の国家独占資本が強力に農業を支配する時期までであって，すでに本章の範囲を越えるものでもあるが，簡単に見通しだけを与えておこう。

　実は，矛盾の展開という過程のなかで，地主制がかつてのような基盤を失ってきた様相をみたが，その対応では，必ずしも各地主が一様に同じ形態あるいはコースを辿ったのではなく，そこにはかなり個々の地主の差もあった。とくに，地帯的にいえば，農業生産構造の差は非常に明確に現われてくる。端的に示せば，米という商品が日本資本主義社会のなかで果す役割によって，地主の動向が決定される場合が少くない。もちろん，そこには農民的商品生産の差違が現われてくるのである。

　一般に大地主の減少として把握されているように，経済力の差による大地主の転進の容易さは，中小地主と甚だ異なっていた（全国的には）。そこでは土地の売り逃げといわれるような，地主の転進乃至縮小が目立っている。ところが単作地帯の大地主をみると決して目立った後退は示していない。それは，低米価政策といわれるものが，大正末期から昭和期にかけて，むしろ農民経営の上に重圧としてかかり，農民経営の小商品生産が順調に展開せず，矛盾を矛盾として残したまま，解決をし終るほどではなかったことが考えられる。しかも，低米価ということは直接生産者の必要労働部分に食い込むものではあれ，地主にとっては，低廉な外米価格に比較すれば，地主擁護といわれるほどに決して低いものではなかった。ここに，資本主義経済が一義的に地主を否定するものでなく，資本の側からの妥協もあったわけで，地主は多少の利廻りの低さを我

慢すれば，決して完全に放棄するほど不利になっていたとはいえないのである。これは大地主ほど安定的であり，中小地主ほど不況期＝昭和恐慌の打撃を深刻に受けるものであった。とくに，小作争議が地主制と妥協した国家権力によって，はっきりと弾圧される昭和4年以降では，大地主が安定し，中小地主は一般利子率に規制されるというよりも，生活・諸負担の圧迫から，むしろ自作農創設資金で「売り逃げ」をする一方，小作地取上げで自作地を拡大化する方向を辿ったものが多かったのである。単作地帯におけるこうした特徴は，近畿諸県の様相とはかなり異なっている。中小地主のこうした動向はつぎに述べるが，小作争議もまたこうした小地主に対して多く行われるのは，小地主としての最終的な努力が積極的な反動として働いたためである。こうして，小地主もまた完全に転進したのではなく，農地改革まで残存するところに，小地主と農民経営との関係があるのである（基本的には前に述べたような関係をもちながらも）。

　最後に，わたしはあまりにも農民の小生産だけを追求してきた。それならば，大正中期（8年画期）以降「小商品生産」を展開してきた経営が，その後も順調に発展してきたかといえば，それは上述のごとく阻まれていた。それに関連して，農民層分解の基本的コースである「両極分解」＝農業資本家と労働者とへの分解のコースがどうであったかについて検討しなければならない。しかし，それを全部ここで果すにはあまりにも準備が不足であるので，指摘のみに止めよう。詳しくは，地主制展開の全過程を整理する別稿に譲らざるを得ないのである。

　論旨を簡単に進めるために，この分解の問題も明治末期以降についてのみ考えよう。そういってしまえば，すでに諸氏によって明らかにされているとおり，この段階に至っては，基本的には「両極分解」のコースは，閉ざされていたといって良いであろう。それは，日本資本主義が確立期から極めて早期的に独占段階へ進んだことと相俟って，工業と農業との間に一般的にみられる不均等発展に基き，具体的には日本の「明治農法」と呼ばれる生産力体系を基礎として農業資本家の形成を阻んだ。しかし，農民経営の発展は，随所に農民的小商品生産＝小資本を成立せしめ，微弱ながら農業プロレタリアート的な零細層を析出し，そこに資本のための潜在的過剰人口を作り出したのである。

　それゆえ，明治末期以降の分解は，たかだか農業小資本（家族労働が基幹）

第5章 水稲単作地帯における地主制の矛盾と中小地主の動向　267

とプロレタリア的零細農を創出した程度で，農業資本家と規定されるものはほとんどなかった。しかし，労働者への流出は，その潜在的過剰人口としての性格から広範に行われたといって良い。それも明治末期には家族をあげての離村がかなり進行したが，大正期に入るや農民経営をまったく放棄するものは少く，家族労働内部からの家族員の流出であって，これは農民経営の分解とはいいがたいものであった。このように，本格的な潜在的過剰人口の形成すらも阻まれたと同じ条件のなかに地主制が残り得た根拠があったのである。こうした資本主義とくに独占資本と農民層分解の関連，そしてまた地主制との関連は，すでに本章の範囲を超えている。いわばこうした前提の下で，農民的商品生産と地主制の矛盾を追求してきたのである。

　＊　ここの点については明確な資料があるわけではなく，南郷町におけるききとり調査から，明治中期以降末年まで家族ごとの離村が多かったことが知られている。いまこれを類推せしめる数字を示そう。

　　吉田寛一氏によれば，南郷町の戸数は明治10年代後半に724戸であり，二郷部落は233戸であった。それが，昭和27年では，南郷町1,251戸，二郷部落542戸であって，町全体73％で，二郷部落で133％の増加となっている。ところが二郷部落の一区たる中二郷の現存する全戸170戸についてみた結果では，明治20年以前に成立していた家はわずか60戸で，その後の増加は，183％となる。またわたしが大柳部落の現存の農家70戸（総戸数185戸）について調査した結果では，明治10年以前の成立と思われるのは25戸で，増加率は180％となる。部落として戸数は，85戸から185戸へと118％である。

　　この数字をみれば気がつくように，部落戸数の増加率は2倍内外であるのに対し，現存する農家を系譜的に辿れば明治初年の3倍近くになっているのである。すなわち，ここにはかなり古くから存在していた農家の没落離村が窺えるのである。この時期が明治中期以降とするならば，ちょうど産業資本の確立期であって，資本主義的経済の波に洗われて，農民経営がかなり没落したと考え得るであろう。しかもこの期の分家は，地主等からの奉公人分家が多く，また移住農家が比較的多いことが知られる（大柳では移住者の方が分家より多い）。そうしてみれば，一般農民はとても分家を出す余裕はなく，村外へ流出するかまたは地主を頼って奉公人として分家する以外に方法がなかったといえる。こうした事例は，岩手県煙山村でも認め得たことである。

II 矛盾期における中小地主の諸形態

以上，大正初期以降の地主制の構造的矛盾の形態を分析したのであるが，こうした矛盾の激化に対応して，栗原氏のいわれるように「補強さえした」という地主は，大地主のなかにも多かったことを指摘しておいた。これは全国一律の形態ではなく，単作地帯に多くみられたところである。それならば，全国的にみられる中小地主の残存はいかなる根拠に基くか，そしてまた具体的には，大地主制の支配下にある中小地主の存立形態は，どのようなものであったかがIIでの分析の目的である。

1 南郷町における中小地主の概観

最初にも述べたように，中小地主という言葉はそれだけでは量的な用語であるので，まずどの程度の地主を中小地主とみるか，ということから決めなければならない。従来慣行的に50町歩の線でわけることが多かったが，これはもちろん「50町歩以上の地主の調査」等からきた規定であろう。しかし，一概にそういい切ってしまうこともできない。そこでまず便宜的に50町歩で区分してそれ以上の地主の土地所有の変化をみよう（表8）。この表からわかるように大正期には，安住・松岡両家を除けば，土地所有は一般に伸びているが，昭和期には，伊藤・上野両家でやや減少がみられる。しかし，伊藤家では，この期間に分家を出しており，これを合算すれば土地集積は進行したといえる。したがって事実は上野家が6町ほど減少した程度である。また野田真一家も，大正期に34町の分家，昭和期に40町の分家を出しているから，これを加えると，土地集積がとくに昭和期に進行していることがわかる。すなわち，一般には昭和恐慌を中心として，大地主の土地集積は，むしろ進んだといえよう。こうした傾向は，一見Iで述べたことと矛盾するようであるが，地主的土地所有の利廻りの低さにもかかわらず，地主制が停滞しなかったのは，日本資本主義における昭和恐慌とその後の農政が，水稲単作地帯においてはかかる形態をとったことを示している。その側面的例証として，昭和17年の戦時経済までに土地を多少とも減じたのが上野家である点があげられる。上野家は農民的な産

第5章 水稲単作地帯における地主制の矛盾と中小地主の動向　269

表8　50町以上地主の土地所有の推移

	大正4年			昭和3年			昭和17年		
	田	畑	計	田	畑	計	田	畑	計
	町	町	町	町	町	町	町	町	町
野 田 真 一	312.4	24.8	337.2	325.3	20.2	345.5	334.1	22.5	356.6
伊 藤 　 衛	199.3	10.2	209.5	262.5	10.3	272.8	259.6	7.2	266.8
鈴 木 立 夫	70.2	13.2	83.4	119.8	6.9	126.7	210.3	8.4	218.7
佐々木健太郎	101.8	6.4	108.2	125.7	6.6	132.3	184.4	7.7	192.1
野 田 　 仁	23.4	1.2	24.6	53.3	4.2	57.5	82.6	6.8	89.4
上 野 　 恭	69.7	7.0	76.7	80.9	5.8	86.7	76.0	4.7	80.7
安 住 耕 蔵	61.4	6.7	68.1	50.6	4.4	55.0	60.5	3.3	63.8
松 岡 　 邦	61.4	6.0	67.4	50.7	3.9	54.6	51.9	3.0	54.9
海 上 宗一郎	31.5	1.5	33.0	46.7	1.1	47.8	49.6	1.2	50.8

注：大正4年は「村税割当」昭和3年は「宮城県地主調査」昭和17年は「南郷村名寄帳」
　　による。この年度以外は，村外所有の分が不明である。

業組合活動を支持して，地主の前期資本的性格を否定する傾向をもっており，それゆえ農地改革でも土地解放の先頭に立ったといわれる地主である。こうした点に逆に，他の地主が資本と妥協して土地集積を伸ばした理由が察せられる。

　ところで，漸進的ではあってもともかく土地所有をまだ伸ばしている50町歩以上地主の場合と比較して，50町歩以下5町歩までの地主はどうであったろうか。表8と同様な観点で整理してみると，これは表9，表10のようになっている。すなわち，大正元年から昭和3年まででいえば（表9），土地を拡大したものは29名，減少したもの14名となっており，階層に変化ないものは，21名であった。この外に分家して最初から地主となったものが二名ある。この表9からいえば，大正期には数町程度の土地集積するものが，全階層にわたって多くみられる。とくに，大正元年には5町未満の所有者であったもの（このなかに一部は分家したものがあるかもしれないが，あっても1〜2戸）が，11戸も上昇している点は注意されよう。これに対して土地を失ったものは，もはや地主といえない5町未満の層へ落ちているものが多く，これは明らかに14町前後を境としている。

　ところでこの漸進的土地集積が，大正元年から昭和3年までのどの時期に，もっとも集中していたか不明である。しかし佐々木家の事例でいえば，それは，大正2年の大凶作（南郷町で反当2斗）を底とする，「大正安定期」の直前の時

表9 所有階層の変動（大正元年→昭和3年）

		大正元年所有の層別戸数														
		0~5	5~6	6~8	8~10	10~12	12~14	14~16	16~20	20~25	25~30	30~35	35~40	40~45	45~50	計
昭和3年の所有階層別戸数	反 0~5	—	4	2		1	1									8
	5~6	5	4			1										10
	6~8	5	1	5	1											12
	8~10	1		3	1											5
	10~12			1		1		1								3
	12~14			1	1		3	1								6
	14~16						3	2								5
	16~20					1	1	1	2							5
	20~25								1		1					2
	25~30						1				2					3
	30~35	(2)										1				3
	35~40												1			1
	40~45													1		1
	45~50											1	1			2
	計	13	9	12	3	4	9	5	3	0	3	2	2	1	0	66

注：1．（ ）内の数字は，分家によって成立したもの。
　　2．大正元年は「土地名寄帳」昭和3年は「宮城県地主調査」による。

期と，大正13年以降の不況期に著しく，大正4年～13年には少いのであった。[88] おそらくこの50町歩以下の地主についてもそうしたことがいえよう。

　以上のように，大正期を通じて土地所有の進展は，50町歩以上の地主と50町未満の地主とで，あまり大きな形態的な差がないことがわかった。

　つぎに表10に示した昭和期の変動であるが，所有を拡大したもの13戸，減少させたもの30戸，変化ないもの18戸である。この他に，大地主の分家3戸がある。全体として50町歩以上の地主と異なり，減少傾向が顕著である。しかも，この時期には明瞭な階層差がみられる。10町歩未満でいえば，拡大10戸に対し，減少11戸で，比率は半々であるが（無変化9戸），10～30町層では，拡大はまったくなく，減少が15戸，変化なしが8戸で，明瞭に衰退方向を示している。さらに30～50町層では，拡大3戸に対し縮小3戸であるが，それは縮小したものの方が変化の絶対値が大きくなっている。すなわち，47町から50町歩以上の地主に上昇していった海上家を除けば，10～30町層と極めて

第5章　水稲単作地帯における地主制の矛盾と中小地主の動向

表10　所有階層の変動（昭和3年→昭和17年）

		昭和3年の階層												
	戸	0〜5	5〜6	6〜8	8〜10	10〜12	12〜14	14〜16	16〜20	20〜25	25〜30	30〜35	35〜40	40〜45	45〜50	計
昭和17年の階層	0〜3		1	3		1										5
	3〜5		2	2												4
	5〜6	1	3	1	1			1								7
	6〜8	1	3	4	1		1									10
	8〜10				2	1										3
	10〜12		1	2	1	2	2	2	2							12
	12〜14	1				2	2	1								6
	14〜16						1	1								2
	16〜20	(1)						1		2						4
	20〜25	(1)							1		2					4
	25〜30									1						1
	30〜35										1				1	1
	35〜40	(1)										1				2
	40〜45												1	1		2
	45〜50															
	50〜60													1		1
	計	6	10	12	5	3	6	5	5	2	3	3	1	1	2	64

注：1．（　）内は分家により成立したもの。
　　2．昭和17年度は「土地名寄帳」による。

似ている傾向をとるのである。一応こうした点を考慮に入れて，35町層を境として，区分し得るように思われる。さらに下限は6町未満層で拡大が明瞭となっているので，ここで区分するとすれば，昭和初期の6〜35町層が，同一の傾向をもつとみなし得るであろう。とはいっても，6〜35町層を単純に一括してしまうこともできないので，この昭和初期について，もう少し階層別の内容を検討しよう。そのために，統計的に考察し得るものとして，手作り面積と村外所有面積を検討してみよう（表11）。これでみれば，まず村外所有は，5〜6町層では戸数が著しく少ないほか，他の階層では所有戸数率は大差がない。しかし面積の方でみると，25町層を境として平均所有面積は格段に大きくなり，100町未満層まで大差がなくその上は一段ごとに飛躍的に増大するのである。すなわち，25町未満層の村外所有は，必然的に他村に伸びる要因があったと

表11 南郷村地主の土地所有状況（昭和3年）

	戸　数			面　積		
	総戸数	村外所有	手作経営	総面積	村外所有	手作経営
5～6町	10戸	3	9	55.5町	2.2町	21.4町
6～10	17	10	13	127.9	7.4	35.7
10～15	10	6	10	125.9	7.6	13.8
15～20	9	8	5	150.7	15.6	5.5
20～25	2	1	1	46.3	0.4	0.1
25～30	3	2	—	86.2	14.4	—
30～40	4	4	—	135.5	36.2	—
40～50	3	2	—	135.2	15.4	—
50～100	4	4	1	253.8	23.7	1.0
100～200	2	2	—	259.0	88.0	—
200～400	2	2	—	618.3	345.3	—
計	66	44	39			

注：昭和3年「宮城県耕地所有地主調査」（県庁所蔵による）。

いうよりは，偶然的な契機によるもので，総戸数に比較すれば一戸当数反歩である。つぎに，手作経営の面では，15町未満層では大部分が手作地を持っている。しかし，経営面積からいえば，10町未満層は2町1反歩であり，その上の諸層よりかなり大きいのである。こうしてみれば，5～6町層では地主というよりもまだ自作農的性格が強く，それゆえ村外所有もまたほとんどないのである。このように，各指標によって階層の特徴はややずれているのであるが，基本的には，5～6町前後の地主と，それ以上から25～30町前後までの地主とそれ以上というような区分が考えられる。ところで，具体的に南郷町の地主でいえば，30～40町層の地主4戸中，2戸は大地主（ともに200町以上）の分家であるので，これを一括して論ずるわけにはいかない。そこで，南郷町については，30町以上層を一応大地主ということにして，5～6町前後のものと，それ以上30町までの二つの区分を，中小地主という言葉で一括しておこう。しかし両者は，その内容にかなりの差があり，前者はむしろ地主兼自作とでもいい得るものである。

この両者を簡単に特徴づければ，つぎのようにいえよう。第一に5～6町前後の階層では，明治末・大正初期に激しい分解の危機にあったが，その後に比較的安定的に展開し，昭和不況から米穀統制期を経ても，なおわずかながら前進する傾向を示していた。それは村外に伸びることが少く，かつかなりの手作地を有していた。そのため地主的土地所有の不利な状況の下でも，この層ではまだ利廻りの計算は意識されず，また他に転進する資力もなかったのである。

第二は，部分的には5～6町層も含みながら，ほぼ30町位までの層の地主

第5章　水稲単作地帯における地主制の矛盾と中小地主の動向　273

である。この層は、やはり大正期には土地所有が伸びるが、昭和不況に入るや全般的に衰退し、この点で大地主層とは著しく異なる。しかし、完全に転進するものは少く、停滞的衰退といえよう。この層でも村外への進出は少く、また手作り地は自給程度であって（ただし10町以下層では自給を越える）、手作地はあっても、自作という規程は到底受けることができない。

　以下、こうした南郷町における中小地主の概観を基礎にして個別的な経営の分析に進もう。

2　中小地主の経営形態

　ここでもわれわれの具体的な考察の対象を南郷町の大字大柳にとってみよう。前稿でみているように、大柳の5町歩以上の土地所有者は、昭和17年で11戸であるが、これを大正元年からあとでみると表12のように、中途で没落した2戸を入れて、13戸となっている。このうち、野田仁・信五郎・基衛の三家は、野田真一家の分家であり、野田健蔵家は、真一家の本家である。それゆえ、ここで中小地主と規定できるのは、野田健蔵家をも含めても、8家である。しか

表12　大柳部落の土地所有者（5町歩以上）

	大正元年			昭和3年			昭和17年		
	田	畑	計	田	畑	計	田	畑	計
	町	町	町	町	町	町	町	町	町
野田　真　一	312.4	24.8	337.2	325.3	20.2	345.5	334.1	22.5	356.6
佐々木　健太郎	101.8	6.4	108.2	125.7	6.6	132.3	184.4	7.7	192.1
野田　　　仁	23.4	1.2	24.6	53.3	4.2	57.5	82.6	6.8	89.4
野田　基　衛	—	—	—	—	—	—	39.3	.7	40.0
野田　信五郎	—	—	—	34.6	.2	34.8	34.6	1.0	35.6
野田　健　蔵	22.9	1.7	24.6	31.1	3.1	34.2	21.7	1.7	23.4
荒川　陽　一	12.9	.6	13.5	14.7	1.2	15.9	11.7	1.1	12.8
木村　　　盛	6.7	.7	7.4	8.6	.8	9.4	11.4	.2	11.6
野田　惣　治	4.2	.4	4.6	5.2	.5	5.7	6.0	.7	6.7
土生　安　真	5.4	.4	5.8	5.2	.4	5.6	5.3	.4	5.7
佐々木　堯　平	4.8	.3	5.1	3.5	.7	4.2	2.5	.7	3.2
佐々木　勝　雄	3.6	1.7	5.3						
鎌倉　庄兵衛	6.3	.9	7.2						

注：1．上位3名は大正4年度の数字（大正元年の欄）
　　2．佐々木堯平以下4名は昭和7年度のもの（昭和3年の欄）
　　3．野田基衛・信五郎は其一家の分家として成立。

し，調査の関係でわれわれが資料を利用し得たのは，荒川陽一・木村盛・野田惣治・土生安真の4家に止った。なお没落した佐々木勝雄家は，佐々木健太郎家の本家であり，佐々木堯平家は，佐々木健太郎家の先代米治氏の生れた家で，親戚関係にある。この堯平家については，資料はないがききとりによって以下の論旨を補っていきたい。

（i）　手作経営——小地主経営の中核（明治末—大正中期）

10町歩未満の小地主に特徴的にみられた手作経営は，これら小地主の重要な性格でもあった。しかし，とくに明治末期・大正初期においては，これらはまだ自作農的階層であって，小量の貸付地を有してもなお地主といい得るほどに確立していたものではなかった。その後の土地集積が，地主化せしめるのであるが，土地集積を行うための資力はこれらの層では手作経営からの剰余分の蓄積であり，これが貸付け等を通して，前期資本的性格を持ったものと思われる。

さてここで対象とする小地主について，昭和3年の手作地面積をみると，荒川家は15町9反歩中4町歩，木村家は9町4反歩中3町歩，土生家は5町4反中4町5反歩であって，土生家はむしろ自作富農的である（この内容は後述）。野田惣治家（以下野田家と略称する）は，昭和3年には手作地を有しないが，これは大正10年惣治氏が亡くなり女手だけとなって，10年，11年は1町歩の手作りを行い，12年からは全部小作に出したためで，その前年までは2町以上の手作経営をもっていた。また昭和3年には土地を失っていた佐々木勝雄家でも，ずっと2町5反歩程度の経営を続けており，鎌倉家に明治期に5町の手作りがあり，その後庄兵衛氏の収入役就任とともに縮小して，数反歩の手作地しかなかった。なお鎌倉家は，収入役で失敗して没落し現在は家がなくなっている（北海道へ移住。二男が戻ってきた）。佐々木堯平家等は，大正5年には，3町4反歩位に減少したが，この減少1町7反歩中，5反歩は分家新次郎家に与えたものである。この減少後，5反歩ほどの自作地があるが，それは自給的なものにすぎなかったので，とても市場目当の手作りとはいえないものである。

これらの家のうち，もっとも明瞭に明治末大正期の手作経営がわかるのは，野田家である。以下野田家を主として，他の資料で補いながら手作経営の内容

第5章 水稲単作地帯における地主制の矛盾と中小地主の動向　　275

をみよう。野田家は，天保13年木村長男家から分家し，惣治氏は4代目。現在は為子氏の代となっている。この家の分家は明治年代に一軒ある。このとき3反歩持たせてやった（現在の野田寿雄家）。野田家の経営耕地面積は，判明する限りで，表13のようになっている。すなわち，明治期から大正期にかけて急速に減少していることがわかる。以下，この手作経営を中心として展開した野田家の経営の全体を考察しておこう。

表13　野田家手作地面積

年　度	所有地			借入地	手作地計
	手作地	貸付地	計		
明治39年	34反	6反	40反	29反	63反
40	34	6	40	29	63
41	38	3	41	24	62
大正7	30	17	47	6	36
8	27	20	47	—	27
9	22	28	50	—	22
11	10	40	50	—	10

注：明治期は，同家「収入支出重要記録」，大正期は「収入支出会計簿」による。

　明治末期　　この時期の特徴は，所有地が4町歩に達していながら，2町9反歩の借入地をもって積極的に経営を拡大している点である。野田家は，明治中期以前に土地を手放したことがあるといわれ，したがって一部分はかつての所有地も含まれていたと思われるが，幕末の分家であるから，もともとそう大きな所有ではない。しかし当時は，部落の役職についていたりして，有力な家であったから単純に自小作層と規定してしまえないものである。しかし，とくに子方的な従属家を昔からはもっていず，借屋が一軒あるがこれは他からの移住者であった。

　まず，明治40年の自作地と小作地を示しておこう（表14）。すなわち，地主はこの部落の大地主たる野田真一家と健蔵家があり，その他に仙台市に居住する真山氏からも借りていた。この囲名をみれば，木間塚に少くとも1町3反歩，また共有地に3反歩ある。これらは，少くともかつて所有したところではなく，新たに借入れて経営を拡大したところである。この外に畑4反歩があり，麦・大豆・桑が主に作付けられていた。ところでまずこの経営地の収量を示しておこう（表15）。この野田家にみられる反当収量は，馬場氏が南郷町の平均反収について，明治39・40年で1石，明治41年1石2斗5升と報告されたものよりかなり高い数字である。この高い生産力を基礎とした6町以上の経営が，これらの農民層を小地主へと発展させた根拠であった。

表14　明治40年野田家の耕地経営

	囲名	面積	小作料	地主(小作)名	同年収量	備考
借入地	(木間塚)	7反	490升	野田　真一	602束	
	中ノ間	1	75	〃	75	
	砂浦	5	350	〃	?	
	(木間塚)	6	390	野田　健蔵	547	
	?	7	420	真山　正夫	505	仙台市
	下境	3	150	部落有	195	
	計	29	1,875	4名	(2,370)	
自作地	本地	17	—	—	1,226	
	替地	4	—	—	290	
	下境	11	—	—	749	
	中ノ間	2	—	—	148	
	計	34	—	—	2,413	
貸付地	下境	4	192	武田清三郎		
	(練牛33号)	1	80	黒沢彦太郎		
	?	1	75	佐藤仁兵衛		日傭・借金あり
	?	苗代	15	石井　可納		同上
	計	6	362	4名		

注：1．野田家「収入支出重要記録」による。
　　2．収量の欄，借入地の計は，不明分を推定して加えたもの。

表15　野田家の稲作収量（明治末）

年度	面積	収穫量	反収	村平均反収
明治39年	6.3町	81.35石	1.29石	0.99
40	6.3	85.26	1.35	1.01
41	6.2	92.88	1.50	1.24

注：1．同家「収入支出重要記録」による。
　　2．村反収は，馬場昭「水稲単作地帯における農業生産の展開過程」による。

この経営を行うための労働力は家族の他「長手間」＝年季奉公人2人と，日雇に頼っていた。前者は一年280日働きで，30円（41年には52円）であった（40年は休みを引いて5円33銭）。これは大正中期以降確定して来る「米10俵の代金」という年季奉公の賃銀に比較すれば，当時の米価石当13円40銭乃至16円10銭からみて，約6俵分にしかなっていない。そこにはまだ後にみるような賃銀の高騰現象はみられないのである。また日雇賃銀は40年1ヶ年でみると，64円55銭であって，年雇の賃銀より多くなっている。日雇は1日25銭前後であり，人数にして270人ほど雇っている。ここに日雇にくるメンバーは固定しており，7人を数えるだけである。こうした点に，野田家の経営の大きさは，その雇傭労働の低賃銀の上においていたことがわかる。しかし，これらの奉公人がとくにすべての点で結びついていたわけではない。小作人であるのはそのうちの1人だけであって，年雇にもまだ「作りがらみ」を与えていないのである。またあとでみる金穀貸付でも，年雇いを除いて3人（あるいは4人。姓名不明なものがある）だけが受けているだ

第5章 水稲単作地帯における地主制の矛盾と中小地主の動向　277

けである。

　野田家では，この他に馬2頭を有しており，これで馬耕あるいは米の駄送を行っていた。また，肥料は，大豆粕・豆腐粕・魚粕・人糞を購入していたが，しかしこの金額はまことに少く，40年度でいえば10円81銭にすぎない。こ

表16　野田家の販売額

	明治39年	同40年	同41年
収穫米	81.35石	85.26石	92.88石
小作料	14.26	18.00	14.50
飯米	20.00?	21.18	21.00?
差引残額	47.09	46.03	57.38
小料作収入	3.60	3.60	2.00
計 販売量	50.69	49.68	59.38

注：同家「収入支出重要記録」による。なお？印は推定である。

の当時は，まだ耕地整理が完全に終了せず，萱谷地その他が残っており，堆厩肥もかなり使われていたのであろう。しかし，役場資料によれば，大正初期には堆厩肥製造がかなり少なくなっていたというから，この変化が明治40年頃から起ったものか，または野田家の購入肥料がとくに少なかったのかは判然としない。

　こうして手作地経営が行われたのであるが，販売等がどの程度であったかを表16に示そう。販売米は「会計簿」からも窺えるがここでは収穫米から小作米と飯米を差引いて計算した。販売の方からはやや不正確となるためである。これでみれば，ほぼ50石〜60石が販売に廻されるのである。この販売が野田家の主要な収入源であるが，それは金額でいえば750円〜900円（石当15円位）であって，一般農民層とは格段に異なる多額なものであった。こうして得られた貨幣がどのように費われるかをみよう。明治40年度分を表わしたのが表17である。

　これでみると，総貨幣収入の73％が米穀販売であり，それに続いて養蚕が多い。養蚕は春蚕が主で100円，秋蚕は20円となっている。これに見合うものとして，桑苗を含め30円73銭が支出されている。経営総体でいえば，販売収入916円71銭（牛蒡・塩を除く）であり，経営支出193円10銭を遥かに上廻っている。これの販売収入は，総支出850円に匹敵している。したがって，販売収入以外の貨幣収入は，そのまま余剰となって翌年度に繰越されているのである。これで野田家の余剰の源泉が窺えるのであるが，土地集積の直接的なテコとなっていた金貸付をみると，この一年間の貸付は，92円60銭であって，回収率はかなり良いようである。念のために，40年度の貸付金の内容を詳し

表17 明治40年野田家の収支

貨幣収入			貨幣支出		
		円			円
貸付金		72.73	貸付金		92.60
借入金		60.00	借入金		67.50
販売収入	米穀	796.71		税金	84.99
	産繭	120.00		保険金	25.14
	牛蒡	1.37		頼母子講掛金	20.96
	塩	2.60		大家畜購入(馬)	47.00
	計	920.68	経営支出	肥料	10.81
その他	賃金	6.70		農具	8.43
	下宿料	25.65		年傭賃金	51.33
	計	32.35		日雇賃金	64.56
計		1,085.76		上作料	6.00
				桑摘賃	14.11
				桑苗代	15.00
				蚕種代	1.62
				柴萱代	21.24
				計	193.10
			屋根葺造作		61.21
			家計費		259.02
		円			
差引残		234.24	計		851.52

注：同家「収入支出重要記録」より。同年旧1月1日より旧12月31日まで。

くみよう。貸付は13件であって，もっとも金額の多い50円という1件は，兄（惣治氏は養子。実家の兄）に貸しているのであるから，厳密にいえばこれはやや異なる性質のものであって，そうするとこの年の貸付は半分以下になってしまう。しかし，金額は少いとしても，この貸付に概して月2分の利子であって，高利貸的性格をもっている。それにしても，余剰がかなりあって，貸付に向けられないのは，基盤の狭さをもの語るものであろう。これが次第に伸びていきながら，土地集積が進んだものであろう。また借入の60円は，30円ずつ二度大柳信用組合より借りたものである。大柳信用組合についてはあとで述べるが，野田惣治氏もこの幹事となっており，それを利用したものと思われる。この信用組合の利子は，年1割5分であって，野田家あるいは，さきにみた佐々木家の例で現われている年2割乃至2割4分に比較して低利であった。

　さてここで，米の販売についてその内容を詳しくみておこう（表18）。この販売を上記の会計年度に合わせて（すなわち産米年度とは別）月別に集計すれば，野田家は6・7・8月の端境期に，ちょうど半分の販売金を得ているのである。この時期は正月頃に比較して石当2円50銭ほど米価が上っており，もっとも有利な販売をしているといえよう。そうして1斗以下で農民に売る小口の販売もまた，かなりの金額になっていることは注意すべきであろう。3俵〜10俵程度ずつ駄送しているのは，主に石巻であり，ついで涌谷・鹿島台・高城そして村内の仲買商である。

以上簡単に明治期の野田家の経営概況をみたのであるが，そこではかなり積極的な経営拡大のための小作地借入があって，絶対的にはかなり低いとはいえ，当時の南郷町としては高い生産力の上に，その余剰のほとんどすべてが生じてきていた。この段階では決して地主とは規定し得ず，むしろ経営を安定させつつ，余剰金をもって土地集積を行わんとする段階にある。大経営であった。しかしこれほどの生産力をもつ家であっても，明治39年の小作料納入にみられるように，契約額全部は納め得ず，反当5斗にも満たない小作料しか払っていなかった。ここにまだ貸付経営の不安があり，とくにこのように零細な地主では，貸付経営にのみ依存することができない根拠があったのである。こうした点は，表12でみた木村・土生・佐々木堯平・佐々木勝雄・鎌倉各家についても同様であったろうし，すでに13町歩に達していた荒川家も，昭和期で4町歩の手作りを行っているのであるから，明治期にはやはり大経営であったと考えられる。こうした小地主が次第に態容を整える大正期についてみよう。前に検討したとおり，この期にはかなり土地集積が上昇する傾向にあるときである。

大正中期　まずこの期の手作地経営をみるために，面積と収量を表記する（表19）。この数字は反当もすべて野田家で計算したものであって，それをそのまま掲げた。これは，やはり南郷の村平均より2斗～6斗も高いのである。大正期には，町としても2石基準となるのであるが，明治末期からのわずか10年の間に野田家でも，ほぼ1石近い上昇があるのである。すなわち，この期でもこれら

表18　明治40年月別米穀販売（野田家）

	販売金額	内小口売分
	円	円
旧1月	30.48	0
2月	29.813	2.813
3月	33.64	6.44
4月	68.09	9.18
5月	1.50	1.50
6月	70.607	15.867
7月	22.585	4.045
8月	295.336	7.558
9月	74.08	10.06
10月	164.18	0
11月	.90	.90
12月		
計	796.711	57.463

注：1．同家「収入支出重要記録」による。
　　2．小口売とは，1斗未満の量を販売したものをさす。

表19　野田家の稲作収量（大正中期）

年度	面積	収量	反収	村平均反収
	町	石	石	石
大正7年	3.6	81.58	2.27	1.79
8	2.7	59.54	2.21	2.03
9	2.2	52.79	2.40	1.78

注：1．同家「収入支出会計等」による。
　　2．村反収は，表15の馬場氏論文による。

の小地主層は，生産力展開の先頭に立っていたといえるであろう。しかし，こうした生産力にもかかわらず，野田家の手作地面積は年毎に減少する。すなわち，ここでかなり明瞭に手作地を貸付地に切り換えるのである。さきの表13でみたように，借入地は大正7年の6反歩を最後として消滅し，代って貸付地が伸びている。そして12年には，完全に手作りの廃止が行われるのである（偶然的事情によるとはいえ）。この間に所有地も漸増する。そして9年に至って水田のみで5町歩に達する。これがこの期の経営の基本的な現象である。水田でのかかる変化があっても，養蚕にはそれほどの差違が認められない。細部は不明であるが，大正10年に至っても，春蚕16貫500匁で132円，秋蚕7貫150匁で41円50銭の収入を得ており，これは明治期とほぼ同じである。

　この期の手作経営で注意されるのは，金肥の増大である。明治末期の野田家では，ほとんど有機質肥料，それも人糞の購入が多かったが，大正中期では無機質肥料の増加がみられる。完全な1ヶ年間の購入がわからないのであるが，大正8年では，新4月5日から7月1日までに過燐酸石灰12円32銭，石灰窒素9円30銭，硫安8円75銭が購入され，その他大豆粕が51円，米糠4円30銭がある。時期からみて，この以前の購入もかなりあると思われ，これがやはり大豆粕中心とはいえ，明治期に比較して著しい差違である。

　肥料と並んで注意されるのは，労働力の賃金である。これは野田家については不明であるが自作富農的な土生家についてみると，4町5～6反歩の手作経営に対して，表20のような労働力を雇傭していた。

　土生家では年季奉公と半奉公（月の半分くることが原則）が著しく多く，必ずしも典型とはいい得ないが，明治期に比較して，賃銀が高騰している。前稿にも指摘したように，こうした自作地を持つ農家の賃銀は，大地主の長手間よりも賃銀が高かったといわれている。[89]この頃になって年雇いは「米10俵」という規準がはっきりしてきたのである。ところが，これらの長期雇傭は，例外なく前貸しまたは前渡しを伴っており，このため暮の決済ではほとんど手に入らないのである。最初の前貸しは，30円乃至50円で，その後何かにつけ実家にあるいは本人に前渡しが行われるのである。ここで注意すべきことは，お祭の小遣，芝居・活動あるいは日常の小遣いもすべて前渡しとして計算されており，恩恵的な小遣の給付（無償で与えるもの）はなくなっている。つまり貨幣での

表20 大正9年土生家の雇傭労働力

種別	氏名	賃金	前貸＋小遣等	日数	契約および備考
年傭	三浦幸之進	円 140.00	円 147.68	日 281	300日働き，ホマチ田1反歩
	佐々木菊治	140.00	139.90	286	同　上
	安住　定見	80.00	26.50	26	150日働き，途中で帰る
	高橋多喜志	80.00	79.15	168	同　上，超過日数支払
	有壁養之進	80.00	49.95	280	同　上，　同　上
日傭	佐々木単治	21.30	不明	27	
	大槻とみの	4.50		6	
	高塒九蔵	3.20		4	
	尾形三五郎	8.50		12	
	千葉喜治	4.50		5	

注：1．土生家「長手間帳」より。
　　2．年傭安住は契約中途で帰ったが，賃金は契約額であって，全部支払ってはいない。前貸分を精算したかどうかは不明。

計算が極めてはっきりしてきているのである。それに伴い，不足する労働力確保のためのホマチ田が，年傭いには2名ともついている。大正期の年傭いにはこのような性格に変ってきていたのである。このことは，賃銀の高騰とともに，労働力の確保がかなり困難になっていたことを示すものであり，またその内容も身分的関係のなかにも契約性（貨幣計算）が，貫いていたことを示している。これは，家族労働を越える大経営の有利さが，多少減じたことを意味する。なお，この奉公人は，年季は1年であって継続することもあるが，大正9年と11年を比較すると，三浦幸之進を除いて，他の者はすべて変っており，三浦幸之進も300人働き（年奉公）から150人働き（半奉公）へと変っており，従来のような固定したものでないことは明らかである。

ところで，当時の野田家の米穀販売は，大正7年度産米で83石7升，大正9年度産米で68石1升となっている。この他に飯米15石（経営縮小に伴い傭人の分を減じて）と推定すると，表19の手作地収量との差は，大正7年で16石4斗9升，大正9年で30石2斗2升となる。この分が少くとも小作米として入ったと見当づけ得るであろう。このように，大正期に入れば，手作地がなお米収入の大きな部分を占めるとはいえ，次第に小作米収入の比率を高めていることがわかる。これは，手作縮小・貸付地増大という現象のもつ意味の逆な側面の表現であるが，それが，他方経営費の節約，そしてまた地主の家族労働の犠牲を減ずるものと比較されてきているのである。ちょうどこの時期は米価

高騰の時期であり，手作経営にとっては，労賃の高騰をも充分カヴァーし得たのであるが，逆にこれが零細地主をも小作料収入に依存させることとなり，つづく米価低落期から昭和恐慌を通して，これらの貸付地経営に依存した小地主を没落させていくことになったのである。この米価高騰は，野田家で大正7年には3,084円42銭，大正9年で，2,626円20銭の米販売代をもたらした。大地主についても同様であるが，この期の蓄積は，それから昭和初年（3年基準）までの間に漸進的ではあれ，小地主の土地購入の資力をもたせることになったのである。

しかしながらIでみた，地主的土地所有が直面している制約条件は，中小地主についても同様であった。小地主がやっとその資力を持ってきたとき，すでに土地集積は，一方で農民経営の安定があり，他方米価の低落期に入って必ずしも順調には進まなかったのである。この一例として野田家でも大正8年にはかなりの株投資がはじまり，この年だけで少くとも1,135円以上の株を購入している。これは佐々木家で大正8年にみた，米販売額の3分の1に達する株投資を上廻わる率である。大正中期における地主的土地集積の停滞傾向は，大地主ばかりでなく小地主をも農業外へ転進（地主経済全部がではない）させることになっていたのであり，この期までは，小地主も大地主も大差なく動いていたといえよう。上に述べたように，小地主は明治末の生産力的展開と好況下にあって，ようやく地主的な発展をし得る時期に至ったとき，一方では農民の生産力の上昇と，他方米価の低落で，その道を阻まれていたのである。

（ii）　貸付地経営──小地主経営の停滞（大正末─昭和期）

この期に入るや，零細地主の土地所有は一般に減少する傾向があることは，すでに表10で示したところであるが，まだ手作地をかなり有すると思われる10町未満層では，わずかながら土地所有を伸ばしていることも，同表から窺えるところであった。大柳部落では，この期の前年に，鎌倉・両佐々木家の衰退が目立っており，その深刻さも察せられるのであるが，残念ながらこの具体的な資料はない。

まず大正期を通じて，昭和3年までに所有地を拡大した荒川家の「金融台帳」をみよう。各年度毎に整理すれば表21のようになる。15町歩ほどの地主

第5章 水稲単作地帯における地主制の矛盾と中小地主の動向　283

荒川家が，これだけの貸付を行う力をもつに至っていたのであるが，米価低落につれて，当然金融の需要が増えるにもかかわらず，現実には金額も件数も減少している。これは米価の動きと無関係ではあり得ないだろう。こうした貸付の内容にもう少し立入るために，どの年度でも良いが金額も件数も多い大正15年をとってみよう。この表22では便宜的に金額の多いものから並べたが，また同一人の借受回数もわかるようにした。この表から得られるいくつかの特徴を述べておこう。第一に，金額の多いものは，部落外の人であることが多い。一般に部落内の

表21　荒川家の金穀貸付

年度	種別	件数	貸付額
大正14年	金	10件	1,543.00円
	米	7	2.25石
15年	金	27	2,191.00
	米	11	7.10
昭和2年	金	28	1,616.70
	米	8	16.25
3年	金	28	1,425.26
	米	7	8.00
4年	金	14	1,369.69
	米	7	3.72

注：荒川家「金融合帳」による。

人は，零細な借金が多い。第二に，借金回数の多いものは，米あるいは肥料等現物で借りている。それだけ，荒川家から離れてはやっていけない，従属関係の深い家であろう。第三に，利子率は金額が大きくなると下っている。これは佐々木家でもみたところであるが，第四として佐々木家と異なるのは，年2割乃至2割4分が圧倒的で，利率が少し高いと思われること。第五に，佐々木家では零細な貸付に無利子のものがかなりあったが，荒川家では少いこと。以上のようなことはほぼ各年度についていえることである。以上の諸点から考えられることは，これら小地主の貸付が，依然として近隣の小農経営を基盤としており，それは単に身分的従属的関係ではなく，むしろ明瞭に利子計算を立てて，その前期資本的性格を示しているということである。しかも「土地立附台帳」と合せると，小作人とは余り一致しないのである。しばしば借入れを行っているものに小作人があるのは当然だが，高橋ますじは小作人ではなく，これはむしろ日雇いとして荒川家に始終出入していた家であるといわれる。このように，小地主の貸付といえども，小作人あるいは貸付によって小作人となるものに貸付けるよりも，金額の大部分は，土地集積とは無関係に貸付けられているのである。こうした点は，大地主佐々木家の場合と同様であるが，佐々木家の場合は「貯蓄親睦会（共栄組合）」によって，小作・借屋層にもっと積極的な経営資金の貸付けをおこなっており，この点はかなり異なるものがある。

表22 大正15年荒川家の貸付

借人名	居住地	金額	利率	1ヶ年以内の返済	備考
木村 功一郎	北村	円 1,000.00	月 1/80	円 1,150.00	
木村 賢吾	練牛	290.00	年 2割	△ 58.00	
鹿野 芳之助	〃	100.00	月 1/50	122.00	
中村 喜七	〃	100.00	〃	△ 20.00	
安達 幸記	大柳	100.00	月1分5厘		小 作 人
〃	〃	15.00	〃	16.12	
〃	〃	10.00	〃	10.20	
青砥 清蔵	練牛	60.00	〃	64.80	
畑中 末松	福袋	50.00	月 1/60	△ 8.30	
三浦 大太郎	大柳	50.00	〃	55.83	小 作 人
相沢 清五郎	〃	50.00	〃	△ 10.00	
〃	〃	50.00	無利子	10.00	5ヶ年賦当年分皆済
木村 清之進		40.00	月 1/50	△ 4.00	
大久保源七郎		40.00	〃	△ 7.20	
木村 林治郎		39.00	〃	46.02	
〃		10.00	〃	11.00	
安達 保美		30.00	〃	36.00	小 作 人
〃		15.00	〃	18.30	
林 しほよ		30.00	〃	32.40	小 作 人
有壁 長治		25.00	〃		
小野 はる		20.00	月1分5厘	△ 1.80	無 証 書
杉ノ目民次郎		20.00	月 1/50		小 作 人
〃		10.00	〃	10.00	無 証 書
〃		米3石5斗	年 2割	△米1石2斗	無 証 書
〃		米 4斗	無利子	米 4斗	無 証 書
〃		大豆粕2枚	月 1/50	米2斗1升	無 証 書
高橋 ますじ	〃	円 12.00	〃	円 △ .40	無 証 書
〃	〃	米 4斗	〃		無 証 書
〃	〃	〃	〃		無 証 書
〃	〃	〃	〃		無 証 書
〃	〃	〃	〃		無 証 書
〃	〃	〃	〃		無 証 書
斎藤 渉	練牛	円 10.00	月 1/50		
〃	〃	10.00	〃	10.40	
三浦 けさ	大柳	5.00	無利子	5.00	無 証 書
有壁 長十郎	〃	米 4斗	月 1/50		無 証 書
井上 隆亮	〃	〃	〃		無 証 書 小作人
佐々木 純一	〃	〃	〃	米 4斗	
計	38件 24名	金 2,191.00 米7石1斗 大豆粕2枚		金 1,707.77 米2石2斗1升	

注：1．△印は一部返済。他は元利とも返済。
　　2．荒川家「金融合帳」から。

つぎに返済をみると，借りてから1ヶ年以内に元利とも返しているものが，18件ある。このほかに利子のみ払ったのが9件，元利ともにまったく払わないのは11件でこのうち7件が米（無証書）の貸付けである。これをみれば一般に借金の返済はかなり確実に行われており，借金によって直接土地を取り上げていることが少なかったのである。利子も払わなかったものは，証書の書換え（元利計を元金とする）が行われて，複利式に計算されている。最初から無証書のものは，米か零細な金額でしかもすべて部落内の特定の人に限られている。これらが元利とも払わない場合の決済についてみると，例えば米の借入がもっとも多い高橋ますじの場合は，日雇いとして出入りしているので，その方で差引かれたものと思われる。残る有壁長十郎・井上隆亮についてもそういうことがいえるだろう。とすれば，この当時の金穀貸付は，小地主の場合にあっても佐々木家と同様に，払えない場合に土地と差引精算することが少なかったといわなければならない。もちろん，元利金額返済あるいは利子のみ返済の場合にも，借人が土地を他に売って返済したのかどうかは，不明である。ただ従来の貸付金の利子部分を実現させるという形での土地集積はみられず，ここでも土地集積は土地投資＝地代収入という傾向をはっきりさせていることを示すのである。

　さてこのような金穀貸付の状態にあったとき，貸付地の経営はどのようであったかをみていこう。残念ながら荒川家の資料では面積が不明であるので，同じ年代の野田家の資料を利用する。野田家の「土地台帳」で昭和4年の小作関係を表示すると表23のようになる（次頁）。この小作人は11人であり，うち2人は苗代だけであるから，比較的少いといえよう。このような傾向は佐々木家でもみられたところであり，佐々木家の大柳部落内の小作人の平均借受面積は，9反歩であった。ここでは5反強であるが，かなり集中した貸付けが行われていることがわかる。このうちの野田勇之助は分家である。

　この当時の小作人を，大正8年当時と比較してみると，野田勇之助・高橋利一郎・高橋政志が昭和期まで継続するだけで，あとは全部交替しておる。昭和4年のもっとも主要な小作人である後藤梅雄家は，本来野田家の年雇であって明治末に登米郡からやってきたといわれる。これが奉公中に家宅を建てて貰って借屋となり，以後経営を拡大していったのであり，農地改革直前には2町8反歩の経営を行っていたのである。こうしたなかで，後藤家は大正12年から

表23 昭和4年野田家の小作地

氏　名	地　番	地目	面積 反	小作料 斗	昭和15年の小作人	同年小作料	適正小作料
荒　川　剛	赤井前　78	田	1.010	9.00	同　人	9.00	
	〃　　　79	〃	1.010	9.00	〃	9.00	
	中　境　45	〃	1.010	7.50	〃	7.50	8.50
	〃　　　46	〃	1.010	7.50	〃	7.50	8.50
	〃　　　47	〃	1.010	7.50	〃	7.50	8.50
	〃　　　48	〃	1.010	7.50	〃	7.50	8.50
	〃　　　44	〃	1.010	7.50	〃	7.50	8.50
	計		7.210	55.50		55.50	(＋5.00)
野田勇之助	中ノ間　17	田	1.010	7.00	菊地　勝吉	8.00	
	〃　　　50	〃	1.010	7.00	〃	8.80	
	計		2.020	14.00		16.00	
木村　逸平	下　境　115	田	1.010	6.50	同　人	7.00	
	〃　　116	〃	1.010	6.50	〃	7.00	
	〃　　117	〃	1.010	6.50	〃	7.00	
	〃　　169	〃	1.010	6.50	〃	7.00	
	〃　　170	〃	1.010	6.50	〃	7.00	
	〃　　186	〃	1.010	6.50	高橋　政志	7.00	
	〃　　187	〃	1.010	6.50	畑中→後藤	7.00	
	〃　　241	〃	1.010	6.50	後藤　梅雄	7.00	
	〃　　242	〃	700	4.55		4.90	
	砂　押	苗代	504	7.70	同　人	7.70	6.24
	計		9.424	64.25		68.60	(－1.46)
菅原　留治	下待井　36	田	1.010	8.50	同　人	8.50	9.00 (＋0.50)
木村　義見	下待井169	田	1.010	8.50	佐々木九平	8.50	9.00
	〃　　170	〃	1.010	8.50		8.50	9.00
	朝　日　98	〃	1.010	7.50	山村　吉雄	7.50	
	〃　　　99	〃	1.010	7.50		7.50	
	計		4.110	32.00		32.00	(＋1.00)
小川　登自	砂　押	苗代	413	6.65	同　人	6.65	(－1.33) 5.32
高橋　政志	砂　押	苗代	414	6.70	同　人	6.70	(－1.34) 5.36
高橋利一郎	下　境　81	田	1.010	6.50	山村　吉雄	7.00	
	〃　　　16	〃	1.010	6.50		7.00	
	〃　　109	〃	1.010	6.50	山村→後藤	7.00	
	砂　押	苗代	303	4.65	高橋いちの	2.95	2.36
					高橋　ゆき	1.70	1.36
	計		3.403	24.15		25.65	(－ .93)

表23 その二

氏　名	地　番		地目	面積	小作料	昭和15年の小作人	同年小作料	適正小作料
氏家久四郎	下　境	24	田	1.010	6.50	同　人	7.00	
	〃	73	〃	1.010	6.50	〃	7.00	
	朝　日	249	〃	1.010	6.50	〃	7.00	7.50
	計			3.100	19.50		21.00	(＋ .50)
後藤　梅雄	田　中	70	田	1.010	9.90	同　人	9.90	9.43
		71	〃	.710	7.30	〃	7.30	6.97
		72	〃	.225	2.83	〃	2.83	1.98
		68	〃	1.012	10.00	〃	10.00	9.50
		69	〃	1.012	10.00	〃	10.00	9.50
		50	〃	1.012	10.00	〃	10.00	9.50
		51	〃	1.012	10.00	〃	10.00	9.50
		52	〃	1.012	10.00	〃	10.00	9.50
		53	〃	1.012	10.00	〃	10.00	9.50
		46	〃	1.012	9.00	(舟越)→高橋	9.00	7.50
		47	〃	1.012	9.00	〃	9.00	7.50
		48	〃	1.012	9.00	(舟越)→山村	9.00	7.50
	中　境	209	〃	1.010	7.50	同　人	7.00	7.65
	田　中	49	苗代	1.012	15.00	同　人	15.00	12.00
	砂　押	39	〃	1.012	15.00	山村　吉雄	田 10.00	9.50
	〃	40	〃	.120	2.50	〃	2.50	2.00
	〃	40	〃	.120	2.50	同　人	2.50	2.00
	計			14.817	149.53		144.03	(−13.00)
荒川　喜市	中　境	116	田	1.010	8.00	同　人	8.00	
	〃	149	〃	1.010	8.00	後藤　梅雄	8.00	
	〃	182	〃	1.010	8.00	〃	8.00	
	計			3.100	24.00		24.00	
	合　計			49.300	404.78		408.63	−11.56

注：野田家「立附台帳」による。

上げ作地4反歩強の耕作を委任される。上げ作とは手作りといっても良いが，当時の村当局には手作りとしてでなく小作として扱われていた。これは肥料・種子を地主が出し，収穫米を折半して精算はすべて金銭で行っていたものである。野田家ではこれを飯米用としたという。

　この当時の小作料は，40石4斗7升8合であったが，これはその後約10年間に，3斗8升5合増加し，その増加は反当り8合であった。しかしこのうち苗代から田への転換による5斗の減少があるので，これがないとすれば反当1升8合の増である。この引上げは昭和12年頃行われたのであるが，まもなく

戦争中の適正小作料の是正によって，むしろ減少さえしたのである。この期に至っては，中小地主の引上げさえも困難となり，その引上げ分も逆に引上げられることになっていた。当時の飯米が上げ作地4反歩だけで間に合うとすれば（家族女子供3〜4人），小作米は全部販売し得た。当時の平均米価を，佐々木家の事例にしたがって25円とみれば，その金額は1,012円であって，大正中の2,600円〜3,000円とは比較にならないほど減少したといえる。もちろん，それだけ人も少いのであるが，地租その他の公課を差引くことを考えると，自作地のない小地主の経済は，かなり苦しいものであったのである。しかし，野田家の特殊事情にあっては，いまさら手作地をもつこともできずに経過した。そうしてその対策が，まず小作料引上げとなってあらわれるのであるが，それはIでみたようにかなりの困難が伴うものであった。それを強行したところに適正小作料による引下げがみられるのである。興味あることに，この適正小作料の認定の際は，増加したものと減少したものとで差引1石1斗5升6合減少したのであるが，減少したのは，後藤家の借入地と，苗代とだけである点である。他はむしろ上昇しているのである。いうまでもなく，昭和4年当時からこの後藤氏の土地の小作料は高く，昭和15年にも引上げられていないのであるが，それは優良地ということもあろうが，こうした借屋層に他の農民より高率の小作料がかけられていたことを示している。すなわち小地主は，米価低落による圧迫をこれらの借屋層に転嫁させていたもので，これが適正小作料認定の際に引下げられることになったのであろう。そうして，この土地を小作するに至っていた山村吉雄家もまた，新らしく移住してきた借屋であった。したがって，地主側からすればこうした借屋に土地を貸付けることは，何かにつけて便利であって現にそのように進行しているのである。すなわち，昭和15年には，後藤梅雄家は，1町6反2畝19歩であり，山村吉雄家は0から6反3畝22歩へなっている。こうしてこの両者が，野田家の主要なる小作人となってくるのである。これは，地主にとっては従属性の強い小作人を作る必要から行われた現象であって，より自立性の強い一般小作農では，小作人に対する負担転嫁が困難であったのである。

　なお，苗代小作料の引下げは，通し苗代の問題と関係があり，戦時中の増産対策のために作付けが奨励され，一般水田とほぼ同様視されたためである。

以上のような貸付状況をみれば，小地主の貸付地経営がまったく展開する余地を失っており，わずかに新らしい借屋層に転嫁する程度であった。といって土地集積も進まず，むしろこの期以降はかえって土地を手放す傾向さえあった。とくにそれを端的に示すのは，販売金額の差であって，これは大正中期以降わずかに進行した土地集積をも，まったく抑制するものであった。前の表でも荒川家をはじめ土地を手放しているのである。このなかで，佐々木堯平家は，自作農創設資金による解放が1町4畝ほどある。5町前後で手作りをやっていない地主は，こうした形で転進する以外には旧来の生活水準を維持していくことができなかったのである。

　なお野田家についていえば，野田家では戦時中にも土地を購入している。これは，二郷部落の小島近辺の土地であるが，昭和14年に，10枚（ほぼ1町歩）購入している。この価格は1枚180円で，このために勧業銀行から1,000円利子率5分6厘15ヶ年賦で借りている。この地価は当時としては廉いといわれているが，土地は悪く小作料も7斗であった。こうした低地価の土地ならば借金してもなお有利であったのである。野田家はさらに同じ人から8反歩購入している。これも勧業銀行から借りて購入しているのである。野田家では，こうした形ででも土地を購入しなければ，戦時経済下の動揺に耐え得なかったのであろう。それは，自己資金も乏しい小地主が，偶然的な低地価の土地を借金によって購入したものであって，すべての地主に与えられた条件ではなかったのである。

　野田家は農地改革によって大打撃を受けたのであるが，それでも昭和21年度に，5反2畝歩，昭和22年からさらに9畝を手作りし，他に苗代5畝18歩を持っていた。これはすべて取上げによるものであって，6枚中5枚は後藤家からの返還であり，他の1枚は昭和20年まで後藤家が作り，21年に有壁長十郎が作った土地であって，こうした土地取上げもやはり借屋層にかかっていったのである。当然のことながら，改革後の保有地も後藤家に多いのである（1町5反中の5反）。この外に苗代が7筆あることからみれば，苗代はほとんど解放されていないのであって，これは単作地帯，とくに通し苗代地帯にはしばしばみられる現象である。

3　村落支配機能の消滅と対応形態

　わたしは，第3章において「部落的組織」の問題をとりあげたが(91)，そこには明瞭に本家親方層の支配が窺われることを指摘しておいた。そうして明治期においてもっとも典型的な姿態をとる「部落」は，その後明治40年の部落財産の統一（大部分が水田であり，一部萱谷地）とともに，「部落」の基礎としての共有財産が消滅し，いわば独自的機能を失って再編され，村の行政単位としての性格を強めていったと述べた。このときすでに大地主としての態容を整えていたものは，一般に部落支配機構から上昇し「村」を把握する立場から部落を支配しており，その後はむしろ，部落の内部では小地主等の支配（役員等）がみられる。「部落」はこうした変化のなかで，しだいに行政的機能を中心とするようになり，したがってその役員も「駐在員」的性格を強めるのである。そうしたなかでやはり部落の範囲での中小地主層による再編が行われたのである。

　まずこうした諸過程における小地主の役割を考察し，つづいて，この地主的な部落内の諸組織が，大正中期以降自小作上層の展開によって，否定されてくる過程をみよう。

　大柳の「部落」組織たる「大柳同志社」は，その詳細な規定をみると，共有財産を基礎として，郷倉制度・金穀融資あるいは農事改良などを行っている。

　この役員は地租20円以上納入するものであって，その役員をみると明治35年を例とすればつぎのようである。

　　区　長　野田斉治
　　評議員　佐々木大太郎（健太郎），佐々木幸治（堯平），野田健（健蔵），野田三郎
　　　　　（惣治），鎌倉庄次郎（庄兵衛），荒川庄之助（陽一），渡辺源五郎（大丸），
　　　　　佐々木源三郎（勝雄），野田慶治（仁），木村才治（盛）
　　幹　事　三浦久之助（久次郎）

　このうち，いままで地主として取り上げなかったのは，渡辺弥五郎・三浦久之助両家だけであって，渡辺家は佐々木家の分析中しばしばふれた家で，古くは有力な本家格の家であったが当時はかなり土地を手放して2町5反歩ほど所有し，ほかに小作地を2町以上有した（多いときは3町ほど）家で，のち昭和

期に大柳区長を務め，前町会議長でもあった家である。三浦久之助家は，当時土地所有こそ9反歩ほどしかないが，役場に勤めたことがあり，部落行政上の事務運営の中心であり，経営は3町歩ほどであった。このように，役員としてはほとんど地主層のみであり，翌36年の区長には，斎治家の本家である野田健が就任しているのである。

こうした部落が行う諸活動は前記のように，信用あるいは共有田貸付といった地主的機能があるのであるが，とくに共有田貸付を通しては，個々の地主―小作関係ではなく，部落総体として（その支配層は地主）小作人を把握するものであった。それは単純に「部落的共同体」としてしばしばいわれる「平等な権利」を持つ農民によって作られたのではない。そのなかには，部落組織を通して高利貸資本が活躍するような信用事業も含まれているのである。しかし，こうしたことがのちのように，単純に地主と小作の私的な関係になっていないところに「部落」としての特質があり，それだけに地主制としての支配が完成していないといえる。実は「部落制度」が残っているところに，まだ地主制が日本資本主義の下に再編されるに至っていないことをみ得るのである。つまりこうした「部落制度」は，農民的商品生産経営の展開とともに崩壊し，同時に地主も「部落制度」を支配の機構とすることをやめ，直接的な小作人把握へと向うのである。

このように，地主の支配がまだ私的な個別的な小作人把握へ至っていないことは，たとえばつぎの規定によってもしられる。それは

「借屋タル者カ不品行若シクハ屋賃無払ヲシタル場合ハ退去シ当区内に置サルコト右ノ通協定ス」（明治35年「録事」大柳区　同年12月17日評議会の決議）

というものである。本来個別な関係であり，いわば小族団的な結合の一形態である借屋関係が，ここでは「部落」全体として取締られているのである。それは一方でかかる小族団的結合の弛緩を意味するものであるとともに，他方地主としての支配が個別的な小作層を把握する（小族団的なものと比較すれば，より近代的な関係で私的な貨幣関係として把握する）に至っていないことを示している。

以上のような部落制度が，郷倉制度の廃止・部落財産の統一，他方で小農生産の展開・日本的地主制としての量的展開とともに，崩壊したのである。その結果として，大地主はもはや部落内の役職にはつかず，小地主的な再編強化が

行われるのである。それを一例として信用関係でみよう。上述のとおり，部落的諸機能のなかでは，信用機能は郷倉制度・貸付制度等によって現われ，重要なものとなっていた。しかし，当時の貨幣経済の浸透は小農をして経営的にも生活的にも，ますます貨幣を必要としていたときであり，地主としての金穀貸付にも限度のある中小地主は，一方では大地主の前期資本主義的収奪を阻むために「無限責任大柳信用組合」あるいは「大柳青年貯蓄会」等を組織したのである。前者の役員は，

   組合長 鎌倉庄兵衛
   幹　事 佐々木源三郎，土生直治，野田惣治，野田慶治，三浦久之助，渡辺勝治

であって，新たに渡辺勝治家が加わる。この渡辺勝治家とくにその子勝躬氏は，大正期以降の南郷村における産業組合運動で，自作小作上層農の経済運動を絶えず指導した人で，当時所有地は1町6反歩であるが，経営は4町ほどといわれている家である。その他はすべて小地主であって，貯蓄とともに信用貸を行っていた。この利子は，年1割5分で，月利1分2厘5毛を基準としていた。たとえば，上述の野田惣治家などもしばしばこれを利用しており，前の表17の借入金はすべて信用組合からであった。これは，部落内の居住者をもって組織しており組合員への貸付けも行ったが，詳細は不明である。

　また「青年貯蓄会」は青年とはいうものの経営者を対象として，やはり希望者だけを加入させているが，会員は87名であり，一軒から数人加入している場合もある。この主たる目的は名称通り貯蓄であるが，これは毎月一株30銭（但し1人6株以上の加盟をさせない）を積立て，5ヶ年（明治41年1月～明治46年1月）満期としていた。利率は5分4厘である。この積立金の徴収方法も，部落の行政組を単位として集めていた。もちろん，利子を払うためには，これを貸付けるのであって，その利子の差で事務費その他を支払うことになっているが，会計簿がないために詳細は不明である。さてこの役員は，

   会長兼会計 野田健蔵
   監　査　役 鎌倉庄兵衛

幹　　事　佐々木源三郎, 野田惣治, 佐々木孝治, 野田慶治, 土生直七

であって, これまた「信用組合」と同じ小地主層が中心となっているのである。このような, 小地主中心の信用組織は, 部落的範囲における自己の経済基盤の確保であって, それを通して大地主への対抗を示していたといえよう。当時すでに100町歩に達していた野田真一家や佐々木健太郎家は, これらにまったく入っていないのである。

　中小地主は, こうした機能をもって, 解体しつつある部落組織を再編していったのであるが, そこではもはや大柳区＝「大柳同志社」にみられた農事改良の意図は失われており, 単に信用関係だけに止った。しかし, この信用関係が本質的には前期的な性格をもつものであるから, これが梃子となって土地集積も行われたのである。ちょうど当時は, 大地主による地方銀行の設立期であって, 明治34年の宮城農工銀行, 明治43年には南郷町の大地主の積極的参加（安住・伊藤両家が取締役）によって, 涌谷町に東北実業銀行が作られ, [92] 大地主がここに投資し, またここから金融を受けていたことは, 佐々木家の分析で述べたとおりである。[93] 小地主はこうした近代的形態をとる銀行ではなく, むしろ一方で直接農民経営を支配する意図をもって, 部落再編という形態で, この信用組織を作ってくるのである。

　しかしながら, こうした部落的な信用組織は, 一方で小地主自身の地主的な蓄積により, 次第に自分自らが直接に農民に貸付ける形を基本とするに至り, 他方農民経営の安定と商品生産者としての性格の強化は, こうした利高金融・地主的支配を否定していったのである。青年貯蓄会はもともと5ヶ年限りのものであったが, 大柳信用組合は, 少くとも大正初期にはもうその活動を停止して, その後自小作上層によって全村的に統一された形で編成するまでに消滅してしまうのである。これは, 部落制度の一層の解体過程であり, とくにそれを掘り崩した農民経営は, Ⅰで考察したとおりのものであった。大正期に入ると, 小地主の貸付額も極めて大きなものとなってきており, 末年には荒川家でみたごとく2,000円を越えるに至っており, こうした小地主の貸付機能が, 主として大正中期の米価高騰期に行われた蓄積に基いていることもすでにみたとおりであった。

表24　大柳区の借屋数

地主名	昭17土地所有	借屋数
	町	
佐々木　健太郎	192.1	42
野田　真一	356.6	25
野田　仁	89.4	10
野田　素子	23.4	10
佐々木　勝雄	0	5
野田　信五郎	35.6	4
荒川　陽一	12.8	3
木村　盛	11.6	3
野田　護	?	2
土生　安真	5.7	2
安部　大和		2
佐々木　六兵衛		2
野田　惣治	6.7	2
佐々木　尭平	3.2	1
三浦　久治郎		1
15名		114

注：1．昭和31年11月のききとり調査による。
　　2．借屋数は，現存する農家がかつて借屋であったかどうかを調査したので，現存しない借屋数は，この数字には含まれていない。

　この期にも小地主は，まだかなりの手作り地を残すことが必要であったので，その労働力の確保は，依然として借屋という形で支配することが多く，この点は手作りをやめた大地主の下における借屋の上昇傾向，すなわち宅地代の労働地代から貨幣乃至生産物地代への移行・借屋抜けということは，あまり顕著にはみられないのである。したがってここで小地主が，部落的支配から個別的地主的支配へと移行した過程を窺うことができる。小地主はもはや部落的支配を続けることができず，自己の経営的必要からこうした借屋層把握が，一層強固となったのである。こうした借屋支配は，地主の小作人支配の一形態であってこれがすべてではないが，佐々木家の例，あるいは野田家の例でも，こうした借屋層が重要な役割を果したことを想起すれば，これはぜひ留意すべきことであろう。念のために，解放前の借屋を地主別に数えれば，次表のとおりである（表24）。

　当時の大柳の戸数は185戸ほどであるから，いかに家屋数を所有しないものが多かったかがわかろう。大柳部落では耕地無所有者が148戸あったのである。ところで，著しく借屋数の多い佐々木家と野田家では，同じく借屋といっても，主要な小作人である従属度の強いものと，単に宅地がないので土地だけ借りて，家は自分で建てたものとがある。佐々木家では，とくにそれを「貯蓄親睦会」として28名がもっとも密接な関係を持っていた。(94)しかし，小地主とくに手作地を持つ地主においてはこの借屋層の労働提供（日雇であれ，地代であれ）は欠くことのできないもので，野田家にみられるように密接な関係をもっていたのである。さて上表では，50町歩以上の3家について，野田真一家の本家素子

第5章 水稲単作地帯における地主制の矛盾と中小地主の動向　295

家（健蔵），佐々木健太郎家の本家勝雄家（源三郎）がかなり多い。ここで後に5町歩以下に没落したとはいえ，佐々木勝雄・佐々木六兵衛（明治42年7町歩）等が多いのも注目される。野田護家は地主野田仁家の分家であるから別として，安部大和家も明治中期以前はかなり大きな家であったと思われる。このように零細地主には，ほぼ2～3戸の借屋があるのが普通であって，表12に示した大柳の地主はすべて借屋をもっているのである。そうしてこれが解放まで続き，解放後はその結びつきが稀薄となっていったのである。このような借屋支配は，地代収取者としては地主の保守的な側面を示している。すなわち，小作米収取その販売という面で，地主は資本主義経済に圧迫され，大地主では手作り放棄のまま小作地集積へと向かったのであるが，小地主は直接に借屋層の上に負担を転嫁する傾向が強かった。もはや部落的な支配を否定され，また土地集積も拡大し得ず，米価問題で圧迫され，また自小作上層に押される小地主は，こうした形で切り抜けていかざるを得なかったのである。

　さてここでこの自小作上層によって展開される諸活動についてふれておこう。それはすでに，Iでも産業組合運動として指摘したところであるが，大柳で積極的にこの活動を押し進めるのは，渡辺大丸・渡辺勝躬の両氏であって「農業奨励組合」あるいは「農事研究会」を組織していた。これは，いわば農事改良を目的とした生産力追求の組織であったが，同時に信用組織をも作り出す動きをもっていた。それは，直接に地主的な前期的資本の侵蝕を防ぐものであり，また中小地主の部落的統制をも積極的に排除する動きであった。それゆえ，大正期には主として各部落の内部で起ったこの運動が，昭和に入るや全村的な運動となり，昭和3年の自作農組合の成立，そして翌4年の産業組合再編をもって，一段階を画することができるのである。このリーダーシップをとった各氏（たとえば，大柳の渡辺勝躬・渡辺大丸，練牛の斎藤一郎・宮崎大蔵，木間塚の只野戸久治・武者省之助，二郷の小畑研一の諸氏。これらについては前稿にもふれたが，詳細は他の共同研究者によって発表される）は，宮崎氏を除けば，明治末年にすでに3町以下であり，1町前後のものが多かった。前記の大柳の両渡辺家は所有地の多い方であった。しかし，経営的にはいずれも大きく，大正中期以降は富農としての内容も備えるに至っていたのである。この産業組合運動は，完全に村内における公的な小地主の支配組織を打ち破っていったのである。それは

水利組合においてもみられ，戦後に至ってますますはっきりした形をとっているのである。こうして自小作上層＝富農は，小地主の支配面を借屋層といったところへ追い込んだのであった。

　以上，簡単に中小地主の経済構造の諸形態と，その支配構造についてみてきたのであるが，これを結論的にいえば，地主制の矛盾が次第に表面化する大正中期以降，小地主は土地集積を進めることが困難となり，昭和初年以降は米価低落によってむしろ土地所有を減少させるに至った。結果的にいえば，この昭和期以降も土地集積を進行させる大地主に，この土地が移ったことになる。しかし，全国的に著しく強固に残存した（残存と発展とは別）中小地主の動向は，この単作地帯でも同様であり，わずかに土地を失っても，決定的に地主たることを止めることなく，その支配を，借屋等を中心とする少数の農家（富農でもなく，賃労働者化する農家でもない。また商品生産の充分に行い得ない弱小保守的小農）に向けるという，いわば矮小化された形に変えてきたのである。そこでは，もはや上昇する自小作上層を把握することができず，経営としてはまだ弱小なるものを把握することによって，地主たる地位を保つのである。それは一つには農業という土地に制約される産業部門では，土地所有ということは，大きな意味を持ち，それが弱小経営と結合するのである。

　いってみれば，小地主の経営構造は，小作地こそかなりの量に達しているのであるが，これはⅠでみたようにかなり不利なものとなってきており，自己の手作地と，この手作地に結集し得る一部農民層の支配という形を基本とするに至ったのである。この地主経営は，量的にはともかくとして，大勢からみれば，自小作上層の作りだす経済基盤の動向からみて，取り残された孤島といわれるべきものであった。そうした，いまだ解体し切っていなかった前期的関係，その基礎としての商品生産者として自立化していない農民経営の残存が，矛盾における中小地主経営の基礎となっていったのである。こうした基盤を把握し得なかった中小地主は没落したのであり，さらにまた積極的に資本主義経済に転進したものもあったのであるが，こうした対応形態はまことに少ないものであった。したがって，この期の小地主は，上層農と同様に経営的な展開を目的として，手作りを拡大して富農的色彩をとるか，または取残された小地主経済に執

着するか，という二つの性格の間に動揺するのであった。

参考文献
（１）　古島敏雄『地主制の形成』御茶の水書房，10-13 頁，1957 年。
（２）　古島敏雄・守田志郎『日本地主制史論』東京大学出版会，1957 年。
　　　　塩沢君夫・川浦康次『寄生地主制論』御茶の水書房，1957 年。
　　　　星埜惇『日本農業構造の分析』未来社，1955 年。
　　　　中村吉治『村落構造の史的分析』日本評論新社，1956 年。
（３）　大石嘉一郎「農民層分解の論理と形態」『商学論集』26（3），152，154 頁，1957 年。
（４）　古島敏雄，前掲『形成』16 頁。
（５）　大石嘉一郎，前掲論文，154 頁。
（６）　大石嘉一郎，同上，154-155 頁。
（７）　大石嘉一郎，同上，161 頁。
（８）　栗原百寿『農業問題入門』有斐閣，266-287 頁，1955 年。
（９）　大塚久雄「封建制より資本主義への移行」『土地制度史学』3，12 頁，1954 年。
（10）　藤田五郎・羽鳥卓也『近世封建社会の構造』御茶の水書房，1951 年。
　　　　藤田五郎『近世経済史の研究』御茶の水書房，1953 年。
　　　　塩沢君夫・川浦康次，前掲書。
（11）　古島敏雄・守田志郎，前掲書，346 頁。
（12）　栗原百寿『現代日本農業論』中央公論社，40 頁，1951 年。
（13）　山田盛太郎「農地改革の歴史的意義」『戦後日本経済の諸問題』有斐閣，172-176 頁，1949 年。
（14）　栗原百寿，前掲『農業論』12-13 頁。
（15）　井上晴丸『日本資本主義の発展と農業及び農政』中央公論社，305 頁，1957 年。
（16）　栗原百寿，前掲『農業論』10，12 頁。
（17）　安孫子麟「大正期における地主経営の構造」上，『東北大農研彙報』7，1956 年。（本書第 4 章）
　　　　安孫子麟「大正期における地主経営の構造」下，『東北大農研彙報』8，1957 年。（本書第 4 章）
（18）　古島敏雄・守田志郎「明治期における地主制度展開の地域的特質」前掲『形成』98-99 頁。
（19）　阪本楠彦『日本農業の経済法則』東京大学出版会，185 頁，1956 年。
（20）　阪本楠彦，同上書，135-150 頁。
（21）　阪本楠彦，同上書，149 頁。

(22) 安孫子麟，前掲「構造」上，333頁，前掲「構造」下，215, 221-223頁。
(23) 安孫子麟「明治期における地主経営の展開」『東北大農研彙報』6，254-274頁，1954年。(本書第3章)
(24) 安孫子麟，前掲「構造」上，317-333頁。
(25) 栗原百寿，前掲『農業論』34-35頁。
(26) 古島敏雄『日本封建農業史』光和書房，198-200頁，1947年。
(27) 古島敏雄「幕末期における土地集中の性格」『社会経済史学』19-6，440-442頁，1954年。
(28) 栗原百寿，前掲『農業論』34-36頁。
(29) 山田盛太郎，前掲論文，166頁。
(30) 中村吉治『日本経済史』下，角川書店，13-20頁，116-117頁，1957年。
(31) 馬場昭「水稲単作地帯における農業生産の展開構造」『東北大農研彙報』7，107-114頁，1956年。
(32) 馬場昭，同上論文，107-108頁。
(33) 安孫子麟，前掲「構造」上，321-322頁。
(34) 馬場昭，前掲論文，99-100頁。
加藤宏・渡辺基・馬場昭「宮城県仙北平野における稲作大経営の成立基盤とその展開」『東北大農研彙報』9，134頁，1957年。
(35) 安孫子麟，前掲「展開」249-251頁。
(36) 安孫子麟，前掲「構造」上，321-322頁。
(37) 安孫子麟，前掲「展開」260-261頁。
(38) 安孫子麟，前掲「構造」上，321頁。
(39) 安孫子麟，前掲「構造」下，216-221頁。
(40) 安孫子麟，同上論文，222-223頁。
(41) 星埜惇，前掲書，第2章，とくに88-98頁，120-127頁。
(42) 馬場昭，前掲論文，107-114頁。
(43) 安孫子麟，前掲「構造」上，329-330頁，「構造」下，218-219頁。
(44) 馬場昭，前掲論文，111頁。
(45) 吉田寛一「水稲単作農業の生産力の発展と農民層の分解」『東北大農研彙報』7，280頁，1956年。
(46) 吉田寛一，同上論文，287頁。
(47) 安孫子麟，前掲「展開」228頁。
(48) 安孫子麟，同上論文，239-242頁，257-258頁。
(49) 馬場昭，前掲論文，114-119頁。
(50) 安孫子麟，前掲「展開」264-265頁。
(51) 安孫子麟，前掲「構造」上，320-321頁。

第 5 章　水稲単作地帯における地主制の矛盾と中小地主の動向　　299

(52)　安孫子麟, 前掲「構造」上, 327-328 頁,「構造」下, 208-212 頁。
(53)　安孫子麟, 前掲「展開」246 頁,「構造」下, 269 頁。
(54)　安孫子麟, 前掲「構造」上, 322-323 頁,「構造」下, 269 頁。
(55)　赤島昌夫『戦後東北農業生産力の展開』農民教育協会, 44-50 頁, 1954 年。
(56)　馬場昭, 前掲論文, 113 頁。
(57)　安孫子麟, 前掲「構造」上, 330-331 頁。
(58)　古島敏雄・守田志郎, 前掲書, 281 頁以下, とくに 318-319 頁。
(59)　古島敏雄・守田志郎, 同上書, 283 頁。
(60)　栗原百寿, 前掲『農業論』17 頁。
(61)　阪本楠彦, 前掲書, 96 頁。
(62)　阪本楠彦, 同上書, 91 頁。
(63)　安孫子麟, 前掲「構造」上, 324-326 頁。
(64)　安孫子麟, 同上論文, 324 頁。
(65)　安孫子麟, 前掲「構造」下, 210 頁。
(66)　安孫子麟, 前掲「構造」上, 323-324 頁。
(67)　安孫子麟, 同上論文, 326-328 頁。
(68)　安孫子麟, 前掲「展開」244-245 頁,「構造」上, 322 頁。
(69)　阪本楠彦, 前掲書, 135-150 頁。
(70)　小倉強『斎藤善右衛門翁伝』斎藤報恩会, 152-153 頁, 1927 年。
(71)　安孫子麟, 前掲「構造」上, 322 頁。
(72)　小池基之『日本農業構造論』時潮社, 227-228 頁, 1948 年。
(73)　安孫子麟, 前掲「構造」上, 332 頁。
(74)　安孫子麟, 前掲「構造」下, 214-216 頁。
(75)　安孫子麟, 前掲「構造」下, 222-223 頁。
(76)　安孫子麟, 前掲「構造」下, 223 頁。
(77)　加藤宏・渡辺基・馬場昭, 前掲論文, 参照。
(78)　安孫子麟, 前掲「構造」下, 216-221 頁。
(79)　安孫子麟, 前掲「構造」下, 221 頁。
(80)　安孫子麟, 前掲「構造」下, 221 頁。
(81)　安孫子麟, 前掲「構造」下, 220 頁。
(82)　馬場昭・斎藤信男「北上川農業水利における社会的制度的要因に関する研究」『農業水利秩序変革の要因に関する研究』45-46 頁, 1957 年, 参照。
　　〔編者注：出版社不明で非売品と思われる。本章執筆のあと農業水利問題研究会編『農業水利秩序の研究』御茶の水書房, 1961 年が刊行されている。参照されたい〕
(83)　吉田寛一, 前掲論文, 287-288 頁。

(84) 吉田寛一，同上論文，310頁。
(85) 安孫子麟，前掲「構造」下，222頁。
(86) 吉田寛一，前掲論文，310-311頁。
(87) 中村吉治，前掲『村落構造の史的分析』257-263頁。
(88) 安孫子麟，前掲「構造」上，320頁。
(89) 安孫子麟，前掲「展開」241頁。
(90) 安孫子麟，前掲「構造」下，215頁。
(91) 安孫子麟，前掲「展開」231, 266-268頁。
(92) 七十七銀行『七十七年史』563-571頁。1953年。
(93) 安孫子麟，前掲「構造」下，208-210頁。
(94) 安孫子麟，同上，216-221頁。

第6章　地主的土地所有の解体過程

I　地主制衰退の諸段階

　1900～10年代に，日本資本主義の再生産構造の一環として定置され，「第二段階」に至った日本地主制は，しかし，1918年の米騒動，ないしは1920年にはじまる第一次世界大戦後恐慌を契機に，はやくもその「凋落過程」，「分解過程」，「衰退過程」に入る。

　ここで，地主制のこの転期を示す現象として，共通に注目されているのは，小作地率の停滞ないし微減（1920年から停滞。1930年まで低下），大地主数の漸減（50町歩以上地主数の府県計は1919年ピーク。以降一貫して減少），本格的農民運動の展開（1921年小作争議激増起点。1922年日本農民組合・日本共産党創立）などの点であり，その基礎に進行している問題としては，農民経営の商品生産化・自立化があり，小農＝中規模経営層の増大現象があった。

　この時期以降，農地改革に至る間，地主制は凋落・分解・衰退の過程にあるわけであるが，この間の地主制の動向については，さらに幾つかの段階にわけることができよう。それは，地主制の衰退要因となった諸矛盾＝対抗の展開が，日本資本主義展開の諸局面に深く規定されていたためである。とくに，国家独占資本主義への移行は，地主制の衰退過程のなかで，さらに新たな一段階を画するものであった。しかし，その実体については，必ずしも一致した見解があるわけではない。それ故，まずこの点を諸説についてみておこう。

　地主制の凋落転機をいちはやく指摘した山田盛太郎は，日本農業の構成がその姿態を整えた1908年以降を，「地主制の論理」と「零細農耕の論理」とが拮抗して貫串する過程ととらえ，この構成＝対抗のなかに地主制の歴史的限界を見出す。その限界は，米騒動を画期とする対抗の新たな展開のなかで発現し，地主制は，本格的小作争議の段階，凋落過程に入るのである。この凋落過程は，

大地主数の漸減，1930年農業恐慌，戦時統制の3点で特徴づけられている。
　つまり，地主制の凋落過程は，日本資本主義の展開の諸局面と関わって把握されているといえようが，しかしこの3点に示される矛盾の実体把握は，十分に明確にはされていない。いうまでもなくこの3点は，むしろ直ちに3段階として把握されるべきものであるが，それが明示的に分析されないために，それぞれの段階の矛盾が明確にされていないのである。これは山田の地主制のとらえかたが，高率小作料―低賃金の相互規定構造(4)，つまり労働力供給の環節に力点をおいているためと考えられる。資本制と地主制との関係を労働力供給の局面でとらえると，両者の間の矛盾は，階級闘争を媒介として考えることになり，その階級闘争は，日本資本主義の再生産構造の変化，「型制の解体」に規定されることになる。山田が，さきの3点，実は3段階を指摘しながら，結局は一般的展開に立ち戻って，本格的争議段階の到来と地主制凋落との二重の過程のうちに，「地主制の清掃」の基礎を見出しているのは，山田のそうした方法的視角の故と思われる。「型の解体」があった以上は「地主制の清掃」までは一本道となってしまうのである。これは，山田の農地改革評価にもつながっていくのである。
　こうした労働力供給の環節に注目するだけでなく，資本の農業把握を総体的にとらえ，地主制の分解過程を農業危機の基本的過程として位置づけたのが，栗原百寿である(5)。栗原は，米騒動を画期とする地主制の分解過程を，全般的危機と農業危機のからみ合いの展開過程に即して区分する。すなわちそれは，第一次大戦後恐慌期・慢性的不況期・大恐慌期・戦時経済体制期に段階区分され，戦後における農業危機の解消＝農地改革に至るとする。ここでは，日本資本主義の再生産構造の問題（たとえば恐慌の問題）と地主制の分解過程とが，対応的に把握されている。なかでも，栗原が，地主制のこの分解過程において決定的な意義を画するものとして注目したのは，戦時国家独占資本主義による農業支配である。それ故，前述の分解過程での小区分は，米騒動から戦時経済体制移行期までの「地主制の凋落過程」と，戦時国家独占資本主義の下での農業危機の変質に対応する「地主の機能喪失過程」との，2段階に大きく分けられている。
　こうした区分は，日本の国家独占資本主義段階をいつからと規定するかに関

わっている。栗原は，大恐慌，すなわち国内経済恐慌と世界農業恐慌との二重規定によって深刻化したいわゆる昭和恐慌を，国家独占資本主義への移行の萌芽的契機とみるため，大恐慌期から戦時経済へ至る時期を，国家独占資本主義的再編の前駆的段階と規定する。そうして，戦時体制期に至って，本格的段階・現実的国家独占資本主義が成立したとみる。地主制分解過程の2段階区分は，こうした国家独占資本主義の理解に関わっていたのである。

このような，国家独占資本主義の前駆的段階と本格的段階というとらえ方は，井上晴丸・宇佐美誠次郎によって示されていた[6]。井上らは，大恐慌期にはまだ資本法則が本質的に変形していないと指摘する。農業においても，大恐慌は農業危機を激化させ，自作農創設政策や農村経済更生政策などの対策をひき出すが，農業危機の解消＝半封建的土地所有の改革は，まだ本質的なものに至り得なかったとみるのである。

この点は，栗原も基本的には同様といってよい。米騒動から大恐慌をはさんで戦時体制に至るまでの時期は，高揚する小作争議の下で，一方では農民闘争に対抗する地主的な道が，他方では独占資本の直接的な農業把握の道が，並行して進むとみるのである。この地主的な道は，土地取上げによる自作化，土地利用組合の結成，そして最終的には自作農創設維持政策による土地売逃げに帰着する。ここに，地主の国家と金融資本への依存が強まり，国家独占資本主義的農業再編の前駆的過程が進行するとするのである。

このような栗原の2段階区分に対して，後に井上晴丸は，大恐慌期をもって段階を画する立場を示すことになるが[7]，それをより明確にして3段階区分を行なうのが，中村政則らの見解である[8]。

中村らは，地主制の衰退過程を，独占資本確立期（第一次大戦後恐慌～昭和恐慌）を地主制衰退第1期，国家独占資本主義移行期（昭和恐慌～日中戦争）を地主制衰退第2期，戦時国家独占資本主義期（日中戦争～敗戦）を地主制一般的解体期，の3段階に小区分する。そして衰退の基本的契機を，地主―小作関係，農民闘争，市場（労働力・資本・商品）の3側面から採り，結論として，第一次大戦後恐慌（およびそれに引続く恐慌）＝外からの契機，小作農の商品生産者化と小作争議＝内からの契機，を規定し，この両契機に挟撃されて地主制は衰退過程に入るとしている。

ここで衰退第2期を画する昭和恐慌は，資本の全般的危機を深めつつ国家独占資本主義への移行を進めるが，それにもかかわらず，もはや資本の桎梏と化している地主的土地所有を揚棄できず，対立は内訌化して矛盾を深めることになった時期である。そしてまた，こうした農村・農業の状況が，日本ファシズムへの傾斜の基盤となったのである。つまり，昭和恐慌期には地主的土地所有の揚棄が日程に上る状況にありながら，それを現実に可能にする資本主義の体制ができていない，そこにこの時期の農業危機の具体的形態があるのであるが，中村らは，それをつぎの課題として残している。
　私自身も，以前，明治末以降の地主制の諸段階を規定する際に，中村らの区分と同様であると述べた。[9] 本来，日本の地主制が資本主義の再生産構造＝蓄積構造の一環であるならば，その段階規定は，資本の蓄積構造の段階によって規定されるものと考えられる。独占資本主義の確立は，その意味でも地主制の本質的画期となる。同じ意味で，1929年恐慌の波及によって惹起された昭和恐慌も，従来の日本資本主義の蓄積構造を大きく変えた点で，地主制の本質的画期の1つとなる。とくに昭和恐慌が，「満州」・中国に対する植民地支配の新しい起点となっている以上，地主制に関しても大きな変化を与えているといえよう。
　私は，昭和恐慌以降の地主制を，国家独占資本主義体制と戦時経済体制との，二重規定の下にあるものとしてとらえたい。こうした二元的なとらえかたは，あるいは国家独占資本主義の軍事的・侵略的性格を隠蔽するものという批判を受けるかもしれない。しかし，この2つの規定は密接にからみあっているが，おのずから別個な局面を有する。国家独占資本主義は，植民地・従属国支配を必然的に含み，戦時体制に促進されて姿態を整えるとはいえ，戦時経済そのものは，対外的・国際的諸条件によって規定される別な面をもつのである。この関連と区別を明確にしつつ，二重規定下の地主制の衰退過程を考察しなければならないのである。つまり，これらの規定から生ずる諸要因が，どのように農業内部の矛盾に作用し，その結果，地主制がどのように変質するかという問題である。
　こうみてくるとき，昭和恐慌後の日本資本主義の再生産構造が，国内外の条件に規定されて，いわば一本道的に15年戦争に進み，戦時経済を必然化したことを考えると，1937年の戦時体制の画期よりも，昭和恐慌期の方がより本

質的な画期といえよう。地主制に対する具体的な国家統制は，戦時体制に至って実現するが，これはいってみれば，起こるべくして起きた展開なのである。
　この小論では，その過程をあとづけてみたい。しかし，地主制衰退の全局面を考察することは，この小論では不可能であるから，ここでは，地主的土地所有の側面に限定してみていきたい。

II　地主的土地所有解体についての分析視角

　地主的土地所有の解体過程を，地主制衰退の一環，それも基礎的・本質的な一環として考察するために，どのような局面，どのような指標をとりあげるかは，大きな問題である。
　近年，土地（農地）制度関係の膨大な資料が公刊されたことに裏づけられて，地主的土地所有の解体過程に関する研究を深めるには，良い条件が作られてきている。そして，それを反映して，農地に関する法・制度の局面から，地主的土地所有の解体過程をみる研究が目立っている。こうした点からの研究としては，古典的ともいえる小倉武一の『土地立法の史的考察』[10]があるが，これを継承発展させる研究が生まれる条件があるといえよう。
　こうした視角からみたときの地主的土地所有の画期は，早く小倉によって指摘され，最近も大石嘉一郎の所説[11]に代表されるように，第1の画期としては，「小作制度調査委員会の設置（1920年）＝小作法幹事私案（1921年）の立案」[12]，第2の画期としては，戦時体制＝国家総動員法下での「農地調整法の成立（1938年）」[13]と規定されている。そして前者は，地主的所有権の制限，小作耕作権の強化の点で反対を受け，ついに成立せず，副次的に小作争議対策としての「小作調停法」（1924年），小作人懐柔・地主保護の「自作農創設維持補助規則」（1926年）に結果したとされている。それは，地主的土地所有に動揺を与えたとしても，近代的土地関係を実現し得なかったのである。それに対して，後者は，その後の「小作料統制令」（1939年），「米穀管理規則」（1940年），「臨時農地価格統制令」・「臨時農地等管理令」・「米穀生産奨励金交付規則」（以上1941年）などを経て，戦時緊急措置法に基づく「国内戦場化ニ伴フ食糧対策」の小作料金納化企図に至るまで，多少の曲折はあるにせよ基本的には，地主的

土地所有の解体を進行させた，と理解されている。

　以上の把握からすれば，地主的土地所有の解体画期は，第1に，1920年恐慌を起点とする農民運動高揚期であり，第2に，1937～38年の戦時体制成立期である。この把握では，1930年から展開する昭和恐慌期の意義は，非常に小さなものにならざるを得ない。

　こうした結論が導かれるのは，いうまでもなく，農地制度（法・制度）の局面を重視したからにほかならない。たしかに，法・制度は，ある意味で状況の最終的反映であるから，この理解は，それはそれとして正当であろう。とくに，小倉・大石の所説は，土地立法・農地制度の問題についてであるから，なお当然なものといえる。だが，地主制衰退という課題から，地主的土地所有の解体局面に注目したときには，ただ法・制度の局面からの考察では済まないものがある。上の2つの画期についても，そうした法・制度が生じた根拠とされているのは，あるいは階級闘争の激化であり，あるいは戦時経済であって，次元のちがう状況が強調されている。問題は，こうした法・制度が成立する底流，その時々の状況の基礎に一貫して流れている解体要因はなにか，それはどのような指標として分析したらよいか，ということである。

　地主制の衰退過程という問題を立てるかぎり，それは，日本資本主義のなかでの，地主制の存在理由の変化でなければならないだろう。地主制が，日本資本主義の蓄積＝再生産構造の不可欠の一環として定置されたものであり，その事情が，いまなお日本資本主義に必要な条件となっているならば，たとえ戦時体制下であろうとも，地主的土地所有の解体を促すような法・制度は作られなかったにちがいない。逆に，資本主義の展開の結果，その役割が薄れたり，農民運動の結果，その機能が失われたりすれば，戦時ならずとも地主的土地所有は解体していったと思われる。つまり，資本主義のなかでの地主的土地所有の役割を，地主―小作関係をめぐる内外の諸条件から解明していかなければならないのである。

　そうしたものとして注目しておかなければならないのは，中村政則らによって提起されている[14]，地主制と資本制とを結ぶ環節の吟味である。この環節は，農村労働力（労働市場），農村資金（資本市場），農産物（商品市場）の3局面でとらえられている。そして，この3環節を規定するものとして，私は，資本の

蓄積構造と地主経済との関連構造を提起してきた(15)。この両者は相互規定的な関係にあるから、どちらか一方だけ切り離して考察することはできない。しかし、いってみれば、地主経済の問題は、より地主―小作関係の内的な諸条件を多く含み、資本の蓄積構造は、より地主―小作関係の外部的条件を多く含んでいる。地主的土地所有の解体過程の問題は、これらの外的諸条件・矛盾が、内的諸条件・矛盾に影響し、地主―小作関係の内的変革になっていく問題である。

このため、順序は別として、地主経済の内的諸条件の解明が、まず必要である。地主制に関する多くの研究は、昭和恐慌期・戦時体制期については、恐慌・国家独占資本主義の経済体制・戦時体制といった諸条件を重視し、いわば地主制なり地主的土地所有なりに対する、制約条件の指摘に止まっているように思われるのである。私が地主経済にとくに注目するのは、地主的土地所有の本質は、あくまでも地代の収奪と実現の問題だというところから、論を進めたいためである。地主的土地所有の解体とは、まず、収奪・実現過程の矛盾と変質である。

本稿では、こうした視点から、内的条件の問題からはじめたいと思う。

III 地主的土地所有解体の内的過程

1 土地所有面積の縮小傾向

地主的土地所有を地代の収奪・実現の問題としてみるとき、地主経営の基本構造はつぎのように図式化できよう。

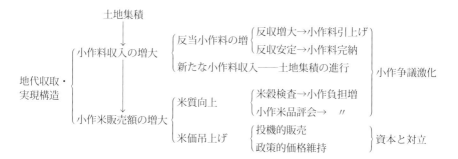

現実の地主経営としては，このほかに金利取得の問題がある。すなわち，一方では，前期的資本としての本質の表現である金穀貸付＝高利貸機能があり，他方には，それが近代的信用制度の農村への浸透によって制約され，有価証券投資へ向かうという状況がある。しかし，この点はいまは触れないことにする。

ここではこの構造図式に従って，まず土地集積，つまり土地所有の量的な動向からみていこう。いうまでもなく，土地所有規模の問題は，多くの論者によって，地主制衰退現象の一指標とされてきた点である。そこではとくに，50ha（町≒ha）以上所有の地主の数が注目されていたのであるが，ここでは土地所有農家数全体の動向としてみておく。ただし，北海道は除いておく。理由は，北海道の土地所有規模は，府県と異なった条件の上に成立したものであるから，これを一括して論ずることができないためである。この府県土地所有農家数に，総農家戸数と小作地率を参考に付して作成したのが表1である。

この表によって長期的な傾向をみると，1ha 未満層は増大，1～3ha 層はさほど変化がなく，3ha 以上層は減少，といった傾向にあることが知られる。つまり，傾向としては，3ha 以上層の耕地が，零細層ないし無所有層に移動している。これは，よく知られている経営面積での「中農」標準化傾向に対応した現象といえる。ところで，1922～40年の 3ha 以上層の戸数の減少率は，3～5ha 層で 8.2％，5～10ha 層で 20.8％，10～50ha 層で 24.5％，50ha 以上層で 26.0％ であった。総じて大土地所有層の方の減少率が高いが，地主制衰退の指標としては，50ha 以上層だけに注目するのではなく，5ha 以上層全体

表1　耕地所有規模別農家戸数と小作地率（府県）

年次	総農家戸数	所有農家戸数	0～1ha	1～3	3～5	5～10	10～50	50ha以上	小作地率
年	戸								％
1912	5,277,707	4,758,488	3,553,650	855,827	220,200	92,894	33,600	2,317	45.2
1917	5,282,604	4,696,952	3,515,358	862,791	200,246	84,934	31,254	2,369	45.9
1922	5,262,650	4,707,440	3,532,354	858,133	197,968	85,544	31,087	2,354	46.2
1927	5,300,207	4,776,877	3,603,619	865,190	196,387	80,761	28,745	2,173	45.3
1932	5,354,280	4,871,337	3,716,775	861,736	186,800	76,900	27,052	2,074	46.4
1937	5,283,703	4,873,429	3,730,771	864,050	181,143	71,390	24,269	1,806	46.3
1940	5,199,723	4,832,544	3,655,983	901,751	181,808	67,779	23,481	1,742	45.7

注：1．加用信文『日本農業基礎統計』農林水産業生産性向上会議，1958年，95, 97, 134, 136頁。
　　2．原表は町歩。1町≒ha とした。以下の表も同様。

の減少としてとらえた方がよいと思われる。それほど 5 ha 未満層との差が大きいのである。そしてまた 3 〜 5 ha 層の減少は，単に地主としての土地所有の減少だけでなく，自作大経営の減少も含んでいる。とくに初期の 1912〜17 年の減少には，それが多いと考えられる。したがって，地主的土地所有の解体は，この層に関するかぎり，見かけより小さいとみなければならないのである。

　以上の諸傾向を，もう少し細かく時期別にみると，零細所有層の増大は，1922〜32 年に著しく，5 ha 以上層の減少は，1922〜27 年と，1932〜37 年との 2 度にわたって顕著な進行がみられる。前の時期は，自作農創設維持政策が開始された画期であり，また農民運動の高揚期である。そして，後の時期は，昭和農業恐慌の影響がピークに達したときを起点とする時期である。両者を比較すると，後の時期の方が，より減少傾向が強い。ここに昭和恐慌期の位置づけが窺われるのである。この期間（1932〜37 年）の減少率を規模別にみると，5 〜10ha 層で 7.2％，10〜50ha 層で 10.3％，50ha 以上層で 12.9％ と，ここでも大地主ほど減少傾向が著しく，しかもその差はより顕著になっている。つまり，昭和恐慌期には，従来以上に大地主の減少が目立つのである。

　ところで，こうした零細所有層の増大，大所有層の減少にかかわらず，小作地率の方はさほど変化しない。自作農創設政策の施行，大地主層の転進にもかかわらず，小作地率が低下しないのは，地主的土地所有全体としては縮小傾向にありながら，なお零細な地主―小作関係がたえず創出されていることを示している。そのなかには，地主手作経営の解体＝小作地化の進行という形態も含まれるであろう。ともかく，小作地率としてはほとんど低下しないということも，地主的土地所有解体の意味を考える手がかりであろう。

　つぎに，以上の傾向を地区別にみておこう（表 2）。総じて，東北・関東では減少傾向が微弱であり，東山・東海以西で減少が著しいといえる。これを時期別にみると，東北・関東・東山の東日本では，1932 年以降の減少が顕著であるのに対して，近畿・中国・四国の西日本では，1917 年以降一貫して減少が進んでいることがわかる。北陸・東海・九州では，その中間の時点から，減少傾向が露わになる。こうした傾向は，50ha 以上地主については，はやくから指摘されていた現象であって[16]，近畿の50ha 以上地主は，1908 年にすでにピークに達しているのに対し，東北では，1930 年にようやくピークを迎えたの

表2　地区別・所有規模別農家戸数（5ha 以上）

規模	年次	東 北	北 陸	関 東	東 山	東 海	近 畿	中 国	四 国	九 州
	年	戸								
5〜10 ha	1917	14,677	9,420	18,896	5,377	4,694	5,720	6,388	5,303	14,459
	1922	15,225	9,338	20,028	5,151	4,612	5,465	5,669	5,225	14,831
	1927	15,024	8,067	19,987	4,882	4,332	4,969	5,286	4,667	13,547
	1932	14,717	7,773	19,711	4,632	4,040	4,457	4,949	4,300	12,321
	1937	13,712	7,144	19,142	3,777	3,650	3,999	4,467	3,965	11,534
	1940	14,509	6,837	18,365	3,458	3,399	3,671	4,372	3,121	10,047
10〜50 ha	1917	5,499	3,708	6,654	1,866	1,642	1,913	2,589	2,525	4,858
	1922	5,781	3,478	7,144	1,666	1,559	1,848	2,390	2,351	4,870
	1927	5,794	3,314	6,606	1,442	1,476	1,591	2,117	2,093	4,312
	1932	5,432	3,106	6,614	1,358	1,384	1,367	1,828	1,782	4,181
	1937	4,969	2,934	6,222	1,162	1,201	1,216	1,572	1,477	3,516
	1940	5,280	2,684	6,221	1,028	1,078	1,094	1,630	1,271	3,195
50 ha 以上	1917	556	369	390	104	107	94	219	168	362
	1922	620	358	401	103	79	94	187	145	367
	1927	620	349	383	95	87	81	136	98	324
	1932	632	316	379	79	75	55	133	106	299
	1937	560	291	371	56	56	48	100	92	232
	1940	587	260	324	61	53	45	105	87	220

注：加用信文，前掲書，96〜97頁。

である。こうした差異は，各地区の経済構造の差，ひいてはそのなかでの地主経済のありかたの差と考えられてきた。そうしたなかで，地主制の背稜をなし，最後まで牙城たる地位を占めていた東北地区の地主層も，昭和恐慌期から減少しはじめるということは，この時期の意義を窺わせるのに十分である。このほか，東山・東海・中国・四国・九州でも，昭和恐慌期の減少が，その直前の時期の減少を大幅に上回っているのである。

2　小作料率の低落傾向

所有耕地面積が，小作料収入を決定する外延的要素とすると，内的要素に相当するのは，米の収量と小作料率である。小作料率といっても，ここで問題となるのは，実収小作料の率であって，契約小作料の率ではない。この両者の差異は，通常，検見制として豊凶によって左右される。しかし，大正中期以降の農民運動高揚期以降，実収小作料は常に契約小作料を下回っており，大正前・

中期にほぼ100％を達成していた時期と比較すると，著しくちがった様相を示している。

大正前半期に，契約小作料がほぼ完全に100％納められたのは，明治末以来の地主の力によるものとはいえ，生産力的条件が大きく影響していた。すなわち，その最大の要因は，反収の高水準安定である。明治後半期の反収は，傾向としては上昇カーブを描きながら，豊凶の変動は著しく大きかった。こうした状況では，実収小作料は契約小作料を下回ることが多く，地主側から定額定免制の要求が出ても，それを実現する条件がなかったといえる。これが大正期に入ると，ほぼ10a当たり280〜300kg水準に安定し，ここに至って両者はほぼ一致してきたのである。

この両者が，ふたたび遊離してくるのは，豊凶要因よりも，農民運動，なかでも小作料減免闘争の激化による地主側の後退に由来するものであった。この地主の地代徴収権を制約する農民運動は，それだけで地主的土地所有を制限する役割を果たしている。その様相は，限られた地域の調査ではあるが，表3に示したとおりである。しかし，いったん，契約小作料額をかなり下回った実収小作料額は，小作調停法にみられるような，国家権力の地主バックアップによって，ふたたび契約額に接近してくる。この面からみるかぎり，1920年代の方が，30年代よりも地主的土地所有に動揺を与えたといえよう。しかも一方では，小作立法の企図があり，「小作法第一次幹事私案」（1921年）第34条に減免請求権まで規定される情勢にあったのであるから，地主側の危機感は高まり，岐阜・新潟をはじめとする地主会，地主団体から強い反発が生じたのである。この点は，1926年に設置された小作調査会の「小作法制定上規定スヘキ

表3　実納小作料と小作料率（宮城県単作地帯諸郡）

郡　名	1908〜1912年			1917〜1921			1926〜1930		
	契約小作料	実納小作料	小作料率	契約小作料	実納小作料	小作料率	契約小作料	実納小作料	小作料率
	石	石	％	石	石	％	石	石	％
遠田郡	0.750	0.675	45.0	0.800	0.800	43.0	0.867	0.843	41.1
志田郡	0.800	0.600	57.0	1.000	1.000	50.0	0.922	0.911	44.7
桃生郡	0.910	0.695	53.6	1.000	0.950	47.5	0.960	0.935	42.2
栗原郡	0.850	0.865	52.7	0.890	0.890	50.1	0.900	0.865	43.0

注：宮城県庁文書「宮城県小作慣行調査」による。

事項ニ関スル要綱」（小作法要綱），翌 27 年の農林省の「小作法草案」のなかでも，かなり後退した形ではあるが，減免慣行ないし民法 609 条を尊重する形で残されていた。その理由として，「最近ニナリマシテハ，定免小作料デ従来キテイタ所モ，其ノ定免小作料ノ本質ヲ失ツテシマヒマシテ，低イ率ノ小作料デアッタ，ソレニ目下変リツツアルヤウナ状態デアリマス」(18)ということが背景にあったのである。そうして，この小作立法の流産，最終的否認（1931 年）とともに，実納小作料は契約額に近づくのである。同時にこの時期は，農民運動もまた，地主の攻勢（とくに土地取上げ）の前に防衛的な苦しい闘いを続けることになっていたのである。

そうした一面はありながらも，地主的土地所有は決して安泰になったのではなかった。それは，ほかならぬ小作料率の低下が進行していたためである。小作料率の統計も少ないのであるが，一例として表 4 を掲げる。

年次がかなり限られているのであるが，傾向としていえることは，反収の上昇にもかかわらず小作料は絶対的にも減少しているという点である。その結果，当然，小作料率は低下していく。この小作料率の低下は，反収上昇を伴っているから，農民の手元に残される生産物量を著しく増大させた。そのことは，農民の経営意欲を高め，地主支配からの相対的自立化を強める。前期的資本としての本質をもつ地主からすれば，小作料率の低下は，自己の本質を失っていく過程であった。つまり，高利貸的な高利回り水準を確保することが不可能となり，近代的利回り水準を意識せざるを得なくなるのである。こうして地主は，土地投資と有価証券投資との利回りの比較，さらに進んで，地主経営と他産業部門転進との比較を意識せざるを得なくなった。表 4 では，昭和恐慌期の状況が明確にならないが，恐慌をはさん

表4　田畑小作料率（普通田畑・10a 当たり）

			1908～12	1916～20	1933～35	1941～43
田	一毛作	収量	1.680万	1.908	2.008	2.060
		小作米	0.898石	0.972	0.920	0.910
		小作料率	53.5%	50.9	45.8	44.1
	二毛作	収量	2.033石	2.169	2.241	2.305
		小作米	1.156石	1.195	1.116	1.113
		小作料率	56.9%	55.1	49.8	48.3
畑		米納小作料率	?	40	31	24
		金納小作料率	?	28	26	12

注：『農地改革資料集成』第 1 巻，御茶の水書房，1974 年，651 頁。

で前後の小作料率の低下は，著しいものがある。こうした状況をふまえて，自作農創設維持資金を利用した地主の「売逃げ」が展開されたのである。

この点をもう少しみるために，表5を示す。1920年恐慌に際しても地価は下がるが，その直前の米騒動を反映して地価も高くなっていたので，この低落はさほど目立ったものではなかった。その後の慢性的な農業不況により地価は低落の一途をたどり，30年の農業恐慌により一挙に崩落していったのである。しかし単に地価が下がるなら，土地集積を行なう地主には有利になるはずであるが，現実には，前にみたように土地を手放す傾向にあったわけで，むしろマイナスに作用した面が強いのである。

これに対して，実収小作料も微弱ながら低落していったが，問題は小作料ではなく，その小作米を販売して得る金額の方である。これは表5では指数（1934～36年平均＝100）で示したが，その1つのピークをなしている1925年と恐慌の底ともいえる1931年とを比較すると，実に41.3％にまで落ち込んでいるのである。ここに，地主経済に与えた恐慌の深刻さが示されている。地価の方は，1926年に対して1932年には，67.6％まで下がる。つまり，この恐慌では，地価の低落よりも米価の低落の方が，いっそう急激なのであった。その結果，これだけ地価が低落したにもかかわらず，土地投資の小作料利回りは，1925年の8.1％から，1931年の4.6％にまで下がっていたのである。こうした利回りの低下は，前述のとおり，前期的資本機能としての地主

表5 小作料（販売金額）指数と小作料利回り（普通田・10a当たり）

年次	売買価格		実収小作料		小作料利回り
	実数	指数	実数	金額指数	
年	円		石		％
1921	594	143	1.17	117	5.7
22	620	149	1.14	143	6.8
23	583	140	1.13	122	6.1
24	569	137	1.09	140	7.2
25	560	135	1.08	155	8.1
26	571	137	1.07	140	7.2
27	546	131	1.02	125	6.7
28	538	129	1.03	110	6.0
29	523	126	1.03	103	5.7
30	489	117	1.03	96	5.8
31	411	99	1.02	64	4.6
32	386	93	1.01	71	5.4
33	387	93	1.02	74	5.6
34	398	96	1.04	88	6.5
35	415	100	1.02	104	7.3
36	435	105	1.03	108	7.3
37	470	113	1.04	113	7.0
38	519	125	1.05	122	6.9
39	576	139	1.06	130	6.6
40	687	165	1.07	158	6.7

注：1．加用信文，前掲書，122頁。
　　2．指数は，1934～36年平均を100とする。
　　3．小作料の金額指数は，当年の米価で換算したもの。

的土地所有の質的変化を促すような，量的変化であるとみてよい。しかし質的変化といっても，あらゆる小作立法を流産させる力をもった地主体制が維持されている以上，そこに近代的な土地所有関係が生じてくるわけではなかった。地主—小作関係は，生産力の上昇や農民運動によって，わずかずつ小作農自立の方向をたどっていたとはいえ，恐慌が，この歩みを決定的に早めたとはいいがたいのである。恐慌が直接にもたらしたこの土地投資利回りの低下は，地主の土地放棄，主として自作農創設維持資金による売逃げに結果したのである。量的な矛盾の激化を，質的な近代化による解決でなく，量的な地主的土地所有の減少という方向で解決をめざしていく。しかし，それはまちがいなく地主的土地所有解体の一面であった。念のために，表6および表7で，地主の土地売却（自創資金による）をみておこう。創設面積は施行当初に急激に伸びるが，1930年から，また一段と増加している。面積の伸びにもかかわらず，貸付資金額が減少しているのは，先にみた地価下落のことが関係していると思われる。これを，売却者の階層でみると，絶対数としては，1〜3ha層が多いが，各階層ごとの計を，前出表1の1927年の戸数との比でみると，1ha未満層の売却戸数は，全体の0.9%にすぎない。絶対数の多い1〜3ha層では4.9%が売却している。3〜10ha層では12.4%で，10ha以上層では，実に59.1%の売却

表6　自作農創設（維持を除く）と売却者数

年次	創設事業			売却者の所有規模別戸数				
	面積	戸数	貸付資金額	0〜1ha	1〜3	3〜10	10ha以上	計
年	ha	戸	千円	戸				
1926	3,389.4	10,320	8,407	1,586	2,324	1,861	1,001	6,772
27	4,245.7	11,645	9,912	1,999	2,926	2,300	1,249	8,474
28	6,037.3	15,821	14,189	2,591	3,860	3,164	1,606	11,221
29	6,698.4	16,394	14,821	2,643	4,154	3,171	1,554	11,522
30	7,827.1	17,882	15,911	3,350	4,568	3,671	1,861	13,450
31	7,675.2	16,355	13,144	3,504	4,562	3,138	1,276	12,480
32	7,937.2	15,864	12,516	3,405	4,535	2,855	1,112	11,907
33	7,840.1	15,484	12,198	3,423	4,553	2,699	1,178	11,853
34	7,987.2	17,779	12,681	3,700	4,180	2,591	1,256	11,727
35	8,441.7	18,677	12,994	3,635	4,127	2,786	1,300	11,848
36	8,126.7	18,786	13,051	3,729	4,045	2,653	1,503	11,930
計	76,206.0	175,007	139,824	33,565	43,834	30,889	14,896	123,184

注：『農地制度資料集成』補巻2，御茶の水書房，1973年，530，531，535，538頁。

者があったことになる。これは，売却者の延べ数であるから，実際の地主数ではないが，上層ほどこの制度に便乗したものが多いのである。これは表7でみると，面積の上でも明瞭に現われており，最上層の売却面積が約半分を占めている。

こうした状況の基礎に，昭和恐慌を画期とする，土地投資利回りの低下があったのである。こうして，地主的土地所有は，一方で，農民運動の結果としての小作料率の低下，反当実収小作料の低下を余儀なくされ，他方で，恐慌による米価低落で実現地代額を著しく低められたのである。この挟撃の結果が，土地投資利回りの低下となったのである。

表7　売却者の所有規模別売却面積

年次	0～1 ha	1～3	3～10	10ha 以上	計
年	ha				
1926	252	549	661	1,922	3,384
27	367	741	965	2,160	4,233
28	524	1,036	1,448	3,011	6,019
29	551	1,132	1,581	3,412	6,677
30	711	1,338	1,880	3,874	7,804
31	820	1,531	1,760	3,538	7,649
32	835	1,710	1,690	3,670	7,905
33	855	1,618	1,614	3,720	7,808
34	913	1,536	1,631	3,873	7,952
35	920	1,611	1,830	4,041	8,401
36	965	1,435	1,905	3,784	8,089
計	7,714	14,239	16,965	37,005	75,922
比率	10.2%	18.8	22.3	48.7	100.0

注：1．前表と同資料，539頁。
　　2．面積計が前表と合わないが，原数字のままにした。

3　小作関係における耕作権の萌芽

地主的土地所有が上述のような状況にあったとき，その内容たる地主—小作関係は，どのような変化をみせていただろうか。

地主—小作関係を，単に民法上の問題としてだけでなく，独自の権利関係として立法化しようとした動きは，1920年以降，たえず企図されてきた。しかし，それは1931年の「小作法案」の貴族院における審議未了，廃案に至って，最終的に否認された。こうした立法化の動きが，地主勢力の側から反対されたことは当然として，政府がなぜくり返し小作立法を企図してきたかは，大きな問題である。

本来，政府と地主勢力との関係は，日本資本主義の要求に従って，民法制定（1896～98年）以来，ますますその結合・同盟を強めていたはずである。日露戦争後，非常時特別税であった米穀関税を恒久化するときも，政府は地主保護

の立場に立って，自由主義的産業資本の立場にたつ産業ブルジョアジーの要求をしりぞけていた。(19)このときの政府の意図は，低賃金労働力の確保という観点から，その供給源であった農民の保護を行なうというところにあった。しかし，この農村保護が単なる保護でなく，高率小作料を基軸とする地主支配の維持をめざしたものであることは，明らかなことである。ここでは，政府は，日本資本主義における低賃金労働力の確保を，労働者の主食（米）の低廉化よりも重視したのである。低米価を，条件つきにせよ譲歩したことは，後に資本制と地主制，ひいては政府と地主制との間に一定の矛盾をひき起こすことになるのだが，少なくともこの時期の政府—地主の関係は，労働力環節を媒介として密接なものだったのである。

　しかしながら，米騒動を画期とする労働・農民運動の新展開は，低賃金労働力の存在基盤を変える方向のものであった。政府が，中産保護とともに，植民地米の増産・品質向上の政策をとり，1920年に米穀法を制定したのは，地主に対する保護と制約とを抱き合わせにした妥協の道であったといえる。それは，第一次大戦を画期とする日本独占資本の蓄積構造構築としての，農業再編成のための妥協であった。しかしひき続いて発生した1920年恐慌は，地主保護のために政府の後退を余儀なくさせ，ここで政府は，恐慌と農民闘争とに挟撃されることになったのである。

　小作立法は，実はこうした局面の1つの打開策でもあった。建前としては，前近代的な地主—小作関係の近代的合理化が謳われていても，実は妥協の道でしかなかったのである。したがって，小作立法案がつぎつぎに流産していくなかで，政府は，容易に，本質は弾圧立法である小作調停法の制定へ向かったのである。独占資本的再編のなかで地主制を位置づけること（それは恐慌によって脅かされ続ける），農民運動対策を樹てることと，その間にはさまれている政府としては，地主—小作関係の見かけ上の改善すら望めないとしたら，当然，運動の弾圧に向かわざるを得なかったのである。

　地主勢力にしてみれば，間接的な米穀法や植民地産米問題はともかくとして，直接に地主経済を拘束する小作立法には，強く反対せざるを得なかった。とくに，恐慌・不況と農民運動にはさまれた地主には，危機感すらあったのである。それは，1926年の小作調査会の答申審議過程にも現われていた。参考人とし

て意見を「演述」した，大日本地主協会代表は，「御承知ノ如ク大正十年頃マデノ農村ニ於ケル小作争議ハ単ニ経済上ノ争ニ止マリ，結局地主，小作ノ妥協ニ依ッテ解決サレタノデアリマス。」しかし「大正十年以来農民組合其ノ他ノ団体が出来，……世間デハ単ニ結果ノミヲ見テ所有権ノ濫用デアルトカ，地主ハ横暴デアルトカ非難スルノデスガ，ソレハ大イニ誤ツテイルノデアリマス。」……「日本農民組合ノ要求ヲ見マスト一様ニ三割減ヲ要求致シマス，……コレガ単ナル経済上ノ分配問題デアレバ我々ハ心配モ致サヌノデアリマスガ，一度職業的煽動家ガ入リマストドウシテモ解決ハ出来ナクナルノデアリマス，……地主ガ現在ノ様ナ状態デアレバ亡ビルノモ遠クハナイト断言致シマス，地主中借金ノナイ者ハ殆ドナイ，大抵ハ地方ノ銀行又ハ個人カラ借リテ居ルノデアリマス，然シテ其ノ収入ハ極メテ少ク，コノ収入ガ争議ノ為ニ分ノートナッタリスルト，全クヤリキレナクナルノデアリマス。」と述べている。(20) この上，耕作権強化が進められては，という危機感が，小作立法を阻止したのである。

　耕作権に関する内容として問題になった具体的な点は，小作契約期間，小作料減免要求権，地主の土地取上げ・立入禁止・立毛差押え，小作地の譲渡転売，小作人の先買権，小作料滞納時の制裁権，小作権消滅時の賠償などであり，さらにそれらを含めた「小作人ノ従属生活」の対等化要求であった。この点については，1919 年府県農会技術者協議会でも，「地主中小作者ノ人格ヲ尊重セザル者少カラザルコト」を問題点の1つとしてあげていた。(21) これらの点は，ついに法律上明確化されることはなかったわけであるが，その代わり，地主―小作協調組合が結成されて，その内部での取決めに従って処理されることが多かった。だが，こうした協調組合では，地主の力が強いことが多く，「従属的」でない小作慣行は確立されなかったのである。

　しかし，法や制度が，小作人の権利を規定しないからといって，小作人の権利がまったく変化しなかったわけではない。とくに，農民運動の展開と，小作人の経営的自立化は，部分的ではあれ「事実上」の耕作権を作り出しつつあった。1934 年の農林省の『小作地返還ニ関スル争議事例』でみても，一部に返還取止めやかなりの離作料支払いがみられる。本来，民法上の規定だけで裁判で争えば地主に有利になるものが，調停・仲介などによって地主の譲歩を得ているのである。

こうしたもののうち，とくに注目すべきものは，小作人の永小作権買取りである。これについては事例調査に止まるが[22]，現行小作地について地価の 1/3 ないし 1/5 の代価を地主に支払い，永小作権を設定するもの，あるいは，土地買却者をみつけて，これを地主に買い取らせ，自分もその代価の 1/3 ないし 1/5 を負担するもの，などの形態がある。この場合，小作料も固定化することが多く，他の小作地で小作料が引き上げられても，永小作地では前と変わらないことが多い。

　永小作権は，特殊な耕作権であって，本来の耕作権とはいいがたい妥協形態であるが，肝心の小作立法が成立しない以上，こうした形の小作地確保が生じたのは，いわば必然的なことと思える。ただこうした永小作権の成立が，一般的には昭和恐慌後，1930 年代のことであることを考えると，これも地主経済の悪化と関係があったといえよう。

　ともあれ，農民運動と恐慌に挟撃された地主は，こうしてほぼ 3 つの方向をとりはじめる。その第 1 は，小作地取上げによって自ら手作経営を行なうものである。これは階層的には小地主層に多く，地域的には西日本に多いといえる。第 2 は，自作農創設維持資金などを利用する土地買却＝売逃げ・転進である。これは零細地主にとっては積極的効果はない。零細地主にあっては，一種の窮迫販売的性格をもつものになる。そしてなによりここで重要なことは，政策資金を利用することによって，地主層全体として国家・金融資本に依存・従属していったということである。このことは，国家独占資本主義の形成と無縁ではない。自作農創設維持事業が，1937 年から新段階に入ることや，米穀法が 1933 年に米穀統制法として，ますます国家資金の庇護の下に入るのは，国家独占資本主義の農業把握の一端なのである。つぎに第 3 の地主の方向は，土地所有は維持したまま一部に永小作などを作り出しつつ，地主経済としては他部門に利得の源泉を求めていくものであって，大地主，とくに東北・関東の大地主に多い型である。そしてこの形態の地主が，これ以降の地主制の中核をなすものとなる。

　地主―小作関係は，ここでも十分な質的変革なしに形だけ解体する傾向を強める。皮肉なことに，地主的土地所有が量的に多く存続したところで，近代的な土地関係が少しずつ獲得されていく傾向を示す。小地主に，前近代性が強く

残るのは，そこでは地主経済が実質的に崩壊する危機が現実のものになっているためであろう。

Ⅳ 地主的土地所有解体の外的状況

1 恐慌による米価率の低下

　地主的土地所有のもう1つの重要な局面は，地代実現の過程である。すでに上述の考察の中でも触れてきたことであるが，恐慌のもっとも直接的な影響はいうまでもなく，米価の崩落であった。そして，単に恐慌によってのみならず，米価の面で，地主制と資本制との矛盾は，もっとも露わになる。

　地主にとっての地代実現過程は，資本主義の側からいえば，商品市場の問題として主食の供給の問題である。この関係は，政府が1880年代に米穀中心の農業政策を立て，1897年を転期に，日本が恒常的な米輸入国になって以来，[23]資本制と地主制をつなぐ，もっとも矛盾を含む環節になっていた。上述の，米穀関税問題や，米騒動・米穀法の問題は，その1つの現われである。資本制との他の2つの環節では，矛盾はさほど大きくはならない。労働力の供給にしても，資金の供給にしても，供給自体には問題がない。しかし，食糧供給では異なる。それは端的に，地主は高米価を要求し，資本は低米価を要求するからである。こうしたなかで，低米価─低賃金構造が成り立つ条件はただ1つ，高率小作料─低賃金構造が成り立っている場合だけである。この両者が十分補完し合っているかぎり，地主制と資本制の矛盾は激化しない。

　もともと低米価といっても，なにを基準とする低米価であるかが問題である。地主は，これを地代として手に入れて販売するだけだから，生産費のなかに基準があるわけではない。本質的には，地主の高利貸機能が強い間は，金穀貸付の高利率に匹敵するような，高土地投資利回りを保障する米価が望ましいわけである。もう1つ，これは小地主に多いのであるが，地主生活費を償う米価が要求される。しかし，これも，何haの地代収入で生活できないといけない，といった基準があるわけではないから，直接的基準ともいいがたい。現実に，生産費調査などから，地主が自作農と均衡する家計費額を得る小作地面積をみ

ると，1919年に4.3ha，1925年に6.1ha，1931年には4.9haであった[24]。このようにみてくると，本来米価の基準を定めるべきものは，直接生産者たる農民の所得水準ということになるだろう。地主的土地所有を前提とすれば，小作経営ということになるが，それを保障することは，現実の米価の動きのなかでは，夢物語でしかない。こうして実は適正な米価水準は考えられないまま，米生産費が米価水準の基準とされることが多かったのである。資本制経営としてはそうであろうが，家族経営にあっては，このことは保障にならないことである。

現実の米価は，大正期以降は，米穀市場の取引のなかで決まる。それも消費地の米穀取引所の相場が，生産地取引所の価格を決め，それが農民・地主の売却価格を規定していた。低米価構造は，このように実質的には販売者たる地主の手を離れたところで作られてきていたのである。地主に可能だったことは，たかだか年間の米価の高い端境期に売却する程度のことであって，市場参加の力はほとんど失われていたのである[25]。

こうしたことの現われが，米騒動といえる。地主制が資本主義の再生産構造の一環だとしても，そこでの地主の主体的な動きは，かなり弱まっていたのである。したがって，米騒動対策としての米穀法制定は，後の国家独占資本主義的な食糧管理法体制とちがって，地主に対しても消費者（資本）に対しても，間接的な価格維持しかできないものなのである。それが妥協といわれることの根拠であろう。

このような低米価構造は，高率小作料維持体制と結合してのみ意味をもつから，高率小作料体制が解体すると，低米価は，直接に地主経済を崩壊させることになる。この高率小作料体制は，前述のように農民運動によって危機に陥りつつあったから，1920年以降の地主経済は，防壁なしに低米価の波をかぶることになった。

この様相を表8でみよう。ここでは，米騒動後の高米価時を基準として作成したが，注目すべき点は，1920→21年，1930→31年と，恐慌時には必ず米価の方が大きく下がっているという点である。1920年恐慌では，米価の立直りが早くて，1922年には20年の米価率を回復しているが，30年恐慌になると，この回復は1935年までかかっている。それだけシェーレが長期にわたって存在したのである。昭和恐慌が農業恐慌として特徴づけられる所以である。この

ようなシェーレの存在では，地主・農民ともに苦しい状況におかれる。しかも，この傾向は米の生産地において，いっそう顕著に現われるのである。消費地（深川市場）では，米の投機的売買が行なわれるため，米価はかなり吊り上げられるのである。生産地の事例として，山形の例でみると，1926年の基準として，1930年の5月には，米61.4，肥料67.4，8月には米50.7，肥料62.9と開くばかりであった。(26)山形県では，1929年の1戸当たり農業所得822円が，30年には490円に落ちこんでいた。

また，米と並んで日本農業の双柱をなしていた養蚕業地帯においては，小作農の養蚕収入が高率小作料の補完をなしていたから，まゆ価格の下落は，小作関係を不安定なものにしていったのである。まゆ価格は，春夏秋の平均でみると，1925年の1貫目（3.75kg）当たり10円68銭が，1930年には3円10銭に落ちている。夏秋蚕だけとれば，ほぼ1/5になっているのである。(27)

表8　米価率
（米価指数／物価指数）

年次	米価指数	物価指数	米価率
年			
1920	100.0	100.0	100.0
21	69.8	77.3	90.3
22	79.3	75.5	105.0
23	72.8	76.6	95.2
24	80.1	79.6	100.6
25	93.7	77.8	120.5
26	77.9	69.0	112.9
27	79.2	65.5	120.9
28	67.9	64.1	103.1
29	65.4	48.2	102.1
30	57.4	40.7	119.1
31	40.9	45.1	100.5
32	49.1	51.1	108.7
33	49.0	51.7	94.7
34	58.0	52.8	110.0
35	67.3	54.1	124.4
36	70.1	56.4	124.4
37	73.6	68.5	107.5

注：加用信文，前掲書，52頁。

このような地代実現過程での地主経済の危機は，直ちに地主的所有の危機につながるものであった。大地主にあっては，利得の絶対額が大きいから，直ちに地主生活の破綻にはならないにしても，小地主にあっては，死活にかかわる事態となった例もある。そこにまた，土地取上げに狂奔する地主も生じてきたのである。

この事態に対して，政府は，米穀法を発動して米の買上げを行なう。皮肉なことに，米穀法は，米騒動対策の一環として出発しながら，成立時は1920年恐慌のただなかであり，米価抑制のための売渡しよりも，米価低落防止のための買上げの方がはるかに多いということになった。売渡しは，2回，2625万石（石≒150kg）であるのに対し，買上げは，8回，8700万石に達していた。(28)

さらに，1920年以降，朝鮮・台湾産米の移入量は一貫して増加しており，

1931年には，内地産米の1/6強となっている。これもまた，地主には大きな圧力となっていた。逆に，内地地主はとくに朝鮮において土地を集積し，朝鮮人小作人の犠牲において，ふたたび低米価―高率小作料の構造を求めたのである。また，外米輸入量は，移入量とちがい，正確に，内地産米が少なかった年，したがって米価がやや上昇した年に多くなっている。つまり，米穀供給は完全に国家主導型で，内地・朝鮮・台湾・外米を統一した形で，食糧アウタルキーを形成していたのである。

　このような国家政策の前に，地主の地代実現過程は自主性を失っていったのである。このアウタルキー体制が，戦時経済によって弱化するとき，国家は，小作料統制令によって「適正化」＝引下げを押し進める。この「小作料適正化事業」によって引き下げられた小作料額は，旧水準の16.7％であった[29]。これに供出価格統制が加わることによって，地主の地代実現過程は，完全に国家に掌握されたのである。

2　国家独占資本主義下の農村再編成

　以上のような地主的土地所有の解体過程は，直接的な局面だけでなく，さらに広範に，地主制支配全体にかかわる形で進行した。

　それは，「農村非常時匡救」の名の下に，1932年に施行された「農山漁村経済更生計画」，同年，産業組合法の改正による「産業組合拡充五ヵ年計画」，翌33年に施行された「負債整理組合法」などであった。これらの個々の政策について詳論する余裕はないが，これらは総じて，従来の地主による農民・農村支配から，国家ないし国家独占資本が直接に把握した支配へと変わっていくものであった。経済更生運動では，自力更生のスローガンの下に，町村が単位となり，国・府県に援助されて，単に農業のみならず，農村再編に着手していった。明治以来，地主―小作の階級関係による支配が中核となっていた町村の，地主離れともいえる再編であった，この運動には精神作興的要素も含まれており，これは後の皇国農村体制へとつながる面をもっていたのである。かつての村連帯・部落会機構がふたたび現われ，地主の階級支配とはやや異なった形で，村機構が復活したのである。農家実行組合も下部単位として組織されてきた。産業組合は，町村においては，購買・販売・信用・指導の4種兼営が進められ，

第6章　地主的土地所有の解体過程

全戸加入となっていった。産業組合の機能は，前期的な資本としての地主の経済活動と対立する。とくに，1930年代にあっては，地主の高利貸的機能と対立した。また，大地主にみられる肥料前貸しや発動機・脱穀機の共同利用組合の活動とも対立するものだった。

　こうした産業組合の信用事業とは別な形で，農村負債整理組合が作られていたが，この場合の高利債権者には地主が多かったから，この事業は，直接に国家資金が地主経済を制約したものであった。かつては，地租および地代を通して，地主資金が，資本調達の一形態として流れていたのであるが，負債整理では，国家資金が地主に向かって流れることになったのである。このことは，地主の再生産構造における資金供給の役割を失わせるものであった。地主の存在の故に，国家資金を投じなければならなかったからである。この負債整理は，必ずしも借金の元金，延滞利子の全額を返済して，低利の国家資金に借替えするものにはなっていなかった。時としては，借金額を下回る額で，借用証文を受け取ってきている。(30)このことは，地主経済としての問題だけでなく，むしろこうしたことをなし得た農村の新しい状況に注目しなければならない。それは地主支配力に大きな打撃を与えるものであった。それだけ，地主の人格的支配が弱まってきたことを示すものであり，農民の自立が，それだけ進んできたことの証左でもあった。

　以上のような，恐慌下，そして「満州事変」という中国侵略戦争の下で進行した諸政策の，集中的表現とでもいうべきものが，満州移民・分村計画であった。地主的土地所有の基盤の１つには，豊富な潜在的小作希望者があったことがあげられるが，移民・分村計画は，この条件を変えるものであった。それは，すでに明治中期に全国第２位の地主斎藤善右衛門家が，「地所管理心得書」を定めたとき，小作料が上昇する要因として，小作希望者の豊富な存在を指摘していたが，(31)それが変わることであった。大きな分村計画を樹てた村では，大地主層のなかに反対する者も現われていた。この分村計画は，単に二三男対策としてだけでなく，挙家移民も多かった。当然，そこでは耕作者のいない耕地が生ずる。これが母村の経営面積の拡張となり，経済更生の一環とされたのである。

　この点は，政府も十分に考慮していた。「友邦満州国建国以来，大移民計画

ノ樹立実行，分村計画等ノ進歩ニ伴ヒマシテ，内地ノ農地事情ニモ相当変化ガ予想サレルモノガアリマス(32)」として，こうした村で地主が貸付地を売却する際には，かなりの面積を小作人が買うであろうと予想し，自作農創設資金の貸付限度額の引上げも行なっているのである。

　こうした一連の政策は，単なる一時的な農民救済策とは異なるものであった。内容からいえば，それは農業のみならず，農民諸階層・諸階級の再編成を含むものであった。それは，村の組織構造をも再編していくものであった。町村の独自性も急速に薄れ，国家の行財政に組み込まれたものになっていった。従来から，日本の地方制度は，国家行政に従属する面が強く，したがって「自治」と規定し得るものではなかったのであるが，この時期に至って，財政的にも強く拘束されることになった。補助金行政の展開である。このときの経済体制を，国家独占資本主義と規定してよいと考えられるから，農村のこうした事態は，国家独占資本主義による農業・農民・農村支配体制といってよいであろう。そこでの地主の地位もまた，この体制のなかで位置づけられることになった。地主の前期資本的な独自の支配構造は，解体の方向をたどった。

　しかしながら，資本制と地主制の矛盾は激化しながらも，そして地主制を国家独占資本主義的再編のなかに押し込めたとしても，なおここでは地主制を切り捨てることはできなかった。それは，恐慌後，さらに深刻化，内向化してきた農民運動のためでもあるし，地主の支配力を，独占資本のエージェントとして利用する必要があったからでもある。よく知られるように，小作争議の件数は，1930年から31年にかけて，一挙に2,500件台から3,500件台に1,000件増加する。その後も増加を続けて，1935年には，6,824件のピークを作る。こうした階級闘争に対しては，地主・資本家のブロックは固く結束した。そうして，国家独占資本主義のための農村再編成は，正面切った戦時体制の宣言であった「国家総動員法」体制の下で，完成するのである。

　このあと，本格的戦時体制の下での，地主的土地所有の解体過程の考察が続くことになるのだが，本章のなかでは果たし得ない。そこでの主要な課題は，直接的な法・制度による地主的土地所有への制約・変質であって，農地制度と食糧管理問題が，戦時体制の二本柱として立ち現われることになる。

参考文献

（１） 安孫子麟「日本地主制分析に関する一試論」『東北大学農研彙報』12巻2・3号，1961年。（本書第1章）
（２） これらの表現は，それぞれつぎの論者の用語による。
　　　山田盛太郎「農地改革の歴史的意義」東京大学経済学部編『戦後日本経済の諸問題』有斐閣，1949年。
　　　栗原百寿『現代日本農業論』中央公論社，1951年。
　　　永原慶二・中村政則・西田美昭・松元宏『日本地主制の構成と段階』東京大学出版会，1972年。
　　　なお，本文中の小画期についての用語も，これらの文献による。
（３） 以下，山田盛太郎，前掲論文による。なお，第一次大戦を画期とする地主制の没落については，早く村上吉作の分析がある（筆名野村耕作「日本における地主的-土地所有の危機」『プロレタリア科学』2巻11号，1930年。これは同論文の2章2節だけである）。村上の所説については，中村福治「村上吉作（野村耕作）の日本地主制論」『経済』128号，1974年，を参照されたい。本章では，戦後の論稿を対象として，山田の所説からはじめることにする。
（４） 山田盛太郎『日本資本主義分析』第1編後記・附註，岩波書店，1934年。
（５） 以下，栗原百寿，前掲書，緒論および第1章〔1〕による。
（６） 以下，井上晴丸・宇佐美誠次郎『危機における日本資本主義の構造』前篇第2章および第4章，岩波書店，1951年，による。
（７） 井上晴丸『日本資本主義の発展と農業及び農政』第5章，中央公論社，1957年。
（８） 以下，永原慶二他3名，前掲書，終章（執筆中村政則）による。
（９） 安孫子麟「地主制と独占資本」山崎隆三他5名『シンポジウム日本歴史，17巻，地主制』学生社，240-241頁，1974年。
（10） 小倉武一『土地立法の史的考察』農林省農業総合研究所，1951年。
（11） 大石嘉一郎「農地改革の歴史的意義」東京大学社会科学研究所編『戦後改革6　農地改革』東京大学出版会，6-15頁，1975年。
（12） 小倉武一，前掲書，856頁。
（13） 同上書，同頁。
（14） 永原慶二他3名，前掲書，2-3頁。なお，大石嘉一郎他『シンポジウム日本歴史，18巻，日本の産業革命』学生社，1973年，における中村政則の報告・発言を参照のこと。
（15） 安孫子麟，前掲「地主制と独占資本」の報告構成を参照のこと。
（16） 農地改革記録委員会『農地改革顛末概要』農政調査会，853頁，1951年。
（17） 小倉武一，前掲書，342-350頁。

(18) 小作調査会における石黒忠篤の発言。小倉武一，同上書，446頁。
(19) この問題に関する酒勾常明の発言。井上晴丸，前掲書，253頁。
(20) 『農地制度資料集成』補巻2，158-162頁。
(21) 同上書，134頁。
(22) たとえば，われわれの共同研究，須永重光編『近代日本の地主と農民』御茶の水書房，238頁，1966年。
(23) 守田志郎「地主的農政の確立と地主制の展開」古島敏雄編『日本地主制史研究』岩波書店，1958年。
(24) 『農地改革資料集成』第1巻，655頁。
(25) この点については，守田・松元らの実証もあるが，私自身の実証は，「大正期における地主経営の構造」上『東北大農研彙報』7巻3号，1956年。（本書第4章）
(26) 『両羽銀行六十年史』両羽銀行，269-276頁，1956年。
(27) 加用信文監修『日本農業基礎統計』農林水産業生産性向上会議，325頁，1958年。
(28) 大阪市立大学『米穀法の制定並びに実施実績』同大学，1943年。
(29) 『農地制度資料集成』補巻2，656-658頁。
(30) 山形県西村山郡各村の事例調査による。
(31) 小倉強『斎藤善右衛門翁伝』斎藤報恩会，182頁，1938年。
(32) 小倉武一，前掲書，706-708頁。

第7章 農地改革

はじめに

　農地改革は，戦後のいわゆる「民主化」の過程，戦後改革のなかでも独自の位置づけをもつものと考えられる。それは敗戦の混乱のなかで，日本の支配階級がともかく自らの意志で着手しようとした，ほとんど唯一の改革であった。しかし，独自性はただそこにだけあるのではない。

　農地改革は，第1に，明治後期以来，日本資本主義の再生産構造の不可欠の一環をなし，かつ天皇制の主要な一支柱をなしていた日本地主制を，その基礎たる地主的土地所有の面において根底から解体した画期であった。それは，敗戦による経済崩壊，植民地喪失などのなかで，戦前とは異なった蓄積構造を構築しなければならなくなった戦後資本主義が，必然的にとらなければならなかった改革であった。第2に，農地改革は，食糧管理法（1942年制定）とともに，敗戦により新たな形態で激化した農業危機を回避するための，最重要の2本柱となっていた。農地改革が，まずなによりも日本の支配層の，「農村に対する共産勢力の進出を防がなければならん(1)」という意図から着手されたことは，戦後危機のなかでの農地改革の位置を象徴的に示している。第3に，しかしながら農地改革は，「民主化」過程の一環として農民層を中心とする民主主義勢力の運動の高揚によって，はじめて一定程度の「民主化」を果たし得た。だが国民諸層とくに労働者・婦人における民主主義的変革と異なって，その「民主化」の意義が曖昧であった。労働者層が，その「民主化」された資本―賃労働関係のなかで，自己解放のための認識と条件を作りながら階級的に成長していったのに対し，農地改革がもたらした農民の地位は，経営主体としての勤労家族とされながら，経営の極度の零細性を固定化されたために，資本主義的諸関係のなかでの商品生産者として自立し得る展望（例えば経営拡大）も与えられず，

また勤労家族としての生活向上の展望（例えば「集団化」など）も与えられなかったのである。そのことが，改革がもたらしたのは自作農でなく自作地にすぎない，と評された理由であった。

　以上の改革の性格は，高度成長下の農民の動向を決定づける諸条件を作りだした。自作農的土地所有に立脚した，戦後の小農生産力と家族労働の「民主化」とが，資本蓄積強行策に利用されたのである。自作農創出と資本蓄積との関連が，国家独占資本主義にとって不可避なものとみれば，農地改革は，とくに戦時下諸政策と共通する側面を有していた。そこに改革の連続説の根拠があった。また農民運動の要求と成果の継承という側面も見落してはならない。だがしかし，現実の改革は，敗戦による資本再生産構造の崩壊と，アメリカを頂点とする世界資本主義体制の再編・対米従属化という段階で行われた。そこには新しい状況が生じており，戦前・戦時下とは異なった独占資本・地主・農民の関係が作られていたのである。当然，自作農創設の意義も異なっていたといえよう。

　本章では，農地改革が有していた如上の位置づけを実態的にとらえ，戦後自作農の歴史的意義を考えてみたい。そして「民主化」の一環として行われたこの改革の過程で，真の農民解放への展望があり得なかったのかどうか。創設された自作農的土地所有が，勤労農民家族の展望にとって意味あるものとなるためには，改革過程のうちのなにに立脚して現在の課題を考えればいいのか。こうした点の解明へのアプローチも心がけたい。

I　農地改革の立法・実施・対抗の過程

　周知のように，農地改革の主要な内容は，国家による買収・売渡方式による自作地の創設，小作料の法定低率金納化，および耕作権の確立・農地の移動制限の3点を，階層別に選出された農地委員会を中心にして行うというものであった。これらの諸点は，その方式を別にすれば形の上ではすでに戦前・戦時下において問題として取り上げられていた。そして一部は実施されていた（自作農創設維持など）。そこで，農地改革と戦前・戦時下の政策との関係をみるために，改革に至る経過とその実施内容をまずみておこう。ただ，この経過は極め

て膨大であり，他に文献も多いことだから，ごく基本的な点についてのみふれておくことにしたい。

1　戦後改革への着手――意図と状況

(i)　農地改革への着手

戦時下の農地政策は，世界恐慌後に顕在化した危機をめぐる資本と地主制の矛盾・対立をも一気に押し流し，戦争遂行の至上命令の下に国家総動員法に基づき，戦時国家独占資本主義・ファシズムの政策として，つぎつぎに打ち出されていた。大正期から懸案となっていた小作立法は，最終的に否定されて農地立法（農地調整法, 1938年）として制定され，これを他面から補強する農地政策として，小作料統制令（勅令, 1939年），臨時農地価格統制令（勅令, 1941年）が出された。これらの政策は，恐慌後の農村疲弊のために軍隊要員の供給に支障があったこと，また世界のブロック経済化のなかで国内市場の広さが求められたこと，さらに植民地移民の必要があったことなどから，小農維持・地主制限がはかられていたのであるが（米穀統制・自作農創設），戦争拡大のなかで，戦時食糧増産のための農民経営の維持をさらに意図したものであった。しかしその内容は現状より悪化させないことが主眼であって，地主的所有権・現物小作料形態にふれるものではなかった。しかし地主的所有権と戦時物価統制との矛盾は，米の二重価格制として現われた（閣議決定，省令，米穀生産者奨励金交付規則, 1941年）。この二重米価制は，地主的土地所有の地代実現過程を量的に制約し，形態的にも事実上の代金納制に変えたものであった。この価格乖離は年とともに増大し，1945年度産米に至って，地主米価の不利は決定的となった。

この間注目すべきことは，1945年6月の戦時緊急措置法に基づく「国内戦場化ニ伴フ食糧対策」のなかに，小作料金納化が含まれていたことである。これは戦時立法としては地主的土地所有に対する最大の制約を意味したが，まさにそれゆえに閣議決定の段階で一蹴され削除されている。これは原案を作った農林事務当局によれば，敗戦を見越した自前の農地改革として，神聖視されている所有権に手をふれることなく，小作料金納制によって地主的土地所有の質的改変＝近代化を意図したものといわれている。ここでも，金納制が実質的に

所有権侵害につながらないか，これによって共産化が起らないかが危惧されたが，結局閣議ではまったく取り上げられなかったのである。

敗戦後，幣原内閣松村農相の下で農地改革に着手するまでに，これだけの経緯があったのである。この状勢は敗戦直後にも継続し，政府筋や国内世論は食糧危機の観点から，また外国筋では反軍・民主化の観点から，農地制度改革の要が指摘されていた。

この状勢のなかで松村農相は，戦時下の農地制度検討の経緯をふまえて，自作農創設路線の徹底化を打ち出し，農相就任後数日で農政局原案を作製し（10月13日），11月16日に改革要綱を閣議に提出した。農相の意図は「耕やす者に非ざれば土地を所有することを得ざる制度」を作ることであったが，その背景には，敗戦国が危機を乗り切るためには，共産化を防ぎ食糧を確保することが絶対的条件であるという「信念」があったようである。それゆえ，事務当局が資本制的借地関係を想定するような地代金納制を強く主張したのに対し，農相の方は自作農創設に力点をおくという姿勢のちがいがみられた。結局この両者は合体され，戦時下の「緊急対策」に似た形の改革要綱が作られたのである。

(ii) 第一次農地改革法と農民層の要求

改革の農林省原案の骨子は，如上の「自作農創設の強化」と「小作料金納化」であった。[6]

自作農創設は，不在地主所有地の全部と，3町歩以上所有の在村地主（隣接町村での所有を含む）の3町歩を越える小作地を強制譲渡の対象とし，譲渡価格は自作農収益価格，田は賃貸価格の40倍，畑48倍としていた。これを5ヵ年で実施するとしていた。小作料の金納化は，小作料統制を継続し，現物契約額を地主米価（1945年度）で換算して金納契約にするというものであった。以上の法的措置は農地調整法の改正によって行うこととし，従前の方針の延長という形をとって，無用の刺戟を与えないことが配慮されていた。

しかしこの原案は閣議で強い反対を受けた。とくに所有権の制限には反対が強く，最終的には在村地主の保有限度3町歩を5町歩に引き上げて辛うじて閣議を通過したのであった（11月22日）。この要綱は，農地調整法改正法案としてまとめられ，12月4日第89議会に提出された。これが第1次農地改革法と

称されるものであった。法案となる過程で，さらに地主の小作地返還要求が制限され，罰則が附され，耕作権の強化がはかられた。

　この法案は，当然ながら議会での猛反対にあっている。それに対する政府の態度は，「是ハ決シテ従来ノ伝統ヲ破ルモノデナク，ヤハリ従来ノ醇風美俗ヲ保持シツツ農民ヲ高メル」ものというように答えていた。そしてこの保守性のゆえに，この第1次改革案に対しては，真の改革を望む農民勢力とその支持層から強い批判がおきたのである。このように議会内外で左右からの板ばさみになったこの法案は，そのままいけば議会保守勢力のために審議未了廃案という大勢にあった。

　改革を望む側の批判も，これまた評価を異にして多様であった。まず日本社会党は原則的に改革を支持し，国家買収，買収権の地方官一任，独立立法などの修正を要求し，保有地制限の引下げなどについては慎重な検討を重ねていた。社会党の影響下に創立されつつあった日本農民組合は，設立準備の全国懇談会の議題として，「土地制度ノ根本改革」を挙げ，その討議に基づき，「小作料金納制ヲ緊急断行スルコト（地主保有米制廃止），土地取上ゲヲ禁止スルコト」を含む要請書を政府に出している（1945年11月）。そこでは自作農創設促進の意向はみられず，主に供米制・生産資材確保・増産対策が前面に出ていた。また，この第1次改革法案が国会を通った直後の日農設立準備会通達では，改革の妥協性・不徹底性を追及して，「農地制度の徹底改革，耕作権の法定化，小作料金納化の即時断行，集団小作契約を含む農民組合法の制定」などを主張している。ここでも自作農創設以上に，小作関係の中での勤労農民の権利が要求の中心となっていた。日農の創立大会（1946年2月）では，「改正農地法の実施に際して地主の不当且つ脱法的な土地取上げは全国的に激増し」ているために，土地取上げ・所有権の擬装分散・闇価格による強制売却・小作料引上げを即刻禁止するよう決議している。以上のように，農民自身の要求は，自作農創設の原則は認めつつも，その遂行内容として単に形式的な自作地創出だけでなく，勤労農民の耕作権確立，真の経営力の保障を求めていたのである。

　事実，農地改革実施の意図が伝わるや，地主の小作地返還要求と闇価格での売り逃げが激増している。前者は農林省の推定でも敗戦後の1年間に25万件，つぎの1年間に20万件とされている。小作地率でみると，改革が実施されて

いない 1944 年 8 月の 46.4％, あるいは 1945 年 8 月の 46.3％ から, 1945 年 11月の 43.5％, あるいは 1946 年 4 月の 44.0％ へと減少していた[10]。これは土地取上げ・売り逃げの一端を示していよう。そしてそれを助長するような政治的状況があったのである。農民の抵抗は, まず改革以前の問題としてこの点に集中したのである。こうした力関係の下での「強制」譲渡の無意味さが指摘されたのである。

また在村地主の 5 町歩保有という点は, 農民のみならず諸理論家からの批判も強かった。この原案では総小作地の 37.5％ しか対象にならず[11], 大部分の小作地が残るという不徹底さをもっていたのである。共産党はいちはやく, 一切の小作地と地主所有の林野の無償解放を主張し, 農民委員会方式によって地域内の政治状況を根底から変革することを提起していた[12]。

だが, これらの農民層・政党の要求は政府に容れられず, 運動としても供米問題が前面に出て, 農地改革要求を勝ちとることは困難だった。この意味では,「真の民主化」抜きの反共的改革は奏功しつつあったのである。

2 占領軍指令と第 2 次農地改革

（i） 占領軍指令とそれをめぐる国内対抗

「第 1 次農地改革法の決定的否認は実に総司令部の手によって行われた[13]」。連合国総司令部は, 占領数年前からの日本農業の検討によって日本の土地問題に未知でなかったというが[14], 1945 年 10 月日本側との協議を経て, 改革案の検討をはじめていた（天然資源局農業部担当）。その間に発表された日本政府の独自案（第 1 次改革案）をも検討した結果, 小作地解消の不徹底, 過重な農家負債, 政府の不公平な統制が指摘され, この是正のため, 12 月 9 日に総司令部は「農地改革に関する覚書」（いわゆる「指令」）を, 日本政府に送った[15]。これは当初, 第 1 次改革案を支持するものと受け取られ, このため議会も法案を廃案にすることができず, 一部修正の上, 成立させたという経緯があった。しかし, やがて第 1 次改革法が指令に沿うものでないことが明らかにされ, さらに担当官ラデジェンスキーらの記者会見が, 1946 年 3 月に行われて, より完全な改革案の作成が希望されていることが明確になった。

この指令は, 民主化促進上の経済的障害を除去し, 日本農民を奴隷化してき

た経済的束縛を打破するため，耕作農民が労働の成果を享受し得るような処置を講ぜよ，というものであって，問題となる「害悪」を5点あげ，これに対する処置を1946年3月15日までに総司令部に提出することを命じていた。その処置のなかには，不在地主より耕作者への土地移転，土地購入の価格と年賦の方法，小作人に転落しないための保護策を含めることが要求されていた。これに対して政府は，これ以上の改革を実施する意図がなく，3月15日の回答は第1次改革法の線で行われたが，ただ将来は，保有限度を3町歩へ引き下げ，在村地主の定義を居住市町村に限定するという方向を示した。総司令部はこの回答を不満とし，保有限度の引下げ，国家による強制買収，実施期間の短縮，小作人への資金融通，小作人保護の点を提示してきたが，この早急な法案化は，当時の政治状況のなかでは困難であった。

　こうした総司令部の態度に関連して，日農の拡大準備委員会は，指令が出た直後にこれを受けて，政府に第1次改革法案の即時撤回を迫り，指令に基づき「真に封建的土地制度を改革し，農民を解放しうべき土地制度改革案」を示せと要求した（12月11日）。日農創立大会はこれを受けて「農地制度徹底的改革ニ関スル件」を議題とし，第1に生産と生活を向上させうる経営面積を確保・安定させることを要求し，地主の仮装自作・分家・譲渡・贈与を名目とする土地取上げを禁止することを，ひき続き課題としていた。

　もっとも活発に土地綱領・改革方針を提示していた共産党は，やはりこの指令を受けて，封建的地主制度の撤廃，耕作権確立，農村経済の民主化を目標とした土地改革を要求した。その内容は，改革は農民委員会に委ねること，皇室地・国有地・寄生地主地の解放は無償とすること，小作料の低額金納化をはかることを中心として，併せて耕地抵当権の禁止，共同経営の保障，負債凍結，農民金庫の設置，農業会の解散と農民委員会による事業引継ぎなどを主張していた（1946年1月15日）。この方針は2月の第5回大会，7月の土地制度改革具体案へと引き継がれていった。

　以上のように，農民・政党は，この段階では指令の基本線を肯定し，民主化・封建制打破のための徹底的改革を要求する立場を明確にしていたのである。これは反共と農民運動の鎮静を狙った政府の意図，あるいは「上からの」近代化，資本主義的諸関係の醸成を意図した第1次改革法に対して，「下からの」

勤労農民の民主主義的保障を確立する運動となっていた。たとえばひとしく小作料金納化を意図しても，それがどのような政治的状況，力関係，改革遂行組織においてなされるか，という点で決定的に対立していたのである。総司令部の指令についても，それが農民側に有利に解釈できるものである限り，ここに立脚して徹底改革を要求し得たものと解してよいであろう。しかしながら，この指令の線と運動の線との一致は，対日理事会での改革案検討がはじまるにつれ，崩れていくことになった。

(ii) 占領軍の改革案と占領政策

総司令部は，日本政府自身による徹底的改革案の作成が困難であるとみて，これを対日理事会に付託した。米英中ソよりなるこの諮問機関は，1946年4月30日から6月17日まで4度にわたり改革案を討議した[16]。その2度目にあたる5月29日（第5回理事会）にはソ連案が出され，3度目の6月12日（第6回理事会）に英国案が出されて論議されたが，最終的には6月17日（第7回理事会）に英国案の線で「意見の一致」をみ，総司令部はこれを受けて6月末第2次改革の「勧告」を行ったのである。

ソ連案は，小作地全廃，収用地6町歩までは段階的補償，それを越える分は無償とし，これを国家が設けた機関が執行する，というのが骨子であった。これに対して英国案では，在村地主の小作地保有限度を1町歩とし，自作地を含めた総所有限度を内地平均3町歩と定めている。また小作人の土地買受限度を1町歩としている[17]。買収は有償で土地取得委員会（中央・市町村）が執行するものとなっていた。この両案について米中代表は英国案を支持し，とくに米国は，無償の財産没収はポツダム宣言の原則と相容れないと主張して，ソ連案を非難した。

この対日理事会での論議の間に，国内の政治状勢，とくに占領政策に変化が生じていることが注意されよう。米国は，5月14日の第4回対日理事会で共産主義を歓迎しないという態度を表明し，5月19日の国民的食糧メーデーの大衆行動に関連して，総司令部は大衆示威運動に強い警告を発した。また5月29日の第5回対日理事会でも，米国はメーデー決議についての非難演説を行っている。ついで6月12日に総司令部は占領目的違反取締令を発表し，7月

に実施したのである。こうした一連の動きは，反共を口実として，「下からの」民衆運動，真の民主主義を求める運動を圧伏させるものであった。とくに米国は，対日理事会を舞台として，総司令部を代弁する形で日本国民に圧力を加え，不当に日本政府を支持することによって，ソ連はもとより英国代表からも不信を買うほどであった。それは議事運営にも現われていたという。[18]

ここに至って，指令に基づく第2次改革案の内容もまた，決して農民の切実なる要求に応えるものにならないことが，明確になったといえる。農地改革をめぐる農民運動は，この時点以降，改革阻害に狂奔する地主勢力，不徹底な上からの改革に終始する日本政府，東西冷戦のなかで反共資本主義陣営を支配する米国，の3局面での対抗を余儀なくされたのである。

(iii) 第2次農地改革法の成立

第2次改革案は，総司令部の勧告内容を基本に一部の調整・補充を加えて，1ヵ月後の7月25日に「農地制度改革の徹底に関する措置要綱」として閣議で決定された。この改革案は前案と異なり，自作農創設にかかる部分を，自作農創設特別措置法案として独立に立法し，小作関係・農地移動・農地委員会に関する部分は，従来どおり農地調整法の改正によって規定した。これは対日理事会の議論を広く日本国民に報らせるという総司令部の方針の結果，国内保守[19]勢力も第2次改革の不可避性とソ連案との差異を認識し，新しい土地改革として別個に立法しても大きな抵抗はないと考えられたためであろう。しかし反面では，この間の経過で，所有権の全面否定でないこと，政治的には反共という性格をもつことも明らかになり，ここに頼る地主の小作人攻撃，農民運動への対決も止まなかったのである。

第2次改革の主要な内容は，①国家が買収・売渡しを行う。②買収を受けるのは，不在地主の所有する小作地，在村地主の所有する小作地のうち1町歩（北海道は4町歩）を超える分，居住市町村で所有する自作地と小作地の合計面積のうち3町歩（北海道は12町歩）を超える分，とする。また自作地であっても経営が適切でないと農地委員会が認めた場合，3町歩（北海道は12町歩）を超える分は買収される。③農地以外でも，宅地・採草地など経営上必要な土地および開墾適地は必要に応じ買収される。なおここに1947年に牧野がつけ加

えられた。④買収価格と報償金は第1次改革どおりである。⑤売渡しを受けるのは当該小作人が原則で，健全な自作農となる見込みのあることが要件となる。⑥農地委員は階層別選出とし小作人が半数と規定された。⑦以上の買収・売渡しを2年間で行う。⑧農地の所有権・賃借権・その他の権利の設定および移転の制限を強化する。⑨小作関係の改善としては，小作料率を田で25％以下，畑15％以下に制限する。小作契約は文書で行い小作料は金納制とする。以上のようなものであった。

　この結果，地主貸付地の解放予定面積は，約200万町歩，解放率はほぼ80％と見込まれた。この案の実施は，たしかに地主的土地所有を根幹において解体するものであり，残存小作地についても，かつての「奴隷的」関係ではなく，それなりに近代的な小作関係が生ずるとされたのである。ただこの改革は，英国案と異なり，売渡し対象をほぼ当該小作人としたため，耕地の再配分は行われず，従来の経営階層構造がそのまま残り，自作とはいっても専業農にはほど遠い零細農を多く残すことになった。他方，自作の上限と農地移動の自由とが制約されたため，富農的発展をも著しく困難にしていた。つまり商品生産者としての発展の展望もなく，零細農への土地保障もなく，従来の規模のまま自作化させるに止まったのである。創出されたのは自作農でなく自作地だけと評される所以である。

3　改革の実施過程における対抗関係

（i）　改革の実施

　第2次改革法案は，1946年10月11日無修正で成立したが，実施にあたっては，なお施行令（勅令），施行規則（省令）が必要であり，これらが公布され終ったのは12月28日であった。この改革内容に不満をもつ勢力は，第3次改革を要求する一方，この改革の実施を有利に進めることに全力を挙げた。これは，一方では小作地売渡しを受ける農民層の現実の期待が大きかったためであり，他方では改革実施のなかで地主的利益をはかる保守勢力の強い反撃があったためである。当然，運動そのものは全体として第2次改革の枠内での攻防が中心になり，47年6月25日，7月23日の対日理事会でソ連から本改革の不備，新改革の必要性が指摘されても[20]，これに沿った有効な運動は盛り上がらなかっ

た。批判は研究者・理論家からも提起されたが，大衆的実践には直結しなかった。この意味では，第2次改革法成立に際してなされたマッカーサー元帥の声明のように，「過激な思想の圧力に対抗するためにこれより確実な防衛はあり得ない[21]」のであった。それゆえに，占領政策の基調が次第に変化するなかにあっても，この農地改革の基調は，これ以上の徹底化も，これからの後退もみせなかったのである。

実施は，1946年12月から翌年2月にかけての農地委員会の選出・成立にはじまり，1月10日には，1947年3月30日の第1回買収日をはじめとして，7回（のち48年12月31日まで10回に増加される）の買収日が定められてスタートした。実施にあたっての政府の決意は強く，農民への理解の徹底と，買収のおくれ，買収のもれ，妨害発生の防止に，とくに留意していたことは注意していいことであろう。

(ii) 実施過程における地主の抵抗

改革実施過程の詳細は，とうていここで述べることができないが，そのうち地主側の抵抗を示す2，3の点についてみておこう。

第1は，小作地取上げである。前述のように小作地取上げは，敗戦直後から激しく行われていたのであり，経営を奪われる農民にとっては最大の問題となっていた。この点は第2次改革法でも，合意解約ならば許可を要しないと解釈されて，買収逃れ，地主の自作化の抜け穴となっていた。このため，第1次改革案の審議・成立期に取り上げが多かったのであるが，第2次改革の実施段階でも依然として多かった[22]。取り上げは小作契約更新期の冬に多く，春に争議化するというケースが多い。しかし農林省の推定によれば，争議化するのは10％に満たず，90％以上が情実や円満主義で取り上げられていったといわれる。この90％の部分こそ地主取上げの本質であって，法の規制だけでは抑え得ない前近代的人格関係とそこに立脚する政治状勢の実質を示していたのである。これを反映して，取り上げの許可申請が1件もないという町村が多かったのである。

これを示したのが表1である。上述のようにここに表示されない土地取上げが，この数倍あることを前提としてみなければならない。争議による土地取上

表1 地主の土地取上に対する不容認・不許可の状況

	期　間	45. 8.15- 46. 8.14	46. 8.15- 46.11.21	46.11.22- 47.12.31	1948	1949	1950	1951	1952
土地取上による争議	争議件数	27,193件	8,306	66,473	33,875	4,264			
	解決件数 A		7,539	61,591	34,121	5,437			
	取上不容認件数 B	(容認10,171)	3,518	37,202	17,626	2,239			
	不容認率 B/A		46.7%	60.4	51.7	41.2			
	うち 農地委員会へ提起の場合			29.9	55.0	50.4			
	うち 農民組合活動による場合			73.2	84.2	73.1			
	うち 訴訟・調停申立の場合			46.8	49.6	55.4			
賃貸借解除申請	申請件数			117,758件	95,994	43,577	35,065	33,448	34,701
	うち地主による申請件数				91,271	37,073	28,092	25,758	26,146
	処理件数 A			99,341	105,987	49,718	35,325	33,565	35,673
	不許可件数 B			37,319	43,201	12,105	5,814	3,238	2,569
	不許可率 B/A			37.6%	40.8	24.3	16.5	9.7	7.2
	うち 地主より申請の場合				41.9	27.0			
	うち 小作より申請の場合				13.5	6.7			

備考：1) 農地改革記録委員会編『農地改革顛末概要』農政調査会, 1951年, 720-723頁・昭和25年・昭和26年・昭和27・28年『農地年報』農林省農地局, 以上所収の統計より算出。
　　　2) 空欄は不明。斜線は該当なし。

げ不容認率は，1947年をピークとしてその後低下する。注目すべきことは争議方法により不容認率が著しく異なることであって，農民組合活動による争議でもっとも高い。これは改革過程での農民運動の決定的な役割の意味を示すものである。また農地委員会に提起した場合では，改革実施前の無力さは歴然たるもので，訴訟の場合にすらはるかに及ばない。改革実施後も，半数は地主の意向を承認したわけで，改革がどんな力関係のなかで行われたかが明瞭である。訴訟・調停に関しては，総司令部にあって改革を監督したヒューズが，「司法機関はあいかわらず農地改革計画に超然としていた。……彼らは刷新に対する侮蔑と小作人に対する偏見とによって農地改革計画をあっさり無視した。……こうして地主とその同盟者は，農地改革法を別にして自分の土地を取戻すためのやり方を求めた。彼らは小作人と改革に反対する多数の司法上の判決がもっている価値を利用しようとした。一種の合法的反乱である」と述べている。表1にみるように改革の実施前後で訴訟による不容認率はほとんど変化はなく，やや増加する傾向がみられる程度で，改革実施の意味は現われていないのであ

る。これに対して、農地調整法9条3項に基づく申請による土地取上げは、改革の性格、その限界を示しているといえよう。地主申請の件数の推移や申請者別の不許可率から、いかに地主が不当な土地取上げを試みたかがわかる。各県からの報告によれば、許可されたなかにも、威圧その他の「合意的不法取上」(24)が相当数あるといわれているのである。その際、暴行傷害事件も数多く起きた。

改革は、このような地主―小作関係の状況のなかで進められたのである。

第2は、闇値による売逃げである。(25)これは実態として把握困難である。敗戦後農地改革が必至の状勢になると、大地主のなかには統制価格による買収を嫌って、高い地価で小作人に強制的に売りつけた者が多くあった。このうち地価違反として摘発されたのは、1947-49年の3年間で、わずか1,659件しかない。そのなかには徳島県の例のように、反当り1万円で売りつけたものすらある。平均買収価格が報償金を加えて反当り960円（田）であることを考えれば、売逃げの利益は莫大であった。売逃げには2つの方法がある。1つは買収前に売って小作人の自作地としてしまうもので、改革前から改革初期に多い。他は、闇価格を払った小作人の分のみ買収に応ずるという形である。いずれの場合でも、地主の圧倒的な支配力がなければできないことで、農地委員会が黙認する状況が多かった。これを全国的に示す統計はあるはずもないが、われわれの調査事例から一端を示しておこう（表2）。(26)

第3は、闇小作料である。違反件数としては、1947-49年の間に3,018件が明らかであるが、これは氷山の一角にすぎない。物納小作料や高額小作料はかなり多かったと思われるが、それを許すような事情があったわけである。宮城県の小作契

表2　地主階層別の買収・物納外売却の事例

改革前の所有規模	N 村			T 町	
	地主数	一戸当り解放面積	一戸当り売逃面積	地主数	一戸当り売逃面積
100町以上	4戸	177.8町	46.5町	6戸	24.9町
50-100	5	50.7	14.6	3	16.7
30-50	5	29.0	7.2	5	0.6
20-30	5	20.5	0.7		
10-20	20	9.1	1.5	12	0.9
5-10	19	3.6	0.5	16	0.4

備考：1）安孫子麟「農地改革による村落体制の変化」（『村落社会研究』3集、塙書房、1967年）により再計算。
　　　2）両町村とも宮城県遠田郡。
　　　3）解放面積には、財産税物納分を含む。
　　　4）一部、旧自創資金による売却を含む。
　　　5）N村は村外売逃げ、T町は町内売逃げが多い。
　　　6）この他に、所有地（自作地・貸付地）がある。

約書の例では,「ついては農地調整法・自作農創設など,いかなる法律改正相成るも,徳義をもって地主の要求に応じ」るということで物納を定めている例あった。これについては,また後で述べる。

最後に,地主団体による「農地改革違憲」運動があった。これはあまりにも著名であるので詳細は省くが,地主団体の初期の運動は,改革の緩和修正と改革への有効な対処(地主として)をめざしていたが,憲法が施行されると,違憲を理由に改革全体を否定しようとする動きが強まった。違憲訴訟は全国で119件に及んだが,その主たる論拠は,憲法29条に規定する正当な補償になっていないという点にあった。この訴訟のきっかけになったと考えられるのは那須晧の農地改革批判であって,那須は,小作料および地価が高いのは,封建性のゆえでも地主階級の力のゆえでもなく,自由経済における経済現象であるとする理論を踏まえて,政策的抑圧は一時的なものにすぎず効果がないと主張した。地主たちはここに依拠して,政策の違憲性を主張したのである。ここにみられるように,この違憲論は単に地価の問題ではなく,改革の主目的である「民主化」の必要を否定するものを含んでいたのである。改革理念に真向から対決した運動といっていいであろう。しかし,いまや地主の階級的利害をはかることよりも,反共の砦となり,資本の蓄積基盤となる自作農創設は,日米支配層にとって譲歩し得ない方針となっていたので,この運動も成功しなかったのである。

以上の点のほか,農地委員会をめぐる問題,保有地の選定問題等々について地主の抵抗があったのは周知のとおりである。

(ⅲ) 農民運動の展開と分裂

前述のように農民運動の初期の要求は,生産確保・供米制・重税をめぐるものであったが,土地問題としては,第1次改革の内容に即して小作料金納化と土地取上げ反対があった。金納制は商品生産者の立場を強めるものであったが,土地再配分を望めない零細層にあっては,土地の国家管理=国有の下での協業化が理論的には提起されていた。しかし,現実の運動としては,地主の土地取上げに対する受動的な形態が多く,国家独占資本主義下の小商品生産者としての要求を高めていくことは困難だった。とくに,第2次改革法に原則的に賛同

していった農民の大勢のなかでは，さしあたり確実な，改革枠内の要求と運動になっていったのは当然であろう。

　第2次改革過程での主要な課題を，日農の方針からみると，農村民主主義革命の促進と新しい農業の建設（農地の民主的管理・配分，集団経営，科学技術の導入，農協活動）であり，農地改革への具体的な取組みとしては，地主保有地の全廃，農地委員会の民主化と機能強化，買収計画の促進，土地管理組合による合理的配分管理，地主違法行為の摘発，経営共同化，以上のことを大衆的に進める，というものであった（日農第2回大会，1947年2月）。このうち，土地管理組合と経営共同化は，改革法の枠外の基本的な要求を示すものであった。これらは，農民を個々の経営＝家として解放するのでなく，地域集団としての自主的・民主的な組織として解放をめざすものであった。そこでは長野県笹賀村の例のように，地主をも土地管理組合に協力させ，その自作を保障することで保有地の完全解放を実現させることも可能であった。

　しかし多くの場合，改革法の示す個別経営としての解放，しかも土地所有を除けば従来のままの生産構造での解放が意図され，改革のもっとも有利な実施をめざす合法・遵法闘争に終っていた。それ自体大きな成果ではあったが，それでは地主支配からの脱却がせいぜいのところであり，これから立ち向かわなければならない独占復活・帝国主義的再編の経済体制に対しては，必要な基盤を作り得なかったのである。

　だが運動のすべてがそこに埋没していたわけではない。日農第2回大会のなかでも，「第3次農地改革に関する件」が議題とされ，改革の徹底と同時に，土地の国家管理・土地管理組織による計画的配分が主張されていた。1948年4月の全国代表者会議でも，第2次改革の終了に備えて（実際は延長される），第3次改革案の内容を定め，土地管理・集団化・協業化を行う組織確立をめざすと同時に，農協活動も拡大しようとしていた。これは翌年4月の第3回大会にも引き継がれている。

　しかしこれが有効な大衆的運動に充分発展しなかったのは，農民運動の分裂のためであった。改革の枠内で土地所有者に上昇し得た農民層の一部は急速に保守化する。官庁統計によっても，1948年に254万6,000人を数えた農民組合員数は，以後年ごとに50万人ずつ減少し，1951年にはちょうど100万人にな

っている。日農はこの間に，120万4,000人から47万1,000人となった。全農はほぼ4分の1に減少した。こうした状況では，保守化した部分から分裂をひき起していく。日農は，はやくも第2回大会で平野派を除名し，平野派は，日農刷新同盟から全国農民組合を結成していった（1947年7月）。同じころ自由党系の全日本農民組合が発足して，最保守派を形成したが（8月），組合員数は1万7,000人までにしかならなかった。

もっとも深刻な分裂は，1948年から49年にかけて生じた日農内部の対立であった。これは49年4月に主体性派と統一派にわかれる。社会党系であった主体性派は，講和条約をめぐって社会党が左右両派に分裂するに伴い，右派系の新農村建設派を分離していった（1952年11月）。このように政党別に分裂・再編を続けた農民運動は，その総力を挙げて第3次改革の実施を要求することに至り得なかったのである。組合員の減少と組織分裂は，単に政治的路線のちがいとだけ皮相的にみることはできない。改革それ自体のもたらした農民諸階層間の経済的利害の差異こそ，その基礎要因であろう。前述のように，土地取上げ争議でもっとも成果を挙げたのは農民組合であった。その力を階層ごとに分散させ合法闘争の枠内に封じこんだのは，第2次改革の進展による生産諸条件所有格差の固定化であった。第2次改革は，「これより確実な防衛はあり得ない」という期待どおりの効果をもたらしたのである。

4　改革打切りをめぐる対抗関係

しかしながら農民運動や政党の力は，単純に圧伏されたのではない。日農・共産党の第3次改革要求に続いて，芦田連立内閣にあった社会党も，1948年10月には第3次改革の方針を打ち出してきた。この力を止め兼ねた政府は，吉田内閣成立の2日後に（同年10月21日），改革は当初の方針どおり同年末で終結することを企図した。農林省当局も，同年末の買収打切りを予想して，それまでの成果を維持しようとして「農業政策大綱」を検討した。これらは，第3次改革は行わないという方針の下に，政府の構想する改革限度を定めようとしたものであり，11月5日に改革打切案要綱が閣議で決定された。政府は，農民の攻撃を前に，ふたたび地主勢力との妥協を試みたのである。それは，農民・地主の両面と対決しながら独占復活をはかることの政治的困難さを示して

いた。しかしその政府を支えたのは、またしても占領軍（総司令部）であった。総司令部は打切りを承認せず、改革の継続維持を示唆したのである。こうして期限切れ直前の12月27日に、政府は政令によって買収継続を決定した。改革の打切りは、当時の政治状勢、とくに社会党連立内閣の失敗からいえば、単に打切り・成果維持に止まらず「不合理・行過ぎ」是正として反動化する要因をはらんでいたと思われる。当然そこでは、第3次改革を要求する勢力が強くなり、激しい階級闘争が起きたであろう。1949年1月の第2回総選挙における民自党と共産党、つまり左右両翼の顕著な進出は、その状勢を窺わせた。だが総司令部の方針は、改革の継続によって、農民大衆を当面合法の枠内に止め、地主保守勢力には占領軍の力であたって政府をバックアップする、というものであった。農民の土地諸要求に対抗しつつ、低米価・重税による資本蓄積を果たすには、改革の継続が最良の方策と映じたのである。これは、継続決定直後からはじまるドッジ政策・シャウプ勧告(33)による資本蓄積・独占復活政策と考え併せるならば、この方針の重要さが理解されよう。

　政府はこれを受けて、買収継続とともに、耕作者以外の農地取得を禁止する農地調整法の一部改正を行う（1949年6月20日）。しかし他面では、シャウプ勧告による重税賦課を遂行するため、地価、したがって小作料を上げざるを得なくなり、改革途上の地価・小作料の変更は不公平であるという地主の反撃をかわすために、再度、改革打切りという意見が政府部内に生じてきた。ここでもまた占領軍の力が登場する。マッカーサー司令官の吉田首相宛書簡が緊急発表されて（1949年10月21日）、改革を永続させる恒久的立法が示唆された。それは地主と農民の要求をともに押えこむ基本方針であった。政府はその方針で恒久法を検討しはじめた(34)。

　このなかで重要な変更が生じてきた。それは国家買収に代えて強制譲渡法によって農地解放を行おうということであった。政府は、これを自創法の一部改正として2度国会に提出したが、買収打切り反対と解放恒久化反対との意見にはさまれて、いずれも審議未了となったのである（1950年5月，7月）。他方、税制面から土地の賃貸価格が廃止されたため、買収価格の基準がなくなり、事実上買収不能となった。そしてこれに対処するために、「ポツダム宣言の受諾に伴い発する命令に関する件」（勅令）に基づく政令、いわゆるポツダム政令

として，強制譲渡令が公布された（9月8日）。

　以上の経緯に示されるように，当時の政治状勢からみると，改革の方向は常に不安定であり，国内支配層の動揺は著しいものであった。それをもたらしたのは農民層の第3次改革要求であり，その勢力と「改革の行き過ぎ」に反撥する勢力との間で，政府の方針模索があったといえよう。そして，その政府を支えたのは，占領軍であった。占領軍は，その超絶した権威によって，一方ではドッジ政策で独占復活をはかり，労働者への弾圧首切りを強め，他方で反共の砦としての農民層を創出した。そして，地主制による半封建的農民支配を排除したことは，農民の生産手段所有者としての保守性を強めたと同時に，独占資本と農民との直接的な支配構造を作ることにつながったのである。

II　農地改革の直接的諸結果

　ここでは，さしあたり改革によってもたらされた直接的な結果，実績についてみておく。改革のもたらしたものは日本農業・農民・農村の全構造に関係したわけであるが，それはIIIにおいて考察したい。なお，以下に考察する統計には沖縄県は含まれていない。

1　自作農創設・農地解放の実績

　農地改革の主要な柱をなしていた自作農創設は，後述する農地法の施行（1952年10月21日）まで，一部は強制譲渡令によって補われながら続いていた。改革の実施過程としてはここまでで，これ以降の農地法段階は，改革の維持・恒久化の時期としてよいであろう。自作農創設の主要な内容は，地主的土地所有の解放・創設自作地化であった。これに一部，保有限度以上の不適切な自作地の解放が伴っていた。さらに，考察を省略してきたが，農用地としての小作牧野の解放と未墾地の解放・分配の問題があった。

　耕地の解放は，国家買収を基本として，この他にインフレ下で賦課された財産税支払いのための耕地物納が大きかった。これは一旦国有地に所管替され，小作人優先で売渡されている。この2形態に，ポツダム政令による強制譲渡を加えて，改革終了時（農地法成立時）までの解放結果を年度別に示したのが，

表3　自作農創設による農地・未墾地・牧野の解放面積（強制譲渡令分を含む）

	年度	1946年	1947	1948	1949	1950	1951	1952	合計
農地	解放面積 買収面積	118,371町	1,177,460	367,144	74,835	44,879	18,313	7,088	1,808,090
	国有地所管替面積	—	—	177,058	2,985	5,414	412	304	186,173
	強制譲渡面積	—	—	—	—	—	13,510	61,989	75,499
	計	118,371	1,177,460	544,202	77,820	50,293	32,235	69,381	2,069,762
	買収進捗度（面積累計）	5.7%	62.6	88.9	92.7	95.1	96.7	100.0	—
	売渡・譲渡面積	10,923町	477,382	1,317,877	81,956	50,314	41,062	71,117	2,050,631
未墾地	解放 買収面積	—	162,122	211,539	183,492	41,973	36,914	21,245	657,285
	国有地所管替面積	7,479	386,454	212,632	44,402	10,195	20,556	5,274	686,992
	計	7,479	548,576	424,171	227,894	52,168	57,470	26,519	1,344,277
	売渡面積	—	—	91,500	180,929	187,670	159,111	135,626	754,836
牧野	解放 買収面積	—	—	210,356	120,129	28,879	11,107	2,430	372,901
	国有地所管替面積	—	—	69	5,206	15,290	32,176	23,685	76,426
	計	—	—	210,425	125,335	44,169	43,283	26,115	449,327
	売渡面積	—	—	94,518	143,986	87,828	61,074	22,744	410,150

備考：農林省農地局『昭和26年農地年報』1953年，531頁。同『昭和27・28年農地年報』1955年，324，334頁による。

表3である。すなわち，解放された総面積は207万町歩に達し，わが国の耕地のほぼ40％が対象となったのである。このうちの87％を，買収による解放が占めている。年度別では，実質的な改革第1年度である1947年が解放面積の57％を占めており，この改革の出足の良さを示している。それだけ農民の土地要求が強く，改革推進の力が強かったのであるが，前掲表1でもわかるように，地主の土地取上げによる争議も，この年が半分を占めていた。それだけ対抗は激しかったのである。当初2年間と予定された終了時期である1948年末には，88％の進行率となっていた（表は年度末なので再計算した）。その後の4年間は12％分にすぎないのである。解放総面積207万町歩（強制譲渡分を含む）は，完遂調査（1948年7月）の解放見込面積179万町歩よりかなり大きくなっていた。このこともまた農民要求の強さを示す指標であろう。

これにくらべると未墾地解放は，改革実施要領（1947年11月）の計画は197万町歩であったが，実施を1年延長しても134万町歩にすぎず，しかも売渡しが非常におくれていた。未墾地の売渡しは，開拓入植または地元増反として行われたが，これが充分に実施されたならば，経営規模構成を変える力になった

だけに，大きな問題を残すことになった。牧野解放もそうであるが，これらの農用地解放では，山林地主・林業経営者との対立が激しく，本来の山林解放を行わなかったことと関連して，牧野・未墾地の定義が激しく争われたのであった。

　以上の土地解放の結果，土地所有状況がどう変化したかをみよう。ここでは耕地についてだけみることにする。耕地の自小作別面積は，戦後の農業統計ではきわめて少ない。またあっても調査目的や主体がちがい，単純に接続させて比較することはできない。そうした限界を有していることを前提として，判明する限りの数字を示せば，表4のとおりである。耕地総面積の差異にも問題はあるが，それでもおおよその変化傾向は窺えるであろう。これによれば，小作

表4　自小作別耕地面積・小作地率の変化

年月日	耕地面積	自作地面積	小作地面積	小作地率
1945. 8. 1	5,287,874町	2,840千町	2,488千町	46.3%
1945.11.23A	5,085,209	2,875,344	2,209,865	43.5
〃　　B	5,155,697	2,787,464	2,368,233	45.9
1946. 4 .26	4,985,999	2,791,765	2,194,235	44.0
1946. 8. 1	5,206,586	2,833,269	2,373,316	45.6
1947. 8. 1	5,011,690	3,030,903	1,980,787	39.5
1949. 3. 1	4,957,833	4,309,829	648,004	13.1
1950. 2. 1	5,090,567	4,495千町	596千町	11.7
1950. 8. 1	5,200,430	4,675,747	524,683	10.1
1952. 2. 1	5,446,189	4,938千町	508千町	9.3
1955. 2. 1	5,183,132	4,717,403	465,729	9.0

備考：1）1945年8月（農林水産業夏期調査），1950年2月（世界農業センサス），1952年（農業動態調査）は，前掲『昭和27・28年農地年報』161頁。
　　　　1945年11月A（農地改革完遂調査），1946年8月（全国農業会耕地統計）は，農林省農地局『農地改革執務参考』36号，1949年，99-100, 178-179頁。
　　　　1945年11月B（農地等開放実績調査），1947年（臨時農業センサス），1949年（農地調査），1950年8月（開放実績調査），1955年（臨時農業基本調査結果）は，加用信文『日本農業基礎統計』農林水産業生産性向上会議，1958年，68, 71, 113頁。
　　　　1946年4月（農家人口調査）は，『農地改革執務参考』35号，1949年，38-39頁。
　　2）なお，1953年8月1日の推定小作地面積として466,280町歩という数字がある（農地委員会報告より推定したもの）。これが改革直後にもっとも近い数字だと思うが，しかし，このなかには宮城県が含まれないので表示しなかった。上掲『農地年報』175頁参照。

表5　小作地解放の地域別諸結果

地　域	1945.11.23 の小作地率	1950.8.1 の小作地解放率	1950.8.1 時点での見込小作地率	1951.6時点		
				地主1人当り小作地面積	小作人1人当り小作地面積	地主1人当り小作人数
全　国	43.7%	79.9%	9.5%	3.0反	1.6反	1.89人
北海道	42.3	91.4	4.6	12.5	9.2	1.35
東　北	47.5	83.4	8.1	3.7	2.0	1.86
北　陸	48.4	82.2	8.9	2.9	1.3	2.24
関　東	48.6	75.8	12.5	3.5	1.7	2.10
東　山	42.0	77.8	9.9	1.8	1.1	1.64
東　海	38.3	71.1	11.9	2.4	1.3	1.75
近　畿	42.7	73.5	12.5	2.5	1.4	1.79
中　国	38.7	76.0	10.0	2.8	1.3	2.14
四　国	40.6	78.4	9.7	2.3	1.2	1.94
九　州	37.7	76.3	9.8	2.7	1.6	1.64

備考：1）1945年の小作地率は，前掲『顛末概要』770-771頁。原資料は『農地等開放実績調査』。その他は，前掲『昭和27・28年農地年報』162-163，171頁により算出。
　　　2）小作地解放率とは，（売渡地＋売渡保留地）÷（売渡地＋売渡保留地＋旧小作地残存分）×100。表は京都府を含まない。
　　　3）見込小作地率とは，（現在小作地－売渡保留地）÷総耕地×100。京都府を含まない。なお，『顛末概要』770-771頁の見込を参照のこと。
　　　4）1951年の数字には，宮崎県を含まない。

地率は，敗戦時の約45％から，改革終了時の約9％に下ったことがわかる。小作地解放だけに限って，それを地域別にみると（表5），特徴的なことは小作地率の東日本と西日本の逆転である。これは当然，小作地解放率と関連しているが，そうした逆転が生じたのは，東日本では1つには不在地主所有の比重が高かったためであり，もう1つには農民の要求が強かったためであろうと考えられる。残存した地主―小作関係をみると，地主保有限度（とくに小作地保有）が重圧となって大地主が解体したことは当然であるが，それにしても1戸当り平均の貸付地面積はわずか3反歩にすぎない。また地主1人当りの平均小作人数も1人ないし2人である。これは戦前の，たとえば5町ないし10町歩地主（除北海道）の平均小作人数が36人であったことを考えると，地主的土地所有の解体の深さが窺えるのである。

　改革終了時点から3年後の1955年の統計では，残存した小作地は表6のような状況であった。すなわち，小作人の比重は東日本で高いが，小作地の比重

表6 借入地・貸付地の階層別分布状況（東西対比 1955 年）

経営規模		総戸数のうち借入地のある戸数の割合	総戸数のうち貸付地のある戸数の割合	経営地のうち借入地の占める割合	所有地のうち貸付地の占める割合	借入地のある農家の経営地のうち借入地の占める割合
東日本（除北海道）	0-0.3町	40.3%	10.6%	24.8%	19.0%	61.5%
	0.3-0.5	44.6	13.4	18.5	11.9	41.4
	0.5-1.0	47.8	17.2	13.1	7.9	27.5
	1.0-1.5	43.8	24.1	8.8	7.1	20.1
	1.5-2.0	36.3	31.3	5.9	7.3	16.3
	2.0-2.5	28.2	34.6	3.8	6.6	13.6
	2.5-3.0	21.9	34.6	2.6	5.3	11.7
	3.0-5.0	15.6	29.3	1.7	3.5	11.2
	5.0-10.0	4.0	9.1	0.4	0.6	9.7
	10.0以上	—	4.6	—	0.3	—
	平 均	42.2	20.2	9.0	7.5	21.2
西日本	0-0.3	32.9	13.1	18.6	17.7	56.7
	0.3-0.5	38.0	17.2	13.9	11.1	35.6
	0.5-1.0	39.7	21.5	9.0	7.4	25.0
	1.0-1.5	35.4	29.6	6.8	6.6	19.0
	1.5-2.0	28.6	32.5	4.5	5.3	15.8
	2.0-2.5	23.4	28.9	3.3	3.5	14.0
	2.5-3.0	18.3	20.4	2.7	2.0	14.8
	3.0-5.0	16.4	12.8	2.4	1.2	14.4
	5.0-10.0					
	10.0以上					
	平 均	36.4	19.9	9.5	8.0	26.0

備考：1）昭和30年臨時農業基本調査より計算。農林漁業基本問題調査事務局『農業の基本問題と基本対策』農林統計協会，1960年，208-209頁。
2）同調査による借入地は 46.6 万町歩，借入戸数 224 万戸，貸付戸数 116 万戸である。
3）東日本は，東北・関東・北陸の 17 都県，西日本はその他の 28 府県である。

は西日本の方がやや高く，前表の見込みの正しさが示されている。総じて小作人は零細層に偏っており，地主は中層上位に多いが，西日本の方は階層差が弱まっている。また零細農の経営に占める小作地の割合が大きく，解放が零細層に不利で，地主との力関係から保有地を多く残されたという傾向が歴然としている。地主的土地所有は量的に解体したが，5反歩未満の小作人は解放から取残されたのである。

2 小作料統制・金納化の実績

　小作料の統制はすでに1939年にはじまっており，食管法の下ではそれが代金納化されていたが，戦後改革では金納固定化が実施された。すなわち，第1次改革（農地調整法改正）では，物納および代金納を禁止し，違反しているものは定められたところにより金納とみなし，かつ法で罰することになっていた。ただし，議会での修正によって，小作人が申立て，地主が承諾した場合は物納でもいいとされていたが，第2次改革ではこの修正条項を削除し，無条件で金納とした。金納小作料額の定め方は，水田でいえば従来の契約小作料を消費者米価（石当り75円）で換算する，というものであった。これは従来の高率小作料水準をそのまま認めたものであった。勧業銀行調査による1943年の普通田小作料率は，小作料統制・二重米価制下にあってなお39.1％に達していた。この水準が形式的には継続したわけである。ところで，換算米価に消費者米価を使ったことは，明確な論拠のないものであった。地主供出価格（55円）を使うか，または農地価格の場合のように自作収益計算から算出する方が，筋がとおっていたのである。こうした換算米価の決め方は，地主への妥協の産物でしかなかった。当時の自作収益計算からみると，石当り35円程度が地価と均衡する理論値であった。このように高率小作料水準を引き継いだ金納小作料は，インフレの進行によって一挙に低率化した。しかも1949年までこのまま据えおかれたのである。翌50年から改革終了時までの間は，7倍に引き上げて石当り525円で換算することになった。ただし7倍にした結果が反り当で600円を越す場合は，最高600円を限度とすることになっていた。だがこの引上げもインフレ下ではあまり役に立たなかった。

　こうして定められた金納小作料と米価との関連をみるために表7を作成した。改革の始点と終点とを比較すると，生産者米価は28.5倍になっているのに対して，小作料は12倍にしかなっていない。この結果，小作料率は，計算上でも2％に低下したのである。まして闇価格で米を売れば，1948年の場合などは，実納小作料率で4％にしかならない。つまり，皮肉なことに小作料金納化は，近代的土地貸借関係を築く前に，小作（貸付）そのものの意味を失わせてしまったのである。地主にすれば保有地をもつことの「経営」的意味がなく

表7　金納小作料額と米価の変化

年　度	1944年	1945	1946	1947	1948	1949	1950	1951	1952
平均現物小作料	1.01石/反	1.02	—	—	—	—	—	—	—
同上換算公定小作料	—	—	76.5円/反	76.5	76.5	76.5	535.5	535.5	535.5
実納小作料	—	—	74.2	93.3	189.1	228.6	295	631	893
生産者米価	51.10円/石	300.03	584.21	1,852.88	4,273.49	4,643.58	6,308	7,382	8,546
消費者米価	46.0	75.0(250.0)	545.25	2,244.0	5,355.0	6,075.0	6,675	9,300	9,300
闇販売米価	335	1,586	4,464	8,704	15,800	14,200	9,900	10,100	11,200
闇購入米価						16,100	11,200	11,400	12,500

備考： 1 ）小作料は，前掲『日本農業基礎統計』126頁。
　　　2 ）生産者米価は奨励金を含む。同上書，348-349頁。
　　　3 ）消費者米価は10kg当り公定配給価格を換算。同上書，353頁。なお1945年は中途で改定されて，250円/石となった。
　　　4 ）闇販売価格は，1948年以降は，同上書，505頁。1947年以前は，全国農業会調査部『農村闇価格に関する調査』1948年，22-24頁。
　　　5 ）闇購入米価は，上掲『基礎統計』354頁。

なったのである。

　しかしそれは，地主にとってあらゆる意味で小作地が無価値になったこととは別である。小作料がネグリジブルになっても所有権は地主にあるわけで，この所有権がどういう形で力を発揮しだすかは，小作人にとって大きな不安材料であった。小作料金納化が，本来の目的であった地主—小作関係の近代化を達成しないうちに，ネグリジブルになったことは，地主と小作人との直接的人格的関係を，充分変革することなく放置するという一面を残した。ここに依拠する地主の反撃は，土地取上げと所有権の強制的売却として現象する。小作料がネグリジブルなら所有権価格（耕作権と切り離された）もきわめて低いはずであるが，現実には，地主保有の小作地の所有権価格は自作地価格の3分の2にも達している。これは近代的な収益計算からはあり得ない地価水準である。

　そしてこの反映が，闇小作料となって現象するのである。表7の勧銀調査の実納小作料が，公定小作料を上廻っているのはそのためである。地域別にみると，実納額は1946年では，東山・九州が高く，北海道・中国・北陸が低かったが，1951年，1952年時点でみると，東北・北陸・九州が高く，関東・東海・中国が低くなっている。これらあとで高くなる地域は，戦後稲作生産力の上昇した農業中核地帯であって，反収上昇も著しいところである。公定小作料

の存在にもかかわらず，そうした生産力条件によって実納小作料が高まるということは，反収上昇の成果の一部を，地主がとり得るだけの力をもっていたことを示すのである。この実納小作料はまた，必ずしも金納形態だけを意味するものではない。現物形態も入ってくるのである。1949年の近藤康男の調査によれば，件数の百分比では戦前15.4%であった貨幣形態が91.7%に増大していた。しかし反面，8.3%の貨幣以外の形態がある。とくに労働地代を含む形態は約2%で，改革前後であまり変化がない。注意すべきは，戦後新しく小作地となった耕地で，金納小作料の比重が小さいことである（85%）。つまりこれは改革の不徹底さを示すもので，貨幣形態以外の小作料を強制するだけの力を，地主がまだもっていたことがわかる。つまり，買収が一段落したところで，地主自作地をふたたび物納小作に出したものがあったのである。

闇小作料の金額的・形態的・面積的実態を，全国規模で示す資料がないので，ここでは参考として北陸4県の事例を示しておこう（表8）。ここでは闇小作料の行われている小作地面積が，最低10%，最高38%に及んでいることが示

表8　小作料形態別小作地面積の割合と反当小作料額

	県　名	新潟	富山	石川	福井
小作料形態別・金額別の小作地面積の割合（%）	小作料をとらないもの	3	1	1	11
	金納公定額以内	87	90	79	62
	〃　公定額～1,000円	5	6	13	11
	〃　1,000～2,000	2	2	5	8
	〃　2,000～5,000	0	1	1	3
	〃　5,000円以上	0	0	―	0
	物納または物納・金納併用	1	0	1	1
	労働提供を含むもの	2	0	0	4
水田反当り金納小作料額（円）	高いといわれるものの平均額	879	879	1,002	1,326
	普通の場合の平均額	571	698	660	748
	低いといわれるものの平均額	401	439	458	558
	県内最高小作料	12,500	7,000	5,000	7,000
	対前年比騰貴指数	104	101?	115	87

備考：1）金沢農地事務局調査，前掲『昭和27・28年農地年報』209-212頁。
　　　2）公定額を超える小作料が高い地域は，新潟では，都市近郊と沿岸漁村と佐渡，富山では山間部，石川では加賀丘陵山間部，福井では大野山間部と市街地となっている。
　　　3）富山県の対前年指数は，計算ミスではないかと思うので，地域別資料から推定して表示した。

されている。また宮城県が闇小作177事例について調査（1952年5月）したところでは、金納と物納とがあるがいずれも粗収益の5割（本吉郡），物納小作で反収の6割（刈田郡），田は旧来の物納額で畑は労力提供（刈田郡），田は米2俵，畑は麦6斗（柴田郡），法定小作料の外に労力提供（柴田・宮城郡），反収の半分（黒川郡）などであり，「しかもこれらの契約は，全部が全部，地主の返還要求には何らの異議なく即時返還することと，又農業委員会に提訴など絶対にしないという条件である」といわれていることに示されているとおり，改革を無視し得た地主の力があったのである。県の調査書は「小作人が余剰労力の活用の機会を求めるために不利な条件に甘んじている」と分析している。

こうした状況が普遍的にあるとすれば，小作料金納制は，量的にも質的にも単なる地代の形態転化であり，小作をめぐる伝統的生産関係は変革されていなかったといえよう。この基礎にあったのが，観念的にせよ（実質的にはインフレで解体している）旧来の高率小作料を引き継いだという原則だったのである。こうした小作関係のありかたは，小作契約の文書化の不徹底さにも現われている。1953年8月の26道府県の成績でみると，文書化されているものは面積で84.4%であった。他は口頭の直接的人間関係のなかで決まっていたのである。また闇小作料の発生を防止するための小作料一括納入方式は，小作件数のわずか16.4%にすぎなかった。

ここから，地主の力をまだ大きく評価することも可能である。しかし，それに対抗する農民の力を無視することはできない。それは農民運動としてだけでなく，小作料金納制がインフレで無意味化するなかで，農民の商品生産者としての性格も要求も強まり，それが地主の力を乗り越えていくことになるのである。小作料金納制については，以上の2面をみておかなければならない。

Ⅲ　改革後「自作農」の歴史的性格

ひとしく「自作農」と称されながら，地租改正によって成立した自作農，大正末以来創設された自作農，そして改革後の創設自作農は，それぞれ歴史的性格を異にする。経営それ自体の差とともに，それがおかれた社会構成の差異からくる性格のちがいもある。ここでは，改革後自作農の性格を2，3の点につ

いてみる。ただ，戦前との対比を充分に果たすことは他日に譲りたい。

1　自作農的土地所有の性格

　農地改革による自作地の創設は，1952年の農地法の成立（7月），施行（10月）によって終了している。農地法は，「改革の成果の維持」を目的として立案されるが，政治的には日本の「独立」，「平和」条約の発効に伴う措置でもあった。この法案が，改革打切りと理解されたように，「成果の維持」とは，不充分なままでの解放の固定化・恒久化であり，第3次改革に対する最終的否認であった。したがってその雰囲気を察知した与党，保守党側から，逆に統制解除が期待されることになった。農地法は，国の買収・売渡方式を継続しているが，自作所有地の制限を事実上とり除き，農地価格の統制も外したままであった。移動制限は設けているものの，施行1年目（1953年）の賃借権移動申請の許可件数率は96.9％，土地引上げによる賃貸借解除の許可件数率は91.2％で，大部分が承認される状態だった。また，地価統制の廃止は，地価騰貴をもたらし，現実の売買地価と政府の定めた強制譲渡価格（中田5,292円）との間には，「政策のみならず，思想的な，或いは又慣習上の絶縁体が介在している様に見える」[49]ほどであった（表9）。

　このため，自作農経営は，一面で土地獲得の権利上の自由さを有しながら，他面地価の点では経営拡大は困難で，大きく制約されることになった。自作収益採算を度外視したこの地価騰貴は，農業経営地の価格というよりは，商工業用地の価格を思わせる。しかし，高度成長期とは異なり，これが農地価格であるところに，改革後の土地所有の性格があるのである。

　高地価は理論上高地代と対応するが，実態は，高い闇小作料と高地価が直接に対応しているわけではない。それどころか，小作地の所有権のみの価格（耕作権をもたない）ですら，闇小作料での採算水準をはるかに越えているのである。1951-52年の近藤康男の調査によれば，田の平均小作地価格は3万5,000円で，自作地価格の3分の2に達し，高いとみられる実納小作料でも採算はとれない。それにもかかわらずこの価格水準が成立し，さらに高騰していくのは，所有権の耕作権に対する強さと考えられる。地主に土地を取り上げられる危険性を考えれば，零細経営を辛うじて維持するためにも，高価な所有権を買わざ

表9 農地売買価格とその指数（年次別）

年度		売買価格（円）		価格指数（1946＝100）				対前年増加率	
		普通田	普通畑	田	畑	工業用地	卸売物価	田	畑
農地法前	1946年	1,393	943	100	100	100	100	—	—
	1947	4,189	2,781	301	295	219	203	200.7	194.9
	1948	9,420	6,163	676	654	655	725	124.9	121.6
	1949	15,945	10,388	1,145	1,102	1,255	1,648	69.3	68.6
	1950	20,821	13,032	1,495	1,382	1,376	1,902	30.6	25.5
	1951	29,110	18,645	2,090	1,977	1,708	2,801	39.8	43.1
農地法後	1952	44,711	28,546	3,210	3,027	2,310	2,949	53.6	53.1
	1953	63,315	39,145	5,545	4,151	3,563	2,938	41.6	37.1
	1954	93,546	55,753	6,715	5,912	5,507	3,075	47.8	42.4
	1955	116,018	67,694	8,329	7,179	?	3,019	24.0	21.4

備考：1) 売買価格は，前掲『基礎統計』122-123頁。工業用地と卸売物価は，同書，47頁および前掲『昭和27・28年農地年報』78頁から計算。
2) いうまでもないが，日銀の東京卸売物価指数は，公定価格を多く含んでいるので，現実には闇価格が行われていたことを考えると，敗戦直後の指数は低く示されている。したがって価格統制が緩和される1955年ごろまでの指数の増加率は，大きすぎる。1951年には1946年に較べ28倍となっているが，実際には10倍に満たない。

るを得ないのである。これは，耕作権保障という基本視点ではなく，所有権買得・自作地創設という方式によって解放を行ってきたため，所有権の耕作権に対する優位性を完全に払拭しきれなかったことを示している。したがってこの基礎上にある自作地価格も，渡辺洋三がいう「商品所有権としての土地所有権」として，土地市場の状況から決定される高水準に止まったのである。この土地市場を支配した価格決定の一般的な方式は，高度成長段階以前でいえば，農業所得，とくに自給部分を無視した現金計算部分の農業所得の資本還元額であった。高度成長段階では，これが転用地価格に強く規定されるようになってくる。それが商品所有権としての土地所有権から生ずる地価の行先であった。

だが，こうした所有権の優位を制限するものもまた，農民運動の力であった。前出の宮城県N村の事例では，農民運動の力の強い集落では，地主が保有地を売却することを望み，小作人が買わないと主張しているのに対し，地主の力がなお強い集落では，小作人が小作地の所有権の買取りを望むのに，地主が売らないという状況であった。前者では所有権価格が当然低くなった。こうした農民の力に対する地主の反撃は，被買収農地への補償要求（1955年起点）とし

表10　初期（1951年）の請負耕作状況（仙台市の事例）

所有者	家族4人，官吏，所有，田2反9畝歩（実測）。
請負者	家族10人，経営，田1町歩，畑5反歩，牛1頭，副業日雇。
請負地	2反9畝歩（全部），収量6.98石（1951年）。
収穫米	全部土地所有者が取得。
請負料	現金 13,895円，種籾，玄米1斗支給，副産物（藁）全部。
現金の内訳	肥料代　　　　　　　　　3,900円
	耕起（3人）　　　　　　1,500　　（3人，牛3日）
	堆肥運搬・代掻（8.5人）　2,045　　（8.5人，牛3日）
	田植（7人）　　　　　　1,400　　（7人）
	除草　　　　　　　　　　2,160　　（13人）
	稲刈　　　　　　　　　　1,020　　（6人）
	稲運搬　　　　　　　　　　510　　（3人）
	脱穀　　　　　　　　　　1,360　　（8人）
	計　　　　　　　　　　 13,895　　（人48.5人，牛6日）
労働報酬（牛を含む）	9,995円　一日当184円（牛込みで）
生産額	49,209円＝7,050円/石×6.98石
所有者所得	反当12,177円　石当5,059円。
	小作とみた小作料率　71.8%　公定小作料なら反当600円。

備考：前掲『昭和26年農地年報』205頁より作成。

て政府に向けられた。この運動は2つに分裂し，耕作権制限・土地取上げを望む派（下条派，北陸・四国・九州）と，商品所有権の「正当」な対価を望む派（除名派のち主流，北海道・東北・山梨・香川）に分かれた。政府は当然ながら後者の路線に同情を示し，議会も下条派を批判した。[54]この運動も，それに対する政府の姿勢また，地主—小作関係とは別な意味での土地所有権の重みを認識させるものであった。このように所有権の意味が強まると，政府や議会が，いくら小作地取上げに遺憾の意を表し，「地主制の復活を抑え，耕作者の地位の安定と農業生産力の増進……創設自作農の維持育成については万全の措置を講ずる」[55]と言明してみても，耕作権の不安定，高地価による経営展望の困難さのゆえに，自作農の自由な発展は望めなくなったのである。

　改革後の自作農的土地所有は，こうして自由な農民的土地所有には至り得なかった。だがそれは，単に古い地主が残存している所有関係だからではない。たしかに地主の土地取上げや闇小作料があっても，基本的にはそれは制限され，かつインフレの進行とともに寄生的な地主的土地所有は解体したのである。しかし，所有権の強さはインフレでも消えない。地代量が示すのは土地所有の利

益の大きさであって，所有権そのものの強さではないのである。小作料を統制されても，地代採算から独立した高地価が形成される根拠がここにある。地代と地価の遊離は，政策的強制の結果であって，そうした矛盾・弱点を含んだ土地所有であったのである。

この状況のなかで被買収補償も主張されたのである。そして矛盾解決の一形態として，早く1951年ごろから「偽装自作＝請負耕作」がはじまっている[56]（表10）。土地所有者は土地所有権の強さに見合う地代を求め，耕作者は最低限の安定を求めて高地価を回避して経営拡大をはかるのである。しかしこれは，自由な借地農業者と異なり，所有権に屈し，家族労働力の犠牲の上に，わずかばかりの所得を追求する「貧血」した中農の姿でしかない。稲作全面機械化の時期の請負とは性格を異にするのである。

農地解放政策は，このような土地所有を創出したのである。

2 経営状況からみた自作農の性格

上述のような土地制度に立脚した農民経営が，どのように展開したかをみよう。

まず農民層の自小作別構成は，表11のようであった。これが改革の結果であった。自作と自小作が増加し，小自作と小作の減少が著しい。これらの農家の経営規模別構成については，改革中途の1949年の農地調査しか統計がない。[57]

表11 自小作別農家数構成比の推移

年次	総農家数	構成比				
		自作	自小作	小自作	小作	耕作しないもの
1944年	5,536,508戸	31.2%	20.1	19.9	28.4	0.4
1946	5,697,948	32.8	19.8	18.6	28.7	0.1
1947	5,909,227	36.5	20.0	16.9	26.6	0.0
1949	6,246,913	57.1	35.1		7.8	0.0
1950	6,176,390	61.9	25.8	6.6	5.1	0.6
1952	6,148,266	66.5	25.4	5.4	3.4	0.2
1955	6,040,535	69.5	21.7	4.7	4.0	0.1

備考：1）1944年（夏期潤査），1946年（農家人口調査）1947年（臨時農業センサス），1949年（農地調査），1950年（世界農業センサス），1952年（農業動態調査），1955年（臨時農業基本調査），前掲『基礎統計』139頁。
2）1952年は，計が100.0とならないが，原資料のままである。

表12 戦後農業生産展開の指標

年次	稲作 反収	稲作 反当投下労働	牛乳生産量	肉用牛飼養頭数	りんご収穫量	みかん収穫量
1935-1939年	314kg	19.2日	312千トン	1,804千頭	166千トン	396千トン
1940-1944	303	18.7	370	2,058	226	443
敗戦前で最高の年	346（1933）	18.3（1943）	392(1941)	2,138(1944)	283(1942)	522(1941)
1945	208	18.1	186	2,079	65	277
1946	336	20.9	149	1,827	91	153
1947	311　平均	21.3	161	1,825	154	146
1948	342　328	21.9	184	?	295	231
1949	322	219.4時間	280	2,092	365	241
1950	327	206.1	367	**2,252**	439	360
1951	309	203.6	**438**	2,234	264	273
1952	337	199.1	584	2,395	549	500
1953	280　大冷害	192.3	711	2,503	476	315
1954	308	187.0	929	2,541	449	**559**
1955	**396**	193.3	1,000	2,636	390	461

備考：1）アジア経済研究所編『日本農業100年—農林水産業累年統計表—』農林統計協会，1969年，116, 132, 133, 156, 159頁。
2）太字数字は，敗戦前の最高をはじめて越えた年を示す。
3）敗戦前最高の欄で反当投下労働のみ最低を示す。

　この調査によれば，改革途上であるが，小作層の79.0％が3反歩未満で，零細層が，解放から取り残されつつある様相がすでに明瞭になっていた。
　これらの農民諸層によって担われた戦後農業は，1955年を1つの到達点として発展する。それを幾つかの指標で示したのが，表12である。稲作反収は不作をはさみながら増大傾向を示し，1955年以降5ヵ年平均で376kgを達成した。これに対して，反当投下労働量は，戦時下の労力不足時の方がより少なかった。1日10時間労働とすると，化学肥料・家畜・水利などの生産条件がやや回復してきた1947-49年がもっとも多くなって，それ以後減少傾向が明瞭であった。また外延的な拡大指標であるが，畜産・果樹も飛躍的に伸びていた。こうした生産拡大を支えたのは，自作地化による農家資金の増大であった。つまり，経営規模は固定的に零細枠に押しとどめられていたが，その内部で以上の発展があったのである。
　つまりそれだけ商品生産者としての性格を強めたのである。しかし，この点は必ずしも農地解放だけに由来するのではない。稲作でいえば，食管制が維持

されていた結果，米価が低いなりに安定し，経営計画・目標が確実に樹てられたことが大きい。敗戦直後の需要超過の時期は別として，供給が増え，インフレの足どりがおそくなるにつれ，農産物価格は不安定になる。それが米に関する限り心配なかったのである。80％バルクライン方式による米価は，低いなりに経営目標上の下限の歯止めとなっていたのである。

さらにもう1つ，戦後の全般的民主化のなかで家族関係が民主化し，本来の生活要求が自家労働の評価として高まってきたことがあった。生産物（とくに米）は地主に収奪されることもなく，生活要求が生産に反映していた。それは観方を変えれば，家計費上昇として経営を圧迫するものであったが，それだけ商品生産を促進拡大させる契機となっていたのである。[58]

以上のことから，戦後農業生産力展開の第1の段階としては，反収増大・規模拡大が中心であり，労働生産性の上昇は，それらに較べると顕著ではなかったといえる。労働生産性の上昇は，動力耕耘機に代表される1955年以降の段階でもっとも特徴的な指標となるのである。ところで外延的拡大の内容をみると，畜産と果樹であり，必ずしも既墾耕地に立脚する部門ではなかった。拡大の主流は，牧野・未墾地の解放に立脚していたわけで，耕種生産だけに限れば，規模拡大はむしろ高地価に阻まれて困難だったのである。水田総面積ではむしろ減少していたのである。つまり，上述の生産展開は，ここに限界をもっていたのであり，土地所有に比較的拘束されない部門が外延的拡大を果たし，水稲では，内容的に反収増大を志向したのである。

こうした限界をもちながらも商品生産的性格が強まったことは，農業粗収益の現金化率が，敗戦直後の55％から，1952年61％，1955年65％台へと高まり，家計費の現金化率もそれよりややおくれながら次第に高まっていることをみれば明らかであろう。ここで注目したいのは，1950年までほぼ同率で推移した粗収益と家計費の現金化率が，それ以降乖離して粗収益の方が5-10％高くなり，1957年ごろから家計費が追いはじめ，1961年以後同率になる点である。[59] つまり，経営面での商品化が先に進行し，民間設備投資期に至って家計費の現金化が急激に進むという形をとっているのである。これは資本蓄積構造に関連するわけで，資本はまず農産物を大量に確保することから収奪をはじめ，ついで生活全体をも包含した収奪構造を作っていったことを意味している。高

度成長期はそれを政策的に補強したわけである。

　この結果，農家経済は国内市場の拡大のなかで一定の役割を果たすことになった。地主制下とは明らかに異なっている農家の支出パターンは，まず生産手段市場として拡大していった。1946年に対する1955年の増大率をみると経営費14.5倍，家計費11.8倍である。これ以降は逆転して家計費の増大率が高くなっている。これをすべて農地改革の直接的結果とみることはできないが，自作地化，未利用地解放が，農家資金の点で，また投資局面の拡大に，寄与したことは否定できない。

　そして本来ならこの商品経済化のなかで発展する自作農であるべきだが，表13にみるように，農業所得による家計費充足率は，1ha（約1町歩）未満層を中心に急激に低下している。とくに1960年に上層が回復しているのに，下層は低落の一途をたどる。ここに，戦後農民層の分解基盤が与えられているのであるが，その要因たるものは，農産物市場・農用生産財市場・農村消費市場のなかで，農民が蓄積するどころか，市場を通じて収奪・分解されていくところにあった。⁽⁶⁰⁾

　この最上層は，家計費充足率でみる限り，強固な経営基盤をもっているようにみえるが，これが階層間格差を通じて上昇・拡大していけるかどうかはここ

表13　農業所得による家計費充足率の推移

年度	都府県平均	都府県階層別平均					
		0-0.3ha	0.3-0.5	0.5-1.0	1.0-1.5	1.5-2.0	2.0ha以上
1945年	180.0%	調査なし		152.4	154.9	209.9	221.6
1947	121.5	〃		98.3	117.7	124.3	143.2
1950	83.1	43.0		74.3	93.0	107.5	118.5
1952	77.3	38.1		69.6	88.2	101.1	109.5
1955	81.2	38.0		73.8	93.7	106.2	114.7
1957	59.6	19.1	30.4	58.3	80.2	90.8	102.1
1960	58.1	16.7	27.0	55.1	80.4	93.1	109.3

備考：1）1945-1955年は，農林省統計情報部編『農業経済累年統計』第1巻（農家経済調査），農林統計協会，1974年。
　　　　1957，1960年は，各年度の『農家経済調査報告』による。
　　　2）みられるとおり，1957年から調査方法（対象農家）が変り，0.3ha未満が入ってきた。これは，調査が上層農家に偏っていたのを是正するためであった。それゆえ，都府県全平均の欄は，内容的に接続せず，断層を生じている。ただ，それぞれの階層についてはある程度比較してよいであろう。

表14 米生産および販売農家経営の価値実現指標（1955年度）

	階層		平均	0-0.5ha	0.5-1.0	1.0-1.5	1.5-2.0	2.0-3.0	3.0ha以上
150kg当り	a	粗収益	9,862円	9,700	9,789	9,894	9,863	9,917	10,003
	b	物財費＝d－c	2,738	2,740	2,785	2,717	2,655	2,698	2,841
	c	労働費	2,765	3,112	3,022	2,826	2,544	2,286	2,251
	d	費用合計	5,503	5,851	5,807	5,542	5,199	4,983	5,092
	e	純生産＝a－b	7,124	6,960	7,004	7,177	7,208	7,219	7,162
	f	剰余＝a－d	4,359	3,848	3,983	4,351	4,664	4,934	4,911
10a当り		10a当り収量	419kg	425	414	414	423	427	423
	a	粗収益	27,514円	27,450	27,019	27,307	27,813	28,263	28,208
	b	物財費＝d－c	7,638	7,753	7,687	7,498	7,486	7,688	8,012
	c	労働費	7,714	8,806	8,340	7,799	7,175	6,514	6,348
	d	費用合計	15,352	16,559	16,027	15,297	14,661	14,202	14,360
	e	純生産＝a－b	19,876	19,698	19,332	19,809	20,327	20,575	20,196
	f	剰余＝a－d	12,162	10,891	10,992	12,010	13,152	14,061	13,848
一戸当り		農業所得	251,653円	91.6千円	203,305円	317,814	414,630	550,462	
		労賃・俸給収入	77,036	149.5	73,562	43,459	30,748	26,943	
		家計費	309,781	241.8	276,574	340,918	394,752	487,068	
		一人当り家計費	50,047	48.7	46,561	50,357	53,928	57,709	
		農業所得率	69.6%	66.8	68.7	70.4	70.5	70.3	
		農業依存度	70.7	35.1	66.9	80.9	86.6	90.3	
		家計費充足率	81.2	38.0	73.7	93.7	106.0	114.7	

備考：1）150kg当りと10a当りは，農林省統計情報部編『農業経済累年統計』第4巻（米生産費調査），農林統計協会，1974年。1戸当りは，同書，第1巻（農家経済調査）。b，e，fは算出したもの。
2）aの粗収益には副産物価額を含まない。
3）a≒〔C＋V＋M〕 b≒〔C〕 c≒〔V〕 d≒〔C＋V〕 e≒〔V＋M〕 f≒〔M〕。
4）1戸当りの0-0.5ha欄は，0.3-0.5ha層の数値である。
5）いうまでもないが，生産費調査と農家経済調査は接読しない。しかし，統計的傾向として把えてよいであろう。

からはわからない。そこで，表14に価値実現の生産性（稲作の例）を出してみた。最上層は150kg当りの粗収益でもっとも高く，使用価値の大きい品質のいい米を作っていることがわかる。また当然，労働費はもっとも少なく労働生産性の高さを示している。しかし，物財費〔C〕部分が大きいために，純生産〔V＋M〕は，2-3町歩層に劣るのである。反収に大差がない限り，この傾向は10アール当りでみても同じはずである。ところが反収でも最上層は，2町歩層に及ばない。150kg当りでは優位を占めた粗収益でも10アール当りでは2町歩層に劣るのである。このことは，最上層の生産力的頭打ちを意味す

る。純生産＝反当所得は当然, 2町歩層が多い。最上層のこうした生産力的限界は, 1戸当り, つまり経営としてみたときの農業所得率の大きさに現われる。所得率では1.5-2町歩層が高い。下層をみると, 著しい家計費充足率の低下を反映して, 労賃収入が際立って高くなっているのが注目される。また, 0.5-1町歩で1人当り家計費が最低であるのも, 下層に対して改革が充分な補償を与えなかったことを示している。最下層はむしろ農外所得でこれをカヴァーし, 1人当り家計費を高めているのである。

戦後自作農の生産力構造は, こうした構造的限界を有していたのである。

むすびにかえて

改革がもたらしたものは, 地主的土地所有下に収奪されつくしていた小作層に対して, まず収奪を軽減し, ともかく生活の向上を一歩進めたことであった。同時に, 民主化闘争とインフレが, 地主の人格的・半封建的な支配を失わせていった。そのかぎりでは, 改革が戦後農業の展開に大きな礎石を与えたことはまちがいない。だが, その自作農経営に, 自由な, かつ発展する展望をもたせていないのは, 1つには土地所有権の耕作権に対する異常な強さであった。これは, 潜在的な要因として存在し, 政策的統制のゆえに表面化しにくくなっていた。所有権が強いためにその対価を得ようとすれば, 高い地代を要求することになり, それが統制されれば, 流動化しにくいという状態を作っていたのである。これは, 経営の自由な拡大を著しく阻害していた。請負耕作がその後一般化するのは, こうした統制に対する反抗＝「仮装自作」だったのである。

他方, 自作化したことによって拡大した諸市場は, 農産物の数量・価格にわたる流通統制によって, 国家あるいは資本に収奪される局面となっていった。戦前（統制以前）小作農が, 地主経済によって流通過程から大きく遮断されていたことに較べれば, これは改革のもたらした大きな結果であった。しかし, いまやその市場を通じての収奪がはじまり, 資本の蓄積軌道は, 農産物・農家労働力を包摂するに至った。家族の生活要求・民主化が, これに拍車をかけていたのである。こうして生産力においても, 自作農経営としては最大限の上昇を遂げながら, これを超える展望は奪われていたといえよう。それが, 新たな

蓄積構造を復活させた日本の独占の意図するところであった。

　こうした状態は，改革そのものの性格に由来する。民主化＝反共という大前提は，農民経営の大衆的解放を構想するはずがなかったのである。そうした限界をもつ改革がともかくも一定の成果として，つぎの解放の起点となり得たのは，やはり農民・民主勢力の運動によるといわなくてはならない。

参考文献
（1）　農地改革着手時の農相松村謙三の発言。農地改革資料編纂委員会『農地改革資料集成』第1巻，農政調査会，108, 123-124頁，1974年。
（2）　たとえば，東畑精一『農地をめぐる地主と農民』酣燈社，189-190頁，1947年。
（3）　大石嘉一郎「農地改革の歴史的意義」（東京大学社会科学研究所編『戦後改革』6，東京大学出版会，1975年）を参照のこと。
（4）　農地改革記録委員会編『農地改革顚末概要』農政調査会，99-100頁，1951年。
（5）　前掲『資料集成』第1巻，106-107頁。
（6）　以下，Ⅰの改革立法・実施過程についての事実経過は，主として，前掲『農地改革顚末概要』，前掲『農地改革資料集成』に拠る。すべての出典を示すのは膨大になりすぎるので，特別な場合のみ示すことにしたい。
（7）　前掲『資料集成』第1巻，262-263頁。
（8）　同前，975頁。
（9）　日本農民組合の運動については，同前，975-982頁。この他，農林省農地局『昭和26年農地年報』425-502頁，1953年を参照。なお，青木恵一郎『日本農民運動史』第5巻（日本評論社，1960年）が農民運動の全体を示してくれる。
（10）　本文の表4参照。なお，1945年11月と46年4月の逆転については，前掲『顚末概要』597頁参照。
（11）　同前，591頁の表参照。
（12）　日本共産党の動きについては，前掲『資料集成』第1巻，961-968頁。および前掲『昭和26年農地年報』399-424頁。なお，農林省農地局『農地改革執務参考』19号（日本共産党の農地改革に対する見解に関する資料，1948年）を参照のこと。
（13）　前掲『顚末概要』120頁。
（14）　「諸種の日本農村慣行，特に小作慣行の性格は，戦前戦時を通じて外国農業事情調査局を主とする米国官辺の興味ある研究課題となった。……昭和20年後半期にマッカーサー元帥は小作事情に関する通牒（改革の必要を指摘）を接受した。」（ロランス・I・ヒューズ『日本の農地改革』農政調査会，32頁，

(15) この「覚書」の原文および決定訳は，前掲『資料集成』第1巻，139-145頁参照。
(16) 対日理事会での討議については，前掲『資料集成』第2巻，21-52頁参照。
(17) 英国代表マクマホン・ボールの認識については，前掲『顛末概要』124頁。もっとも英国案は，総司令部のラデジェンスキーの案ともいわれている。前掲『資料集成』第1巻，118頁の大和田啓気の発言参照。
(18) 前掲『顛末概要』125頁。および，マクマホン・ボール『日本　敵か味方か』筑摩書房，54頁，1953年。
(19) ロランス・I・ヒューズ Japan—Land and Men (An Account of the Japanese Land Reform Program). 訳『日本の土地制度と農地改革に対する批判』農政調査会，76-77頁，1957年。
(20) 同前，129-132頁。
(21) 前掲『顛末概要』135頁。
(22) 以下の土地取上げの様相は，前掲『顛末概要』978-984頁。および『昭和25年農地年報』115-120頁。なお，ロランス・I・ヒューズ，前掲『日本の農地改革』166-170頁。
(23) ロランス・I・ヒューズ，前掲『農地改革に対する批判』132-133頁。
(24) 前掲『昭和25年農地年報』118頁。北海道からの報告（農地情報 B—C）。
(25) 以下の記述については，前掲『顛末概要』985-988頁。
(26) 安孫子麟「農地改革による村落体制の変化」（『村落社会研究』3集，塙書房，1967年）参照。なお，N村について詳しくは，内閣総理大臣官房臨時農地等被買収者問題調査会『農地改革によって生じた農村の社会経済的変化と現状』第1部，30-38頁（安孫子執筆），1964年。
(27) 前掲『顛末概要』984頁。
(28) 東京―山形方式として知られる岩田宙造事務所指導の違憲訴訟は，『農地改革資料』31・32合併号（農地改革と違憲訴訟），1948年，を参照のこと。記録としては，内閣総理大臣官房臨時農地等被買収者問題調査会「争訟記録」（『戦後の農地行政の展開過程』資料編，1964年）がある。この中心となった東北地方の地主については，『農地改革執務参考』，13号（東北地区地主団体の動向），1948年，に詳しい。とくに中弘農政協会の陳情書（24-33頁）と山形地主有志団の動き（45-63頁）が注目される。なお，前掲『顛末概要』988-993頁，も参照のこと。
(29) 那須皓「農地制度改革の後に来るもの」（『世界』1946年11月号）。これが買上価格の違憲性の大前提となっていた。前注の山形地主有志団の集会報告（前掲『執務参考』13号，52-53頁）を見よ。

(30) 以下，前出注（9）の文献を参照のこと．
(31) 前掲『昭和25年農地年報』230-231頁．および『昭和26年農地年報』572-573頁．
(32) 前掲『顛末概要』478-486頁にその後の経過も含めて述べられている．また，花田仁伍「現代日本農業の起点―農地改革―」（川合一郎他編『講座日本資本主義発達史論』Ⅳ，日本評論社，1969年）324-333頁．
(33) ドッジ公使は，1949年2月1日，ロイヤル陸軍長官とともに来日し，3月7日ドッジ・ラインとして知られる経済安定策を示した．5月10日税制改革勧告のためシャウプ使節団が来日，8月26日勧告を発表した．
(34) 前掲『昭和25年農地年報』18-75頁に，マッカーサー書簡から，ポツダム政令公布までの経緯が記されている．
(35) 1949年は，アメリカを頂点とする世界的な不況の年であり，国内ではひきしめ政策と合理化政策で，労働者の大量解雇が進行していた．また労働運動も弾圧され，団体等規正令が施行（4月）され，反動化が本格化した年であった．
(36) 農地法の成立経過は，『昭和27・28年農地年報』第2篇「農地法の成立」を参照のこと．
(37) 未墾地買収ははじめ開拓事業として別個に計画されたが，「農地改革指令」によって農地改革の手続きに含められた．買収実績は，前掲『昭和26年農地年報』531頁，および『昭和27・28年農地年報』334頁．経過は，『顛末概要』1115-1140頁．法令通達・買収対価については，内閣総理大臣官房臨時農地等被買収者問題調査会「未墾地解放」（『戦後の農地行政の展開過程』各論編，1964年）を参照のこと．
(38) 西田美昭「農地改革の歴史的性格」（歴史学研究会編『歴史における民族と民主主義』青木書店，1973年）168-173頁．
(39) 1931年の農林省「農家生活及地主負担ニ関スル調査」（前掲『昭和27・28年農地年報』186頁）より引用．
(40) 修正の意図は，提案者によれば米価下落の際小作人が不利になるからといわれているが，本会議に委員会報告をした際には地主の利益が前面に出されている．前掲『資料集成』第1巻，613，624-625頁．
(41) 前掲『資料集成』第2巻，1177頁．なお，勧銀調査は，4,825戸の事例調査であるが，この小作料額を使って，全国平均反収と対比させた計算が，『顛末概要』507頁にある．この計算では37.5％となっている．
(42) 前掲『資料集成』第1巻，114頁．なお，議会では，農相は「消費者価格で換算」といわず「75円で換算」と答弁している．消費者価格といっては筋が通らないためであろう．
(43) 前掲『顛末概要』403頁．なお，花田仁伍，前掲論文，352-356頁．ここでは，

この換算小作料は，全剰余労働のみならず労賃の大半を吸収する額であったとしている．

(44) 前掲『昭和 26 年農地年報』213 頁．
(45) 前掲『顚末概要』1088 頁．
(46) 同前，170-172 頁．
(47) 前掲『昭和 27・28 年農地年報』205 頁．
(48) 以下の記述については前注 (36) 参照．
(49) 勧業銀行『金融情報』，前掲『昭和 25 年農地年報』183 頁より引用．
(50) 前掲『昭和 26 年農地年報』213 頁．
(51) 渡辺洋三「農地改革と戦後農地法」(前掲『戦後改革』所収) 104-107 頁．渡辺の理論化は自作地についてであるが，これは小作地に適用してそのとおりだといえる．
(52) 安孫子麟「農地価格の形成要因―宮城県水田単作地帯―」(阪本楠彦編『農地価格の形成要因とその地帯的性格に関する研究』1964 年) 48-50 頁．なお阪本の批判 (11-15 頁) も参照のこと．この方式が存在することは，耕作労働の意義の軽視を表わす．
(53) 安孫子麟，前掲「農地改革による村落体制の変化」138-140 頁．
(54) この運動の資料や分析はほかにあると思うが，いま手元にあるのは，菊池薫編『宮城県農地報償連盟運動記念誌―私は何かを残したい―』1973 年，である．運動経過の概略は，7-37 頁．
(55) 1956 年 6 月 3 日，衆議院農林水産委員会の決議．菊池薫，前掲書，8 頁．
(56) 渡辺洋三，前掲論文，101-102 頁の分析を参照のこと．
(57) 前掲『基礎統計』142 頁．
(58) 山田盛太郎『日本農業生産力構造』岩波書店，1960 年，序文 ii 頁．山田は，農業労働力の自立化＝民主化を生産力要因 I としてあげ，これは家計費を膨脹せしめるとして，農業機械化 (生産力要因 II) が経営費を増大させることと対置し，農家経済解体の要因としている．
(59) 各年度『農家経済調査報告』を参照のこと．
(60) 分解メカニズムについては，安孫子麟「農民層分解論の現段階的把握」(吉田寛一編『労働市場の展開と農民層分解』農山漁村文化協会，1974 年) 78-101 頁参照．

〔補論3〕 農地改革の功罪

　農地改革という巨象を評価することは，その一部に触れて全体像を描くというような心許なさを感ずる。事実，改革着手以来この40数年の間，評価の対立，論争もしばしば繰り返されてきた。たとえば，今日はほとんど疑う人もない，農地改革は地主制をその根幹において解体した，という山田盛太郎氏の評価も，1955年以前では最大の論争点となり，政治的党派の問題も加わって深刻な対立を作り出していた。今日においては，農地改革が理想としたいわゆる「自作農体制」が崩壊し，改革成果の評価も変化しつつあるといわれる。しかし，状況がそのようなものであるだけに，農地改革に対する評価は，戦後農業のみならず，戦後社会の流れをふり返る上で，いっそう重要性をもってきているといえよう。ここではできるだけ広い視角で，この巨象の全体像をとらえることにしたい。

1

　農地改革は，戦後民主化の過程，戦後改革のなかでも独自の位置づけをもっていた。それは敗戦の混乱のなかで，日本の支配階級が自らの意志で着手しようとした，ほとんど唯一の改革であった。この改革が，「農村に対する共産勢力の進出を防がなければならん」（当時の農相松村謙三の発言）という意図から着手されたということは，戦後危機のなかでの農地改革の位置を象徴的に示している。その危機とは，共産勢力の進出という政治的危機ばかりでなく，未曾有の「食糧危機」ということでもあった。農地改革は，この2種類の危機を同時に回避するための方策であり，それゆえに日本支配層自身の意志で着手されたのであった。しかし，そのこともすんなりと決定されたわけではない。それは危機の深刻さについての認識のちがいと，なによりも支配層の有力な一角をなしていた地主層の自己保身的抵抗とから，ほとんど流産寸前という状況にまで至った。

　農地改革の内容が私有財産制の根幹に触れるものを含んでいた以上，有産階級の危惧は大きかった。また，私有財産の再配分が，たとえ有償にせよ実現す

ることは，旧来の社会秩序の観念を大きく変えるものと考えられた。こうした疑念に対する政府の議会答弁も，「是ハ決シテ従来ノ伝統ヲ破ルモノデナク，ヤハリ従来ノ醇風美俗ヲ保持シツツ農民ヲ高メルモノ」というような曖昧さがあった。逆に，政府が立案したこの第1次改革法案は，真の改革を望む農民勢力とその支持層からは，その不徹底さを批判された。このように，政府は，いわば左右両面から攻撃を受けたのであるが，危機回避の策はなんとしても樹てなければならなかった。

「第1次農地改革法の決定的否認は実に総司令部の手によって行われた」(農地改革記録委員会『農地改革顛末概要』)。この言葉の背景にある事実は，1945年12月9日占領軍総司令部から日本政府に送られた「農地改革に関する覚書」と，翌年3月に行われた担当官ラデジンスキーらの記者会見での否定的発言とである。総司令部内の農地改革担当者は天然資源局農業部であったが，彼らが最も強く考慮した点は軍国主義の温床となっていた農村の民主化であり，そのため民主化促進上の経済的障害を除去することにあった。この点からみれば，政府案のような地主の縮小温存策は否認されたのも当然であった。

しかしその後の，対日理事会による第2次改革法骨子の勧告を経て，これが法律として成立した時の，マッカーサー司令官の声明，「過激な思想の圧力に対抗するためにこれより確実な防衛はあり得ない」という言葉をきくとき，単に第1次改革法は否認されたとだけいうことはできない。危機回避という基本路線では，日本政府と総司令部は見事に一致していたというべきである。そのちがいは危機の認識と「民主化」の評価とについてであった。むしろ，総司令部は，改革を流産させられつつあった日本政府を援けた，と評価すべきであろう。

対日理事会で，ソ連案を押しきって作成した改革骨子は，ソ連や日本の革新勢力からみればなお不徹底といわれるものである。しかし，改革実施の真の障害となる地主や保守層からみれば，行き過ぎであり憲法違反とさえ考えられた。それを押しきった力は，占領軍総司令部だった。総司令部は実施過程においても政府を援けている。買収・売渡作業の督促や妨害者への威圧など，各都道府県の占領軍軍政部との連絡担当者は，その対応に追われた。

他面，改革を推進する農村内の自主勢力の存在を無視することはできない。ここで詳述する余裕はないが，農民組合に結集する農家は急激に増え，その方針の下に農地委員会の小作委員が徹底改革をめざしていた。それはとくに買収地の認定，具体的には小作関係存在の認定などに現われている。こうした結果，

小作地の買収面積は当初見込みよりかなり多くなり，したがって残存小作地率は見込みより小さくなった。

こうした自作地創設の「徹底性」は，改革の成果に数えることができる。これを，同じくアメリカ軍の主導の下に改革を進めた韓国と対比すると興味深い。韓国においては，アメリカはむしろ改革を低い水準に押し止め，地主層の便宜を計る役割すら果している。それは，アメリカの極東戦略における日本と韓国の位置づけの差と考えられるが，日本においては，改革の徹底，ただし自作農創設の面についてであるが，それが，農民を体制側にとり込む最大の方策とされたのであった。

2

以上の予期せざる徹底性は，農家経営の小作料負担を激減させた。小作地の売渡しを受けて自作地化し，小作料負担を免れただけでなく，残存小作地の小作料も軽減された。改革法の定める小作料は，従来の契約小作料を消費者米価石当り75円で換算し，金納とするというものであった。これは旧来の高率小作料水準をそのまま維持したもので，直ちに低額小作料とはいえない。消費者米価を使ったのも無意味であって，地主供出価格55円を使う方がまだ筋が通っていた。これは地主への妥協以外の何物でもない。しかし，当時のインフレの進行により，これは一挙に低廉なものとなっていった。消費者米価が石当り6,000円を越えた1949年でもなお，小作料の換算は75円でなされたのである。

自作地化と低率金納化による小作料負担の激減は，農家経営に多大な所得をもたらした。さらにそれを加速したのは食糧管理法体制であった。食糧危機乗りきりのために増産政策をとった政府は，生産者米価を相対的に高い水準に定めて，増産意欲を引き出さなければならなかったのである。その上，米の闇価格は生産者米価の3～5倍となっていた。これも農家経済を潤す要因となった。

この結果，農業所得による家計費充足率は，0.5～1ヘクタールの零細経営でも，1947年98パーセント，1950年でも75パーセントという高い水準にあった。1ヘクタールを越える農家は，当然100パーセント以上となっていた。零細層の家計費充足率が70パーセントを切るのは，1956年のことであった。またその内容をみると，農業粗収益の現金化率が高まり，農家経営の商品生産的性格が強まった。これにやや遅れながら，家計費の現金支出率も高まっている。こうした変化は，農村が資本の商品市場としての比重を高めていることを

示す。敗戦により外国貿易を制限され，植民地市場を失った資本にとって，農村は新しい市場となっていた。これが資本蓄積の有力な機構となってきたのである。資本の復興にとっても，農地改革は有効に働いたといえよう。

　農家経営のこうした上昇展開は，農業生産力の発展をもたらした。山田盛太郎氏は，農業労働力の民主化，すなわち家計費の膨張を生産力要因Ⅰとし，農業生産力の高度化，すなわち農業経営費の増大を生産力要因Ⅱと規定した。これが戦後農業生産力上昇の内容であり，民主化（生活向上志向）も経営費負担力も，農地改革によってもたらされたものとみるのである（山田『日本農業生産力構造』）。しかし同時に，生産力の上昇それ自体が，零細農耕様式に立脚する農家経済の限界を越えることは避けがたい，と山田氏は指摘する。すなわち，

　　それは，農民の生産形態が，高度独占資本主義下の狭隘な基盤に立脚する限り，免れがたいところである。換言すれば，一般に高度独占資本主義の場合に，農業において依然として……「零細地片の私的所有に基く零細自作型農民経済」の形をとるという，そのような特徴的な再生産構造の構成の下にあっては，農業におけるある一つの「危機」は，殆んど不可避的に推断しても大過なかろう……（土地制度史学会『再生産構造と農民層分解』）

　この指摘は，農地改革の成果である家族労働力の民主化，たとえば自家労賃の正当な評価を求めることや，農業生産力の上昇，たとえば投入物財費の増加することが，農業の資本主義的発展を見通す両極分解をもたらすとは，直ちにはいえないということである。つまり，それに照応するような経営規模の問題には，農地改革は全く触れなかったのである。たしかに未墾地解放は，経営規模拡大の1つの方策ではあったが，それは実際は限られた地域の問題でしかなかった。改革がもたらしたのは自作農ではなく自作地にすぎない，という東畑精一氏の酷評も，これと同じ視点からの評価であろう（同氏『農地をめぐる地主と農民』）。

　しかし，農業経営，あるいは農家経済の視点からだけ，改革を評価することは不当であろう。占領軍総司令部の「覚書」にもあるとおり，「人権の尊重を全からしめ，耕作民に対し労働の成果を享受させるため……」あるいは「農民の国民経済への寄与に相応した国民所得の分け前の享受を保障する」ということからいえば，「民主化」の視点も重要となる。それは，単に農村内の政治的・社会的秩序の民主化に止まらず，上述の家族労働力の民主的評価の問題で

もある。前者の点での変化はいまさら述べるまでもないであろう。我々が実証したところでも，改革後の村内各役職からの地主の後退は著しく，形式的には民主化は著しく進んだ（安孫子麟「農地改革による村落体制の変化」）。

後者の評価は，必ずしも充分になされてないように思われる。しかし，高度成長期に入って農業所得が相対的に低下したときも，農家経済のなかの家計費は，決して切りつめられなかったことを考えれば，改革前の農民の思考との差は明瞭である。正当な家族労働報酬を要求し，それに見合う生活水準を維持することは，憲法の精神でもある。ただそれは，独占資本の重圧および農業基本法農政の下で，著しく歪曲され，全般的落層，総兼業化と称される状況のなかで，所得額の面だけで維持されている実情である。しかし，その基礎にも，家族労働力の自己評価，農業生産力の上昇があって，はじめて支えられる構造なのであり，改革が行われなかったならば実現しなかった形態といえよう。

3

しかし，農地改革の実態は，成果として表面に現われた以外に，隠されて進行した部分を持っていた。それはきわめて多面的にみられる。たとえば，地主による強制的な小作地返還，逆に地主による強制的，高価格での小作地売却，あるいは買収逃れのための小作関係存在の否認，さらには闇小作料の徴収等々，いわゆる「改革逃れ」も数多くみられた。

地主による小作地返還の強制は，「小作地取り上げ」といわれる。改革法でも1945年11月23日以前の合意解約は許可を要しないと解釈されて，地主自作化の抜け穴となった。これが小作人の提訴によって争議化した件数は，1949年までに14万件に上る。しかし，農林省の推定によれば，争議化したのは10パーセントで，残り90パーセントは表面化せず取りあげられたという。ここには法規制では抑えきれない，前近代的人格関係がなお根強かったことが示されている。興味あることは，土地取りあげの阻止率は，農民組合の運動による場合が最も高く，ついで農地委員会の裁定の場合で，裁判によったものはそれよりやや低かったのである。これは改革の推進力となり得た者が誰であったか，を示している。しかしここでは，土地の所有関係に立脚する人間関係が，改革法の公布程度では崩れない点に注目すべきであろう。

小作地の強制売却は，「小作地売り逃げ」といわれる。これは農民の側にも，早く確実に所有権を手に入れたいという願望があるため，争議化することもな

く行われた。農林省は，改革の最初の2年間で45万件の売り逃げがあったとみている。これに対して違反として摘発されたのは，わずか1,659件だけである。この売り逃げは，国家買収価格が平均して報償金込みで反当り950円程度であるのに対し，高い例では反当り1万円を越えるものもあった。なかには所有小作地600町歩のうち，500町歩以上を売り逃げした地主の例もある。ここでも土地所有権の強さ，重味を考えておく必要がある。

　これらの問題は，小作関係存在の認定問題に関わる。法によれば，1945年11月23日時点で，小作関係の存在を認定することになっているが，事実は法令そのものが曖昧であった。法附則2項では，「相当と認められるときは」11月23日に遡って判定するとあり，施行令43条でも「小作者の請求があれば」その日に遡るとなっていた。1947年12月に法が改正された際にも，小作者の請求が必要とされており，さらに買収できないケースとして，契約解除が正当に行われた場合，小作人が信義に反した場合，地主の生活状況が小作人より悪くなる場合などを挙げている。こうなると，小作関係存在の認定や買収の決定は，市町村農地委員会の判断となる。ここに地主が働きかける余地があった。

　土地取り上げも売り逃げも，こうした間隙をついて行われたのである。11月23日現在という規定は，我々が考えるよりはるかに曖昧なもので，その日以降，買収計画を樹てる期日までに，小作契約の解除をすれば取り上げられたし，売却すれば売り逃げとなったのである。売り逃げは小作人の経営規模に変化はないが，取りあげの場合は，小作人は明らかに経営が小さくなる。ますます小作人の零細性が強まるのである。小作地がなくなったのであるから，小作人は形の上では自作となる。しかし，それはよりミゼラブルな自作農の創出であった。

　最後に，闇小作料について簡単にみておこう。前述のように，公定金納小作料は，法の規定とインフレにより，借地料としての意味すら失っていた。生産者米価で計算しても，小作料率は2〜3パーセントである。闇米価で売却したとすれば，0.5パーセントにすぎない。皮肉なことに，小作料金納化は，近代的土地貸借関係を築く前に，貸付地としての意義を失わせてしまったのである。ここに闇小作料が発生する根拠があった。

　同時にそれを可能にする所有権の強さも窺える。公定小作料反当り600円に対して，1万円を越えるもの，あるいは現物（米）納入のものなど，闇の実態は多様であるが，いずれもかなりの高額である。この闇小作料の存在した小作地面積は，北陸4県についてみると，10パーセントから38パーセントに及ん

だという。これもまた，改革の不徹底さの一面であろう。

4

　小作地における所有権と小作権の関係は，「労働の成果を享受させる」ために，法においては小作権に優位性を認めたものだった。契約解除手続にも小作料額にもそれは現われている。しかし法の陰で進行した改革の過程では，依然として地主の人格的支配を伴った所有権の優位が，払拭されずに存在したことがみられた。それは小作地の所有権価格が異常に高騰したことにも現われている。近藤康男氏らの調査によれば，改革末期の1951年，田の小作地平均価格（所有権のみの価格）は，自作地価格（所有権プラス耕作権の価格）の3分の2に達していた（『昭和26年農地年報』）。これは高いといわれる闇小作料でも採算のとれない額である。

　しかし，すべての村で，すべての農家がそう意識したわけではない。東北のある村では，「地主が小作地を小作人に売りたくとも，小作人が拒否している所は解放区だ」といわれていた。つまり地主が生活費に困り，保有地を売りたい（小作料収入がネグリジブルなため）と思っても，小作人が買わないのである。買うよりも法定小作料を払う方が有利であり，かつ地主に絶対に土地を取り上げられないという自信があるためである。しかし，この同じ村の他の集落では，依然として地主の力が強く，小作人の方から小作地を買取りたいと申し出るのに対し，地主が拒否するのが通例であった。つまり，改革は経営保障，耕作権確立を充分には達成できなかったのである。

　こうなった根拠を，渡辺洋三氏は，改革が耕作権保障の観点よりも，所有権取得，自作地創設という方式に重点を置いたためとみて，それが経営に必要な生産手段としての土地というより，商品乃至財産所有の意味での土地所有権を作り出したとする（同氏「農地改革と戦後農地法」）。私もまた，上述のような評価を行った（同「農地改革」）。

　これに対して，野田公夫氏をはじめとする人々から，それは農業生産発展，経営強化のために創設された農民的土地所有が，高度成長期の資本強蓄積によって解体させられたことを免罪し，農地改革そのものに真の農民的土地所有の欠如を求めるという「農地改革＝原罪」論に堕した，という批判がなされている。しかし少なくとも私見についていえば，農地改革＝原罪を主張したつもりはない。むしろ私は，農地改革の，農家にとっての最大の成果であった生産力

〔補論3〕　農地改革の功罪　373

上昇と家計費充足率の高さが，高度成長期に崩壊したことを論証してきた（安孫子麟「農家経済解体と家族農業労働力」）。その段階では，山田氏によって民主化の指標とされた家計費の膨張は，資本強蓄積の結果であることを指摘している。この「農家経済解体＝再編」は，当然のことながら農地改革に直接起因するものではない。「農地改革＝原罪」論とするのは，批判者の短絡的誤解である。

　私が強調する所有権優位とは，直ちに農地（自作地）価格の高騰には接続しない。接続するのは小作地所有権の価格水準である。農地価格自体は，強制譲渡令期の農地価格統制撤廃によって上昇しはじめ，農地法が第3次農地改革を最終的に否認することによって，経営規模引上げの道が閉ざされたとき，所有権の強さも定着したとみるのである。渡辺氏は，商品＝資産としての農地価格を問題とされるのに対し，私は小作地価格の方を問題とする（安孫子麟「農地改革後土地所有の性格について」）。

　それは結局のところ，「民主化」の内容実現の程度に依存する問題である。具体的には家族農業労働力の自己評価の水準と，労働の成果の享受を保障する小作権の確立と，この双方の不充分さによると考えられる。前者の点についていえば，農地法が定着した高度成長始期において，自作地価格は農業所得（V＋M）を資本還元した水準にあった。家族労賃部分を切り捨てた土地利廻りである（安孫子麟「若柳町における農地価格の形成要因」）。家族労働力の自立，民主化はなお不徹底だったといわざるを得ない。

　それを実現し得なかった農民運動の，弱さ乃至偏向（所有権獲得）を指摘することは容易である。しかし，戦後の日農創立大会の主張は，第1に耕作権の確立であり，第2に小作料の引下げ金納化であった。これは1936年の全農15周年記念大会の決議，「政府が農林国策とせる自作農制定政策の拡充に反対し，小作法の即時制定を要求する」を，引き継ぐものであった。だが日農のこの方針は，農民大衆には理解されにくいものだった。土地がほしい，という率直な農民の心情は，自作地創設の実現にエネルギーを注ぐことになった。その限りで，農地改革は「持てる者」を作り出したのであり，「反共防波堤の確実な構築」だったのである。これは，農地改革の限界を示すものであった。

初出一覧

第 1 章 「日本地主制分析に関する一試論」(『東北大学農学研究所彙報』12-2, 12-3, 1961 年)

第 2 章 「寄生地主制論」(歴史学研究会編『講座日本史』9, 東京大学出版会, 1971 年)

〔補論 1〕「「日本地主制」規定の視角について」(『社会科学の方法』43 号, 御茶の水書房, 1973 年)

〔補論 2〕「日本農業分析における栗原理論」(『社会科学の方法』75 号, 御茶の水書房, 1975 年)

第 3 章 「明治期における地主経営の展開」(『東北大学農学研究所彙報』6-4, 1955 年)

第 4 章 「大正期における地主経営の構造」(『東北大学農学研究所彙報』7-4, 8-3, 1956-57 年)

第 5 章 「水稲単作地帯における地主制の矛盾と中小地主の動向」(『東北大学農学研究所彙報』9-4, 1958 年)

第 6 章 「地主的土地所有の解体過程」(菅野俊作・安孫子麟編『国家独占資本主義下の日本農業』農文協, 1978 年)

第 7 章 「農地改革」(『岩波講座日本歴史 現代 I』22 巻, 岩波書店, 1978 年)

〔補論 3〕「農地改革の功罪」(『日本学』16 号, 名著刊行会, 1990 年)

解題

安孫子麟の日本地主制論

森　武麿

はじめに

　日本の近代地主制研究の代表的研究者として安孫子麟を挙げることができる。
　解題を書くに当たって地主制研究者安孫子麟と私の関係について述べておきたい。私は安孫子先生とは東北大学でもその他の大学でも教え子であったことはない。私は1966年一橋大学3年ゼミで永原慶二先生から初めて日本経済史の教育を受けた学生であった。その年に永原先生に連れられて山梨県の大地主根津嘉一郎の調査に参加した。私は同じ地域の中小地主の小作帳の読み込みと統計処理を行った。これが地主制研究との出会いである。その時の指導は永原先生と永原先生の指導を受けた中村政則，西田美昭，松元宏の諸先輩がおられた。この時の成果は上記4人共著で『日本地主制の構成と段階』（東京大学出版会，1972年）に結実している。私は1968年に一橋大学大学院に進学すると中村政則先生の指導を受けることになり中村地主制論の薫陶を受けるのである。(1)その意味で私は永原慶二と中村政則両先生の教え子である。
　1970年代に安良城盛昭・中村政則論争が近代地主制のとらえ方をめぐって活発に論争を展開したときも安孫子麟は「地主制シンポジウム」で積極的に発言していた。(2)
　そのような研究状況のなかで私は大学院時代に中村政則大学院講義の最終提論で「東北型地主制研究の現状―安孫子麟学説に関して―」（1972年）を提出した。その内容は本論集に集められている『東北大学農学研究所彙報』（以下『東北大農研彙報』）の明治・大正・昭和の地主制の諸論文を読んで安孫子寄生地主論を勉強したものである。この提論を書いたときは私はまだ大学院博士課

程の1年で26歳であった。それから数十年経って突然中村先生が晩年に書類整理として私にその提論を返却してくれた。返却してくれたことも嬉しかったが，中村先生が私の安孫子学説の整理を大事に保存してくれたことに感激した。中村先生にとっても安孫子先生の学問が大きな意味を持っていたのだという感慨でもあった。こうして私は中村政則と安孫子麟に学びながら1970年代に大学院時代から農村史研究者としてスタートしたのである。

　安孫子麟の研究対象は東北地方宮城県の地主制研究である。それに対して中村政則の研究対象は養蚕地方山梨県の地主制研究である。その東北型地主制と養蚕型地主制の違いを意識しながら私は地主制研究を学んだ。その後の私の研究対象はその養蚕地方群馬県・長野県と東北地方山形県の農業史・農村史を追いかけ，中村政則と安孫子麟はともに私の研究上の目標とする先生となったのである。

　安孫子先生と私との個人的関係についても思い出が多い。一番の思い出は2004年に安孫子先生と満洲開拓地跡を訪ねたことである。安孫子先生がかつて中国東北地方奉天（現在の瀋陽）で少年時代を過ごし奉天第一中学校を卒業後旧制旅順高等学校の時代に学徒勤労動員で満蒙開拓団の農作業を手伝ったことがあるという。その関係で安孫子先生は70歳を過ぎたころ自身の満洲移民研究を兼ねて，東北大学の教え子で中国人留学生張季風氏の案内で満洲開拓地を訪ねることになった。私はそれを知って一緒に同行させてもらうようにお願いしたのである。もともと安孫子麟の研究は村落共同体研究から出発しており地主制研究とともに満洲移民研究でも先駆的業績を挙げており，地主制，村落共同体，満洲移民は安孫子先生の生涯を貫く研究テーマであった。私は村落共同体研究，満洲移民研究でも安孫子麟から学ぶことが多かったのである。

　安孫子先生の晩年2020年春に私は本論文集の解題の依頼を受けて，先生の教え子がおられる東北大，小樽商大，宮城教育大とも関係ないものが安孫子地主制論の解題を引き受けるには躊躇した。しかしそのあとすぐ安孫子先生から執筆の直接依頼があり引き受ける覚悟を決めた。本解題を書く中で安孫子麟退官記念座談会「土地と村落を追い求めて」（東北大学『研究年報経済学』第53巻4号，1992年）を読んだ。その座談会のなかで，私が安孫子麟地主制論を「山田盛太郎の地主制研究を発展させた本格的近代地主制研究の起点である」と評

価していたことを安孫子先生が発言しており，今回の私への執筆依頼の真意がわかりあらためて責任を痛感した。安孫子地主制論が「近代地主制研究の起点」と評価した点については本解題で説明したい。

今回安孫子麟論文集が企画されたので以上のような経緯で安孫子麟地主制論の解題を書かせていただくことになった。私は東北大学などで安孫子先生の直接の指導を受けたことはないが永原慶二・中村政則門下であるとともに陰の安孫子麟門下でもあると自任している。

ここで本論集第1巻の構成について述べておく。安孫子麟の地主制の実証研究の対象地域は宮城県大崎地方南郷村を対象としたものである。対象時期は江戸時代中期から農地改革を経て戦後農業改善事業まで及んでいる。近世の地主制の形成から農地改革による地主制の解体まで地主制の全体に及んでいる。それ以後研究対象を全国範囲に広げて近代地主制研究の総括論文をまとめている。すなわち安孫子麟の地主制研究は大きくは理論分析と実証分析の2つに区分できるのである。

本論文集では第1部地主制の理論分析として第1章「日本地主制分析に関する一試論」(『東北大農研彙報』12-2, 12-3, 1961年)であり，第2章「寄生地主制論」(歴史学研究会編『講座日本史』9，東京大学出版会, 1971年)の2本である。

第2部実証分析として第3章「明治期における地主経営の展開」(『東北大農研彙報』6-4, 1955年)，第4章「大正期における地主経営の構造」(『東北大農研彙報』7-4, 8-3, 1956-7年)，第5章「水稲単作地帯における地主制の矛盾と中小地主の動向」(『東北大農研彙報』9-4, 1958年)，第6章「地主的土地所有の解体過程」(菅野俊作・安孫子麟編『国家独占資本主義下の日本農業』農文協, 1978年)，第7章「農地改革」(『岩波講座日本歴史　現代I』22巻，岩波書店, 1978年)の7本を掲載している。

安孫子は近代地主制の諸段階を形成－確立－完成－矛盾－停滞－衰退－解体と捉えている。そこで本解題では最初に地主制の実証分析として，時期別に明治・大正期・昭和初頭の地主制完成＝確立と矛盾顕在化の段階，そして昭和戦時期と農地改革による地主制停滞・解体の2段階に分けて述べていく。すなわち，地主制の確立・完成・矛盾顕在化の段階と停滞・衰退・解体の段階の2段

階として解説していく。そのあとに近代地主制の理論的総括として，先の理論分析の2論文「日本地主制分析に関する一試論」(1961年)と「寄生地主制論」(1971年)を解説したい。

I　地主制の実証分析

1　安孫子麟の研究と研究集団

　戦後の東北地方の地主制研究は東北大学の中村吉次をリーダーとした研究グループが戦後早くから村落共同体論を理論的基軸として精力的分析を行っており1956年に『村落構造の史的分析―岩手県煙山村―』(御茶の水書房，1956年)として結実している。この共同研究者として参加しているのが安孫子麟である。他に塩沢君夫，矢木明夫，島田隆，木戸田四郎など錚々たるメンバーと1950年代の村落共同体論の金字塔といわれる作品を執筆している。若き安孫子麟の学問的デビューである。この時代は江戸時代以来の封建遺制が農村共同体を中心にして残存していることに日本近代の特徴があるという講座派的歴史認識がベースにあった。安孫子麟の共同体論と地主制論はそのような学問的風土から生まれた。

　1960年代になると東北地方の地主制の本格的研究が行われ須永重光編『近代日本の地主制と農民』(御茶の水書房，1966年)に結実している。この共同研究には東北大学農学研究所のメンバーが中心となって参加している。その一人が安孫子麟である。他の共同研究者としては吉田寛一，馬場昭，菅野俊作，佐藤正がいる。研究対象は宮城県仙北平野の南郷村である。安孫子麟はそこで近代地主制の形成から農地改革に至る全過程を論じている。南郷村こそ安孫子の研究の土台を作り出した場所である。中村吉次グループと須永重光グループの優れた研究者との共同研究が安孫子麟地主制を作り上げる条件となっていたことが分かる。

　本論集の第3章「明治期における地主経営の展開」(1955年)，第4章「大正期における地主経営の構造」(1956-7年)，第5章「水稲単作地帯における地主制の矛盾と中小地主の動向」(1958年)は『東北大農研彙報』に発表したものでその基礎となる南郷村地主制の実証的研究の成果である。

さらに東北地方の農業史研究は 1970 年代になると中村吉次編『宮城県農民運動史』（日本評論社，1971 年）に結実する。この共同研究者の一人が安孫子麟である。他に共同研究者は吉田寛一，菅野俊作，馬場昭，佐藤正，渡辺基，酒井淳一，岩本由輝などである。
　以上のように東北地方の農業史研究は 1950 年代の村落共同体研究から 1960 年代の地主制研究，そして 1970 年代の農民運動史へと深化していった。この中心にいたのは東北大学中村吉次でありその門下生として俊才安孫子麟が地主制研究の中核を担っていたのである。それだけに安孫子地主制論が共同体論と農民運動論を架橋する位置にあることが分かる。地主制を村落構造論と農村変革主体論との関係で統一的総合的に考察されているところに安孫子地主制論の特徴が読み取れるのである。

2　地主制の確立と矛盾

　ここでは安孫子麟の地主制の確立と矛盾の展開についての先の 3 本の論文（第 3 章―第 5 章），第 1 論文「明治期における地主経営の展開」，第 2 論文「大正期における地主経営の構造」，第 3 論文「水稲単作地帯における地主制の矛盾と中小地主の動向」を対象として安孫子地主制確立論を見ていこう。
　最初は第 1 論文「明治期における地主経営の展開」（1955 年）である。この論文冒頭に「地主経営と村落支配構造との変化を具体的に追及しつつ，地主支配完成に至る基礎をとらえようとしたものである」と述べ，そのための方法として「全構造を経営のなかで捉える」こととする。[4] このような研究態度と方法はその後の農地改革に至る第 4 論文まで一貫している。
　対象地南郷村の性格は宮城県大崎耕土と呼ばれる東北地方でも典型的な水稲単作地帯として地主制の本格的展開が見られたところである。1929 年（昭和 4）の小作地率が 83.5％，畑 50.3％ であり著しい地主小作分解を示している。
　南郷村の対象地主は佐々木家で 1854 年（安政 4）5 町 4 反所有，うち手作り 9 反から 1881 年（明治 14）の 16 町 7 反所有，うち手作り 4 町である。この間，所有は 11 町と 2 倍に，手作りを 3 町と 4 倍に伸ばしている。さらに 1907 年（明治 40）には所有 100 町，1928 年（昭和 3）には 185 町，1942 年（昭和 17）には 192 町まで拡大している。

安孫子はこの地主経営の特徴として次の3点を挙げている。
　第一は，手作り経営が明治前期は拡大していくが，1900年頃（明治32-3）から縮小してゆき1917年（大正6）にはほとんど廃止状態となり1920年に完全廃止となる。原因は手作り経営における労働力の性格の変化が注目される。すなわち奉公人，借家層（家・宅地・田畑給付による賦役労働）は明治30年代には賃金払いに変化して明治末からは労働力の外部への出稼ぎと賃金高騰により手作り経営が解体していくことを実証した。
　第二は，諸営業が1897年（明治30）には完全に地主経営から姿を消すことである。すなわち酒造は1884年（明治17）から，醤油業は1885年（明治18）から縮小し1897年には消滅する。こうして1897年には「佐々木家の生産的営業は姿を消し経営全体としては貸付地経営に戦力を挙げるいわゆる寄生地主としての体制を整える」という。
　第三に，貸付地経営においては1881年（明治14）から1885年（明治18）に集中して土地集積を行い，この過程で借家層が自立すること，1887年（明治20）にはすでに米穀販売収入（小作料収入）が手作り，諸営業収入を圧倒的に凌駕すること，そして1907年（明治40）には差配制度が導入され地主の小作人の支配体制が再編＝完成することである。とくに第三の地主支配体制の変化＝確立は安孫子が強調するところである。すなわちそれまでの小作人支配は「明治部落制度」を媒介になされたもので明治末に地主の差配制度の確立により地主の小作人への一元的支配が完成するというのである。
　換言すれば明治期部落制度とは農民が自立しえない共同体的諸規制の下で地主制を完成させようとする支配層によって再編掌握されたものであった。それゆえ地主的家（イエ）支配を媒介して小作人が支配され部落共同体もその一環をなしていたが，1904年（明治37）土地改良の実施と郷倉制度の消滅と1908年（明治41）の部落財産統一を経過することによって明治部落制度の独自的機能が喪失したのである。この意味するところは地主＝直接隷属農民（借家小作）という小族団支配＝共同体に補完された階級関係が，それを媒介しない地主＝小作人関係という一元的階級関係に純化されたものであるというのだ。
　これは戦後さかんに展開された地主制の半封建遺制存続論への批判でもある。そのなかでも有力な論拠とされた地主支配の基盤として江戸時代以来の村落共

同体の連続的存続論とは区別される議論である。中村吉次らが展開した近代化のなかで村落共同体は解体されるという議論である。

この共同体論に関しては当時，戦前の講座派の原点となった『日本資本主義発達史講座』をふまえて戦後新たな資本主義と農業の変革理論と現状分析の書として『日本資本主義講座—戦後日本の政治と経済—』（全10巻，岩波書店，1956年）が刊行された。この日本資本主義に関する新講座は1950年代前半の共産党分裂時代に共産党系理論家と現状分析家を中心に企画されたもので，農地改革は農村の半封建制を解体するものではなく膨大な中小地主の存在や山林の継続的支配，伝統的共同体支配を通して地主制は強固に存続しているとした。農地改革の非徹底性を批判するとともに戦後も農村における半封建制の継続説を掲げたのである。

このような考えに対する批判はすでに栗原百寿の『現代日本農業論』（1951年）で出されていた。新しい国家独占資本主義の下での自作農的土地所有の形成を米騒動以降の地主制の衰退・凋落論，さらには農地改革論として地主制解体論を実証していた。その栗原百寿を継承したのが安孫子麟であった。本書の明治期の地主制の確立，村落共同体の変質，大正期・昭和期の地主制の解体過程を具体的に明らかにしたのである。

安孫子の明治期地主制の論文は1955年から書き始め，1956-7年大正期地主制，さらに地主制の矛盾の顕在化した大正後半から昭和期にかけては大地主だけでなく中小地主に視野をひろげ，さらには1960年には昭和期から農地改革にいたる近代地主制史を書き継いでいった。

この安孫子地主制論の執筆の始まった1955年は戦後史の分岐点に位置し国際的な米ソ冷戦に対応して自民党と社会党・共産党の国内政治を二分する55年体制が成立して高度成長が始まる時代である。そのときに安孫子麟は戦前社会構造の重要な一翼を占めていた地主制の意義と農地改革にいたる地主制衰退の歴史を克明な実証分析をもって明らかにしようとしたのである。

以上のように安孫子麟の近代地主制確立論は共同体論＝部落制度を媒介して地主経営と地主支配体制を統一的に理解することにある。安孫子地主制論は村落支配の問題にリンクして理解する必要があることに注目したい。

つぎは第2論文「大正期における地主経営の構造」（1956-7年）である。「大

正期の地主制の全問題の基礎は農業生産力の展開と地主制の矛盾にある」として「併行的に上昇する大地主と自小作層（3-5町層）の経営的展開との対抗関係に見る」という立場に立っている。この論理は栗原百寿の理論に依拠するものである。

栗原百寿理論を踏まえながら第2論文の大正期の地主制について安孫子の理解を確認したい。まず佐々木家の地主経営の特徴は1907年（明治40）から1928年（昭和3）まで貸付地経営において村内農民に集中して貸し付ける。すなわち小作人は村内に優先的に確保する方針である。さらに一戸当たり9反で零細農民には貸し付けずに小作上層に重点的に振り向けるという。また自己の従属的小作零細経営（借家層）には自立できるように小作地を貸付けて小作上層経営に育成したという。自小作上層を自己の小作人に抱えることによって安定的地主経営を狙ったのである。しかし同時にこの過程は小作争議を経て小作権強化により地主の小作料取り立て分は次第に減少し地主制は矛盾期に入り衰退するというパラドックスを生む。

のちに安孫子は地主制の矛盾を「地主的支配の弛緩は上昇する小作農によって一層小作料負担の加重なることを意識させ（恩恵的関係が薄れ階級的関係が露わになる），ここに小作争議の基盤が生じたのである」とまとめている。[6]

以上の明治・大正期の地主制の確立と衰退の論理を見てきた。安孫子にとって近代地主制の確立＝完成とは第一に地主の生産者的性格の消滅，即ち手作り経営および諸営業の廃止であり小作料収取者への一元化である。そのことが寄生的半封建的土地所有者としての完成であった。第二は地主的支配体制の完成は耕地整理，借家層の再編把握，差配制度の実施による地主による自己の小作人の直接支配である。そのことは村落共同体（明治期部落制度）の支配を介さずに自己の小作人を直轄支配する体制を自ら構築したことである。

安孫子の第一の地主が生産者的性格を喪失して寄生地主として純化することに近代地主制の完成＝確立を認めるという論理は栗原百寿に求められる。栗原は次のように述べる。

「手作地主の寄生地主化は大きくいって二つの段階を通して進められたものであった。その第一段階は既に明治10年代の前半に始まり，20年から30年にかけて本格的に展開されたものであって旧来の手作地主が小営業ないし零細

マニュファクチャーを兼営して地主手作経営を次第に縮小ないし放棄していった過程であり，その第二段階は明治30年段階における産業資本主義の確立過程に対応して農村における地主的な小営業ないし零細マニュファクチャーが広範に没落し純粋寄生地主が支配的となっていった過程である」と述べている。[7]

栗原百寿が提起した手作地主の寄生地主転換論という論理を超えて，近代地主制論の安孫子麟説が確立するのはのちの理論分析「日本地主制分析に関する一試論」（1961年）を待たねばならない。近世地主制から近代地主制への範疇転換論である。これについては後述する。

この段階での安孫子麟地主制論の独自性は第一の手作地主から寄生地主への転換論より第二の地主支配体制論にある。地主が耕地整理で土地基盤整備を保障し，借家層など自己の中核的小作人を貸付地付与によって育成し，上層自小作を地主支配の基盤として掌握する。さらに差配人制度を実施して前近代以来の部落制度とは区別される地主小作関係の直接的支配へ移行させたという論理である。

安孫子地主制論の特色は先にも述べたように共同体論を媒介として近代地主制の政治的支配側面をクリアに打ち出したことであろう。その他の地主制論者，古島敏雄，守田志郎，暉峻衆三，中村政則が資本主義と地主制の経済的相互依存関係（商品，資金，労働力）に力点を置いて経済史的にアプローチしたのに対して，安孫子麟は村落共同体論を基礎に地主支配体制に正面から切り込んだのである。ここに安孫子麟地主制論の先駆性を読み取ることが出来るであろう。

つぎは第3論文「水稲単作地帯における地主制の矛盾と中小地主の動向」（1958年）である。ここでは明治・大正期の大地主佐々木家分析とともに中小地主の動向を視野に入れて地主制矛盾の在り方をより具体的に展開している。

安孫子は東北地方と近畿地方の地主制の地域的差異を大地主と中小地主の衰退の差異に求めている。すなわち，東北では大地主が農地改革まで頑強に維持されるのに対して中小地主が没落ないし不安定化するが，近畿では大地主が早期に衰退し小地主が農地改革まで頑強に残存するという違いを見ている。このように大正・昭和期における東北地方の中小地主の動向は小作争議や農民運動との関係において重要な位置を占めるのである。

このことを私が先走りして言えば，東北地方から中部養蚕地帯においては大

地主より中小地主の危機の鋭さが昭和期のファシズムを引き起こす社会的条件となったといえるのではないだろうか。

また東北地方と近畿地方の差異に関して安孫子は「近代的土地所有関係は第一に利子率が意識されていること，第二に一筆ごとの土地が農業経営と切り離されていることである。」「明治初年の（土地の）永代売買解禁あるいは地租改正をもって直ちに近代的土地所有関係がこの地帯（東北地方）でも成立したとはいえないであろう。少なくとも（東北地方では）明治末年にこの内容が出てくるのであり関西ならおそらく明治20年前後に一般化するものと思われる。」という。ここに地主制完成の時期的差異として東北が明治40年，近畿が明治20年とする。さらに安孫子は土地売買ではなく内在的な農業経営の発展段階論として小作経営の発展と借地人層の自立による村落機能の消滅と地主の対応の差異を明らかにする。

「部落制度が，郷倉制度の廃止・部落有財産の統一，他方では小農生産の展開・日本的地主制としての量的展開とともに崩壊したのである。」として1907年（明治40）部落有財産統一を転機とする村落機能の変化・崩壊を明治末年に置いている。これは大地主佐々木家の事例でも地主制完成期に部落制度が解体したことから1907年（明治40）差配制度で地主による小作人の直接支配が展開することを指摘した。しかし中小地主の場合はそのような力量を持たないので部落機能を利用しながら借地人の隷属化を継続することで生き延びるものと没落するものに分かれたという。すなわち大地主が部落内の役職から離れ地方銀行の出資者として集落外，村外に出たあと，中小地主は部落役職に就き部落機能を利用しながら1918年（大正7）青年貯蓄会や貯蓄親睦会，1928年（昭和3）共栄会（地主小作親睦団体）を組織して集落内の小作，自小作層の掌握に努めるという。大地主は中小地主とは全く異なる行動様式をとるのである。しかし中小地主の部落制度への役職進出も自小作層の経営的前進による昭和期の産業組合運動の前には小地主的信用組合や青年貯蓄会も解散に追い込まれるという。この結果中小地主の小作人支配の困難性が顕在化する。残るは借家層の隷属農民（借家層）に依拠する小作人支配の強化であるがそれは対立を激しくするだけで地主制の矛盾を解決することにはならなかったという。

「この期の小地主は上層農と同様に経営的な展開を目的として手作りを拡大

して富農的色彩をとるか，または取り残された小地主経済に執着する（借家層支配の強化―筆者）という 2 つの性格の間に動揺する」という(10)。

　安孫子は地主制の経済的構成のみならず政治的構成を視野に入れた。その際に共同体論と差配制度の関係，さらに地主の階層的構成と中小地主を含む部落内農民諸階層の支配構造を村落内社会集団・中間団体の小作人支配機能まで含めて地主支配体制論の視野を広げていった。この経済史（経営史）を基礎にした社会史の道を安孫子麟地主論は切り開いたのである。ここに安孫子地主制論の最大のメリットがあると思われる。

3　地主制の衰退と解体

　ここでは安孫子麟の地主制の衰退・解体の実証分析として 2 本の論文（第 6 章，第 7 章），第 4 論文「地主的土地所有と解体過程」と第 5 論文「農地改革」で地主制解体過程を見ていこう。安孫子は 1950 年代で地主制の確立とその矛盾を論じてから 1970 年代に地主制解体過程とその帰結である農地改革を論じている。

　まずは第 4 論文「地主的土地所有の解体過程」（1978 年）である。これは 1970 年代後半に東北大学を退官した吉田寛一を記念した論文集『国家独占資本主義下の日本農業』の 1 つである。編者は菅野俊作と安孫子麟の共同である。現在では「国家独占資本主義」という用語は使われなくなり現代資本主義または 20 世紀資本主義と言われるようになった。小さな政府から大きな政府への転換，またはケインズ主義的福祉国家の実現として近代資本主義とは段階を画する資本主義の新たなシステムと見なされるようになっている。

　安孫子は南郷村の地主制の実証分析をふまえて地主制解体過程を米騒動から戦時統制経済までを論じている。地主制の衰退は 1918 年米騒動または 1920 年戦後恐慌に始まり 1930 年昭和恐慌，1938 年戦時統制（国家総動員法）を通して地主制が凋落過程に入る。その起点は 1919 年から大地主数の減少，1920 年から小作地率減少，1921 年からの本格的農民運動の展開によって画され地主制は危機に瀕する。そして農地改革を迎える。この過程を全国的な数量分析を行って明らかにした論文である。

　地主制の凋落過程を国家独占資本主義による段階的変化として初めて明らか

にしたのも栗原百寿(『現代日本農業論』)であった。国家独占資本主義の下での農業危機の戦時的変質によって「地主の機能喪失過程」と把握したことに始まる。米騒動，農民運動，大恐慌，戦時統制のどれに意味を持たせるかは論者によって違う。井上晴丸・宇佐美誠次郎では国家独占資本主義は戦時統制を以て成立したとする。栗原はその議論を継承して戦時統制の意義を評価する。中村政則は第一次大戦後を地主制衰退第一期，昭和恐慌を地主制衰退第二期，戦時統制期を地主制一般的解体期とした。栗原，中村はともに戦時統制を「地主制の機能喪失」，「地主制の一般的解体」の画期として戦時下の地主制の変化に注目している。

　しかし安孫子は戦時体制の画期性について中村政則と同じであるというが，戦時体制期より昭和恐慌期の方がより本質的な画期であると考える。

　その根拠は安孫子の方法論(分析視角)による。安孫子は「本来，日本の地主制が資本主義の再生産構造＝蓄積構造の一環であるならば，その段階規定は，資本の蓄積構造の段階によって規定されるものと考えられる」と理論的前提を明らかにする。その上で「昭和恐慌以降の地主制を国家独占資本主義と戦時経済体制との二重規定の下にあるもの」として国家独占資本主義と戦時経済体制を区別する。資本主義の新たな段階としての国家独占資本主義は戦時経済体制より上位の概念であり，それゆえ国家独占資本主義移行の画期としての大恐慌の内的意義が戦時経済体制という外的形態より重視されたのである。そのことを安孫子は「昭和恐慌後の日本資本主義の再生産構造が国内外の条件に規定されて…戦時経済を必然化したことから考えると，1937年の戦時体制の画期よりも，昭和恐慌期の方がより本質的な画期と言えよう」と断定している。その本質的な画期が地主制を規定したと考えたのである。

　以上のように地主制衰退の段階性を昭和恐慌とするか日中戦争とするかは重要な方法的論点を含むものであることが分かる。昭和恐慌期か戦時統制期かをめぐる歴史認識の差異は地主制のみならず現代史認識の大きな論点でもある。なお地主制を資本主義の蓄積構造の段階性から考察する安孫子の方法論については次の理論分析で後述する。

　本論文「地主的土地所有の解体過程」の実証では地主的土地所有の変化，その内在的条件としての地主経営(地代の収奪と実現)を中心にその衰退を跡付

けている。第一次世界大戦後の地主の土地所有面積の減少と小作料率の低落を検証しつつ，耕作権の萌芽（小作調停法，農地調整法，臨時農地価格統制法令，永小作の増大），政府自作農創設事業による地主の土地の売り逃げ，米価率（物価と米価の比較＝シェーレ）の変化と米価保護など国家資金に依存した地主の対応，小作料統制令による小作料引き下げなど，1920年代から戦時期に至る地主経営をめぐる全国的数量的推移を明らかにした克明な実証分析である。ここに安孫子農業史の実証精神が息づいていることが分かる。

　さらに農村経済更生運動による農村再編にも触れてここに国家独占資本主義の本質を見ている。昭和恐慌を経て従来の地主による農民・農村支配から国家独占資本が直接農民を把握するものに変化したと見ている。この視点は1930年代の農民の新たな支配体制への移行を指摘しており，昭和農業恐慌の農民支配の転換とその画期性を重視したもので地主制の段階的変化の重視とともに私も賛成である。

　つぎは第5論文「農地改革」（1978年）である。安孫子の農地改革論は第4論文の地主制解体過程の実証分析を引き継いで地主的土地所有の全国的解体を克明な数量分析によって明らかにする。ここでは地主制解体による戦後自作農的土地所有の成立を民主化として積極的評価するというより農地改革の不徹底性と生み出された自作農の問題性を批判することに力点がある。

　安孫子農地改革論は戦前国家独占資本主義の形成（資本蓄積の新たな段階）の連続として上からの自作農創設を位置づけるとともに，戦前農民運動の要求と成果の継承という下からの自作農創設という二重の意味を持つとする。また敗戦による日本資本主義再生産構造の崩壊とアメリカによる世界資本主義体制再編・対米従属化の段階で実施されたことによる国際的規定性を持っていたという。以上のような国内的国際的条件の下で農地改革を位置づけることが目的であった。とくに本論文では戦後自作農の歴史的性格を明らかにすることに重点が置かれている。

　農地改革による戦後自作的土地所有の創設が旧地主による土地取上げの頻発，闇価格での土地売り逃げ，小作料引上げが横行したこと，とりわけ地主の山林所有が温存されたことに農地改革の不徹底性を見る。新たな国家独占資本主義に照応する小農的生産力を上から創出することが優先され農民の耕作権が十分

保障されないまま「真の民主化」抜きの反共的改革が実施されたという。とくに強制有償買収した小作地の売渡り対象を当該小作人としたために耕地の再配分が行われずに従来の零細農耕制が継続し自作の上限（3町歩），農地移動の制限のために富農的発展を困難にした。商品生産者としての発展の展望もなく零細農への土地保障もなく，従来の規模そのままに自作化しただけであり創出されたのは自作農ではなく自作地だけだったという。

　これに対して戦後再建された日本農民組合（日農）は零細農のために土地の国家管理＝国有のもとでの協業化を提起し，農地の民主的管理・配分，集団経営，科学技術の導入，民主的農協活動を要求した。具体的には地主保有地の全廃，農地委員会の民主化と機能強化，買収計画の促進，土地管理組合による合理的土地配分，地主の違法行為の摘発，経営共同化を求めた。これ等の要求は政府による上からの農地改革よって机上の空論とされた。それだけ小作人の即時的な土地所有要求が強かったのである。小作料金納化も戦前の高率小作料をそのまま認めたもので不徹底であったが戦後の猛烈なインフレで米価が高騰するなか小作料は据え置きとなって実質的に低率小作料となる。また小作契約の文章化も不徹底で貨幣と文書による近代的土地貸借関係は形成されなかった。その結果地主・小作関係の直接的人格関係は十分変革されずに農村に残されたという。

　農村に残ったのは「商品所有権としての土地所有権」だけである。戦後の土地所有は地主的土地所有とは異なり地代（小作料）と地価の遊離に示される異質の土地所有である。商品売買のための土地所有である。しかし本来土地＝農地は商品ではない。所有権の利用権（用益権）＝耕作権に対する圧倒的優位は戦前と質的に違った形で戦後も継続したのである。

　日農も1949年には主体性派と統一派に分裂する。さらには地主・保守勢力は農地改革違憲論，農地改革打切り論まで出る。農地改革を農民組合と地主・保守勢力を抑えて最後まで実施したのは占領軍・GHQであった。

　その結果「改革後の自作農的土地所有は自由な土地所有には至り得なかった」という。土地価格の急騰のなかで「偽装自作＝請負」が広まっても「自由な借地農業者とは異なり，少所有権に屈し家族労働力の犠牲の上に，わずかばかりの所得を追求する「貧血した中農の姿でしかない」と断言する。

農地改革は農民運動による民主化闘争とインフレによって地主の人格的半封建的な支配を失墜させていったが，自作経営に自由な発展的展望を持たせるものではなかった。また自作化したことによって拡大した農産物市場は流通過程で国家あるいは資本に直接的に収奪される。戦前は地主経済によって小作農は市場から遮断されていたが，戦後自作農は市場を通じて資本と国家統制（食糧管理法など）によってダイレクトに収奪されていった。

　「民主化＝反共という大前提は，農民経営の大衆的解放を構想するはずがなかったのである」と結論している。本論文は戦後農地改革論を通して自作農的土地所有の姿を明らかにするものである。農地改革原罪論というべき論文である。

　ただし安孫子は自分の研究を「農地改革原罪論」と言われることを否定している。それは第7章の〔補論3〕「農地改革の功罪」（1990年）である。

　ここでは農地改革原罪論は，渡辺洋三が農地改革は商品・財産所有の意味で土地所有権を作り出したもので耕作権や経営に必要な生産手段として土地という観念が希薄だと批判したことである。農地改革が本来の農業生産，経営の発展につながっていないとの批判である。これはGHQが戦後冷戦のなかで反共の防波堤日本を作り出すために所有権の優位を作り出し経営，耕作権（利用権）を無視した零細な自作農を大量に作り出しことへの批判を含んでいた。これは安孫子麟の農地改革論にも通底するものである。しかし野田公夫など農地改革研究者からは農地改革が生み出した農民的土地所有を批判することは，高度成長による強蓄積によって農民経営を解体した資本を免罪することになると批判したことにある。これに対して安孫子は自分の農地改革論では「農地改革原罪論を主張したつもりはない」として，1950年代の農業生産力上昇と家計費充足率の高さが1960年代の高度成長で崩壊したことを論証したという。また同時に家計費の増大は資本の強蓄積の結果である点も指摘していた。まさに「農地改革の功罪」を論じたのである。

　この土地所有権優位への批判は農地改革研究者でよく論じられている。戦前の地主的土地所有で見られた土地所有権の利用権（用益権＝耕作権）に対する圧倒的優位は戦後も継続しているのである。戦前と戦後は断絶しているだけでなく所有権優位という意味では連続している。

土地所有権の利用権への優位は農業だけでなく都市計画など公共空間の利用にも通じる現代的課題でもあろう。安孫子が警鐘を鳴らしたように現代農業の解体状況を克服するための所有権と利用権をめぐる土地利用の理論的営為が求められている。

II　地主制の理論分析

ここではこれまで述べてきた実証分析をふまえた日本地主制の理論的総括としての2論文を解説する。第1部の第1章は「日本地主制分析に関する一試論」（1961年）であり，第2章「寄生地主制論」（1971年）である。

1　日本地主制二段階論

まず第1論文「日本地主制分析に関する一試論」（1961年）である。

この論文は先に見たように南郷村を対象とした近代地主制の形成，完成，衰退，解体の全過程を俯瞰した上で近代地主制の理論的位置づけを行ったものである。いわば個別実証分析としての南郷村における地主制展開を世界史的に位置づけ普遍化しながら日本の地主制を理論的に総括するものであった。この時安孫子は32歳である。この論文で安孫子は，日本地主制研究における最大の問題点として幕藩体制下の地主制研究と明治以降の地主制研究とにギャップがあることだと指摘する。この指摘の背景は安孫子が対象とした封建制末期の山形県村山地方の地主制（畑作商品＝紅花生産地帯）と明治中期以降の宮城県大崎地方の地主制（水稲単作地帯）を同一の論理で規定し分析することは出来ないという経験に基づく。これは先に大石嘉一郎により「地主制が戦前研究では日本資本主義の類型論的規定として扱われてきたのに対して戦後研究では世界史的発展段階論的規定として扱われ，両者の統一がなされていない」という指摘を受けたものでもある。[17]この点は再度後述する。

大石提言を受けて安孫子は発展段階論の理論化の必要性を自覚し，自らの幕末・明治地主制の研究の上に立って，先の栗原説である明治30年代寄生地主制確立説を受け継ぎながら「この変化の点（寄生地主制確立―筆者）に日本地主制の最大の断絶がある」と断言する。[18]

すなわち，地主制の第一段階として，江戸時代後半から明治30年以前を世界史上近代化の過程にあらわれる世界史的にも普遍的な過渡的ウクラードとして「典型的な地主制」と規定する。ただし，西欧の「典型的な地主制」はイギリス，フランスに限定しプロシャのユンカー経営は領主階級の近代化としての領主制の下部概念と捉え過渡的範疇としての「典型的な地主制」ではないとする。

地主制の第二段階として，明治30年以降農地改革までの地主制を日本資本主義再生産機構の一環として体制的に把握されることによって転化・変質した「寄生地主制」と規定した。これが安孫子麟の日本地主制二段階論の提唱である。

前者の本来的な地主的土地所有は「土地所有形態でみれば，本来過渡的な形態である分割地所有から，あるいはともに派生するもう一つの過渡的形態であるといえよう」と安孫子は述べる。[19]

安孫子は市民革命では領主的土地所有は廃止されるが地主的土地所有は廃止されるものではないとして，その後産業革命期を待って本来的な過渡的地主制が最終期を迎えるというのが西欧の地主制展開であるとする。しかるに日本の場合，産業革命期に地主制が解消されず日本資本主義機構の一環に組み込まれ資本主義の人口法則に規定され地主制が存続したところに特徴があるとしたのである。この原因は早熟的な資本主義育成と農工間不均等発展により農業への負担転嫁が行われたことによる。この資本と地主の妥協が寄生地主制であったという。この提言について安孫子は次のように述べている。

「この安孫子の説もまた，資本の蓄積様式での段階基準を立てているから，その基礎は「農民層分解」論であり，この「分解」論を独占段階まで拡大して把え，そのなかから地主制の絶えざる再生産＝存続を，日本＝類型として把えようとしたのである。」[20]

つまり，安孫子は資本の蓄積様式の二段階に対応した地主制，すなわち本源的蓄積期の地主制と資本主義的蓄積期の地主制の二段階論を提起したと述べているのである。この1960年での安孫子提言の意義は日本地主制の分析の立場として資本主義の規定性を強く主張したことである。とくに1950年代地主制研究が幕末・維新を対象とした地主制研究がさかんであり，それを明治以降の

近代地主制へ無媒介的に連続させて考える傾向がありそれへの痛烈な批判となっていたのである。

　これは日本近代地主制研究の近世地主制研究からの自立宣言でもあった。すなわち，明治維新を焦点とする封建制から近代への移行ではなく，産業革命後の近代資本主義の確立と帝国主義時代への研究の必要性を主張するものであった。このことは必然的に地主制研究を1930年代の山田盛太郎を中心とした日本資本主義の構造把握論（講座派）を継承するものとなったのである。

　しかし安孫子の地主制を媒介とした明治維新論の構想は山田盛太郎や講座派の絶対主義的天皇制論とは少し異なるものであった。

　「明治期に確立＝法認される地主制に着目して，この政府を絶対王政と考える立場があるが，地主制の存在を，……市民革命期に必ずしも廃棄されないものとすれば，この論証は成り立たない。問題を政治的に結論づけると，明治維新は，種々の複合的要素を段階的にもった，近代化改革と考えたい。」(21)としている。つまり自由民権以降に成立したのは絶対主義確立と考えるより初期資本主義国家の歪曲形態と考えていた。すでにこの段階で地主制論から絶対主義国家論を主張したコミンテルン三二テーゼと講座派の絶対主義国家論，また服部之総の絶対主義国家から資本主義国家への暗転論を超えていたのである。

　安孫子地主制二段階論の提言は，1960年イギリス史研究の吉岡昭彦（福島大学）が日本の歴史学界に対して封建制から資本制への移行研究ではなく資本制確立＝産業革命から帝国主義研究への転換の必要性を述べたことと同趣旨である。期せずして1960年は資本主義研究者と地主制研究者が同時に「封建制から資本制移行の研究」からの「産業革命以後の資本主義確立と帝国主義の研究」の重要性を訴え，それまでの封建制・明治維新研究からの転換を訴える画期となったのである。その地主制研究者のトップランナーとなったのが安孫子麟であった。これも高度成長の開始という時代背景がもたらした学問の変革であった。

　換言すれば安孫子提言の意義は，山田盛太郎を引き継ぎより一層日本地主制の分析の方法として資本主義の規定性を主張したことである。資本主義蓄積構造または資本主義再生産構造の段階と地主制の相互規定関係を明確に指摘したことが近代地主制研究の理論的前進に大きく寄与したと言える。安孫子のこの

地主制分析の方法論はその後の中村政則の地主制研究にも大きな影響を与えたのである。

本論文での安孫子の地主制の諸段階は資本蓄積様式の段階に対応して規定される。安孫子は原始的蓄積期と資本主義的蓄積期と大きく二段階に区分した上で原始的蓄積期を過渡期のウクラード（経済制度）としてのもっとも「典型的な地主制」とし、そのあとの資本主義的蓄積期を資本主義の構造的一環として維持される「寄生地主制」としている。その後の安孫子の寄生地主制の研究の進展によって資本主義蓄積段階は独占資本主義、国家独占資本主義の諸段階とより細密に分化して具体化されていく。それぞれの資本主義の諸段階と地主制の変容が明らかにされることによって近代寄生地主制の展開が資本主義の段階的発展に強く規定されることを明らかにしたのである。安孫子がその後の地主制衰退・解体過程で資本主義の段階性をつねに重視して、独占資本主義段階での地主制衰退の開始、国家独占資本主義段階での地主制解体の開始を強調したのはこの理論と分析視角によるものであった。

安孫子地主制二段階論の「典型的な地主制」と「寄生地主制」概念の区別について安孫子の説明を見る。

まず江戸時代中期以前から存在する村方地主は名子・被官などの隷属農民が自立して地主の下に編成されたもので徳川封建制の下部構造として領主制に組み込まれたもので地主制の範疇には入らないとする。

日本地主制の第一段階は村方地主以後の江戸時代後半から農民の単純商品生産者的発展を前提に幕末に一般的に形成される地主・小作関係であり、これが第一段階の過渡的範疇としての「典型的な地主制」である。その過渡的範疇としての地主制について安孫子は次のように説明する。

「これは、単純商品生産発展→封建制解体から、資本制生産確立＝資本主義確立への移行期に特徴的に現われ、日本ではその後も存続するものであるから、封建制・資本制の両者に属する諸概念からみれば、きわめて過渡的な範疇であることも確認して良いであろう。すなわち、それは単に領主的土地所有→地主的土地所有→資本主義的土地所有、と単に並列的に把えられるべきものではない。それはその前後の土地所有に比し、極めて過渡的である。……この「地主的土地所有」が、前期的資本が農業把握に際して示した一生産関係であり、し

たがって超歴史的な前期資本は，一定の社会的生産様式を構成し得ないという点から過渡期の産物となるのである。[22]」

ここに安孫子が幕末に一般的に成立する「地主制」を過渡的ウクラードとした意味を読み取ることが出来よう。すなわち江戸時代の後半期の単純商品生産経営の形成により市場経済・貨幣経済の発展により小ブルジョアと前期的資本の対抗の局面となる。小経営から資本制経営の条件が不十分な条件では農民層の分解は前期的資本により把握され地主―小作関係として民富の形成は前期的資本により蓄積される。この「典型的な地主制」は封建領主制廃棄後においても過渡に国家権力の経済的基盤をも構成するという。これが西欧のイギリス，フランスも含めた本来的な地主制であり過渡的ウクラードとしての「典型的な地主制」であるとしたのである。しかし日本で「典型的な地主制」が成立したと言っても西欧との類型的差異はあり農民層分解が極めて微弱であり開港後はさらに外国資本主義と接触することにより後進国的類型になるという。

つぎの第二段階の地主制は産業革命以後でありそれを安孫子は「寄生地主制」と規定している。

「この時期〔産業革命＝森〕にいたってもなお前期的資本の性格が廃棄されず，そのため資本主義的範疇に属さない過渡的範疇の性格をまったく変更していない。ここでは，その地主―小作関係は，資本主義との妥協の上にあり，しかも日本資本主義再生産構造に明確に組み込まれた存在である。……日本資本主義の再生産が現実に必要としているのは，農業，その小経営であって，直接に地主の前期的資本なり土地所有ではない。……農業に限定してみれば，そこでは「地主―小作関係」が支配的であり，資本主義下の異質的＝過渡的ウクラードとして存在している。それゆえに，これも「地主制」の一段階として指定し得ると考える[23]のである。」

ここに安孫子が日本地主制の第二段階として「寄生地主制」段階を指定した意味が読み取れる。「資本主義再生産構造に組み込まれた存在」としての地主制を本来的な地主制または「典型的な地主制」と区別したのである。西欧地主制がイギリスやフランスにおいては産業革命期には解体して，資本制農業の三分化過程の一つとして資本制地主が再編されるのとは異なる範疇としての地主制であるという。「典型的な地主制」が産業革命後も日本では再編されて資本

主義が地主―小作関係を存続させたのだという。ここに日本地主制のもっとも特徴的な類型を見ることが出来るという。だが資本が必要なのは小農経営であるが不必要な地主制を存続せざるを得ないところに日本資本主義の構造的矛盾を見る。

なおこの資本主義と地主制の妥協構造を具体的に分析するのは後進の研究者の仕事となった。資本主義と地主制の妥協の経済的背景は戦前から山田盛太郎は労働力市場の面から高率小作料・低賃金のシステムとして明らかにしており，戦後も暉峻衆三，牛山敬二がそれに続いた。資本・資金市場の面から中村政則が「地代の資本転化論」を提起し，守田志郎も地主制と地方資本の関係を明らかにした。商品市場（米穀）の面から持田恵三，川東靖弘，大豆生田稔などが明らかにして安孫子提言を具体的に立証していったのである。安孫子の近代地主制論はそれ以後広範な影響を与えたと言える。

以上安孫子の近代地主制の方法論的提起はそれまでの村の地主研究というミクロな近代地主制の展開を資本主義の国際環境や資本主義の外の規定性の意義を強調することによってマクロな地主論へと引き上げ，日本地主制をより一般的普遍的な概念としての世界史的範疇に高めたのである。またそのことにより産業革命後も頑強に存続した日本の地主制の特殊性が浮き彫りになり，資本主義再生産の構造的一環としての日本の近代地主制の持続性の意味が鮮明になったのである。

そこで最後に安孫子寄生地主制論の成立の背景について述べていく。

2　寄生地主制論

つぎは安孫子理論分析の第2論文「寄生地主制論」（1971年）である。

本論文は寄生地主制論に関する戦前以来の論争の概略整理である。そのなかで安孫子は自己の研究を振り返りながら戦後の地主制研究史と向き合い，近世地主制論から近代地主制論の全体像を整理したものである。いわば寄生地主論争史の完成版である。これ以降は高度成長によって資本分析，都市研究が盛んになることによって地主制研究は下火となる。その意味で安孫子のこの寄生地主制論はこの後もこれに類する論文はないという意味で「空前」でなく「絶後」の仕事であった。

戦後1950年代から1960年代の日本歴史学のなかで寄生地主制論争は太閤検地論争と並ぶ二大論争といわれる。この時代は学界全体を巻き込んで最も活発に地主制を論じた時代であった。1930年代から昭和恐慌と農村窮乏により農業問題が社会問題の中心となり満洲事変から15年戦争にいたる背景に寄生地主制の存在があるとされたのだから当然である。その意味で地主制は社会変革の対象であり，とりわけ共産党にとって地主制打倒は革命のための戦略的課題であった。日本社会が軍事的半封建的社会でありその根源に天皇制と資本主義と寄生地主制の三位一体が存在するという理由である。これを理論的に裏付けたのが地主制分析を最初に体系化した山田盛太郎『日本資本主義分析』（岩波書店，1934年）であったことは周知の事実である。

寄生地主制論争は日本資本主義論の山田盛太郎の理論とイギリス経済史の大塚久雄を中心にした研究者グループで華々しく展開した。そのような研究状況のなかで安孫子麟が育ったことが分かる。

近世地主制の形成論では農民層分解に，江戸時代の農村にブルジョア的発展を認める両極分解なのか，地主小作分解としてブルジョア的発展を全く認めない封建分解なのか，一定のブルジョア的発展はあるがその後挫折するのか（上昇転化論）という学説が対立していた。

安孫子も1950年代の初期の論文は江戸時代中期の紅花地帯の商品流通の分析からブルジョア的発展を検出していた。これは服部之総の幕末厳マニュ論と「地主・ブルジョア範疇」を受けたものである。農村における農民層分解にブルジョア的発展の側面を見つけようとしたものである。安孫子が影響を受けた藤田五郎の豪農論も同じである。寄生地主制論争の実証は根源的な農民層分解論を中心に展開したのである。

そのなかで有力な見解は大塚久雄門下を中心にイギリスでも絶対王政期に見られる農民の小ブルジョア的発展の上に地主制が形成されることに注目する。そこで生まれる地主制を世界史的一般的法則として検出しそれの日本への適用として日本地主制を考えるという議論であった。戦後当初は西洋史と日本史が比較経済史を通して密接に議論を展開していた。このような学界の状況のなかで安孫子の地主制論が生まれたことが分かる。資本主義的蓄積の諸段階から地主制を考察するという方法である。とくに安孫子が注目していたのは藤田五郎

の豪農論である。

　「再版農奴主的手作地主・寄生地主・農村ブルジョアジーの３側面を併せもつものとしての「豪農」範疇は，ブルジョア的発展の日本的形態として位置づけられ，一方で豪農マニュの担い手となり，他方幕末期から自由民権運動にかけて農民運動を主導するものとして変革主体とされたのである。この藤田「豪農」論は，……服部・大塚説の具体化となるとともに，世界史的法則のなかに日本的類型を位置づけ，さらに実証の方法として共同体解体→社会的分業展開→国内市場形成という視角を定着させるものであった。」と安孫子は藤田豪農論を高く評価していた。[24]

　もう一人安孫子地主制に大きな影響を与えたのは大石嘉一郎である。大石は先に述べたように地主制研究における「段階論と類型論の統一」を提言していた。

　「一般的・抽象的基底として段階規定を確定した上で，具体的・個別的規定たる類型規定を付加すべきであること，このための媒介項は，地主制の土地所有関係それ自体でなくその基盤としての農民経営であることから，「農民層分解」の段階論的かつ類型論的規定を行なうべきであると主張した。」という。[25]

　こうして藤田豪農論と大石嘉一郎農民層分解論を引き受けて，安孫子地主制二段階論が作られていった。一般的段階として本源的蓄積期と資本主義的蓄積期の二段階でありそれぞれ世界史的一般性との対比で日本的類型を明らかにすることであった。本源的蓄積期の地主制の類型は「藤田豪農論」で自由民権まで理解できるとし，資本主義的蓄積期の類型は安孫子の南郷村事例から検出した「日本的寄生地主論」で理解できるとしたのである。

　段階論と類型論を統一しようとした理論家に栗原百寿がいた。しかし安孫子は寄生地主の完成を栗原説により「手作地主から寄生地主への転化」を継承したが段階規定と類型規定の統一では栗原を批判している。

　栗原は地主制の形成の段階規定としては過渡的範疇としての「分割地土地所有農民の壊滅形態」としての地主制形成論を主張した。これは農民層分解のアメリカ型の道の解体であるがこれではイギリスの地主制は理解できないという。安孫子は栗原の分割地農民の壊滅という理解はとらないのである。江戸時代期の実証分析をしている安孫子ならではの批判である。「分割地農民の壊滅形

態」で単純に地主制の形成を理解することは出来ないという批判であろう。安孫子が注目したのは栗原百寿の過渡的範疇としての分割地農民の壊滅でなく、過渡的範疇としての地主制であり地主制の産業革命以後の存続である。

「〔栗原の＝森〕段階規定では過渡範疇であるものが，類型規定では日本資本主義の構造的一環となって，その歴史的役割が不明確となる。これは栗原が，ひとつの段階にのみ固定した故で，2段階規定を行なうべきであったことを示す。」と批判している。[26]

では栗原が地主制類型論とした「資本主義の構造的一環論」を安孫子はどのように超えたのだろうか。それについては類型論の先達である山田盛太郎の影響である。山田盛太郎は日本資本主義を軍事的資本主義と半封建的地主制の一体化としてその類型を抽出した。その基底を「半封建的＝半農奴制的零細農耕」と規定している。安孫子の日本産業革命後の地主制類型は山田のこの規定に立ち返るのだろう。山田盛太郎は地域類型では「隷農的定雇をもつ半隷農主的農耕の東北型と半隷農的小作料に寄食する高利貸的寄生地主の近畿型の対抗」という類型論を提起した。[27]安孫子地主制完成論では大地主は半隷農的定雇としての借家層の自立と包摂によって東北型が近畿型に接近して全国的統一的類型が形成されるように思える。とりわけ日本の地主制では底辺の膨大な中小地主には依然として広範な隷属的借家層の残存が見られるという。このことが日本地主制の危機の鋭さを示す。ファシズムから戦時統制の道は膨大な中小地主の存在と危機から生まれるのだろう。

安孫子は日本地主制の具体的分析に当たって先進地帯と後進地帯の再生産構造的連関を明らかにすべきだとして，幕末期の地主制形成が畑作地帯に集中し，明治期において典型的に（現象的）に地主制が成立するのは米作地帯である，として地帯構成を畑作と米作の対抗としてとらえており東北地方と近畿地方の地帯類型を十分に論理の中に入れていなかった。[28]安孫子の類型論は日本の地主制と西欧の地主制の類型的差異に焦点が置かれていたと言えるであろう。

以上のように安孫子は資本主義的蓄積期の類型として日本の地主制は世界史的には例外的なもので資本主義が独占資本主義の段階でも頑強に存続したことも日本的特殊類型と規定することは出来ると考える。しかし他国との比較なしの地主制の類型論はあり得ない。しかし地主制持続の時期的差異だけでなく構

造的差異についても，イギリス地主制，フランス地主制，ドイツ地主制，イタリア地主制，ロシア地主制，中国地主制などと世界史的に比較することによって日本近代地主制を類型化することも可能であろう。ただ安孫子は過渡的範疇としての「典型的な地主制」をイギリスとフランスに限定して論じているのでプロシャ・ドイツ以下の地主制は日本と比較にならない。

　以上のように安孫子の日本地主制二段階説は，本源的蓄積期の過渡的範疇として世界史的ウクラード（経済制度）＝経済範疇としての「地主制」（その日本的類型）と資本主義確立期以降に頑強に地主制が存続する資本主義の構造的一環に転化した特殊日本的類型としての「寄生地主制」の区分であった。安孫子の二段階地主制論はこのような寄生地主制論争を背景に生まれたものであることがわかる。それを安孫子は本論文で次のようにまとめている。

　「過渡的範疇としての地主―小作関係と資本主義の構造的一環をなす地主―小作関係のみを，支配体制としての地主制と把え（村方地主制の否定），前者を本源的蓄積進行期の地主制（産業革命が終期），後者を資本主義的蓄積段階の地主制（このなかでさらに産業資本段階と独占資本段階に細分する）と２段階に規定した。」

　以上のように安孫子は地主制二段階論を主張した。大石嘉一郎も段階規定と類型規定の統一を先駆的に提唱していたが実証的裏付けを欠き，資本主義蓄積期のイギリス，フランスにはない日本的寄生地主制の位置づけはできなかった。安孫子は資本主義の確立と地主制の完成が一体であり世界史的にきわめて特殊な地主制として頑強に存在したことを主張しその理由を日本の固有の農民経営の在り方と農民層分解のなかから具体的に明らかにした。さらには地主制と資本主義の妥協関係を産業資本主義から独占資本主義段階，国家独占資本主義段階に広げて考察し，農地改革による地主制解体まで地主制の全生涯を論じたことは安孫子固有の優れた業績であった。

　最後に第１部理論分析の補論２本の論文〔補論１〕「「日本地主制」規定の視角について」と〔補論２〕「日本農業分析における栗原理論」について触れておきたい。

　最初の「「日本地主制」規定の視角について」（1973年）は安良城盛昭と中村

政則の寄生地主制論争に対する自己の見解のコメントである。

　安良城は日本の地主制確立は天皇制国家の成立と同時に明治20年代に確立すると言い，中村は天皇制の確立とともに地主制が資本主義の構造的一環に定置されることによって確立するのは明治30年代であるという。これは単なる時期に差異を争う論争ではなく地主制の方法をめぐる問題でもあった。資本主義と地主制の関係をどう考えるかという問題であった。この寄生地主制論争について安孫子の見解は栗原百寿の手作り地主から寄生地主への転換説を出して論争を整理している。栗原は明治20年代の企業勃興期には地主の手作り経営は縮小するが，小営業，マニュ兼営の最後の開花期であり，明治30年代には小営業，マニュ，手作りすべてが没落して寄生地主化が完成するという。安孫子は安良城と中村の違いをここに求めて，明治20年代は地主制範疇が地主・ブルジョア範疇として封建制＝領主制とも資本制とも異質な過渡的範疇として存在していたのに対して，明治30年代に資本制のもとに編成されることによって寄生地主制へと範疇転換すると考えられるとした。安良城と中村の折衷論のようであるが，それだけではない。安孫子は幕末から明治20年代まで地主の小ブルジョア的発展を認めるのである。この背景には藤田五郎の地主の小ブルジョア発展に注目する豪農論，また安孫子自身の近世の山形県村山地方の紅花生産地帯の地主制研究が影響していた。また在村地主・豪農の生産者的性格を保持することによって自由民権運動を支えた豪農の積極的評価にも繋がる論理である。そのような在村地主の積極的性格が完全に失われ地主の寄生化が完成するのが明治30年代の資本主義確立期であるとするのである。安孫子は先に述べたように資本主義の蓄積形態の差異について原蓄期と資本主義確立期を確立する議論を鮮明にしており，資本主義と地主制の相互規定関係を山田盛太郎の影響を受けながら中村政則より早く実証的に提起していたのだから当然である。

　中村政則の近代地主制論は地租改正の転換を決定的に重視しており地租改正以後の地主制を幕末以来の連続する過渡的地主制範疇が明治20年代まで存続したことを認めていない。産業資本主義の前に地租改正の画期性に注目するのである。それ以後資本制と地主制の構造的関連は資本，労働力，商品の3面において明治20年代から30年代の資本主義確立に向けて相互依存性を強めてお

り，中村の地主制は資本主義を促進するもので相互規定的であり融和的存在であった。この理論的背景には資本と地主の支配者同盟に対抗する労働者と農民の労農同盟があったとするからである。

ひとこと中村政則の労働同盟論について言及しておく。安孫子が「寄生地主制論」を書いた同じ歴史学研究会・日本史研究会編「講座日本史」シリーズで中村は「現代民主主義と歴史学」(1971年)を執筆している。そこでは統一戦線的人民闘争(江口圭一)と無産大衆＝原動力論的階級闘争史(佐々木潤之介)を対比して労農同盟の階級闘争論から人民闘争論の評価を強めている。さらに中村はブルジョア的民主主義再評価論(長幸男)，主体性論的民衆運動思想史(安丸良夫)まで視野に入れて現代歴史学の再評価を要請している。決して単純な労農同盟論者ではなく幅広い視野をもっていたことを述べておきたい。

もうひとつ安孫子地主制論に対する中村地主制論の違いは寄生地主の「寄生」の意味を小作人と資本への「寄生」だけでなく植民地への「寄生」まで対象を広げたことである。地主の植民地投資である。地主の三重寄生論である。植民地支配を組み込むことによってはじめて日本資本主義は確立する。すなわち産業革命と帝国主義の同時確立論は山田盛太郎の説であるが中村はそれを地主制論にまで拡大したのである。安孫子の植民地問題は地主制ではなく満洲移民論で果たされた。

安孫子はこの「「日本地主制」規定の視角について」では中村地主制論への批判も忘れない。守田志郎の研究を引き合いにして「米販売＝商品市場こそ，資本制と地主制との異質さが，直接にぶつかり合い矛盾・対立を作り出す局面」であるとして，資本制と地主制の融和性・相互規定関係の強調には批判を投げかけていた。高米価を求める米の売り手の地主と商人に対する買い手としての低米価を求める資本制ウクラードの諸階級(資本・労働者)の矛盾が米の流通過程に体現されるからである。それゆえ商品市場＝農産物市場をもっと重視すべきという批判である。安孫子は中村地主制論を「資本制と地主制とがあまりにも適合的すぎるように思われる。……セメダインが強すぎるのである。」と印象的な批判をしている。

以上，安孫子の安良城・中村論争の整理は見事である。安孫子，安良城，中村の提起した資本制と地主制の相互関係を深める課題はその後の若手農民史研

究者の宿題となった。

　次の「日本農業分析における栗原理論」（1975 年）は栗原百寿の理論に対する安孫子のコメントである。安孫子が栗原百寿の理論を縦横に利用しながら実証分析の基礎に置いていたことがわかる。ここでは初めて正面から栗原理論と向き合い学ぶべき点と批判すべき問題を指摘している。

　安孫子は栗原百寿を日本資本主義の農業問題解明を目指したものでありその特殊性を一貫する一般法則を検出することを課題としたとする。一般性とは農家構成としての中農標準化傾向であり，その上に展開する農地所有の構造，そして商品経済・農業技術の発展を考察する。その結果日本の近代農業史を貫く地主的土地所有と農民的商品生産との基本的矛盾の相互浸透的闘争を明らかにして地主的土地所有の停滞・凋落過程の解明を目指したという。とりわけ近代地主制の矛盾とその展開を農民的小商品生産の発展による自小作層の前進に見るという論理を先駆的に打ち出したのである。

　栗原百寿は 1930 年代に東北帝国大学に進学し歴史哲学を専攻し宇野弘蔵の経済学や新明正道の社会学の講義に参加していた。同じ東北大学の安孫子麟が栗原百寿に関心を持つのは当然である。栗原は戦時中の帝国農会に就職し 1942 年に治安維持法で逮捕され戦後は農林省統計調査局に勤務して 1952 年『日本農業の基礎構造』（『栗原百寿著作集Ⅰ　日本農業の基礎構造』校倉書房，1974 年に所収）を刊行し東北大学で博士号を授与される。栗原はマルクス主義を学び戦時下に治安維持法で逮捕される。戦後は共産党に入党するが，戦後の地主制の存続か解体かという農地改革の評価で党と意見を異にする。その後農地改革の評価は地主制解体論の栗原の正しさが明らかになっている[31]。

　安孫子の寄生地主論も当初は栗原の「手作り地主から寄生地主へのシェーマ」の農業経営論であったが，自らの実証が大正，昭和と研究が進化し，農民運動を見る中で中堅層＝自小作中農層の台頭を評価し，さらにいっそう資本主義の規定性が大きくなっていった。栗原寄生地主論を超えていったのである。それは昭和恐慌から戦時下に至る現代資本主義の形成（国家独占資本主義）の段階に至るとさらに進化していった。資本による農業解体論まで到達するのである。安孫子の地主制研究が 1950 年代後半から 1960 年代初頭の高度成長期であり資本主義による農業抑圧のすさまじさが眼前に展開しておりそれが研究に

反映したともいえる。

しかし安孫子は歴史実証的研究では栗原理論に導かれるように地主制史ですぐれた研究成果を上げるが栗原理論に全面的に賛成していたわけではない。

栗原がマルクス「資本論」に見るようなイギリスの下からの分割地所有の発展の道が閉ざされて日本では前期的資本の吸着によって分割地所有＝小農形成は壊滅しその結果地主制が形成されたという議論，即ち分割地所有の壊滅形態と名目地代説には賛成していない。安孫子は資本の本源的蓄積段階と資本主義確立段階という資本の蓄積段階の差で地主制を規定したことは既に述べたとおりである。日本の特殊性を西欧が地主制を廃棄した産業資本主義後も頑強に存在する特殊な地主制を寄生地主制と規定したのである。

安孫子の関心はここでは山田盛太郎が『日本資本主義分析』（1934年）で明らかにした日本資本主義の基底としての地主制である。すなわち安孫子の言う「資本主義と地主制の妥協的構造」である。地主制理解に前期的資本の収奪より資本主義の収奪に力点が移動していると言ってよい。この視点は中村政則より早い。

さらに安孫子は山田盛太郎を決して構造論固定的把握とはみない。戦後の山田盛太郎は「農地改革の歴史的展望」では明治40年を画期とする中堅層の展開を地主制の論理と零細農耕の論理との対抗矛盾の発現としてとらえる認識を示し，農地改革を画期として戦前と戦後の段階論的認識を提示していると評価している。講座派の資本主義と地主制の関係認識を発展させて中堅層の展開に農地改革の原点を見る戦後の山田盛太郎評価に至る。

安孫子地主制論は独自の資本蓄積段階に対応する日本地主制二段階論である。この原点に山田盛太郎と栗原百寿がいた。この2つの補論は安孫子の理論の原点がどこにあるかを知らせてくれる。私は安孫子地主制論を「山田盛太郎の地主制研究を発展させた本格的近代地主制研究の起点」と評価したのである。

最後に安孫子麟の生涯を振り返って安孫子地主制の研究史上の位置づけを述べておきたい。

安孫子は1928年北海道生まれである。本籍は山形県寒河江市である。幼少期に家族で満洲奉天に移り1931年満洲事変を3歳で迎えている。この時に奉

天で満洲事変勃発の日本軍の大砲の音を聞いているという。奉天で旧制中学に入学し学徒勤労奉仕として宮城県満洲開拓農民にたいする援農活動を行っている。

1945年7月には旧制旅順高等学校に入学する。敗戦を旅順の学校寮で迎え命からがら父母のいる奉天に単身帰還している。敗戦の激動を奉天で過ごして1年，安孫子が日本に帰国したのは1946年10月である。旅順高校の継続として山形高校に転入学して1949年に東北大学経済学部に入学する。若い時のすさまじい人生体験である。この植民地体験こそが安孫子の問題意識の原点である。彼の生涯の研究対象となる山形県，宮城県南郷村，奉天・旅順・開拓農場の「満洲国」はすべて出生から学徒時代の体験地である。この青年期の体験が安孫子の学問を規定する。

安孫子の地主制論の研究史上の位置づけをこれまで述べてきた解題からまとめてみよう。彼の地主制の実証と理論の形成は1950年代である。戦前の戦争とファシズムの時代が終わり戦後民主主義と新しい学問が花開いた時である。経済学ではマルクス主義の全盛期である。講座派，労農派，宇野理論，大塚史学が一世を風靡していた。農業史では山田盛太郎の地主制論に対する宇野弘蔵と大内力の農業問題論＝小農論の対抗のなかで栗原百寿にも注目していた。その中で安孫子地主制論は講座派の影響を受けながら宮城県南郷村の着実な実証分析を基礎とした新たな方法を作り上げていった。

安孫子地主制論はこれまで述べてきたように，山田盛太郎の講座派の影響を基本として大塚久雄の比較経済史の方法を学びながら，当時マルクス主義の本流であった歴史学研究会の提起した世界史の基本法則への1つの解答であった。封建制から資本制へ日本はどのように転換したのか。その場合日本農村の地主制は世界史の基本法則とどのように関係するかという難問へのひとつの解答であった。すなわち安孫子は世界史の基本法則としてイギリスにも存在する過渡的範疇としての地主制が日本にも存在すること，しかしイギリスでは資本主義確立とともに地主制は駆逐されたが，日本では資本主義確立以後も地主制が頑強に存続した。そこにこそ日本農村の特殊性があるのだと指摘したのである。地主制を資本主義の確立以後の存続に焦点を当てて初めて実証的理論的に解明したのが安孫子であった。

もちろん安孫子地主制論では地主制形成の研究では先人の研究者から多くを学んでいた。幕末期の形成期地主制の研究は藤田五郎からの影響が大きい。地主の小ブルジョア的発展に注目する藤田豪農論の系譜を引いて山形県の実証分析からを幕末期＝資本の原蓄段階の地主制像を作り上げ，明治期以降の地主制は栗原百寿の手作り地主の寄生地主化論の影響のもとに宮城県南郷村の実証分析から資本主義の確立から農地改革に至る資本主義確立段階の地主制像を作り上げたのである。この資本主義と地主制の関係については山田盛太郎から多くを学んでいた。すなわち安孫子麟地主制は，山田盛太郎（1897年生），栗原百寿（1910年生），藤田五郎（1915年生）の３人の先行研究者の地主制論を継承して作られたのである。そして近代地主制を資本主義との関係をより精密に資本，労働力，商品の関係で資本主義の確立の構造的一環として位置づけた中村政則地主制論へと引き継がれたのである。以上のように安孫子麟が近代地主制論の基本構造とその解体を理論的実証的に初めて解明したといえよう。

（１）　森武麿「地主制史論」森武麿他編『中村政則の歴史学』日本経済評論社，2018年。
（２）　『シンポジウム日本歴史　地主制』17，学生社，1974年。
（３）　森武麿「満洲開拓史跡を訪ねて考える」『年報日本現代史』第10号（特集帝国と植民地）現代史料出版，2005年。
（４）　安孫子麟「明治期における地主経営の展開」『東北大農研彙報』6-4，1955年，226頁。（本書第3章）
（５）　西田美昭・森武麿・栗原るみ編著『栗原百寿農業理論の射程』八朔社，1990年。
（６）　安孫子麟「大正期における地主経営の構造」『東北大農研彙報』7-4，1956-7年，223頁。（本書第4章）
（７）　栗原百寿『現代日本農業論』（『栗原百寿著作集　Ⅳ　現代日本農業論』35-6頁）。
（８）　安孫子麟「水稲単作地帯における地主制の矛盾と中小地主の動向」『東北大農研彙報』9-4，1958年，308-9頁。（本書第5章）
（９）　前掲書，342頁。
（10）　前掲書，345頁。
（11）　井上晴丸・宇佐美誠次郎『危機における日本資本主義の構造』岩波書店，1951年。
（12）　中村政則『近代日本地主制史研究』東京大学出版会，1979年。
（13）　菅野俊作・安孫子麟編『国家独占資本主義下の日本農業』農文協，1978年，

17頁。
(14) 安孫子麟「農地改革」『岩波講座日本歴史 現代Ⅰ』22巻，岩波書店，1978年，181頁。
(15) 前掲書，208頁。
(16) 前掲書，214頁。
(17) 大石嘉一郎「農民層分解の論理と形態」『商学論集』（福島大学）26-3，1956年。
(18) 安孫子麟「日本地主制分析に関する一試論」『東北大農研彙報』12-2，1961年，208頁。
(19) 前掲書，210頁。
(20) 安孫子麟「寄生地主制論」歴史学研究会編『講座日本史』9，東京大学出版会，1971年，177頁。（本書第2章）
(21) 安孫子麟「日本地主制分析に関する一試論」『東北大農研彙報』12-2，1961年，243頁。（本書第1章）
(22) 前掲書，248頁。
(23) 前掲書，250頁。
(24) 安孫子麟「寄生地主制論」前掲書，160-1頁。
(25) 前掲書，175頁。
(26) 前掲書，178頁。
(27) 山田盛太郎『日本資本主義分析』岩波書店，1934年，197頁。
(28) 安孫子麟「日本地主制分析に関する一試論」『東北大農研彙報』12-2，1961年，253頁。
(29) イタリア，ロシア，日本の地主制の比較についてのデッサンは中村政則「明治維新の世界史的位置―イタリア・ロシア・日本の比較史―」中村政則編『日本近代化と資本主義―国際化と地域―』東京大学出版会，1992年がある。
(30) 安孫子麟「寄生地主制論」前掲書，176-7頁。
(31) 西田美昭・森武麿・栗原るみ編著『栗原百寿農業理論の射程』八朔社，1990年。

（一橋大学名誉教授）

刊行の辞

　安孫子麟先生は日本地主制及び日本村落論において独創的な業績を残された研究者です。先生は 2021 年 9 月 4 日に 92 歳で逝去されました。

　安孫子麟著作集はもともと先生が生前に著書として構想されていたもので，地主制論と村落論に関する自らの主要論文を 2 巻にまとめたものです。このたび第 1 巻『日本地主制の構造と展開』（解題：森武麿），第 2 巻『日本地主制と近代村落』（解題：永野由紀子）として刊行することになりました。

　安孫子麟の日本地主制研究は宮城県有数の大地主地帯である南郷村の緻密な実証研究と理論的には山田盛太郎と栗原百寿の研究を継承しながら独創的な近代地主制成立の二段階説を提唱されました。これがその後経済史分野の近代地主制研究の古典として高く評価されてきました。

　また安孫子麟の日本村落論も中村吉次の村落構造論を継承し独創的な近代村落共同体の三局面構造説を提起しました。この安孫子麟村落論は近代村落研究では古典として現在まで高く評価されてきました。また近代村落研究の一環として村落と満洲移民送出の関係についても先駆的な研究として現在においても高く評価されています。

　しかし経済史研究および村落研究ではこれらの安孫子麟の仕事をまとまった著作として読むことができないという状況が続きました。そこで先生の晩年にこれら安孫子麟の優れた業績を後世に残すために安孫子麟の教え子や安孫子麟を敬愛する研究者によって安孫子麟著作集の刊行会が作られました。しかし安孫子先生の逝去後に刊行会は残念ながら活動を停止しました。そこで生前に安孫子先生から解題の依頼を受けた森武麿と永野由紀子が先生の著作集の編集を継承しました。このたび安孫子麟逝去 3 年目にようやく 2 巻本として刊行することになりました。

　本著作集が，これからも多くの方々に読み継がれ，歴史学，経済史，社会学の発展に寄与すること願って刊行の辞といたします。

2024 年 8 月

編集を代表して　森　武麿

――― 八朔社 ―――

日本麦需給政策史論	横山英信著	八五八〇円
協同組合思想の形成と展開	伊東勇夫著	三七三七円
栗原百寿農業理論の射程	西田美昭・森武麿・栗原るみ編著	三五二〇円
昭和恐慌期救農政策史論 《福島大学叢書学術研究書⑤》	安富邦雄著	六六〇〇円
地域社会と学校統廃合 《福島大学叢書学術研究書⑥》	境野健児・清水修二著	五五〇〇円
知の梁山泊 草創期福島大学経済学部の研究	阪本尚文編	四一八〇円

消費税込みの価格です